U0805890

# 测量技术基础

## （第2版）

主　编　潘松庆　魏福生
主　审　张保民　张成刚

本书电子资源

黄河水利出版社
·郑州·

## 内容提要

本书以测量技能教学为主线，采用技能模块化、内容项目化、细节任务化的结构，主要介绍土木工程技术类施工和管理人员所必需的测量基本理论、基本知识、基本方法和操作技能。全书将测量基础理论和应用技术实践相结合，在介绍传统测量仪器、测量理论、测量技术的同时，也介绍现代测量的新仪器和新技术。本书与配套的实训教材《测量技术基础实训（第2版）》相结合，不仅突出测量基础理论和技术的教学，也着重对学生测量的外业操作技能和内业计算能力进行全面训练。

本书主要适用于本科院校、高等职业技术院校、高等专科学校、成人教育学院、职工大学等院校的建筑工程技术、交通工程技术、地下工程技术及相关专业的测量学及测量技术基础课教学，亦可供生产单位测量、施工等专业技术人员参考。

**图书在版编目（CIP）数据**

测量技术基础/潘松庆，魏福生主编.—2版.—郑州：黄河水利出版社，2020.1 （2021.8 重印）

ISBN 978-7-5509-2569-4

Ⅰ.①测… Ⅱ.①潘…②魏… Ⅲ.①测量技术-高等职业教育-教材 Ⅳ.①TB22

中国版本图书馆CIP数据核字（2020）第005178号

策划编辑：陶金志 电话：0371-66025273 E-mail：838739632@qq.com

出 版 社：黄河水利出版社 网址：www.yrcp.com

地址：河南省郑州市顺河路黄委会综合楼14层 邮政编码：450003

发行单位：黄河水利出版社

发行部电话：0371-66026940、66020550、66028024、66022620（传真）

E-mail：hhslcbs@126.com

承印单位：河南承创印务有限公司

开本：787 mm×1 092 mm 1/16

印张：16.5

字数：381千字

版次：2012年12月第1版 印次：2021年8月第2次印刷

2020年1月第2版

定价：49.00元

# 前　言

为了贯彻落实党的十九大精神，充分反映产业升级和行业发展最新进展，吸收比较成熟的新知识、新技术、新工艺、新规范，对接科技发展趋势和市场需求，不断提高教材质量，编者于2021年7月，根据国家及行业颁布的最新标准、规范、规程，以及在教学实践中发现的问题和错误，对全书进行了修订完善。本次修订以习近平新时代中国特色社会主义思想为指导，全面贯彻落实党的十九大精神，坚持立德树人根本任务，将课程思政内容融入教学实践中。

本书以技能教学为主线，围绕普通测量的地形图测绘和点位测设两大任务，采用技能模块化、内容项目化、细节任务化的结构，编写了这本主要面向本科院校和高职高专院校工程技术类相关专业的测量学及测量技术基础教材。

本书共分两个技能模块，其中模块一为基本测量技术，包括水准测量、角度测量、距离测量、点位测定和基本测量最或是值计算及其精度评定等五个项目；模块二为普通测量技术，包括小区域控制测量（包括GNSS定位测量）、大比例尺地形图测绘、地形图应用、点位测设等四个项目；此外在开头还介绍了测量基本知识。为了适应测绘科学技术的发展，此次再版，重点增加了航空摄影测绘和无人机测绘的内容。

测量是一门理论和实践并重的科学技术。为了满足测绘和地理信息工程技术类相关专业人才培养目标和应用型技术人才的实际需要，本书将测量基础理论与应用技术实践相结合，测量工作外业操作与内业计算能力的训练相结合，重点突出测量基本技术和作业技能的培养。为了在一定程度上反映现代测绘科学技术的新发展，本书在介绍传统测量仪器、测量技术的同时，也介绍了现代测量的新仪器和新技术的应用。

本书每个项目开头列有知识目标和技能目标，项目末尾列有该项目小结及复习题、练习题和思考题，书末还附有测量计算有关常识及各项目练习题的答案，以便于学生对相关内容的学习、复习、理解和掌握。本书还有配套教材《测量技术基础实训（第2版）》一册，主要内容包括测量技术实验课、习题课和集中实训的指导，国产数字水准仪与全站仪的使用简要说明，以及基于Visual Basic语言的单一导线近似计算程序，还包括测量技术实训作业的各种记录、计算表格和操作考查题选，以便于对学生的测量外业操作和内业计算能力进行全面训练。

本书由河海大学潘松庆教授和广东环境保护工程职业学院魏福生高级工程师担任主编，江西建设职业技术学院蓝善建，福建林业职业技术学院张李平，广东环境保护工程职业学院吴启文，安徽皖江工学院宋仁琳、宋桂萍、闻亚，南京晓庄学院陈建和江苏城市职业学院徐寒等老师参编，广东水利水电职业技术学院张保民教授和南京众集思信息技术（测绘工程）有限公司总经理张成刚担任主审。

编者谨向为本书的再版提供宝贵意见和热心帮助的专家表示诚挚谢忱！对于本书中引用参考文献的资料、插图的原作者表示衷心感谢。

本书适于本科院校和高职高专院校的建筑工程技术、交通工程技术、地下工程技术及相关专业的测量学及测量技术基础课教学和学生自学使用，也可作为有关技术人员的参考用书。由于编者水平所限，书中难免存在疏漏、错误和不足之处，恳请广大师生和读者批评指正。

**编　者**

2021 年 7 月

# 目　录

## 模块二　普通测量技术

# 测量基本知识

**知识目标**

普通测量的任务和作用，测量技术基础课程的性质、结构和内容，测量技术基础课程的教学目标和学习要求。

有关地球的形状和大小的基本知识，测量的高程系统和坐标系统，测量的基本工作和基本原则。

## 一、普通测量的任务和作用

### (一)普通测量的任务

测量是研究地球的形状和大小，确定地球表面各种自然和人工物体的形态及其变化，对各种地物和地貌的空间位置与属性等信息进行采集、处理、描绘和管理的一门科学和技术。

普通测量的传统任务主要包括两个方面：一是测绘地形图，二是施工放样。此外，随着地理信息系统(GIS)技术的发展和推广应用，测定与空间位置相关的各种地理信息也成为普通测量的重要任务之一。

所谓测绘地形图，就是将局部地区的地物、地貌信息依据一定的理论和方法测绘成各种比例尺的地形图，以满足勘察、规划、设计、管理以及与地形条件相关的工程量计算的需要。所谓施工放样，就是将设计图纸上的建筑物或构筑物的空间位置在实地测设出来，以便于施工。而测定与空间位置即三维坐标相关的各种地理信息可以为建立地理信息系统提供必不可少的基础数据。

### (二)普通测量的作用

测量在工程建设中的应用十分广泛。在工程建设中，无论是工业与民用建筑工程，还是道路及桥梁交通工程，或是地铁和管道等地下工程，以及水利工程、环境治理和市政建设工程等，其勘察、规划、设计的各个阶段都离不开测量提供的各种比例尺的地形图，而施工阶段则需要通过测量进行放样，以作为施工的依据。施工完毕，还需测绘竣工图，为工程提供完整的竣工资料。而为地理信息系统提供基础数据则是建立地理信息系统的重要保障。由此可见，普通测量贯穿于各种工程建设的全过程，其理论和方法无论是在工程建设还是在地理信息系统的建立和应用中都起着重要的作用。

## 二、测量的发展简介

测量是一门古老而又年轻的学科。之所以古老，是因为由于生产和生活的需要，人类社会自古代就开始了原始的测量工作，如公元前21世纪的夏禹治水，埃及尼罗河泛滥后的农田整治等，均应用了简单的测量技术；之所以年轻，是因为近年来，现代科学技术如电子学、信息学、空间科学和计算机技术的迅猛发展，给测量科学技术的进步以极大的推动。传统的光学仪器逐步被电子仪器所取代，全站仪和计算机的使用及无人机测绘的推广应用，显著改善了测量的外业和内业。自20世纪70年代开始建立的全球卫星定位系统则给测量工作带来了革命性的变化。由全球导航卫星系统(GNSS)、遥感技术(RS)和地理信息系统技术(GIS)组成的“3S”技术更将测量成果提供的基础信息与各种带有空间特征的地理信息相结合，使地理信息系统的普遍推广和“数字地球”的建立应用即将成为现实，从而为测量的发展和计算机技术在测量中的应用提供了更加广阔的前景。

## 三、测量技术基础课程的性质、结构和内容

专门为测绘大比例尺地形图和一般工程的施工放样提供服务的测量称为普通测量。普通测量的理论和实践是测绘技术类专业学生必须掌握的基础知识和专业技能，因此测量技术基础即普通测量技术课程是工程测量技术、工程测量与监理以及地理信息系统等专业的一门必修的专业基础课。

测量技术基础课程采用技能模块化、内容项目化、细节任务化的结构。其中模块一为基本测量技术，包括三种基本测量工作(包括水准测量、角度测量、距离测量)、点位测定和基本测量最可靠值计算及其精度评定五个项目；模块二为普通测量技术，包括小区域控制测量、大比例尺地形图测绘、地形图应用以及点位测设四个项目；每个项目又以所含测量基础技能的细节划分为若干任务。整个课程以技能为主线、项目为载体、具体任务为驱动，将理论和实践教学紧密结合，尤其注重理论教学的实用性和突出技能教学的可操作性。

## 四、测量技术基础课程的教学目标和学习要求

### (一)教学目标

1.知识目标

(1)了解关于地球的形状与大小的基本知识。

(2)熟悉测量的高程系统和坐标系统。

(3)理解测量的基本工作和基本原则。

(4)熟悉大比例尺地形图测绘的理论和数字化测图的方法。

(5)了解GNSS导航卫星系统测量及航摄测量和无人机测绘等新技术、新方法在测量中的应用。

2.技能目标

(1)能正确使用常规测量仪器(经纬仪、水准仪、全站仪)进行基本测量工作(水准测量、角度测量、距离测量、坐标测量等)。

(2)能进行小区域平面与高程控制网的外业操作及数据处理。

(3)能进行一般工程的施工放样。

(4)能在一般工程的施工中正确应用地形图。

(5)能进行施工场地与地形条件相关的面积和工程量的测量与计算。

3.其他目标

(1)培养艰苦奋斗的工作作风。

(2)培养在实际工作中分析问题、解决问题的能力。

(3)培养良好的团队意识和协作能力。

**(二)学习要求**

为了达到上述教学目标,应当对课堂讲授、实验教学以及随后的测量综合实训予以同样重视。在学习测量基本知识、基本理论和基本方法的基础上,加强普通测量外业操作和内业计算能力的综合训练,全面掌握专业所必需的各种工程测量技能,今后能胜任地形图测绘和一般工程的施工测量工作,并为进一步学习测量平差、控制测量技术、工程测量技术等专业课程打下良好的基础。

## 五、地球的形状和大小

**(一)水准面和大地水准面**

地球的表面高低起伏,十分复杂。如世界屋脊珠穆朗玛峰,高达 8 844.43 m,太平洋水底的马里亚纳海沟,却深至 11 034 m。为了描述地球的形状和大小,德国著名科学家高斯首先提出了水准面和大地水准面的概念。所谓水准面,是假想处于静止状态的海水面延伸穿过陆地和岛屿,将地球包围起来的封闭曲面(见图 0-1)。由于受风浪和潮汐的影响,海水面的高度不断变化,水准面即有无数个。所谓大地水准面,是指通过平均海水面的水准面,因而大地水准面具有唯一性。大地水准面所包围的球体则称为大地体。

水准面和大地水准面具有共同的特性,即处处与铅垂线方向相垂直。所谓铅垂线方向,就是地球重力的方向。重力即地球自转的离心力和地心引力的合力,而重力的方向取决于地面的纬度和地壳内部物质的质量,纬度不同或地壳内部物质质量的变化,均会引起不同地点重力方向的改变,因而大地水准面实际上是一物理面,其形状是不规则的,难以建立一定的数学模型。这样一来,用大地体来描述地球的形状和大小就有其局限性。

**(二)地球椭球**

科学家们研究发现,尽管大地体不规则,但可用一个形状相似的椭球体来替代(见图 0-2)。所谓椭球体,就是用一椭圆面绕其短轴旋转而成的形体,不仅其与大地体形状和大小很接近,而且其面为数学面,可以建立相应的数学模型,因而用它描述地球的形状和大小,更能满足科学研究和工程计算的需要,这样的椭球体即为地球椭球。

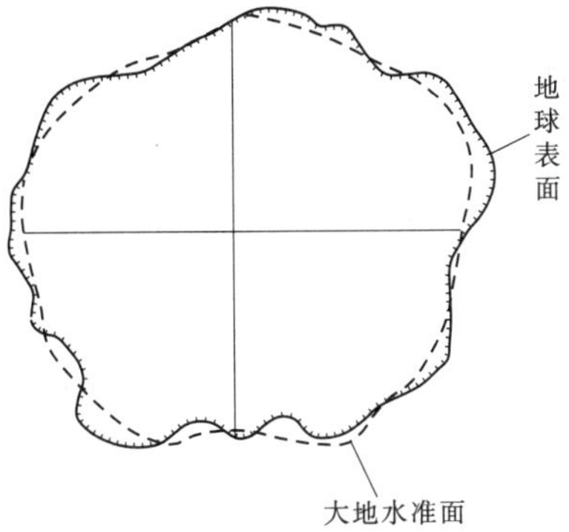


**图 0-1　地球表面与大地水准面**

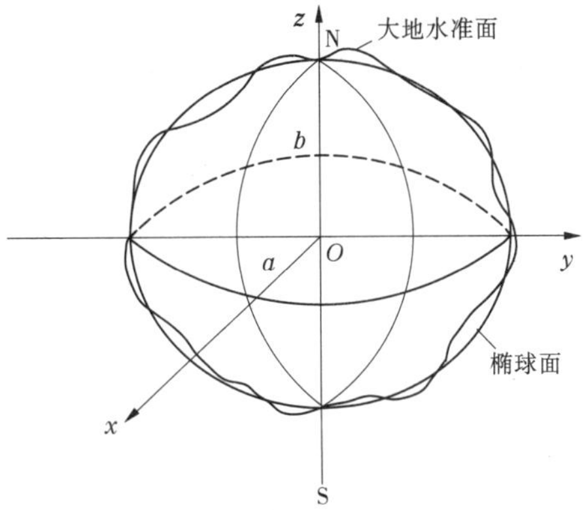


**图 0-2　大地水准面与地球椭球**

地球椭球的形状和大小至少需要以下三个基本参数来确定：

| | |
|---|---|
| 椭球长半轴 | $a$ |
| 椭球短半轴 | $b$ |
| 椭球扁率 | $\alpha=\frac{a-b}{a}$ |

其中：$a$、$b$ 用于表示地球的大小，$\alpha$ 用于表示地球的形状，具体数值可用天文大地测量、重力测量或卫星大地测量等方法来测定。世界上很多国家的学者经过长期的努力，采用本国大量的测量成果推算出了各自的椭球基本参数。20 世纪以来，世界各国的部分地球椭球参数如表 0-1 所示。

**表 0-1　部分地球椭球参数**

| 学者或椭球名称 | 长半轴 $a$(m) | 短半轴 $b$(m) | 扁率 $\alpha$ | 推算年代和国家 |
|---|---|---|---|---|
| 海福特 | 6 378 388 | 6 356 912 | 1 : 297.0 | 1909 年　美国 |
| 克拉索夫斯基 | 6 378 245 | 6 356 863 | 1 : 298.3 | 1940 年　苏联 |
| IUGG-75 | 6 378 140 | 6 356 755.3 | 1 : 298.257 | 1975 年　IUGG |
| 中国 | 6 378 143 | 6 356 758 | 1 : 298.255 | 1978 年　中国 |
| WGS-84 | 6 378 137 | 6 356 752.314 | 1 : 298.257 223 563 | 1984 年　美国 |

注：IUGG 为国际大地测量与地球物理联合会的英文缩写。

以往，地球椭球常称为参考椭球，就是因为各国推算的基本参数都是基于本国或局部的测量成果，往往对本国更为适用，而对别的国家仅有参考价值。1975 年，IUGG 综合世界上多个国家的测量成果得出的 IUGG-75 椭球更加精确，适合大多数国家推广使用，因而称为总地球椭球。

在地理学或测量学中，当研究问题的精度要求不高时，往往可以将地球视为圆球，其半径采用地球曲率半径的平均值，即 6 371 km。

### （三）椭球定位

地球椭球选定以后，还需要合理地确定椭球体与大地体的相关位置，这就是椭球定位。最简单的椭球定位为单点定位，即将所选择的地面点 $P$ 沿铅垂线投影到大地水准面上 $P'$ 点，使椭球面与大地水准面在 $P'$ 点相切，过 $P'$ 点的铅垂线与椭球的法线相重合（见图 0-3）。之后再采用多点定位，根据更多地区的天文重力测量成果对单点定位的结果进行修正，从而使得大地体与椭球体在更大范围内取得相互密合的最佳效果。大地水准面和铅垂线是大地测量作业的基准面和基准线，而经过椭球定位后的参考椭球面和椭球面的法线则是大地测量计算的基准面和基准线。在椭球定位的基础上即可建立大地测量的坐标系，其原点称为大地原点。

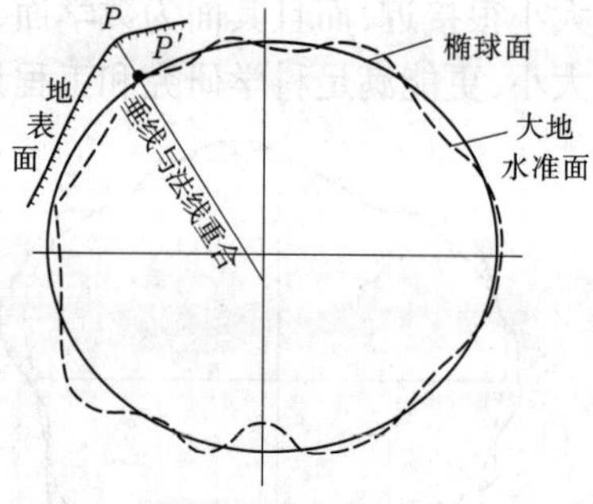


图 0-3　椭球定位

中华人民共和国成立后，采用克拉索夫斯基椭球，建立了 1954 年北京坐标系，其原点位于苏联普尔科沃(现俄罗斯境内);1980 年改为采用 IUGG-75 椭球,建立了 1980 年西安坐标系,其原点位于陕西省泾阳县永乐镇。

## 六、测量的高程系统和坐标系统

测量工作的实质就是确定地面点的空间位置。地面点的空间位置可用其三维坐标表示,其中一维是高程,确定点的高程要用到高程系统;另二维是球面或平面坐标,在不同的测量工作中确定点的坐标需要采用不同的坐标系统。

### (一)高程系统

地面点的高程是指地面点沿铅垂线到一定基准面的距离。测量中定义以大地水准面作基准面的高程为绝对高程,简称高程,以 $H$ 表示;以其他任意水准面作基准面的高程为相对高程或假定高程,以 $H'$表示。地面任意两点之间的高程之差称为高差,用 $h$ 表示(见图 0-4)。

$$h_{AB} = H_B - H_A = H'_B - H'_A \tag{0-1}$$

由式(0-1)可见,无论采用绝对高程还是相对高程,两点间的高差总是不变的。

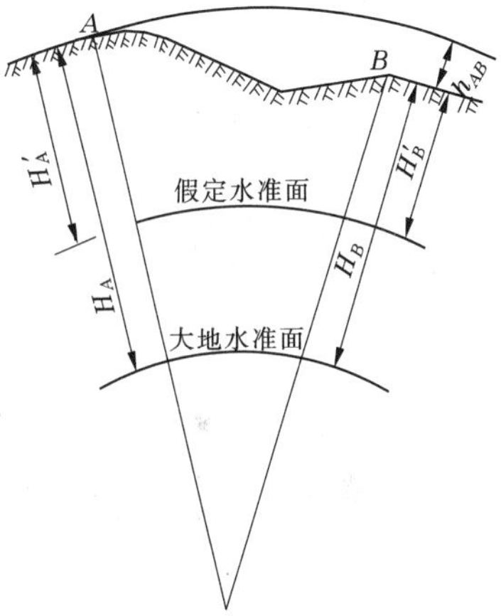

图 0-4　高程和高差

中华人民共和国成立后,我国以设在山东青岛验潮站收集的 1950~1956 年的验潮资料为依据,推算得到的黄海平均海水面作为我国的高程基准面,并在青岛市观象山港湾建立了水准原点,测定了该点至基准面的高程为 72.289 m,由此建立了我国的高程系统,称为 1956 年黄海高程系。

20 世纪 80 年代初,有关部门根据青岛验潮站新的验潮资料,推算出新的黄海平均海水面,并测定同一水准原点至基准面的高程为 72.260 m,由此建立了我国新的高程系统,称为 1985 年国家高程基准。由此可见,由于平均海平面即高程基准面的上升,水准原点的高程降低了 29 mm,即两个高程系统之间的常数差为-0.029 m。因此,在将同一点的 1956 年黄海高程换算为 1985 年国家基准高程时,应当减去 0.029 m。

### (二)坐标系统

1.大地坐标系

大地坐标系是以大地经度、大地纬度表示地面点的球面坐标。

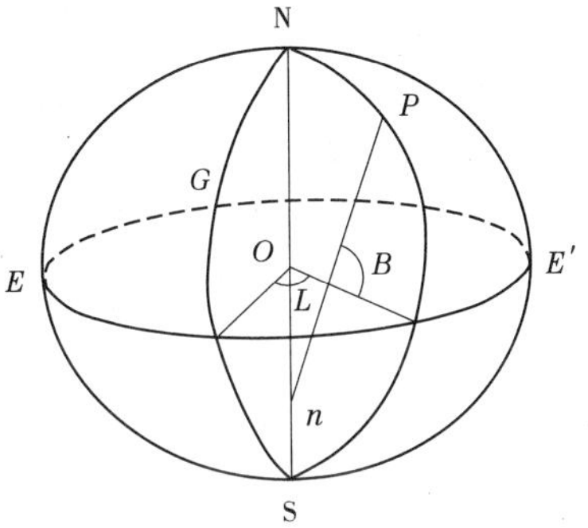

图 0-5　大地坐标系

如图 0-5 所示,将地面某点沿椭球法线投影到椭球面上 $P$ 点,过 $P$ 点的子午面与过英国格林尼治天文台的起始子午面之间的二面角 $L$ 为 $P$ 点的大地经度,简称经度,由起始子午面向东的称为东经,由起始子午面向西的称为西经,取值范围均为 0°~180°;过 $P$ 点的椭球法线与赤道面的交角 $B$ 为 $P$ 点的大地纬度,简称纬度，由赤道面向北的称为北纬，由赤道面向南的称为南纬，取值范围均为 0°～90°。使用时，通常在东经和北纬的值前冠以“+”号，在西经和南纬的值前冠以“-”号，以示区别。

大地坐标系又可分为参心坐标系和地心坐标系。参心坐标系是利用参考椭球建立的坐标系，坐标原点为参考椭球的几何中心，如我国的 1954 年北京坐标系和 1980 年西安坐标系；地心坐标系是利用总地球椭球建立的坐标系，坐标原点为地球的质心，如美国 1984 年推出的 WGS-84 坐标系。

2.高斯平面直角坐标系

在地形图测绘与工程建设的勘察、规划、设计和施工中，所用图纸一般都是绘在平面上的，数据运算一般也是在平面上进行的，因而有必要将地面上的点位和图形投影到平面上。

将球面上的图形投影到平面上需要应用地图投影的理论，高斯平面直角坐标系采用的是高斯投影。高斯投影实际上是一种横轴椭圆柱投影，即设想用一个椭圆柱套住地球椭球体，使椭圆柱的中轴横向通过椭球体的中心，将椭球面上的点位和图形投影到椭圆柱的面上，然后将椭圆柱沿通过南极和北极的母线展开成平面，即得到高斯投影平面（见图 0-6(a)）。在此平面上，椭球体和椭圆柱相切的一条子午线和赤道的投影为两条相互正交的直线，即构成高斯平面直角坐标系。该子午线称为中央子午线，其投影为直角坐标系的纵轴，赤道的投影则为直角坐标系的横轴。只有中央子午线投影后的长度保持不变，而其他的图形投影后均会发生变形，且离中央子午线越远，变形越大（见图 0-6(b)）。

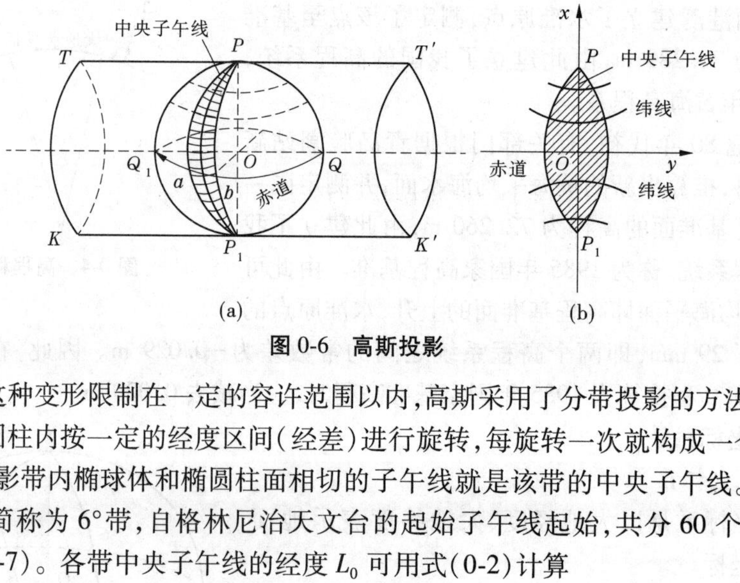


**图 0-6　高斯投影**

为了将这种变形限制在一定的容许范围以内，高斯采用了分带投影的方法，即将地球椭球体在椭圆柱内按一定的经度区间（经差）进行旋转，每旋转一次就构成一个狭长的投影带，每个投影带内椭球体和椭圆柱面相切的子午线就是该带的中央子午线。投影带的经差为 6°的简称为 6°带，自格林尼治天文台的起始子午线起始，共分 60 个带，编号为 1～60（见图 0-7）。各带中央子午线的经度 $L_0$ 可用式(0-2)计算

$$L_0 = 6° \times N - 3° \tag{0-2}$$

式中　$N$——6°带带号。

若已知某点的大地经度 $L$，则可用式(0-3)计算该点所在的 6°带带号

$$N = \frac{L}{6}(\text{取整数}) + 1 \tag{0-3}$$

投影带的经差为 3°的简称为 3°带，自东经 1.5°始，共分 120 带，编号为 1～120（见

图 0-7)。各带中央子午线的经度可按式(0-4)计算

$$L_0 = 3° \times n \tag{0-4}$$

式中　$n$——3°带带号。

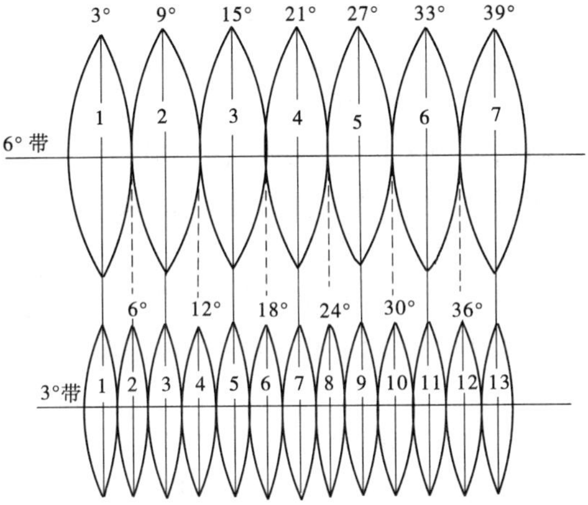


**图 0-7　高斯投影 6°带和 3°带的分带方法**

若已知某点的大地经度 $L$,则按式(0-5)计算该点所在的 3°带带号

$$n = \frac{L - 1.5}{3}(\text{取整数}) + 1 \tag{0-5}$$

我国幅员辽阔,西起东经 74°,东至东经 135°,共跨 11 个 6°带,21 个 3°带。由于我国领土全部位于赤道以北,因此所有投影带内的 $X$ 坐标均为正值,而 $Y$ 值在同一投影带内有正有负(见图 0-8(a))。为此,将每个投影带的坐标纵轴西移 500 km,使所有 $Y$ 坐标均为正值,同时在 $Y$ 坐标前冠以带号,以利于使用。设 6°带内有 $A$、$B$ 两个点(见图 0-8(b)),$Y_A = 18\ 537\ 680.423$ m,$Y_B = 20\ 438\ 270.568$ m,即表示 $A$ 点位于 6°带第 18 带

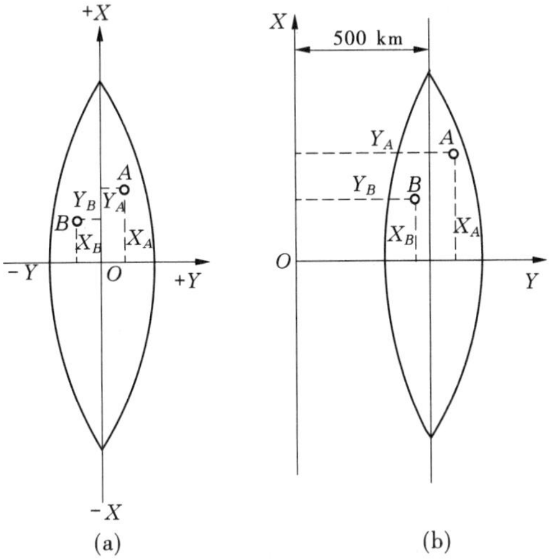


**图 0-8　高斯平面直角坐标系示意图**

中央子午线以东 537 680. 423−500 000 = 37 680. 423(m),$B$ 点位于 6°带第 20 带中央子午线以西 500 000−438 270. 568 = 61 729. 432(m)。

3.独立平面直角坐标系

当地形图测绘或施工测量的面积较小(一般指半径为 10 km 的区域)时,可将测区范围内的椭球面或水准面用水平面来代替,在此水平面上设一坐标原点,以过原点的南北方向为纵轴(向北为正,向南为负),东西方向为横轴(向东为正,向西为负),建立独立的平面直角坐标系(见图 0-9),测区内的所有点均沿铅垂线投影到这一水平面上,任一点的平面位置即可以其坐标值$(x,y)$表示。如果坐标原点设在测区的西南角,则测区内所有点的坐标均为正值。

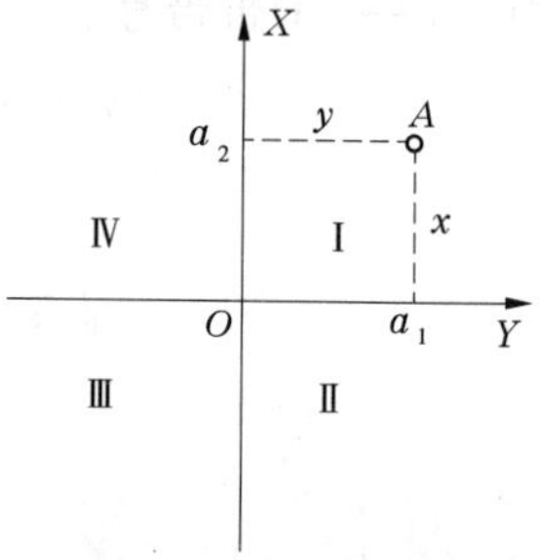


**图 0-9 独立平面直角坐标系示意图**

由图 0-8 和图 0-9 可见,无论是高斯平面直角坐标系还是独立平面直角坐标系,均以纵轴为 $X$ 轴、横轴为 $Y$ 轴,这与数学上笛卡儿平面坐标系的 $X$ 轴和 $Y$ 轴正好相反,其原因在于测量与数学上表示直线方向的方位角定义不同。测量上的方位角为纵轴的指北端起始,顺时针至直线的夹角;数学上的方位角则为横轴的指东端起始,逆时针至直线的夹角。将二者的 $X$ 轴和 $Y$ 轴互换,是为了仍旧可以将已有的数学公式用于测量计算。出于同样的原因,测量与数学上关于坐标象限的规定也有所不同。二者均以北东为第一象限,但数学上的四个象限为逆时针递增,而测量上则为顺时针递增,如图 0-10 所示。

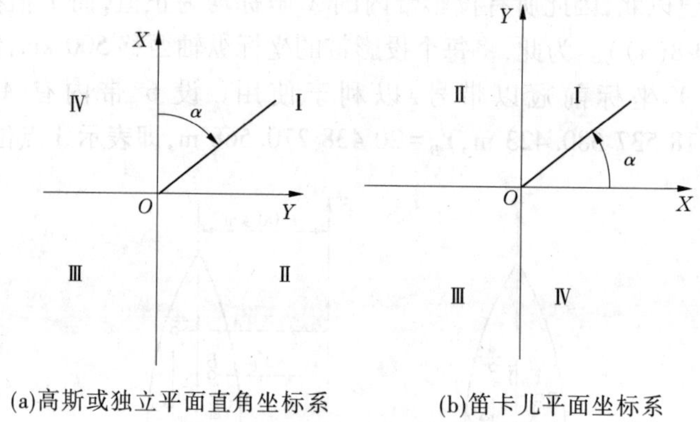


**图 0-10 两种平面直角坐标系的比较**

## 七、测量的基本工作和基本原则

### (一)测量的基本工作

上已述及,测量工作的实质就是确定一系列地面点的空间位置,即它们的坐标和高程。如图 0-11 所示,假设已知 $A$、$B$ 两点的坐标分别为$(X_A,Y_A)$和$(X_B,Y_B)$以及 $B$ 点的高程 $H_B$,只要测定 $BA$ 和 $BC$ 在水平面上投影之间的角度,即水平角 $\beta$,以及水平距离 $D_{BC}$ 和高差 $h_{BC}$,就可以通过计算确定 $C$ 点的坐标$(X_C,Y_C)$和高程 $H_C$。同理,再由 $C$ 点的坐标$(X_C,Y_C)$和高程 $H_C$ 确定后续一系列点的坐标和高程时,也都需要测定相邻点之间的高差、水平距离和相邻边之间的水平角。因此，高差、水平距离和水平角是确定地面点相关位置的三个基本几何要素，而测定两点之间高差的高程测量、距离测量和角度测量就是测量的基本工作。

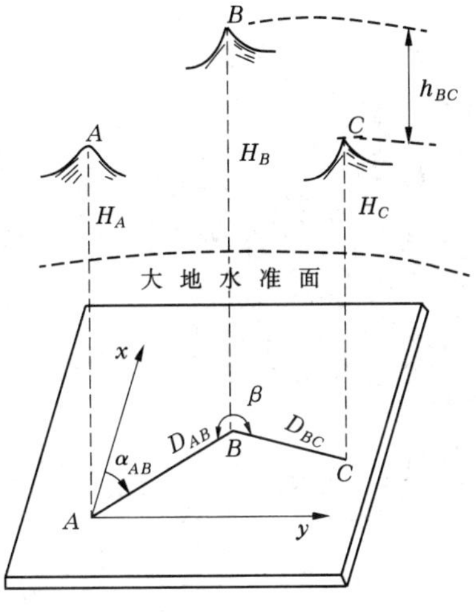


图 0-11　确定地面点位的测量工作

### (二)测量工作的基本原则

无论是地形图测绘还是建筑物的施工放样，都离不开测量的基本工作，即高程测量、距离测量和角度测量。任何一种测量工作都会产生误差，为了克服误差的传播和累积对测量成果造成的影响，测量工作必须遵循一定的原则。这一原则就是程序上“从整体到局部”，步骤上“先控制后碎部”，精度上“由高级到低级”，即先进行整体的精度较高的控制测量，再进行局部的精度较低的碎部测量。

控制测量包括平面控制测量和高程控制测量。即首先在测区内选择 $A$、$B$、$C$、$D$、$E$、$F$ 等作为控制点，连成控制网。用较精密的方法测定这些点的坐标和高程，以控制整个测区(见图 0-12(a))。然后以这些控制点为依据，进行碎部测图。即在各个控制点上用稍低的精度测定附近的房角、道路中心线和河岸的转折点等地物特征点以及山脊线、山谷线的起终点、转折点、地貌方向及坡度的变化点等地貌特征点(通称碎部点)的位置，并以控制点在图上相应的位置 $A'$、$B'$、$C'$、$D'$、$E'$、$F'$ 和高程为依据，将碎部点展绘到图上，然后根据碎部点的图上位置，将地物和地貌按一定的比例尺和符号绘制成地形图(见图 0-12(b))。同理，在建筑物施工测量中，也应先在施工地区布设施工控制网，以控制整个地区建筑物的施工放样。然后依据设计图纸，算出建筑物的细部点(平面轮廓点)到邻近控制点的水平角、水平距离及高差(称为放样数据)，再到现场，将建筑物细部点的位置逐一测设出来，据此指导施工。

显然，由于控制点的点位精度较高，根据它测定的碎部点或测设的细部点又相互独立，一旦有了差错，仅对局部产生影响，不会影响全局，从而将误差的传播和累积尽量减小。控制网又将测区划分为若干部分，可由多个作业组同时进行测图或放样，以加快测量的进度。

此外，无论是控制测量还是碎部测量，都应遵循“责任到人，步步检核，只有在前一步工序完成检核后，才能进行下一步操作”的原则，尽量在现场通过校核发现可能产生的差错，加以改正。

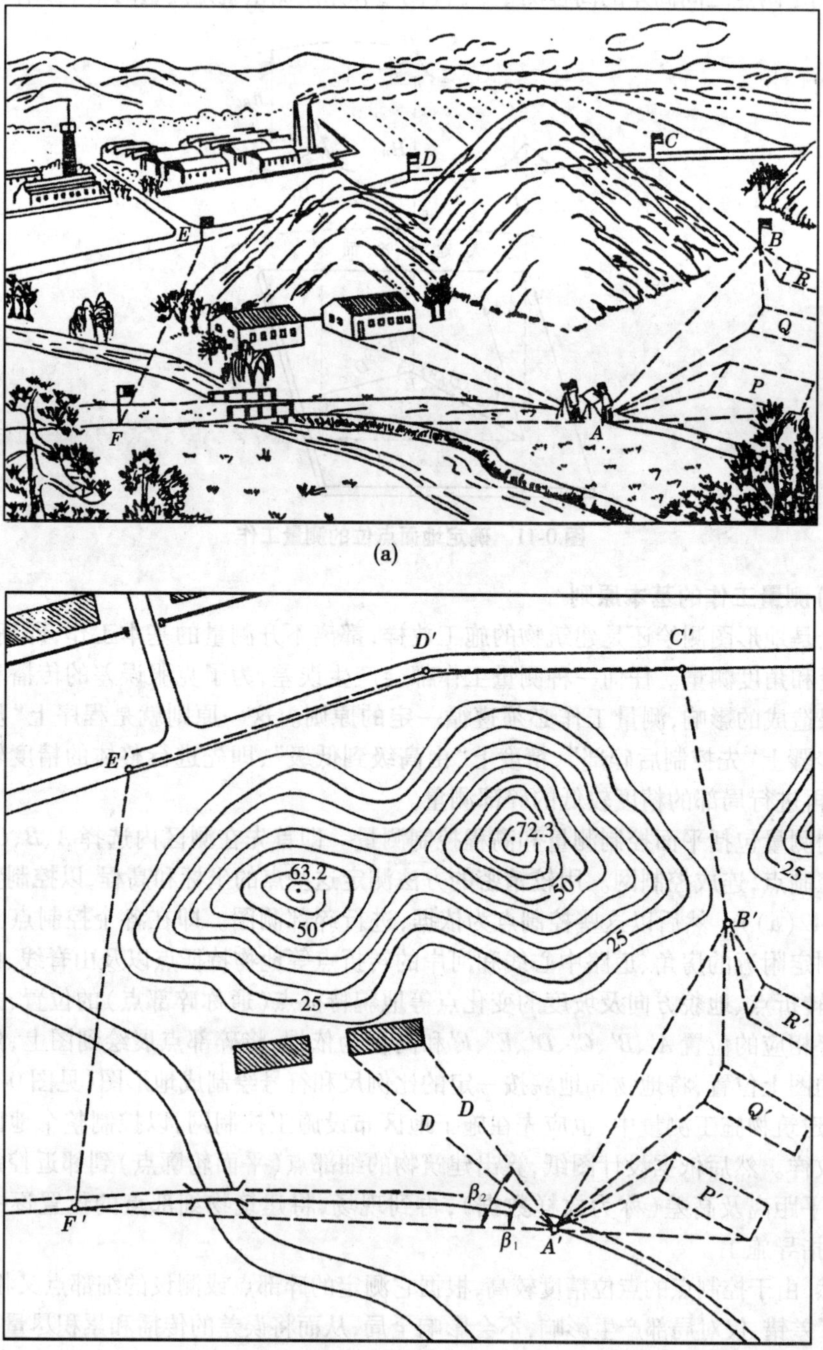


图 0-12　测量工作基本原则示意图

## 小　结

（1）测量的传统任务：一是测绘地形图，二是施工放样。此外，测定与空间位置相关的各种地理信息也成为普通测量的重要任务之一。

（2）测量技术基础课程的主要内容、学习目的和要求。

（3）有关水准面、大地水准面和参考椭球的概念。大地水准面是平均高度的水准面。水准面和大地水准面均处处与铅垂线相垂直，因而形状不规则，地球的形状和大小用参考椭球来描述。

（4）有关平面直角坐标系统和高程系统的概念。大面积范围采用高斯平面直角坐标系，局部地区采用独立平面直角坐标系，我国的高程系统为黄海高程系。

（5）测量的基本工作包括高程测量、距离测量和角度测量。

（6）测量工作的基本原则是程序上“从整体到局部”，步骤上“先控制后碎部”，精度上“由高级到低级”，其目的是克服误差的传播和累积对测量成果造成的影响。

## 复习题

1.测量的传统任务：一是________，二是________。此外，________________也成为普通测量的重要任务之一。

2.______________________称为水准面，大地水准面是______________________。水准面和大地水准面具有共同的特性：______________________________________________。

3.______________________称为地面点的高程，______________________为绝对高程，______________________________为相对高程。两个地面点之间的高程之差称为__________。无论采用绝对高程还是相对高程，两点之间的高差____________。如果$h_{AB}<0$，说明$A$点________于$B$点。

4.确定地面点相关位置的三个基本几何要素有________、____________和________________，而______________、______________和______________则是测量的基本工作。

5.测量工作的基本原则是__________________________________________________，________________________________________，________________________________________。

## 思考题

1.测量是一门什么样的科学技术？在工程建设和地理信息系统建立中有何作用？学习本课程的目的是什么？应达到哪些要求？

2.地球的形状和大小是用什么来描述的？为什么？

3.高斯投影是一种什么样的投影？有何特点？为了将变形限制在一定的范围内，高斯投影采用了什么方法？

4.地面点的平面位置如何确定？高斯平面直角坐标系是如何建立的？工程上常用的独立平面直角坐标系是如何定义的？测量上的直角坐标系和数学上的直角坐标系有何区别(包括坐标轴的定义和象限的编号)？为何会有这样的区别？

5.地面点的三维坐标是什么？什么是我国的1956年黄海高程系和1985年国家高程基准？这两个高程系统之间的常数差是多少？

6.测量的基本工作有哪些？应遵循的基本原则是什么？其目的是什么？

# 模块一　基本测量技术

## 项目一　水准测量

**知识目标**

水准测量的基本原理、水准点和水准路线、消减水准测量误差的措施。

**技能目标**

能够使用普通水准仪进行一般水准测量的外业观测和内业计算，以及对普通水准仪进行检验和校正。

### 任务一　普通水准仪的组成和使用

**知识要点：**水准测量的基本原理、水准仪和水准尺。

**技能要点：**普通水准仪的使用，地面两点高差的测定。

确定地面点高程的测量工作称为高程测量。高程测量根据使用仪器和施测方法的不同，分为水准测量、三角高程测量和 GNSS 高程测量等，其中最常用的就是水准测量。

#### 一、水准测量原理

水准测量是利用水准仪提供的水平视线来测定地面两点之间的高差，进而推算未知点高程的一种方法。

如图 1-1-1 所示，已知 $A$ 点的高程 $H_A$，需求 $B$ 点的高程 $H_B$，只要在 $A$、$B$ 两点之间安置一台水准仪，并在 $A$、$B$ 两点上各竖立一根标尺，利用水准仪提供的一条水平视线在 $A$ 尺上得读数 $a$，在 $B$ 尺上得读数 $b$，即可计算 $A$ 点至 $B$ 点的高差为

$$h_{AB} = a - b \tag{1-1-1}$$

设由 $A$ 点测向 $B$ 点，$A$ 点称为后视点，$a$ 即为后视读数；$B$ 点称为前视点，$b$ 即为前视读数。高差总是后视读数减去前视读数。当 $h_{AB}$ 为正时，表明 $B$ 点高于 $A$ 点；反之，表明 $B$ 点低于 $A$ 点。

计算高程的方法有以下两种：

一种称为高差法，即由两点之间的高差计算未知点高程

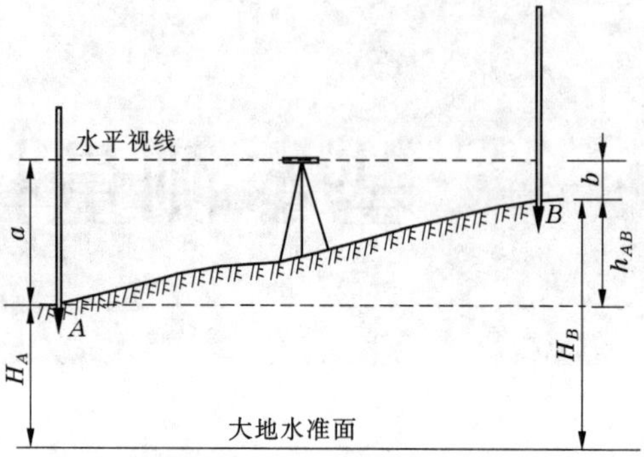


**图 1-1-1　水准测量原理**

$$H_B = H_A + h_{AB} \tag{1-1-2}$$

另一种称为仪高法(亦称视线高法),即由仪器的视线高程计算未知点高程。先由 $A$ 点的高程加后视读数 $a$,得仪器的视线高程 $H_i$,即

$$H_i = H_A + a \tag{1-1-3}$$

再由视线高程计算 $B$ 点高程

$$H_B = H_i - b \tag{1-1-4}$$

由上可见,两种方法的实质相同。但仪高法往往安置一次仪器,可以测定多个未知点的高程,因而更适用于一般施工水准测量。

## 二、$DS_3$ 型微倾式水准仪的组成和使用

水准仪是能够精确提供一条水平视线的仪器。水准仪按其构造的不同分为微倾式水准仪、自动安平水准仪和电子水准仪,按其精度由高至低又分为 $DS_{05}$、$DS_1$、$DS_3$ 和 $DS_{10}$ 四个等级,其中“D”为大地测量仪器的总代码,“S”为“水准仪”汉语拼音的第一个字母,下标的数字是指该水准仪所能达到的每千米往返测高差平均数的中误差(mm)(有关中误差的概念见本模块项目五)。本任务主要介绍 $DS_3$ 型微倾式水准仪。

### (一) $DS_3$ 型微倾式水准仪的组成

微倾式水准仪主要由望远镜、水准器和基座三个部分组成(见图 1-1-2)。通过旋转仪器的微倾螺旋,使望远镜在竖直面上做微小转动,至管水准器气泡居中,进而达到视线水平的目的,微倾式水准仪由此得名。此外,水准仪还有必备的配套工具:水准尺和尺垫。

1.望远镜

望远镜由物镜、目镜、对光透镜和十字丝分划板等组成(见图 1-1-3),主要用于照准目标、放大物像和对标尺进行读数。十字丝分划板上刻有十字丝(见图 1-1-4),竖丝用于对正标尺,横丝又称中丝,用于对标尺截取读数,上、下还各有一根短横丝,称为视距丝,用于测定距离。十字丝分划板装在十字丝环上,再用螺丝固定在望远镜镜筒内。

望远镜照准标尺后,根据几何光学原理(参见图 1-1-3),通过旋转对光螺旋,使对光透镜在望远镜镜筒内平移,即可调节由物镜和对光透镜组成的复合透镜的等效焦距,从而使目标 $AB$ 倒立的实像 $ba$ 刚好落在十字丝分划板上,再通过目镜的作用,放大成倒立的虚像 $b'a'$(也有的水准仪由于构造有所不同,在十字丝分划板上得到的和通过目镜看到

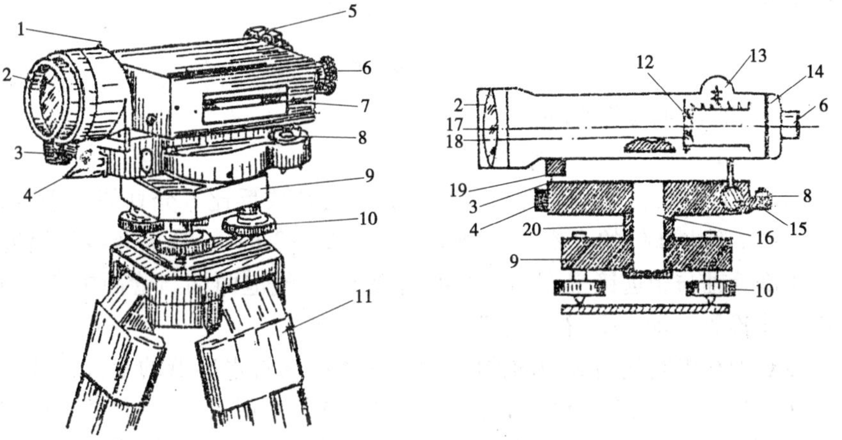


(a) 外形图　　　　　　　　(b) 构造图

1—准星;2—物镜;3—微动螺旋;4—制动螺旋;5—缺口;6—目镜;7—水准管;8—圆水准器;
9—基座;10—脚螺旋;11—三脚架;12—对光透镜;13—对光螺旋;14—十字丝分划板;
15—微倾螺旋;16—竖轴;17—视准轴;18—水准管轴;19—微倾轴;20—轴套

**图 1-1-2　$DS_3$ 型水准仪**

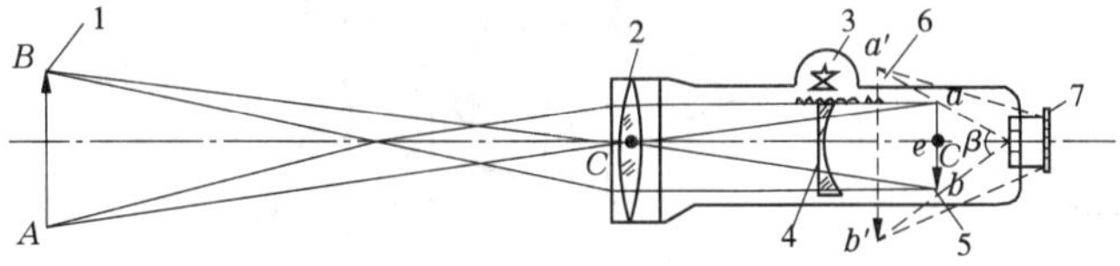


1—目标;2—物镜;3—对光螺旋;4—对光凹透镜;5—倒立实像;
6—放大虚像;7—目镜

**图 1-1-3　望远镜的构造和成像原理**

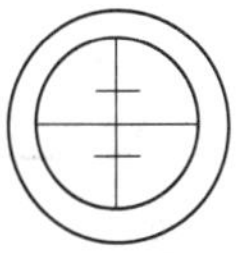

**图 1-1-4　十字丝**

的是目标的正像)。放大后的虚像 $b'a'$ 对眼睛构成的视角 $\beta$ 与眼睛直接观测目标构成的视角 $\alpha$ 之比(放大后的虚像与用眼睛直接看到目标大小的比值)称为望远镜的放大倍率,用 $V(V=\beta/\alpha)$ 表示。$DS_3$ 型水准仪望远镜的放大倍率约为 25 倍。

物镜的光学中心(光心)与十字丝交点的连线 $CC$ 称为望远镜的视准轴。视准轴延伸而成为用于照准目标的视线。测量时,通过水准器的作用,使视准轴水平,就得到水平视线。

2.水准器

水准器是用于整平仪器的装置,分为管水准器和圆水准器两种。前者用于指示仪器的视准轴是否水平,后者用于指示仪器的竖轴是否竖直。

1)管水准器

管水准器又称为长水准管(见图 1-1-5),是一个内壁磨成圆弧面的玻璃管,内装轻质液体且含有一个气泡。管面中心称为管水准器零点,过零点所做圆弧面的纵向切线 $LL$ 称为水准管轴。管面一般每隔 2 mm 刻有分划线,相邻分划线间的圆弧所对应的圆心角值 $\tau$

称为水准管分划值，其可用下式表示

$$\tau'' = \frac{2}{R} \cdot \rho'' \tag{1-1-5}$$

式中　$R$——水准管圆弧半径，mm；

$\rho''=206\ 265''$。

由式(1-1-5)可见，分划值的大小与圆弧的半径 $R$ 成反比。分划值越小，水准管的灵敏度越高。$DS_3$ 型水准仪的水准管分划值一般为 20″/2 mm。管水准器与望远镜固连在一起。在水准管轴与望远镜视准轴平行的前提下，当气泡两端与管面中点对称时（称为气泡居中），水准管轴即水平，视线也就水平了。

为方便观测和提高气泡居中的精度，微倾式水准仪管水准器的上方常装有棱镜系统（见图 1-1-6(a)）。水准管气泡的两端通过棱镜系统的折射，投影到目镜左侧的符合气泡观测窗内，各自构成左、右半边的影像。转动微倾螺旋，两半边的影像将相对移动。当底端错开时，表示气泡未居中（见图 1-1-6(b)）；当底端吻合成半圆形时，即表示气泡居中（见图 1-1-6(c)）。同时，由于两半边的影像将气泡偏离零点的距离放大 1 倍，因而使观测气泡居中的精度得以提高。这种装有符合棱镜的水准器又称为符合水准器。

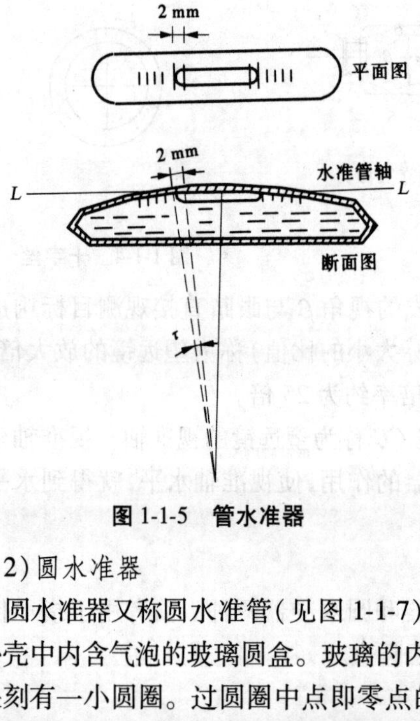


图 1-1-5　管水准器

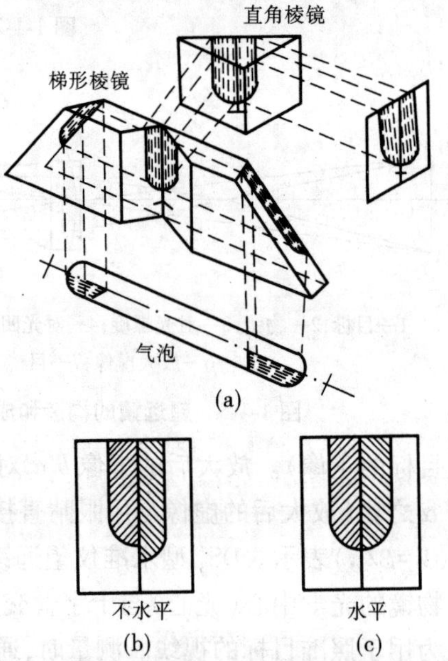


图 1-1-6　符合水准器

2）圆水准器

圆水准器又称圆水准管（见图 1-1-7），是一个装在金属外壳中内含气泡的玻璃圆盒。玻璃的内表面磨成球面，中央刻有一小圆圈。过圆圈中点即零点的球面法线称为圆水准轴（$L'L'$）。当气泡位于圆圈中央时，圆水准轴即位于竖直位置。如果这时圆水准轴与仪器竖轴是平行的，即表示仪器的竖轴也处于铅垂位置。圆水准器的分划值一

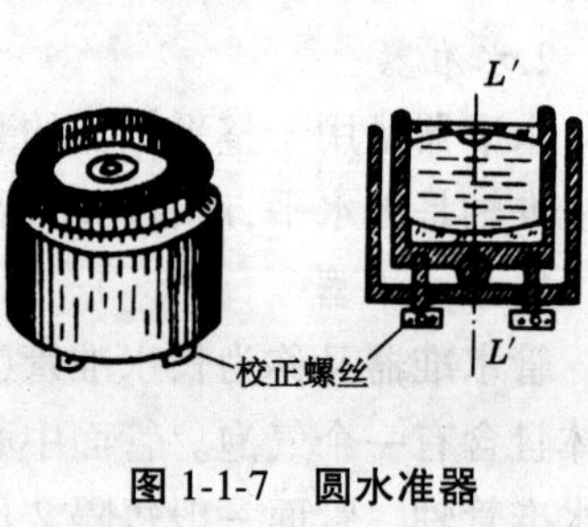


图 1-1-7　圆水准器

般不大于 8′/2 mm。显然，圆水准器的灵敏度较低，因而只能用于仪器的粗略整平。

3.基座

基座包括轴座、底板、脚螺旋和三角压板，用于支承仪器的上部，并通过中心螺旋将仪器与三角架相连接。旋转三个脚螺旋调节圆水准气泡居中，即可使仪器粗略整平。

4.水准尺和尺垫

1)水准尺

水准尺即标尺，是水准测量的主要配套工具，分直尺（含折尺）和塔尺两种（见图 1-1-8）。

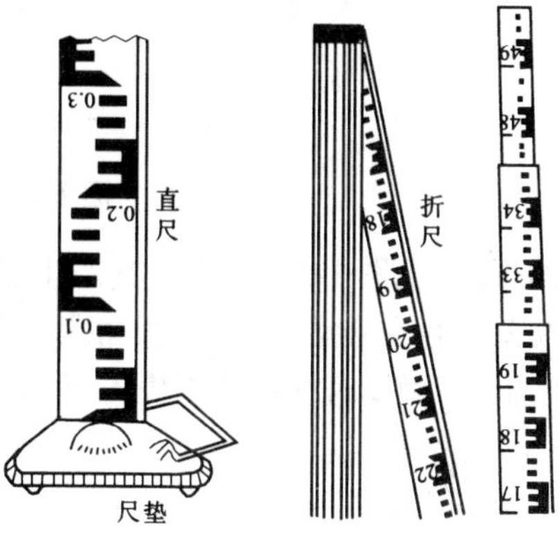

图 1-1-8　水准尺和尺垫

直尺（含折尺）一般用优质木材制成，长 2 m 或 3 m，两面均刻有宽度为 1 cm 的分划线。分划为黑、白相间的称为黑面，尺底自 0.000 m 起算；分划为红、白相间的称为红面，一对标尺的红面尺底分别自 4.687 m 或 4.787 m 起算。即同一视线高度下，同一标尺红、黑两面读数应含 4.687 m 或 4.787 m 的常数差，用于检查读数的正确性。尺的侧面通常装有扶手和圆水准器，便于使立尺竖直。杆尺一般用于三、四等水准测量。

塔尺一般由木材或铝合金制成，长 5 m，分为 3 节，可以伸缩。尺面分划为 1 cm 或 0.5 cm，也分黑、红两面。其优点是便于携带，但由于接插处易磨损，使尺长精度受到影响，因而多用于一般水准测量。

2)尺垫

尺垫一般由铸铁制成，呈三角形，其中央有一突出圆顶，测量时用于支承标尺（见图 1-1-8）。

**（二）$DS_3$ 型微倾式水准仪的使用**

为测定地面两点之间的高差，首先在两点的中间安置水准仪（一般不要求三点成一直线）。撑开三角架，使架头表面大致水平，高度适中，用中心螺旋将水准仪与三角架牢固连接，再按以下步骤进行操作。

1.粗略整平

粗略整平就是通过旋转脚螺旋使圆水准气泡居中，从而使仪器的竖轴竖直。操作方法如图 1-1-9 所示，先用双手相对转动一对脚螺旋，使气泡从 $a$ 处移到 $b$ 处，再单独转动另一脚螺旋，使气泡由 $b$ 处移至小圆圈中央。在转动脚螺旋时，应遵循“左手法则”，即使左手拇指运动的方向与气泡移动的方向相一致。

2.瞄准标尺

先对目镜调焦，即将望远镜对向明亮的背景，转动目镜调节螺旋，直到十字丝清晰；松开制动螺旋，转动望远镜，利用镜筒上面的缺口和准星瞄准标尺，然后拧紧制动螺旋；转动物镜对光螺旋，使标尺成像清晰；再转动微动螺旋，使标尺影像位于望远镜视场中央；最后消除视差。所谓视差，是指当眼睛在目镜端上、下微动时，看到十字丝与目标的影像相互

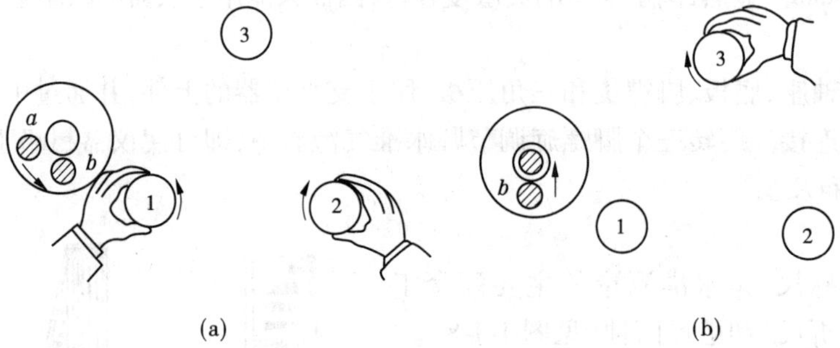


图 1-1-9　圆水准器的整平

移动的现象(见图 1-1-10(a)),其产生的原因是目标的实像未能刚好成在十字丝分划板上。视差的存在会增大标尺读数的误差,消除的方法是再旋转物镜对光螺旋重复对光,直到眼睛上、下微动时标尺的影像不再移动(见图 1-1-10(b))。

3.精确整平

精确整平就是注视符合气泡观测窗,同时转动微倾螺旋,使气泡两半边影像下端符合成半圆形(见图 1-1-6(c)),即使管水准器气泡居中,表明水准管轴水平,视线亦精确水平。

4.标尺读数

用十字丝中横丝在标尺上读数。以米(m)为单位,读出四位数,最后一位毫米(mm)为估读。注意,水准尺上所标的注字往往有正字或倒字之分,但不管是正字还是倒字,也不管望远镜的成像为正像还是倒像,读数总是由小数往大数读,如图 1-1-11 所示,读数为 1.948 m。如发现观测时,符合气泡影像错开,读数即不正确,应再次精平,重新读数。

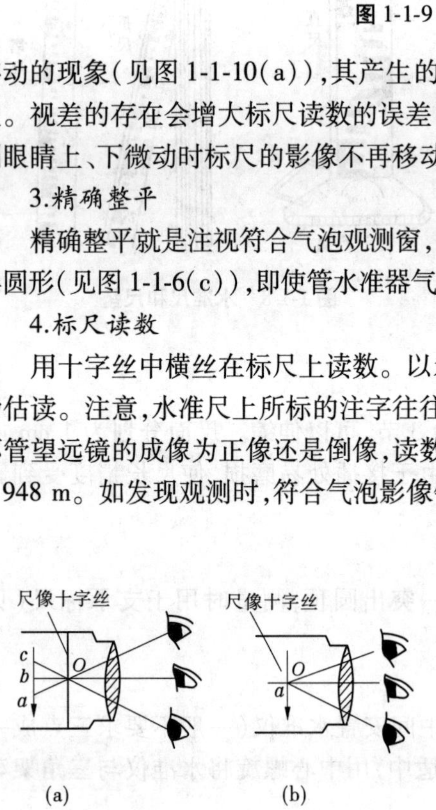


图 1-1-10　视差

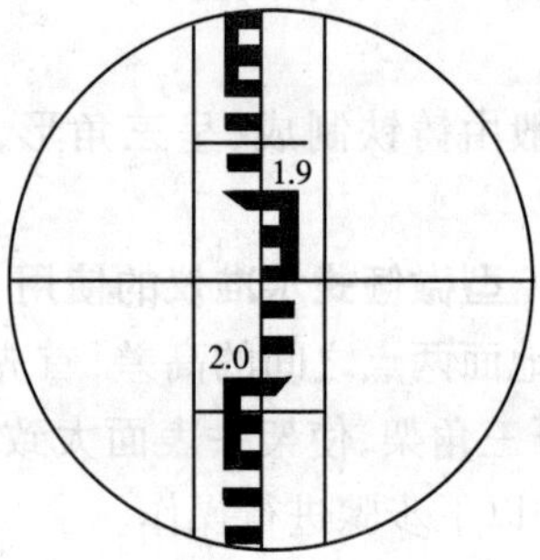


图 1-1-11　水准尺读数

# 任务二　普通水准测量

**知识要点**:水准点、水准路线。

**技能要点**:路线水准测量的外业观测和内业计算。

普通水准测量是指国家等级控制以下的水准测量,又称等外水准测量,常用于局部地区大比例尺地形图测绘的图根高程控制或一般工程施工的高程测量。水准测量至少应有一个已知高程点,布设一定的水准路线,通过外业观测和内业计算,求出未知点的高程。

## 一、水准点

用水准测量方法测定的高程控制点称为水准点，常以 BM(Bench Mark)表示。按其精度和作用的不同，分为国家等级水准点和普通水准点。前者作为全国范围的高程控制点，需按规定形式埋设永久性标志；后者则是从国家等级水准点引测出来的，直接作为局部测区或施工场地的高程控制点，埋设永久性或临时性标志。

永久性水准点一般用钢筋混凝土制成，深埋至地面冻土线以下，顶部嵌入金属或瓷质半球形标志(见图 1-1-12(a))。在城镇或建筑区，也可将金属标志埋设在稳定的墙脚上，称为墙上水准点(见 1-1-12(b))。临时性水准点可选用地面坚硬的地物或用大木桩打入土中，再在桩顶钉一圆头钉。永久性水准点埋设后应及时绘制点位附近的草图，标注定位尺寸，称为点之记，如图 1-1-13 所示。

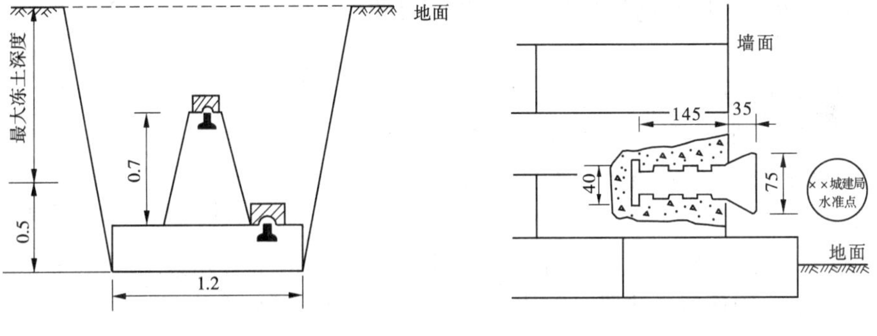


(a)水准点标石 (单位:m)　　(b)墙上水准点 (单位:mm)

**图 1-1-12　水准点**

## 二、水准路线

水准测量根据点位、场地及作业条件，事先应布设成一定的水准路线，既保证测量具有足够的检核，又提高成果的精度。水准路线一般有以下三种形式。

### (一)附合水准路线

如图 1-1-14 所示，从已知水准点 $BM_1$ 出发，经各待定高程点逐站进行水准测量，最后附合到另一已知水准点 $BM_2$ 上，称为附合水准路线。

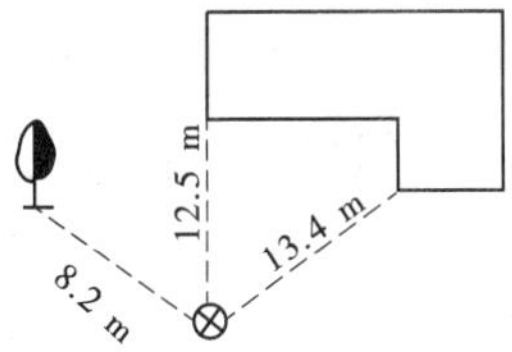


**图 1-1-13　点之记**

### (二)闭合水准路线

如图 1-1-15 所示，从已知水准点 $BM_1$ 出发，经各待定高程点逐站进行水准测量，最后返回到已知水准点 $BM_1$ 上，称为闭合水准路线。

### (三)支水准路线

若从已知水准点出发，经各待定高程点逐站进行水准测量，既不附合到另一已知水准点，也不返回原已知水准点，称为支水准路线，如图 1-1-16 所示。

附合水准路线和闭合水准路线能对测量成果进行有效的检核，而支水准路线必须进行往、返观测，否则不能保证测量成果的可靠性。

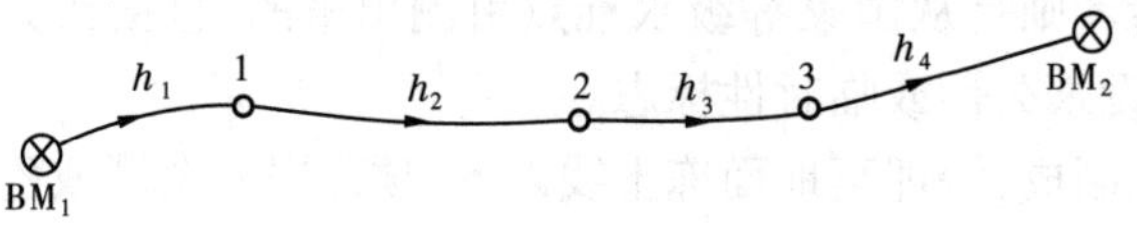


**图 1-1-14　附合水准路线**

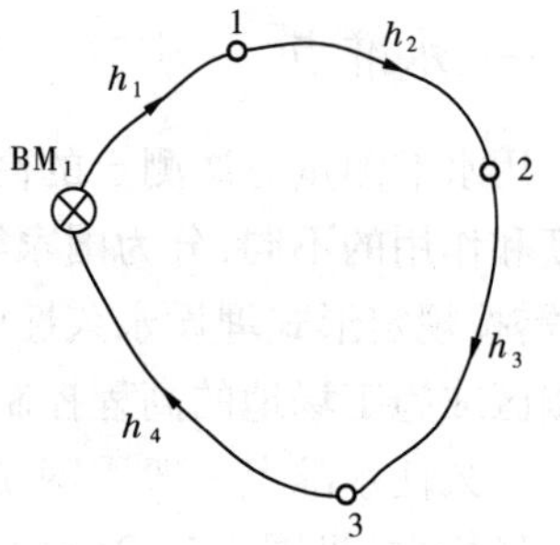


**图 1-1-15　闭合水准路线**

## 三、水准测量外业

水准测量外业包括现场的观测、记录和必要的检核。

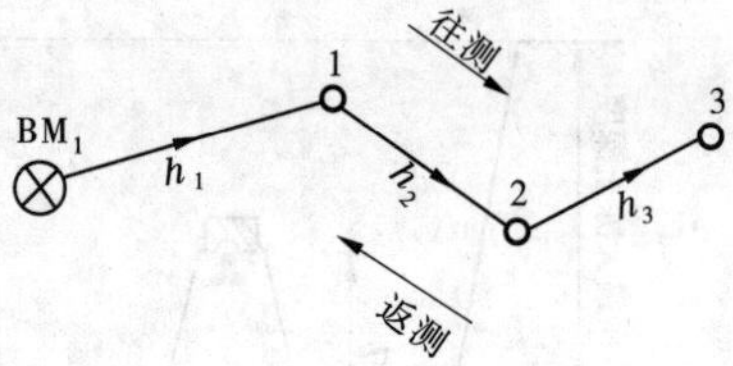


**图 1-1-16　支水准路线**

### （一）观测与记录

如上所述，水准测量一般都是沿水准路线进行的。一条水准路线必含有若干已知水准点和待定高程点。两相邻点之间的路线称为一个测段，测段上每安置一次仪器称为一个测站。由于仪器到标尺的距离一般不宜超过 100 m，即一个测站的距离有所限制，因而每个测段一般均由若干连续的测站所组成。

以图 1-1-17 为例说明。$A$ 为已知水准点，高程为 36.565 m，为测定未知点 1、2 的高程，布设一条闭合水准路线，分为 3 个测段，计 5 个测站。施测时，首先安置水准仪于测站（1），以 $A$ 为测站（1）的后视点，在路线前进方向与后视距离大致相等处，选择转点 $TP_1$，作为测站（1）的前视点。所谓转点，是指临时设置，用于传递高程的点，其上应放置尺垫。在 $A$ 点（不放尺垫）和 $TP_1$ 点（放尺垫）上各立一水准尺，分别为测站（1）的后视尺和前视尺。仪器粗略整平后，瞄准后视尺，用微倾螺旋使管水准器气泡符合，读取读数 $a_1 = 2.305$ m，记入表 1-1-1 的后视读数栏。转动望远镜，瞄准前视尺，再次使管水准器气泡符合，读取读数 $b_1 = 0.875$ m，记入表 1-1-1 的前视读数栏。计算 $A$ 点与 $TP_1$ 点的高差为

$$h_1 = a_1 - b_1 = 2.305 - 0.875 = 1.430(\text{m})$$

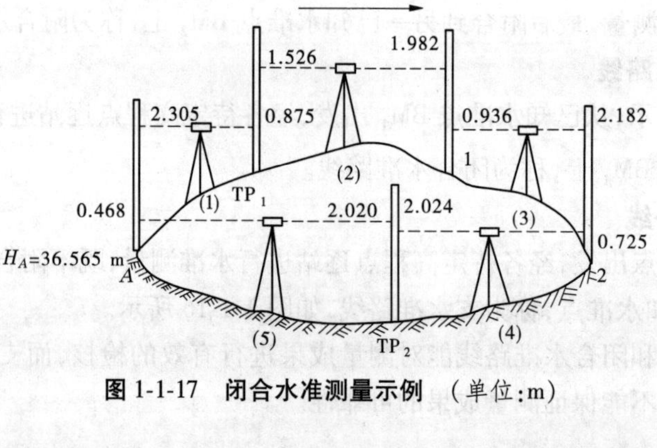


**图 1-1-17　闭合水准测量示例**　（单位：m）

将结果记入高差栏内。以上为测站(1)的观测和记录。

**表 1-1-1　水准测量手簿**

日期______　天气______　仪器______　地点______　观测______　记录______

| 测站 | 测点 | 水准尺读数(m) | | 高差(m) | | 说明 |
|---|---|---|---|---|---|---|
| | | 后视($a$) | 前视($b$) | + | − | |
| (1) | $A$ | 2.305 | | 1.430 | | $H_A=36.565$ m |
| | $TP_1$ | | 0.875 | | | |
| (2) | $TP_1$ | 1.526 | | | 0.456 | |
| | 1 | | 1.982 | | | |
| (3) | 1 | 0.936 | | | 1.246 | |
| | 2 | | 2.182 | | | |
| (4) | 2 | 0.725 | | | 1.299 | |
| | $TP_2$ | | 2.024 | | | |
| (5) | $TP_2$ | 2.020 | | 1.552 | | |
| | $A$ | | 0.468 | | | |
| 检核 | [ ] | 7.512<br>− 7.531<br>−0.019 | 7.531 | 2.982<br>−3.001<br>−0.019 | 3.001 | |

检核无误后,将仪器搬至测站(2),$TP_1$ 点原地不动,只是将尺面转向仪器,变为测站(2)的后视尺,而将 $A$ 点的标尺移至待定点 1,作为测站(2)的前视尺,然后进行与测站(1)相同的观测和记录,再按同样的作业程序,依次经待定点 1、2 和转点 $TP_2$,返回水准点 $A$,完成闭合路线的施测。

## (二)检核

### 1.测站检核

各测站高差是推算待定点高程的依据,若其中任一测站所测高差有误,则全部测量成果将无法使用。因此,每一测站都应进行必要的测站检核,检核通过后,方能搬站。测站检核的方法有变仪高法和双面尺法两种。

1)变仪高法

在同一测站上,第一次高差测定后,重新安置仪器,使仪器高度的改变量大于 10 cm,再进行第二次高差测定。两次测得的高差之差值若不超过容许值(如普通水准测量为 ±5 mm),则符合要求,取两次高差的平均值作为该测站的观测高差,否则应返工重测。

2)双面尺法

如果使用双面水准尺,在同一测站上,不改变仪器高,分别对后视尺和前视尺的黑、红两面进行读数,由此算得测站的黑面高差 $h_{黑}=a_{黑}-b_{黑}$ 和红面高差 $h_{红}=a_{红}-b_{红}$,对两者加以比较来检核成果的正确性。具体方法参见模块二项目一任务四中的四等水准测量。

2.计算检核

为保证高差计算的正确性,应在每页记录的下方进行计算检核。方法是分别计算该页所有测站的后视读数之和[a]、前视读数之和[b]及测站高差之和[h],代入下式

$$[h] = [a] - [b] \tag{1-1-6}$$

看其是否成立。如表 1-1-1 中

$$[h] = 2.982 - 3.001 = -0.019$$

$$[a] - [b] = 7.512 - 7.531 = -0.019$$

两数值相等,说明计算无误。

## 四、水准测量内业

水准测量内业即计算路线的高差闭合差,如其符合要求则予以调整,最终推算出待定点的高程。需要说明的是,内业计算一般先按已知点和未知点将整条路线划分为若干测段,每个测段由若干测站组成,事先将各测段所含测站的高差观测值相加得测段的高差观测值,再用于计算。具体的计算步骤如下所述。

### (一)高差闭合差计算与检核

作为水准路线终端的水准点可得到两个高程值:一个是其已知值,另一个是由起始水准点已知高程和所有测站高差之和得到的推算值。二者理论上应相等,但由于外业测定的高差不可避免地会受到各种误差的影响,因此二者之间一般总会存在差值。这一差值即称为高差闭合差。设整条水准路线分为 $n$ 个测段,各测段高差观测值为 $h_i(i=1,2,3,4,\cdots)$,两端水准点的已知高程分别为 $H_{始}$、$H_{终}$,则:

对附合水准路线而言,起点和终端的已知水准点不同,其高差闭合差 $f_h$ 为

$$f_h = \sum_{i=1}^{n} h_i - (H_{终} - H_{始}) \tag{1-1-7}$$

对闭合水准路线而言,起点和终点合而为一,因而高差闭合差 $f_h$ 为

$$f_h = \sum_{i=1}^{n} h_i \tag{1-1-8}$$

对支水准路线而言,经往、返观测(高差符号相反),二者高差的绝对值之差即为高差闭合差,亦称高差较差,其表达式为

$$f_h = \sum_{i=1}^{n} h_{往_i} + \sum_{i=1}^{n} h_{返_i} \tag{1-1-9}$$

为了检查高差闭合差是否符合要求,还应计算高差闭合差的容许值(即其限差)。不同等级的水准测量,高差闭合差容许值也不相同。就普通(等外)水准测量而言,该容许值规定为:

平地 $$f_{h容} = \pm 40\sqrt{L}\ \text{mm} \tag{1-1-10}$$

山地 $$f_{h容} = \pm 12\sqrt{n}\ \text{mm} \tag{1-1-11}$$

式中 $L$——水准路线全长,km;

$n$——路线测站总数。

平地、山地容许值的计算有所不同,这是因为山地坡度变化大,每千米安置的测站数

难以一致，而平地坡度变化小，每千米测站数相差不大。若计算的高差闭合差大于高差闭合差容许值，则说明观测成果含有粗差甚至错误，应查找原因，予以重测。

以图 1-1-18 所示附合水准路线为例，已知水准点 $BM_1$、$BM_2$ 和待定点 1、2、3 将整个路线分为 4 个测段。已知高程、各测段的观测高差之和 $h_i$ 及测站数已填入表 1-1-2 内相应栏目（如系平地测量，则将测站数栏改为千米数栏，填入各测段千米数；表内加粗字为已知数据），然后进行高差闭合差计算

$$f_h = \sum_{i=1}^{n} h_i - (H_{终} - H_{始}) = 8.847 - (48.646 - 39.833) = +0.034(\text{m})$$

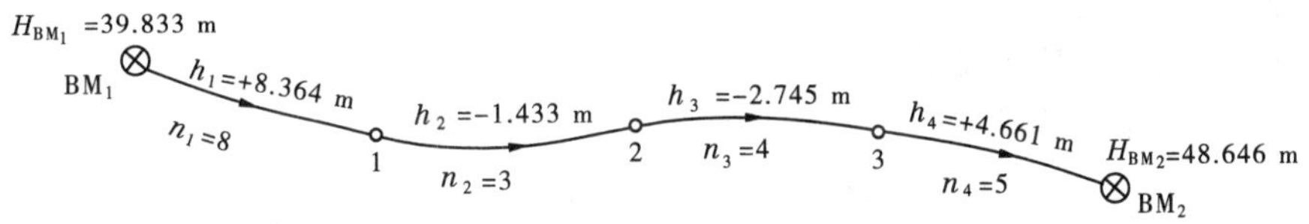


**图 1-1-18　附合水准路线算例**

**表 1-1-2　附合水准路线计算**

| 测段号 | 点名 | 测站数 | 观测高差（m） | 改正数（m） | 改正后高差（m） | 高程（m） | 备注 |
|---|---|---|---|---|---|---|---|
| 1 | 2 | 3 | 4 | 5 | 6 | 7 | 8 |
| | $BM_1$ | | | | | **39.833** | |
| 1 | | 8 | +8.364 | −0.014 | +8.350 | | |
| | 1 | | | | | 48.183 | |
| 2 | | 3 | −1.433 | −0.005 | −1.438 | | |
| | 2 | | | | | 46.745 | |
| 3 | | 4 | −2.745 | −0.007 | −2.752 | | |
| | 3 | | | | | 43.993 | |
| 4 | | 5 | +4.661 | −0.008 | +4.653 | | |
| | $BM_2$ | | | | | **48.646** | |
| Σ | | 20 | + 8.847 | −0.034 | +8.813 | | |
| 辅助计算 | $f_h$ = +0.034 m<br>$f_{h容} = \pm 12\sqrt{20} = \pm 54(\text{mm})$ | | | | | | |

由于图中标注了各测段的测站数 $n_i$，说明是山地观测，因此依据总测站数 $n$ 计算高差闭合差的容许值为

$$f_{h容} = \pm 12\sqrt{n} = \pm 12\sqrt{20} = \pm 54(\text{mm})$$

计算的高差闭合差及其容许值填于表 1-1-2 中的辅助计算栏。

### （二）高差闭合差调整

若高差闭合差小于容许值，则说明观测成果符合要求，但应进行调整。所谓调整，就是将高差闭合差予以消除，方法是将高差闭合差反符号，按与测段的长度（平地）或测站数（山

地)成正比,即依式(1-1-12)计算各测段的高差改正数,并加入测段的高差观测值中。

$$\left.\begin{aligned}\Delta h_i &= -\frac{f_h}{\sum L_i}\cdot L_i \quad (\text{平地,与各测段长度成正比}) \\ \Delta h_i &= -\frac{f_h}{\sum n_i}\cdot n_i \quad (\text{山地,与各测段测站数成正比})\end{aligned}\right\} \quad (1\text{-}1\text{-}12)$$

式中 $\sum L_i$——路线总长,km;

$L_i$——第 $i(i=1,2,3,\cdots)$ 测段长度,km;

$\sum n_i$——测站总数;

$n_i$——第 $i$ 测段测站数。

上例中,以测站数成正比计算第 1 测段的高差改正数为

$$\Delta h_1 = -\frac{\Delta h}{\sum n_i}\cdot n_1 = -\frac{0.034}{20}\times 8 = -0.014(\text{m})$$

同理,算得其余各测段的高差改正数分别为-0.005 m、-0.007 m、-0.008 m,依次列入表 1-1-2中第 5 栏。所算得的高差改正数总和应与高差闭合差的数值相等,符号相反,以此对计算进行校核。若因取整误差造成二者出现小的较差,可对个别测段高差改正数的尾数适当取舍 1 mm,以满足改正数总和与闭合差绝对值相等的要求。

**(三)计算待定点高程**

将高差观测值加上改正数即得各测段改正后高差,据此,即可依次推算各待定点的高程(上例计算结果列入表 1-1-2 中第 6、7 栏)。

如上所述,闭合水准路线的计算方法除高差闭合差的计算有所区别外,其余与附合水准路线的计算完全相同。

支水准路线计算时,一般取往测和返测高差绝对值的平均值作为测段的高差,其符号与往测相同,然后根据起始点高程和各测段平均高差推算各待定点高程。

# 任务三　$DS_3$ 型微倾式水准仪检验和校正

**知识要点**:水准仪的主要轴线及其应满足的几何条件、水准仪的 $i$ 角误差。

**技能要点**:能进行水准仪的三项检验和校正。

任何一种测量仪器都有其主要轴线。为了保证仪器的正常使用和精度要求,各轴线之间应满足必要的几何条件。所谓检验,就是逐一检定这些几何条件是否满足,如有不满足,采取相应的措施使其满足,即为校正。

## 一、$DS_3$ 型微倾式水准仪主要轴线及其应满足的几何条件

如前所述,$DS_3$ 型微倾式水准仪的主要轴线有望远镜视准轴 $CC$、水准管轴 $LL$、圆水准轴 $L'L'$,此外还有仪器的竖轴 $VV$——望远镜下方金属管轴的中心线(见图 1-1-19)。它们之间应满足以下几何条件:

(1)圆水准轴平行于仪器的竖轴,即 $L'L' /\!/ VV$。

(2)十字丝横丝垂直于仪器的竖轴，即十字丝横丝⊥VV。

(3)水准管轴平行于望远镜视准轴，即 LL∥CC。比较而言，这一条件对保证水准测量的精度尤其重要，因此又称为水准仪应满足的主要条件。

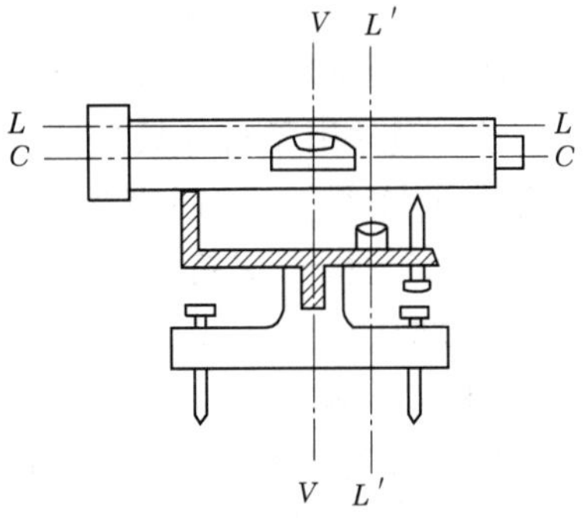


图 1-1-19 水准仪的主要轴线关系

## 二、$DS_3$ 型微倾式水准仪检验和校正

### (一)圆水准轴检验和校正

1.检验目的

使圆水准轴 L′L′平行于仪器的竖轴 VV。圆水准器是用来粗略整平仪器的。粗略整平仪器，不仅仅是使圆水准器气泡居中，主要应使仪器的竖轴竖直，这一要求只有在满足圆水准轴平行于仪器竖轴的前提下才能达到。

2.检验方法

首先，转动三个脚螺旋，使圆水准器气泡居中，此时圆水准轴 L′L′处于竖直位置。然后，将望远镜旋转 180°，如果气泡仍然居中，则说明仪器的竖轴 VV 与圆水准轴L′L′平行；如果气泡不再居中，则说明 VV 与 L′L′不平行，二轴之间存有偏角 $\delta$(见图 1-1-20(a))，在望远镜旋转 180°之后，圆水准轴不仅不竖直，而且与铅垂线之间产生偏角 $2\delta$(见图 1-1-20(b))，气泡的偏移量正是该偏角 $2\delta$ 的等效反映。

3.校正方法

竖轴和圆水准轴不平行，主要是因为圆水准器底部的三个校正螺丝(见图 1-1-22)有所松动或磨损，造成圆水准器周边不等高，致使圆水准轴偏离正确位置。校正时，首先将圆水准器底部中间的固定螺丝旋松，用校正针拨动校正螺丝，使气泡向居中位置返回偏移量的一半(见图 1-1-21(a))，此时圆水准轴与竖轴之间的偏角 $\delta$ 已得到改正，两轴即平行。然后用脚螺旋整平，使圆水准器气泡居中，竖轴即与圆水准轴同时恢复竖直位置(见图 1-1-21(b))。校正工作一般需反复进行，直到仪器旋转到任何位置圆水准气泡均居中。校正完毕后注意拧紧紧固螺丝(见图 1-1-22)。

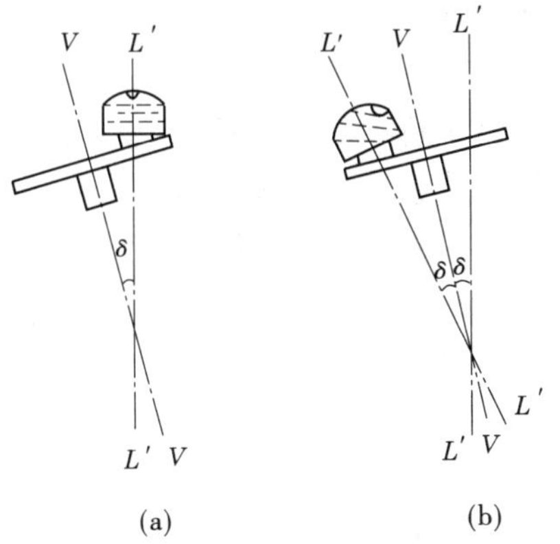


图 1-1-20 圆水准轴检验

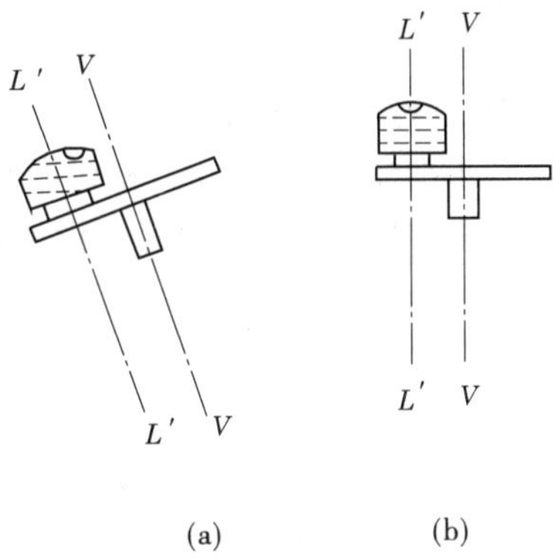


图 1-1-21 圆水准轴校正

### (二)十字丝横丝检验和校正

1.检验目的

使十字丝横丝垂直于仪器竖轴 $VV$。十字丝中横丝用于对标尺进行读数，只有满足该条件，才能在仪器整平后，使十字丝横丝保持水平，从而使得标尺读数的精度有所保证。

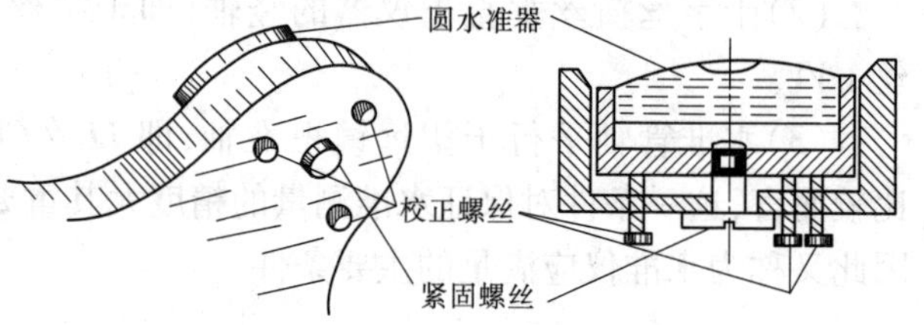


**图 1-1-22　圆水准轴校正设备**

2.检验方法

首先用望远镜中横丝一端对准某固定点 $A$（见图 1-1-23（a）），旋紧制动螺旋，转动微动螺旋，使望远镜左右移动。若此时 $A$ 点影像不偏离横丝，则说明横丝水平，即条件满足；若偏离横丝（见图 1-1-23（b）），则说明条件不满足，需要校正。

3.校正方法

拧开护盖，用螺丝刀旋松十字丝分划板固定螺丝（见图 1-1-24），轻转分划板座，使点 $A$ 对中横丝的偏离量减少一半，即使横丝恢复水平位置。同样，这一工作亦需反复进行，最后拧紧固定螺丝和护盖。

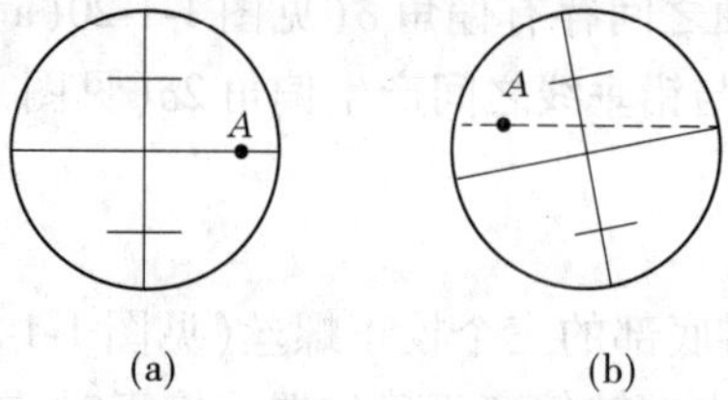


**图 1-1-23　十字丝横丝检验**

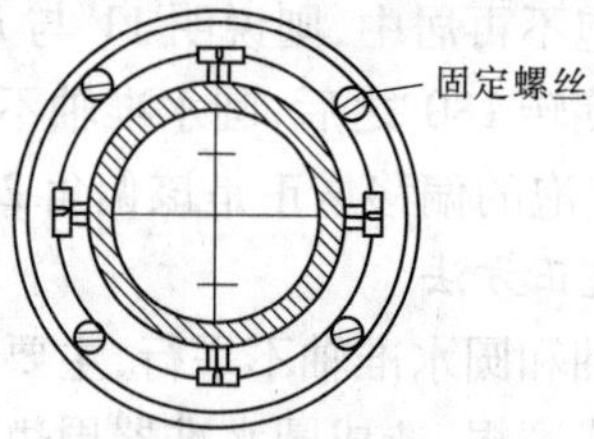


**图 1-1-24　十字丝分划板校正设备**

**（三）水准管轴检验和校正**

1.检验目的

使水准管轴 $LL$ 平行于望远镜视准轴 $CC$。水准仪的主要功能是精确提供一条水平视线，而视线是否水平是以管水准器的气泡是否居中作为参照的。显然，只有在满足望远镜视准轴平行于水准管轴这一主要条件下，该功能才得以实现。

2.检验方法

水准仪的望远镜视准轴 $CC$ 与水准管轴 $LL$ 应保持平行。如不平行，二者之间存在偏角 $i$，当管水准器气泡居中时，视线即倾斜，从而使标尺读数产生误差 $\Delta$，这一误差称为水准仪的 $i$ 角误差（见图 1-1-25）。设仪器到标尺的距离为 $D$，则 $i$ 角误差可用下式计算

$$\Delta = \frac{i''D}{\rho''} \tag{1-1-13}$$

式中　$\rho'' = 206\ 265''$。

由式（1-1-13）可见，$i$ 角误差既与 $i$ 角大小相关，也和距离 $D$ 成正比。在 $i$ 角不变的情况下，$D$ 越长，$i$ 角对标尺读数的影响越大；反之，影响越小。根据这一规律，可得该项误差的检验方法和计算公式的推导如下。

在检验场地选择 $J_1$、$A$、$B$、$J_2$ 四点，总长61.8m，分为三等份，即 $J_1A = AB = BJ_2 = S =$

20.6 m(见图 1-1-25)。设置 $S$ 为 $\rho''$的可约数,可利于计算。在 $A$、$B$ 点放置尺垫,以便竖立标尺;在 $J_1$、$J_2$ 点做标记,以便安置仪器,然后实施以下步骤:

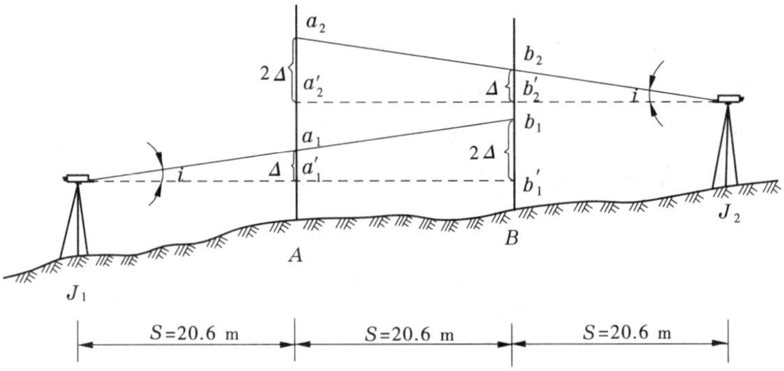


图 1-1-25　水准管轴检验

(1)先在 $J_1$ 点安置水准仪,依次照准 $A$、$B$ 点水准尺,仪器精平,各尺读数 4 次,分别取平均得 $a_1$ 和 $b_1$,设 $i=0$ 时水平视线在二尺上的正确读数为 $a_1'$ 和 $b_1'$,则 $a_1$ 和 $b_1$ 所含的读数误差分别为 $\Delta$ 和 $2\Delta$。

(2)再在 $J_2$ 点安置水准仪,依次照准 $A$、$B$ 点水准尺,仪器精平,各尺读数 4 次,分别取平均得 $a_2$ 和 $b_2$,设 $i=0$ 时水平视线在二尺上的正确读数为 $a_2'$ 和 $b_2'$,则 $a_2$ 和 $b_2$ 所含的读数误差分别为 $2\Delta$ 和 $\Delta$。

(3)测站 $J_1$ 和 $J_2$ 所得 $A$、$B$ 点的正确高差分别为

$$h_1' = a_1' - b_1' = (a_1 - \Delta) - (b_1 - 2\Delta) = a_1 - b_1 + \Delta \qquad (1\text{-}1\text{-}14)$$

$$h_2' = a_2' - b_2' = (a_2 - 2\Delta) - (b_2 - \Delta) = a_2 - b_2 - \Delta \qquad (1\text{-}1\text{-}15)$$

在不顾及其他误差影响的情况下,应有 $h_1'=h_2'$,所以由式(1-1-14)和式(1-1-15)即可得

$$\Delta = \frac{(a_2 - b_2) - (a_1 - b_1)}{2} \qquad (1\text{-}1\text{-}16)$$

由图 1-1-25 可见,$\Delta = i'' \cdot S \cdot \frac{1}{\rho''}$,即有

$$i'' = \frac{\rho''}{S} \cdot \Delta$$

由于 $S=20.6\ \text{m}=20\ 600\ \text{mm}$,$\rho''=206\ 265''$,则有

$$i'' \approx 10\Delta \qquad (1\text{-}1\text{-}17)$$

其中:$\Delta$ 按式(1-1-16)计算,单位为 mm;$\Delta$ 的符号有可能为"+"或"−",$i''$的符号与 $\Delta$ 相同。

若 $i''$超过±20″,即需进行校正。

3.校正方法

视准轴和水准管轴不平行,主要是由于管水准器一端的上、下校正螺丝有所松动或磨损,造成管水准器两端不等高,致使两轴间存在偏角。

在测站 $J_2$ 校正按以下步骤进行:

(1)计算此时 $A$ 点水准尺应有的正确读数 $a_2'$

$$a_2' = a_2 - 2\Delta$$

(2)转动仪器的微倾螺旋,使 $A$ 点标尺的读数由 $a_2$ 改变为正确读数 $a_2'$。此时,视准轴已水平,但管水准器气泡不再符合。

(3)用校正针拨动管水准器上、下校正螺丝(见图 1-1-26),松上紧下或松下紧上,使气泡符合,视准轴与水准管轴即恢复平行。

之后,应检查 $B$ 点标尺此时的读数是否变为正确读数 $b_2'$($b_2'=b_2-\Delta$),以便对校正的效果加以验证。校正应反复进行,直至 $i$ 角误差符合要求。

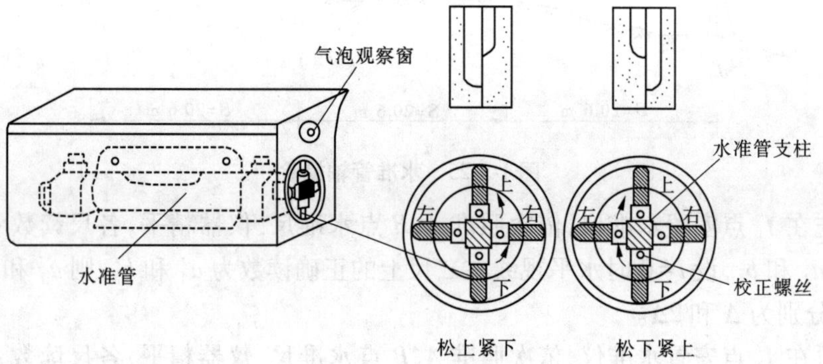


图 1-1-26　管水准器校正

# 任务四　消减水准测量误差的措施

**知识要点**:水准测量的误差来源和分类。

**技能要点**:采取措施消减水准测量的各种误差。

水准测量误差一般由仪器误差、观测误差和外界条件影响的误差三方面构成。分析误差产生的原因,寻找消减误差的措施,将有助于提高水准测量的精度。

## 一、仪器误差及消减措施

### (一)剩余的 $i$ 角误差及消减措施

$i$ 角误差即水准仪的水准管轴与视准轴不平行产生的误差,虽经检验校正,但难以完全消除。因为 $i$ 角误差的大小与距离 $D$ 成正比,所以观测时注意将仪器安置于前、后视距大致相等处,即可基本消除 $i$ 角误差对测站高差的影响。

### (二)水准尺误差及消减措施

水准尺误差是由水准尺的尺长发生变化或尺面刻划及尺底零点不准确等产生的误差。事先应对尺长和尺面刻划加以检验,而对零点误差,可采用每一测段测站数均为偶数的方法加以消除。

## 二、观测误差及消减措施

### (一)整平误差及消减措施

$DS_3$ 型微倾式水准仪符合水准器的整平误差约为 $\pm 0.075\tau''$($\tau''$为水准管分划值),则

在尺上产生的误差为

$$m_{平} = \frac{0.075\tau''}{\rho''}D \tag{1-1-18}$$

式中 $\tau''$——水准管分划值，$DS_3$ 型水准仪 $\tau''=20''$；

$D$——视距，m，一般水准测量 $D=100$ m；

$\rho''=206\ 265''$。

代入式(1-1-18)可得一般水准测量因整平造成的读数误差约为±0.73 mm。由此可见，观测后视尺与前视尺读数之前均要用微倾螺旋使管水准器气泡符合，但由后视转为前视时，不能再旋转脚螺旋，以防改变仪器高度。此外，晴天观测应撑伞保护仪器，避免水准器暴晒。

**(二)照准误差及消减措施**

人眼分辨率的视角通常小于60″，当用望远镜照准标尺时，在尺上产生的照准误差为

$$m_{照} = \frac{60''}{V\rho''}D \tag{1-1-19}$$

式中 $V$——望远镜的放大倍率，$DS_3$ 型水准仪 $V=25$ 倍；

$D$——视距，m，一般水准测量 $D=100$ m；

$\rho''=206\ 265''$。

代入式(1-1-19)可得一般水准测量因照准造成的读数误差约为±1.16 mm，可见视线不宜过长。

**(三)估读误差及消减措施**

水准尺读数时，最后毫米位需估读，其误差与十字丝的粗细、望远镜的放大倍率及视线的长度有关。使用 $DS_3$ 型水准仪，视距为100 m时，估读误差约为±1.5 mm。各等级水准测量对仪器的望远镜放大倍率和视线的极限长度都有具体的规定，应遵照执行。阴天成像不清晰，也会使读数误差增大，应注意避免。

**(四)水准尺倾斜误差**

水准尺倾斜将使读数增大(见图1-1-27)，若倾斜角为3°，尺上1 m处的读数会增大2 mm，视线离地面越高，该项误差越大，因此观测时水准尺一定要注意直立。

## 三、外界条件影响的误差及消减措施

**(一)仪器下沉误差及消减措施**

土壤的松软和仪器的自重可能引起仪器的下沉，使观测视线降低，从而给测量成果带来误差。如图1-1-28所示，设后视完毕转向前视时，仪器下沉 $\Delta_1$，即使前视读数 $b_1$ 小了 $\Delta_1$。若再进行第二次测量，先前视再后视，从前视转向后视时，仪器下沉 $\Delta_2$，又使后视读数 $a_2$ 小了 $\Delta_2$。假设仪器的下沉与时间成正比，即 $\Delta_1 \approx \Delta_2$，取两次测得高差的平均值，便可消弱该项误差的影响。因此，在等级水准测量时(或在使用“双面尺法”进行测站校核时)，采用“后视黑面—前视黑面—前视红面—后视红面”的顺序进行观测，就是为了使仪器下沉对黑、红面高差造成的影响符号相反，取平均加以抵消。安置仪器时，注意将脚架尽量于地面踩实，亦将有利于减少该项误差的产生。

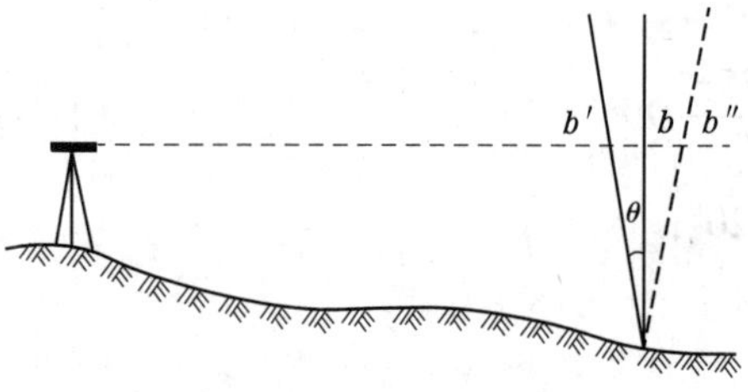


图 1-1-27 水准尺倾斜误差

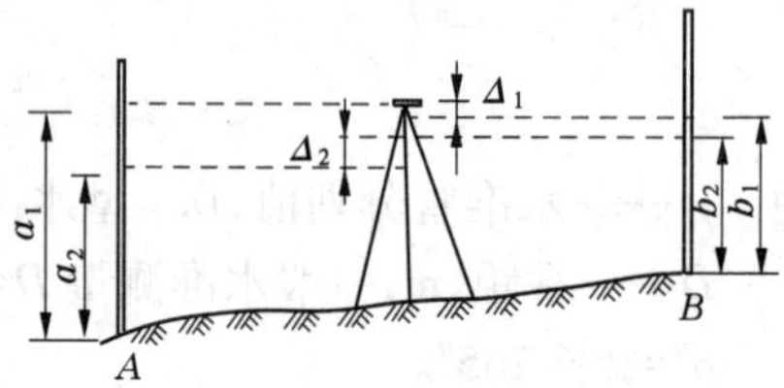


图 1-1-28 仪器下沉误差

**（二）尺垫下沉误差及消减措施**

在松软的土壤上设置转点，标尺的自重也可能引起尺垫下沉，使下一测站的后视读数增大，亦会造成误差。尺垫下沉的影响一般可以通过整条路线往、返观测取平均的方法加以消除，在转点上亦应注意将尺垫踩实。

**（三）地球曲率和大气折光误差及消减措施**

在用水平面代替水准面进行高程测量时，会受到地球曲率的影响，产生的误差称为地球曲率差（见图 1-1-29 中 $c$）。此外，地面上不同高度的气温不一致，造成大气的密度不同，致使光线通过不同密度的大气层时产生折射，也会使得水准仪本应水平的视线成为一条曲线，由此产生的误差称为大气折光误差（见图 1-1-29 中 $r$）。这两项误差的综合影响 $f=c-r$，称为球气差。由图 1-1-29 可见，这两项误差及其综合影响 $f$ 的大小均与距离成正比，因此将仪器安置在前、后视距大致相等处进行观测，亦可使它们的影响基本消除。

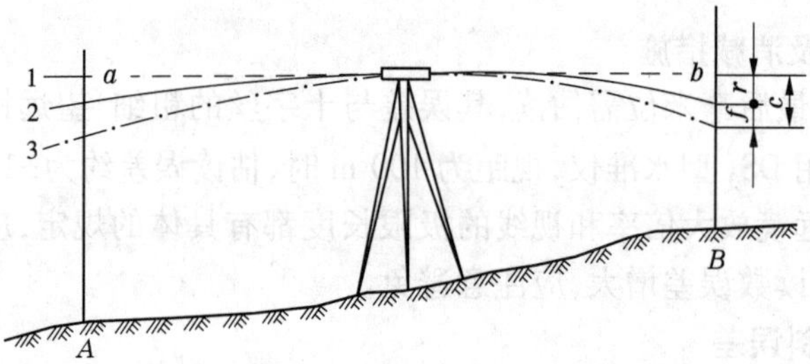


1—水平视线；2—折光后视线；3—与大地水准面平行的弧线

图 1-1-29 地球曲率与大气折光误差

**（四）温差影响及消减措施**

晴天温差变化大，不仅会产生大气折光，使管水准器气泡偏移，还容易形成气流跳动，给照准和读数带来不利影响，因此观测时应注意使用测伞，避免阳光直接照射仪器，中午前后阳光强烈时应停止观测。

# 任务五 新型水准仪

**知识要点**：自动安平水准仪、精密水准仪和数字水准仪的特点。

**技能要点**：自动安平水准仪、精密水准仪和数字水准仪的使用。

## 一、自动安平水准仪

用普通水准仪进行水准测量，每次读数前都必须使管水准器气泡严格居中，既费时间，又可能因忘却气泡居中而给读数造成失误。自动安平水准仪装置有自动安平补偿器，用以替换管水准器和微倾螺旋。观测时，只需粗略整平仪器使圆水准器气泡居中，通过补偿器的自动安平作用，即能得到视线水平时的正确读数，从而避免了普通水准仪的缺点。下面以 $DSZ_3$ 型自动安平水准仪为例，介绍其构造原理和使用方法。

### （一）自动安平水准仪的原理

图 1-1-30 为 $DSZ_3$ 型自动安平水准仪的外形和结构示意图。其补偿器由一套安装在十字丝分划板和对光螺旋之间的棱镜组构成。其上方的屋脊棱镜固定在望远镜镜筒内，中间用交叉的金属丝吊挂着两个直角棱镜，吊挂棱镜在重力作用下，能与望远镜做相对偏转，下方设置有空气阻尼器，用于使悬挂的棱镜尽快停止摆动。

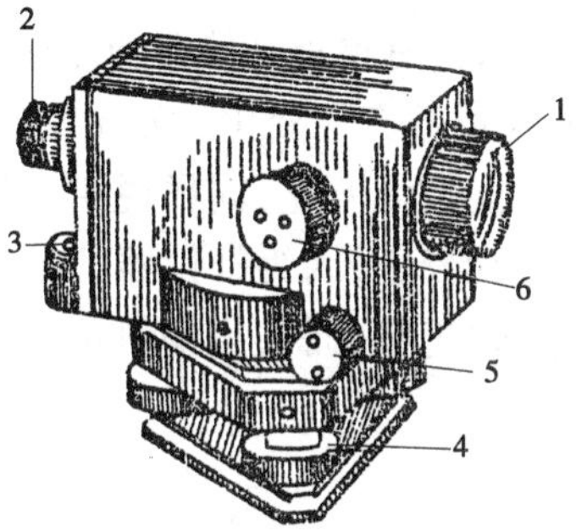


(a)外形

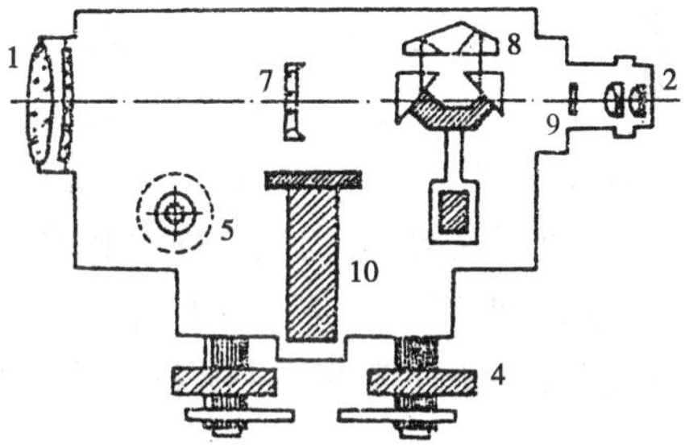


(b)结构

1—物镜；2—目镜；3—圆水准器；4—脚螺旋；5—微动螺旋；6—对光螺旋；
7—调焦透镜；8—补偿器；9—十字丝分划板；10—竖轴

**图 1-1-30 $DSZ_3$ 型自动安平水准仪的外形和结构示意图**

如图 1-1-31 所示，设仪器的视准轴水平时，水平视线进入望远镜到达十字丝交点所在位置 $K'$，得到标尺正确的读数 $a_0$。当视线倾斜一个小的 $\alpha$ 角后，十字丝交点亦随之移动距离 $d$ 至 $K$ 处，装置补偿器的作用就是使进入望远镜的水平光线经过补偿器后偏转一个 $\beta$ 角，恰好通过十字丝交点 $K$，即在十字丝交点处仍然能读到正确的读数 $a_0$。由此可知，补偿器的作用就是使水平光线经过补偿器发生偏转，而偏转角的大小刚好能够补偿视线倾斜所引起的读数偏差。

因 $\alpha$、$\beta$ 角都很小，由图 1-1-31 可知

$$f\alpha = s\beta \tag{1-1-20}$$

即

$$\frac{f}{s} = \frac{\beta}{\alpha} = n \tag{1-1-21}$$

式中 $f$——物镜和对光透镜的组合焦距；

$s$——补偿器至十字丝分划板的距离；

$\alpha$——视线的倾斜角；

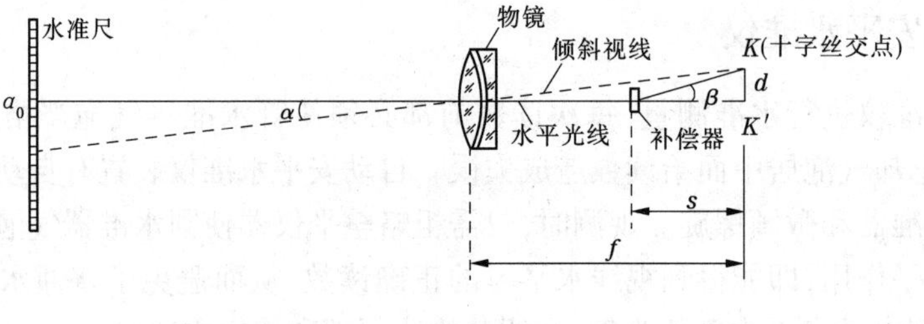


**图 1-1-31　自动安平水准仪原理**

$\beta$——水平光线通过补偿器后的偏转角；

$n$——补偿器的补偿系数，$DSZ_3$ 型自动安平水准仪一般取 $n=4$。

仪器设计时，只要满足式(1-1-21)(亦称为补偿条件)，即可达到补偿目的。

**(二)自动安平水准仪的使用**

使用自动安平水准仪进行水准测量时，先用脚螺旋使圆水准器气泡居中，粗略整平，再用望远镜照准水准尺，即可读数。有的仪器装有揿钮，具有检查补偿器功能是否正常的作用。按下揿钮，轻触补偿器，待补偿器稳定后，看标尺读数有无变化。如无变化，说明补偿器正常。若无揿钮装置，可稍微转动脚螺旋，如标尺读数无变化，同样说明补偿器作用正常。此外，在使用仪器前，还应重视对圆水准器的检验校正，因为补偿器的补偿功能有一定限度。若圆水准器不正常，致使气泡居中，仪器竖轴仍然偏斜，当偏斜角超过补偿功能允许的范围时，将使补偿器失去补偿作用。

## 二、精密水准仪

高等级的水准测量或精密工程测量(如大型建筑的变形监测、大型精密设备的安装)中，往往需要使用精密水准仪。传统的精密水准仪有 $DS_{05}$、$DS_1$ 型微倾式精密水准仪及精密自动安平水准仪，新型的有电子水准仪等。下面予以简要介绍。

**(一)$DS_1$ 型微倾式精密水准仪**

*1.$DS_1$ 型微倾式精密水准仪的构造特点*

图 1-1-32 为 $DS_1$ 型微倾式精密水准仪的外形。其构造与 $DS_3$ 型微倾式水准仪基本相同，区别主要有以下几点：一是望远镜的放大倍率增大到 40 倍，物镜的有效孔径为 50 mm，以提高照准精度；二是水准管分划值减小至 10″/2 mm，以提高整平精度；三是装有光学测微系统，其测微尺上刻有 100 个分划，通过光路放大后正好与水准尺上 1 个分划(1 cm 或 5 mm)相对应，因而最小读数为 0.1 mm 或 0.05 mm(估读至 0.01 mm 或 0.005 mm)，读数精度明显提高；四是将十字丝中横丝的半段改用楔形丝，用于夹准水准尺刻划线，以提高读数精度。

*2.精密水准尺*

精密水准仪均配有精密水准尺。精密水准尺的木质竖槽内一般装有因瓦合金带，所以又称为因瓦水准尺。因瓦受温度的影响很小，可以在温差变化较大时，仍然保持尺长的稳定。精密水准尺有基辅分划尺和奇偶分划尺两种。基辅分划尺如图 1-1-33(a)所示，有两排分划，格值均为 10 mm。左面一排为基本分划，注记从 0~300 cm，底部为 0.000 m；右

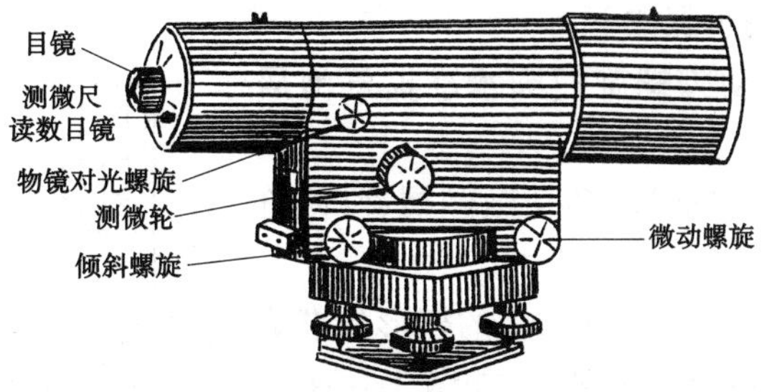


**图 1-1-32　$DS_1$ 型微倾式精密水准仪的外形**

面一排为辅助分划，注记从 300～600 cm，底部为 3. 015 5 m，即水准尺同一高度的基辅差 *K*（又称尺常数）为 3. 015 5 m。奇偶分划尺如图 1-1-33（b）所示，亦有两排分划。左面一排为奇数值，仅注记分米数；右面一排为偶数值，仅注记米数，两边分米的起始处均以长三角形标注，而半分米处则以小三角形表示。因该尺两排分划间隔的实际值即分格值为 5 mm，但注记值均为 1 cm，即尺面注记长为实际长的 2 倍，所以由该尺观测所得读数和高差均须除以 2，才是其实际值。

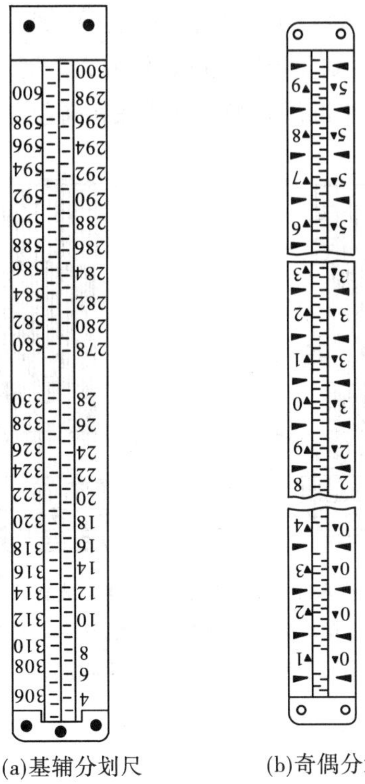


**图 1-1-33　测微器的读数方法**

3.精密水准仪的使用

精密水准仪的使用步骤如下：

(1)安置仪器，转动脚螺旋使圆水准器气泡居中。

(2)用望远镜照准水准尺，转动微倾螺旋，使符合气泡严格居中。

(3)转动测微轮，使十字丝分划板的楔形丝准确夹住水准尺上基本分划的一条刻划，如图 1-1-34 中 1.48 m 一线，接着在望远镜内左下角的测微尺影像上读出尾数 0.734 cm，最后读数即为 1.48 m+0.734 cm=1.487 34 m。辅助分划的读数方法与此相同。

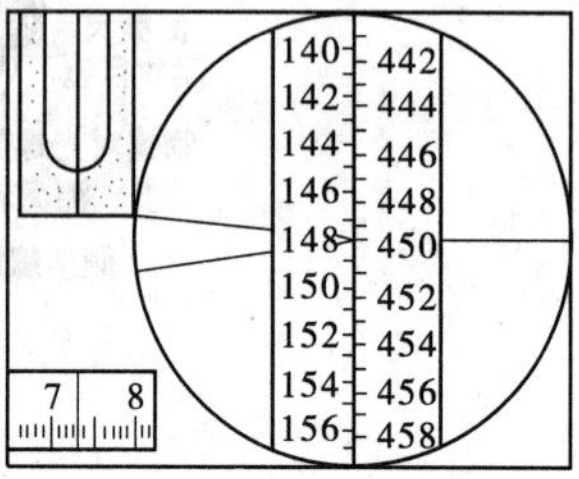

读数为 1.48 m+0.734 cm=1.487 34 m

**图 1-1-34　精密水准尺**

**(二)精密自动安平水准仪**

精密自动安平水准仪如图 1-1-35 所示。与一般卧式水准仪不同，其外形常采用直立圆筒状。这样的外形有助于提高视线，减小地面折光的影响。望远镜的放大倍率为 32 倍，物镜的有效孔径为 40 mm，圆水准器的分划值为 8′/2 mm，自动安平补偿器的最大工作范围为±10′，当圆水准器气泡偏离中央小于 2 mm 时，补偿器即可实现正确补偿。该仪器测微器的量测范围为 5 mm，与之配套的因瓦水准尺的分格值亦为 5 mm，但所有分划注记比实际数值放大 1 倍，标尺的基辅差为 6.065 m。由于注记放大了 1 倍，所以用这种水准尺观测得的读数和高差也必须除以 2 才是其实际值。

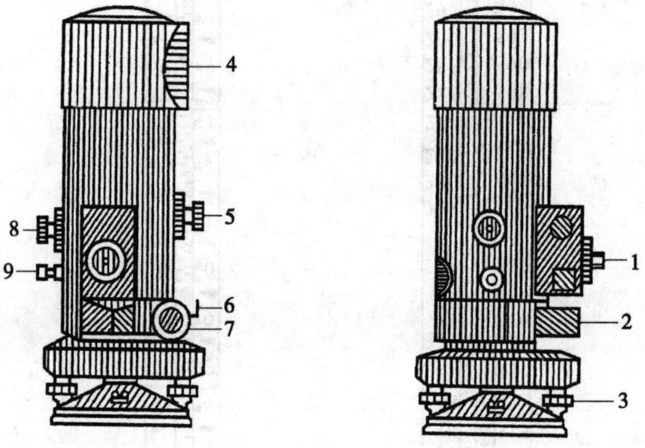

1—测微器；2—圆水准器；3—脚螺旋；4—保护玻璃；5—调焦螺旋；
6—制动扳手；7—微动螺旋；8—望远镜目镜；9—水平度盘读数目镜

**图 1-1-35　精密自动安平水准仪**

## 三、数字水准仪

**(一)数字水准仪的特点**

数字水准仪是一种新型的电子智能化水准仪。其望远镜中装置了一个由光敏二极管构成的行阵探测器。与之配套的水准尺为因瓦双面分划尺(亦有直尺和塔尺之分)，两面刻划分别为二进制条形码和厘米分划。条形码供数字水准仪扫描用，厘米分划仍用于光学水准仪的观测读数。数字水准仪观测时，行阵探测器将水准尺上的条形码图像用电信号传送给微处理机，经处理后即可得到水准尺上的水平读数和仪器至标尺的水平距离，并以数字形式显示于窗口或以文件形式存储在计算机中。数字水准仪也装有自动安平装置，具有自动安平功能，使用时均有屏幕菜单提示，具有速度快、精度高、数据客观、使用方便等优点，有利于实现水准测量的自动化和科学化，适用于高等级的快速水准测量、大型工程的自动沉降观测及特种精密工业测量。

**（二）南方测绘 DL-202 型数字水准仪**

1.测量模式

南方测绘 DL-202 型数字水准仪是一种国产新型数字水准仪，图 1-1-36 为其外形，图 1-1-37 为其配套水准尺的条形编码。

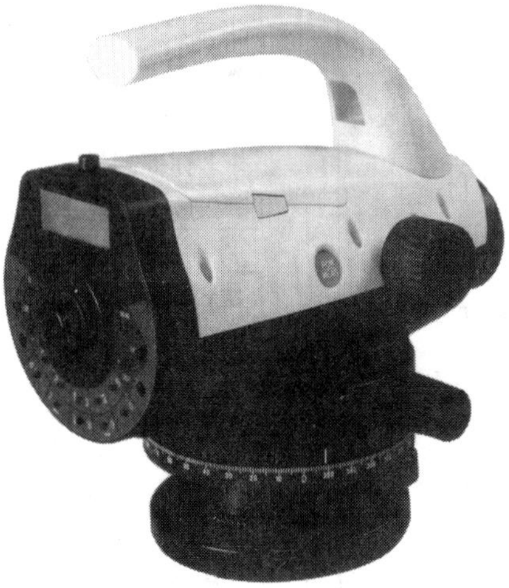

**图 1-1-36　南方测绘 DL-202 型数字水准仪的外形**

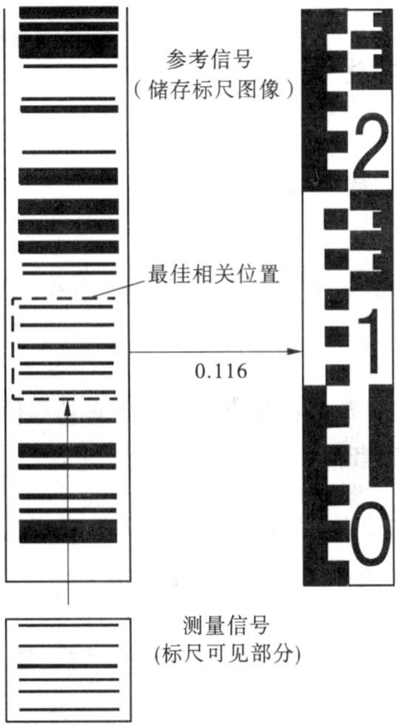


**图 1-1-37　数字水准尺的条形编码**

该仪器可供选择的测量模式有：

（1）标准测量。用于测量标尺的读数和仪器至标尺的距离。

（2）高程高差测量。用于测量两点之间的高差，并根据后视点的高程直接测定前视点的高程。

（3）线路高程测量。用于连续测量水准线路上每个测站的中间点高程和前视点高程。

（4）放样测量。用于根据高差、高程或视距对点位进行高程或距离放样。

（5）检验校正。用于仪器视准轴 $i$ 角误差的检验校正。

2.数据存储和管理

该仪器的测量数据既可以不存储,也可以采用手动存储或自动存储。存储的数据可以建立各种数据文件,通过数据管理对其进行查找、删除、检查、输出或与电脑进行数据通信等操作。

3.基本操作

(1)该仪器亦装置有自动安平补偿器,具有自动安平功能,因此仪器的安置、粗略整平、照准和调焦与自动安平水准仪相同。

(2)开机,对数据存储模式、测量次数(可以进行多次测量取其平均数或进行连续测量),以及是否进行标尺倒置测量等进行设置。

(3)根据需要选择测量模式,进行各种高程测量作业。

其标准测量模式、高程高差测量模式和线路测量模式的操作流程实例和屏幕显示内容分别列于表 1-1-3~表 1-1-5。

**表 1-1-3 标准测量模式的操作流程实例和屏幕显示内容**

| 操作流程 | 操作 | 显示 |
|---|---|---|
| 1.按[ENT]键; | [ENT] | 主菜单<br>▶测量 |
| 2.按[↑]或[↓]键选择“标准测量”并按[ENT]键; | [ENT] | ▶1.标准测量<br>2.放样测量 |
| 3.当测量参数的存储模式设置为自动存储或手动存储时; | [ENT] | 是否记录数据?<br>是:ENT 否:ESC |
| 4.输入作业名(在显示的英文字母 B 后面添加数字,如“1”),按[ENT]键确认; | [1]<br>[ENT] | 作业名?<br>⇒B1_ |
| 5.瞄准标尺并保持清晰,按[MEAS]键测量,多次测量则显示其平均值作为测量结果,连续测量,按[ESC]键退出; | [MEAS] | 标准测量模式<br>请按测量键 |
| 6.按[↑]或[↓]键查阅点号,存储后点号会自动递增; | [↑][↓] | 标尺:0.805 0 m<br>视距:8.550 m |
| 7.按[ENT]键确认或[ESC]键退出; | [ENT]继续测量<br>或[ESC]退出 | 点号:P1 |
| 8.任何过程中连续按[ESC]键可退回主菜单 | [ESC]退出 | 标准测量模式<br>请按测量键 |

**表 1-1-4　高程高差测量模式的操作流程实例和屏幕显示内容**

| 操作流程 | 操作 | 显示 |
| --- | --- | --- |
| 1.按 ENT 键； | ENT | 主菜单<br>▶测量 |
| 2.按 ↑ 或 ↓ 键选择“高程高差”并按 ENT 键； | ↓ | 1.标准测量<br>▶2.放样测量 |
|  | ENT | 3.线路测量<br>▶4.高程高差 |
| 3.记录数据，按 ENT 键确认； | ENT | 是否记录数据<br>是:ENT　否:ESC |
| 4.输入作业名并按 ENT 键； | 数字键<br>ENT | 作业名?<br>⇒H5 |
| 5.该作业已存在，若在原先作业内存储，按 ENT 键，否则按 ESC 键重新输入文件名； | ENT | 继续上次作业<br>是:ENT　否:ESC |
| 6.用户可以选择是否输入后视高程； | ENT | 输入后视高程?<br>是:ENT　否:ESC |
|  | 数字键<br>ENT | 输入后视高程<br>=168.680 m |
| 7.瞄准后视标尺并保持清晰，按 MEAS 键； | MEAS | 测量后视点<br>请按测量键 |
| 8.显示后视点标尺和视距，可按 MEAS 键重复测量或按 ENT 键选择测量下一个点； |  | B 标尺:0.841 m<br>B 视距:10.005 m |
| 9.瞄准前视标尺并保持清晰，按 MEAS 键； | MEAS | 测量前视点<br>请按测量键 |
| 10.显示前视点标尺和视距以及高程高差； | ↓ | F 标尺:0.842 m<br>F 视距:10.000 m |
|  |  | 高程:168.679 m<br>高差:-0.001 m |
| 11.按 ENT 键继续前视测量； | ENT | ENT:继续测量<br>ESC:重新测量 |

**续表 1-1-4**

| 操作流程 | 操作 | 显示 |
|---|---|---|
| 12.瞄准前视标尺并保持清晰,按 MEAS 键; | MEAS | 测量前视点<br>请按测量键 |
| 13.显示前视点标尺和视距以及高程高差; | ↓ | F 标尺:0.850 m<br>F 视距:18.500 m |
| | | 高程:168.671 m<br>高差:-0.009 m |
| 14.按 ESC 键开始重新测量 | ESC | ENT:继续测量<br>ESC:重新测量 |
| | | 输入后视高程?<br>是:ENT　否:ESC |

**表 1-1-5　线路测量模式操作流程实例和屏幕显示内容**

| 操作流程 | 操作 | 显示 |
|---|---|---|
| 1.按 ENT 键; | ENT | 主菜单<br>▶测量 |
| 2.按 ↑ 或 ↓ 键选择"线路测量"并按 ENT 键; | ↓ | 1.标准测量<br>▶2.放样测量 |
| | ENT | ▶3.线路测量<br>4.高程高差 |
| 3.输入作业名,按 ENT 键确认; | 数字键<br>ENT | 作业名?<br>⇒L54_ |
| 4.输入后视点号并按 ENT 键; | 数字键<br>ENT | 后视点号<br>⇒P1_ |
| 5.选择是否调用记录数据,记录的数据可以通过"数据管理"中的"输入点"来输入高程,如果不调用,可以手动输入后视点的高程; | ENT | 调用记录数据?<br>是:ENT　否:ESC |
| | ENT | ▶T01<br>T02 |
| | ENT | 高程:30.00 m<br>是:ENT　否:ESC |

**续表 1-1-5**

| 操作流程 | 操作 | 显示 |
|---|---|---|
| 6.瞄准标尺并保持清晰,按 MEAS 键; | MEAS | 测量后视点<br>点号:P1 |
| 7.显示后视点标尺和视距,可按 MEAS 键重复测量或按 ENT 键选择测量下一个点; | ENT | B 标尺:1.022 m<br>B 视距:15.07 m |
| 8.按 → 或 ← 键选择测量前视点或中间点; | → 或 ←<br>ENT | 选择下一点类型<br>▶前视　中间点 |
| 9.输入前视点点号并按 ENT 键; | 数字键<br>ENT | 前视点号<br>⇒P2_ |
| 10.瞄准标尺并保持清晰,按 MEAS 键; | MEAS | 测量前视点<br>点号:P2 |
| | | F 标尺:1.035 m<br>F 视距:16.38 m |
| 11.按 → 或 ← 键选择测量后视点或中间点; | → 或 ←<br>ENT | 选择下一点类型<br>后视　▶中间点 |
| 12.输入中间点点号并按 ENT 键; | 数字键<br>ENT | 中间点号:<br>⇒I1_ |
| 13.瞄准标尺并保持清晰,按 MEAS 键; | MEAS | 测量中间点<br>点号:I1 |
| | | I 标尺:1.688 m<br>I 视距:15.86 m |
| 14.按 ESC 键和 ENT 键退出线路测量 | ESC | 选择下一点类型<br>后视　▶中间点 |
| | ENT | 退出测量<br>是:ENT　否:ESC |

当后视点测量完毕,按 ↑ 或 ↓ 键显示下列屏幕

| | |
|---|---|
| B 标尺:1.022 m<br>B 视距:15.07 m | 后视点的测量值 |
| 高程　21.555 m<br>点号:P1 | 后视点的高程<br>后视点的点号 |

续表 1-1-5

| 当前视点测量完毕,按[↑]或[↓]键显示下列屏幕 | |
|---|---|
| F 标尺:1.032 m<br>F 视距:15.07 m | 前视点的测量值 |
| 高程　22.555 m<br>点号:P5 | 前视点的高程<br>前视点的点号 |
| 高差　0.532 m<br>Σ　　25.003 m | 本站高差<br>总线路长 |

| 当中间点测量完毕,按[↑]或[↓]键显示下列屏幕 | |
|---|---|
| I 标尺:1.022 m<br>I 视距:15.07 m | 中间点的测量值 |
| 高程　21.555 m<br>点号:P1 | 中间点的高程<br>中间点的点号 |

说明:(1)存储模式设置为自动存储;

(2)在前视测量前可更改中间点点号,点号递增,已用过的点号可以再次使用。

4.注意事项

(1)立标尺处应有足够的亮度,若使用照明,应尽可能照明整个标尺;如标尺条码被树枝、树叶遮挡,或被阴影遮盖,会影响测量质量,甚至无法测量。

(2)应注意标尺的直立和使十字丝竖丝位于标尺的中央,标尺歪斜或俯仰均会影响测量的精度,甚至无法测量。

(3)标尺的背景过亮或有强光进入目镜均会影响测量,应部分遮挡物镜、目镜,以减少阳光或背景光进入物镜。

(4)作业时,应注意避免周围电磁场的干扰,不得通过玻璃窗测量,塔式标尺应注意连接的准确性。

(5)仪器长时间存放或经长途运输,使用前应注意检验校正。

该数字水准仪具体的测量操作步骤可参见《测量技术基础实训》附录一:南方测绘 DL-202 型数字水准仪使用简要说明。

# 小 结

(1)水准测量的原理。利用水准仪提供的水平视线,测定地面两点之间的高差,进而求得未知点的高程。

(2)$DS_3$ 型微倾式水准仪的组成和使用。$DS_3$ 型微倾式水准仪主要由望远镜、水准器和基座三个部分组成,使用分粗略整平、瞄准标尺、精确整平、标尺读数四个步骤。

(3)水准测量的路线形式有附合水准路线、闭合水准路线和支水准路线。每条路线分若干测段,每个测段又由若干测站组成。

(4)一般水准测量的外业和内业。水准测量的外业包括现场的观测、记录和必要的检核。水准测量的内业主要包括高差闭合差的计算和调整及未知点高程的计算。

(5)微倾式水准仪的检验和校正。水准仪应满足的三项条件是:①圆水准轴平行于仪器的竖轴;②十字丝横丝垂直于仪器的竖轴;③水准管轴平行于望远镜视准轴。其中第③个为主要条件。水准管轴与视准轴的偏角为水准仪的 $i$ 角误差。在测站中应使仪器到前视尺和后视尺的距离大致相等,目的就是消除 $i$ 角误差对测站高差的影响。在水准仪的三项检验和校正中,重点应掌握最后一项,即 $i$ 角误差的检验和校正方法。

(6)新型水准仪包括自动安平水准仪、精密水准仪和数字水准仪。

## 复习题

1.水准测量的基本原理是利用水准仪____________来测定地面两点之间的__________,进而推算____________。

2.水准仪的使用步骤包括__________、__________、__________和__________。瞄准前,先进行目镜对光是为了____________________,再进行物镜对光是为了__________。视差是指____________,可以通过____________以消除视差。在后视、前视中丝读数前都必须精平,其目的是____________________________________。

3. ____________________称为竖轴(英文字母____),____________________称为圆水准轴(英文字母____),____________________称为水准管轴(英文字母____),____________________称为视准轴(英文字母____)。它们之间应满足的几何条件包括:①____________________;②____________________;③____________________。

4.水准仪的 $i$ 角误差是指____________________,它对标尺读数的影响__________________,根据这一规律,可以采用____________________的方法消除 $i$ 角误差对测站高差的影响。

5.水准测量的路线有____________、____________和____________等形式。____________________________________称为水准测量路线的高差闭合差,附合水准路线的 $f_h$ =____________________,闭合水准路线的 $f_h$ = ____________________。高差闭合差调整的原则是在丘陵山区____________________,在平原地区____________________。

## 练习题

1.已知后视点 $A$ 的高程为66.429 m,其上水准尺的读数为2.312 m,前视点 $B$ 的水准尺读数为2.628 m。试求:高差 $h_{AB}$ 为多少? $A$、$B$ 两点哪一个高? $B$ 点高程是多少? 试绘图说明。

2.运用本项目任务三介绍的水准管轴检验和校正方法，在 $J_1$ 点安置水准仪对 $A$、$B$ 二尺读数分别为 $a_1=1.780$ m、$b_1=1.472$ m，在 $J_2$ 点安置水准仪对 $A$、$B$ 二尺读数分别为 $a_2=1.795$ m、$b_2=1.493$ m。试问：该水准仪是否存在 $i$ 角误差？如存在，视准轴是向上倾斜还是向下倾斜？应如何校正？

3.将图 1-1-38 中的水准测量观测数据填入表 1-1-6 中，计算各测站高差，并对计算结果进行检核。

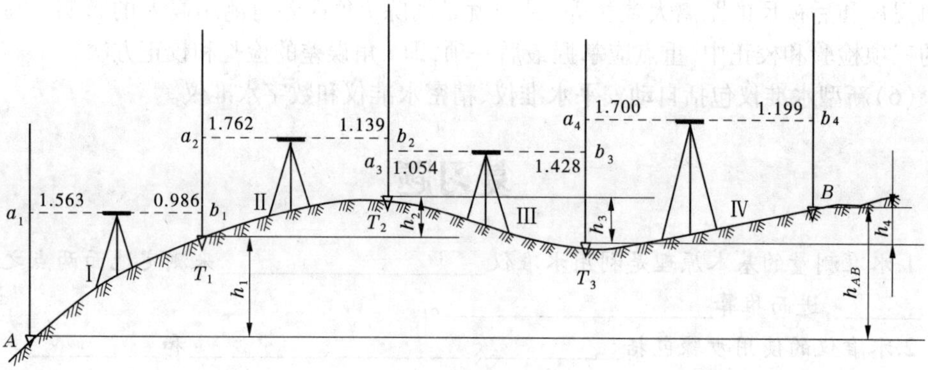


**图 1-1-38　练习题 3 图**

**表 1-1-6　水准测量记录、计算表**

| 测站 | 测点 | 水准尺读数(m) | | 实测高差 $h$ (m) |
|---|---|---|---|---|
| | | 后视($a$) | 前视($b$) | |
| Ⅰ | $A$ | | | |
| | $T_1$ | | | |
| Ⅱ | $T_1$ | | | |
| | $T_2$ | | | |
| Ⅲ | $T_2$ | | | |
| | $T_3$ | | | |
| Ⅳ | $T_3$ | | | |
| | $B$ | | | |
| 检核 | $\Sigma$ | | | |

4.已知水准点 $BM_1$ 高程为 12.648 m，闭合水准路线含 4 个测段（见图 1-1-39），各段测站数和高差观测值如下所列。按表 1-1-7 完成其内业计算。

| 段号 | 观测高差(m) | 测站数 |
|---|---|---|
| (1) | +1.240 | 5 |
| (2) | −1.420 | 4 |
| (3) | +1.787 | 6 |
| (4) | −1.582 | 10 |

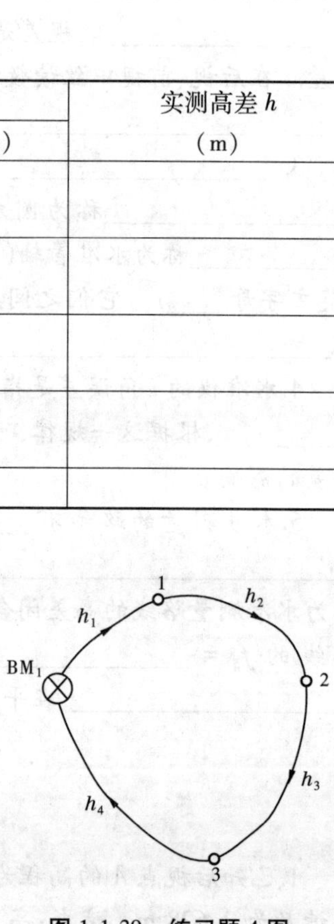


**图 1-1-39　练习题 4 图**

（附合水准路线的内业计算可通过习题课进行练习，

见《测量技术基础实训》测量习题课指导之一:水准测量内业计算)

**表 1-1-7　闭合水准线路计算**

| 测段号 | 点名 | 测站数 | 观测高差（m） | 改正数（mm） | 改正后高差（m） | 高程（m） | 说明 |
|---|---|---|---|---|---|---|---|
| 1 | 2 | 3 | 4 | 5 | 6 | 7 | 8 |
| | | | | | | | |
| | | | | | | | |
| | | | | | | | |
| | | | | | | | |
| | | | | | | | |
| Σ | | | | | | | |
| 辅助计算 | $f_h =$<br>$f_{h容} =$ | | | | | | |

# 思考题

1.水准仪主要由哪几部分组成？各有何作用？何为望远镜的放大倍率？何为水准管分划值？

2.何为水准点？何为转点？尺垫起何作用？什么点上才用尺垫？水准点上要用尺垫吗？

3.水准仪主要轴线之间应满足的几何条件各起什么作用？

4.水准仪的检验和校正包括哪些内容？各项检验和校正的具体方法是什么？

5.水准测量外业中有哪些测站检核和计算检核？

6.水准测量有哪些主要误差？观测过程中要注意哪些事项？

7.自动安平水准仪的原理是什么？使用时应注意什么？

8.数字水准仪有何特点？常用测量模式有哪些？操作步骤如何？

9.何为测段？水准测量内业计算为何以测段为单位？高差闭合差的容许值为何有两种计算公式？高差闭合差调整的原则是什么？简述水准测量内业计算的步骤和具体内容。

10.附合水准路线和闭合水准路线的内业计算有何区别？

# 项目二　角度测量

**知识目标**

水平角测量和竖直角测量的原理，测量水平角的测回法、方向观测法，竖直角及竖盘指标差的计算，消减角度测量误差的措施。

**技能目标**

能够使用普通经纬仪进行水平角测量与竖直角测量的观测、记录和计算，以及对普通经纬仪进行检验和校正。

## 任务一　普通光学经纬仪的组成和使用

**知识要点：**$DJ_6$ 型光学经纬仪的组成及对中、整平、分微尺读数法。

**技能要点：**$DJ_6$ 型光学经纬仪的使用。

经纬仪是一种普通的测量仪器，主要用于角度测量。经纬仪按构造原理的不同分为光学经纬仪和电子经纬仪；按其精度由高到低又分为 $DJ_{07}$、$DJ_1$、$DJ_2$ 和 $DJ_6$ 等级别，其中"D"为大地测量仪器的总代码，"J"为"经纬仪"汉语拼音的第一个字母，脚标的数字 07、1、2、6 是指该经纬仪所能达到的一测回方向观测中误差(单位为秒(″))。本任务主要学习 $DJ_6$ 型光学经纬仪。

### 一、普通光学经纬仪的组成

各种光学经纬仪的组成基本相同，以 $DJ_6$ 型光学经纬仪为例，外形如图 1-2-1(a)所示，其构造主要包括照准部、水平度盘和竖直度盘、基座三部分(见图 1-2-1(b))。

**(一)照准部**

照准部是经纬仪上部可以旋转的部分，主要有竖轴、望远镜、水准管、读数系统及光学对中器等部件。竖轴是照准部的旋转轴。由照准部制动螺旋和微动螺旋控制照准部在水平方向的旋转，望远镜制动螺旋和微动螺旋控制望远镜在竖直方向的旋转，同时调节目镜调焦螺旋和物镜对光螺旋，就可以照准任意方向、不同高度的目标，使其成像到望远镜的十字丝平面上。照准部水准管用于整平仪器。读数系统由一系列光学棱镜组成，用于通过读数显微镜对同时显示在读数窗中的水平度盘和竖直度盘影像进行读数。光学对中器则用于安置仪器，使其中心和测站点位于同一铅垂线上。

**(二)水平度盘和竖直度盘**

水平度盘和竖直度盘都是光学玻璃圆环，其上都顺时针刻有 0°~360°的刻划线。水平度盘位于照准部的下方，与照准部分离，照准部转动时它固定不动，但可通过旋转水平

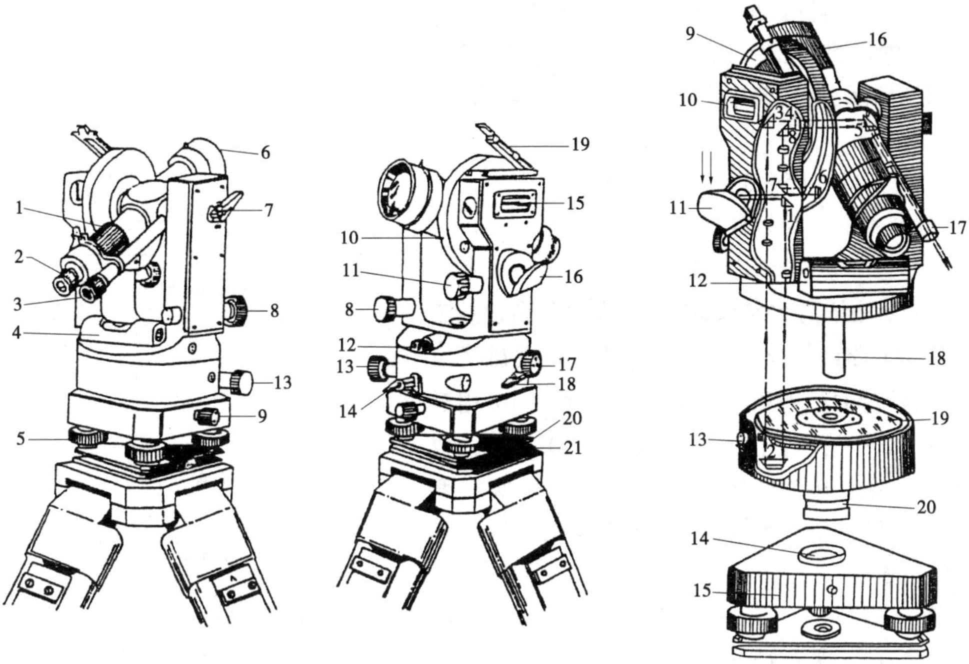


1—对光螺旋；2—目镜；3—读数显微镜；4—照准部水准管；
5—脚螺旋；6—望远镜物镜；7—望远镜制动螺旋；8—望远镜微动螺旋；
9—中心锁紧螺旋；10—竖直度盘；11—竖盘指标水准管微动螺旋；
12—光学对中器目镜；13—水平微动螺旋；14—水平制动螺旋；
15—竖盘指标水准管；16—反光镜；17—度盘变换手轮；18—保险手柄；
19—竖盘指标水准管反光镜；20—托板；21—压板

(a)外形

1、2、3、4、5、6、7、8—光学读数系统棱镜；
4—分微尺指标镜；9—竖直度盘；
10—竖盘指标水准管；11—反光镜；
12—照准部水准管；13—度盘变换手轮；
14—轴套；15—基座；16—望远镜；
17—读数显微镜；18—内轴；19—水平度盘；
20—外轴

(b)内部构造

**图 1-2-1　$DJ_6$ 型光学经纬仪**

度盘变换手轮使其改变到所需要的位置。当仪器整平后，水平度盘即构成水平投影面，用于测量水平角。竖直度盘位于望远镜的一端，可随望远镜一道转动，而旋转竖盘指标水准管微动螺旋使指标水准管气泡居中，即可使竖盘指标线位于固定位置，用于测量竖直角。

### (三)基座

基座的轴套可以插入仪器的竖轴，旋紧轴座固定螺旋固紧照准部，可使基座对照准部和水平度盘起到支承作用，并通过中心连接螺旋将经纬仪固定在脚架上。基座上有 3 个脚螺旋，用于整平仪器。

## 二、普通光学经纬仪的读数方法

### (一)$DJ_6$ 型光学经纬仪的分微尺读数法

$DJ_6$ 型光学经纬仪的读数系统中装有一分微尺。水平度盘和竖直度盘的格值都是 1°，而分微尺的整个测程正好与度盘分划的一个格值相等，又分为 60 小格，每小格 1′，估读至 0.1′(或 6″的倍数)。分微尺的零线为指标线。读数时，首先读取分微尺所夹的度盘分划线的度数，再读该度盘分划线在分微尺上所指的小于 1°的分数，二者相加，即得到完整的读数。如图 1-2-2 所示，读数窗中上方为水平度盘影像，读数为

$$115°+54.0'=115°54'00''$$

读数窗中下方为竖直度盘影像，读数为

$$78°+06.3'=78°06'18''$$

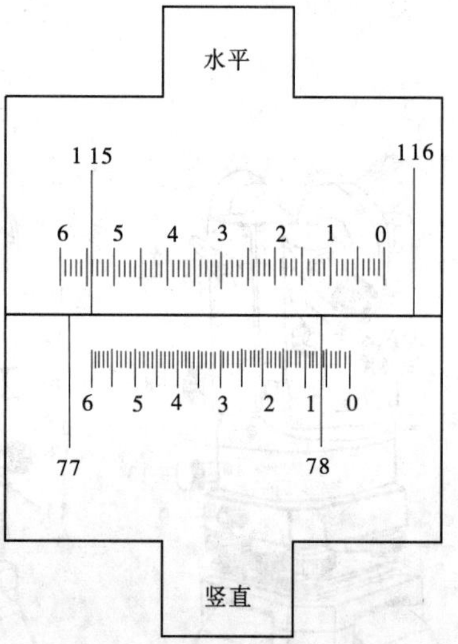


**图 1-2-2 分微尺读数法**

**（二）$DJ_2$ 型光学经纬仪的对径分划线符合读数法**

$DJ_2$ 型光学经纬仪的水平度盘和竖直度盘格值均为 20′，秒盘的测程和度盘格值的一半即 10′相对应，分为 600 小格，每小格 1″，可估读至 0.1″。读数系统通过一系列棱镜的作用，将水平度盘和竖直度盘的影像分别投影到读数窗中（运用换像手轮使其轮换显示），又各自分为三个小窗（见图 1-2-3）。上为度盘数字窗，左下为秒盘数字窗，右下为度盘对径两端相差 180°的分划线影像符合窗。图 1-2-3(a)所示为对径分划线符合前的影像，图 1-2-3(b)所示为对径分划线符合后的影像。当旋转测微手轮，使对径分划线由不符合（见图 1-2-3(a)）过渡到符合（见图 1-2-3(b)）之后，便可在其上方小窗内读到度盘上的度数（凹槽上的大数字）和 10′的倍数（凹槽内的小数字），在其左下小窗内读到秒盘上的个位分数和秒数（水平度盘和竖直度盘的读数方法相同）。图 1-2-3(b)所示读数为150°00′+01′54.0″=150°01′54.0″，图 1-2-3(c)所示竖直度盘读数为 74°50′+07′16.0″=74°57′16.0″。

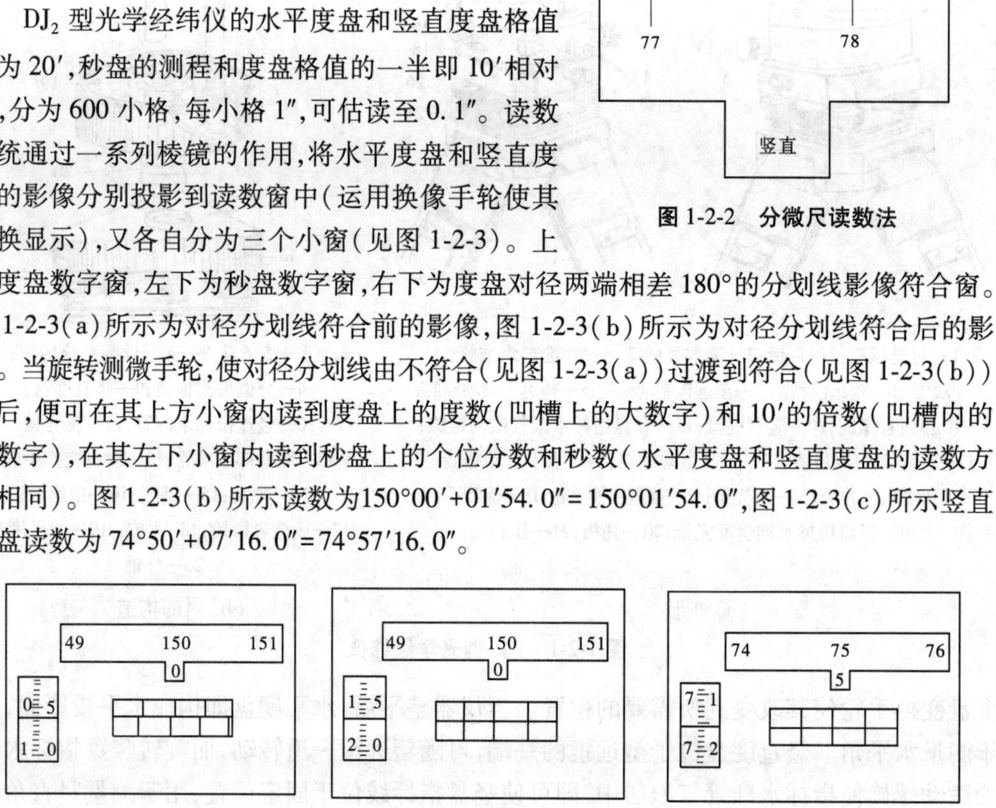


(a)对径分划线符合前(平盘)　(b)对径分划线符合后(平盘)　(c)对径分划线符合后(竖盘)

**图 1-2-3 对径分划线符合读数法**

## 三、普通光学经纬仪的使用

在测站上安置经纬仪进行角度测量时，其使用分为对中、整平、照准、读数等四个步骤。

**（一）对中**

对中就是安置仪器使其中心和测站点标志位于同一条铅垂线上。传统的方法是使用悬挂在中心连接螺旋挂钩上的垂球对中，现代光学经纬仪可以利用光学对中器进行对中（见下文）。仪器对中误差，即仪器中心与地面点标志中心的偏离值一般不应超过 2 mm。

### （二）整平

整平就是通过调节水准管气泡使仪器竖轴处于铅垂位置。粗略整平就是安置经纬仪时挪动架腿，使脚架头表面大致水平，再旋转脚螺旋使圆水准器气泡居中。精确整平则是先使照准部水准管与任两脚螺旋的连线平行，按照“左手法则”，旋转该两脚螺旋使照准部水准管气泡居中（见图 1-2-4(a)），再将照准部旋转 90°，旋转第三个脚螺旋，使气泡居中（见图 1-2-4(b)）。反复操作，直至仪器旋转至任意方向，水准管气泡均居中。仪器整平误差，即气泡偏离中心一般不应超过 1 格。

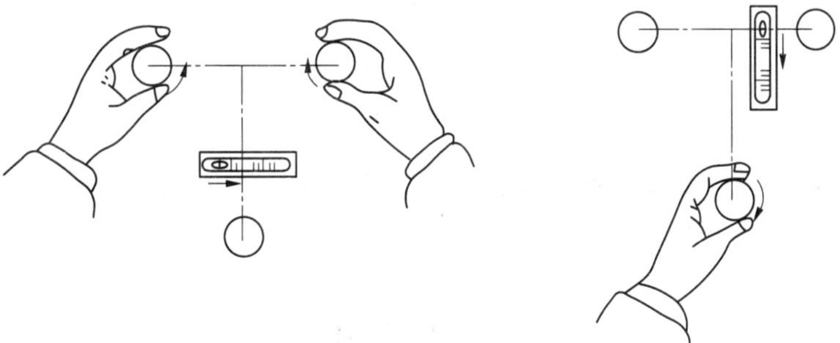

(a)　　(b)

图 1-2-4　经纬仪整平

现代光学经纬仪装有光学对中器（见图 1-2-1(a) 中 12），其视线经棱镜折射后与仪器的竖轴中心相重合，操作时，可以使仪器的对中和整平同时进行。先将脚架中心大致对准测站点，架头表面大致水平，即使仪器粗略整平。旋转对中器目镜调焦螺旋，使分划板小圆圈清晰，再伸缩对中器小镜筒，使测站点标志清晰。通过旋转脚螺旋使测站点标志进入小圆圈中间。由于此时若再旋转脚螺旋调节水准管气泡，将使测站点标志偏离小圆圈，因此应通过调节脚架三个架腿的高度使照准部水准管气泡在相互垂直的方向上均居中。如果此时水准管气泡尚有少量偏移，可再稍许旋转脚螺旋，使水准管气泡居中，即精确整平。但此时测站点标志会偏离对中器小圆圈，可松开中心连接螺旋，使仪器在脚架上面做少量平移，以使测站点标志返回小圆圈，即精确对中。

新型的全站仪具有激光对点功能，其对中方法参见本书模块一项目三任务五。

### （三）照准

先松开照准部和望远镜的制动螺旋，将望远镜对向明亮的背景或天空，旋转目镜调焦螺旋，使十字丝清晰，然后转动照准部，用望远镜上的瞄准器对准目标，再通过望远镜瞄准，使目标影像位于十字丝中央附近，旋转对光螺旋，进行物镜调焦，使目标影像清晰，消除视差，最后旋转水平微动螺旋和望远镜微动螺旋，使十字丝竖丝单丝与较细的目标精确重合（见图 1-2-5(a)），或双丝将较粗的目标夹在中央（见图 1-2-5(b)）。测量水平角时，应尽量照准目标的底部；测量竖直角时，应以中横丝与目标的顶部或预定的观测标志相切（见图 1-2-5(c)）。

### （四）读数

调节反光镜的角度，旋转读数显微镜调焦螺旋，使读数窗影像明亮而清晰，按上述经

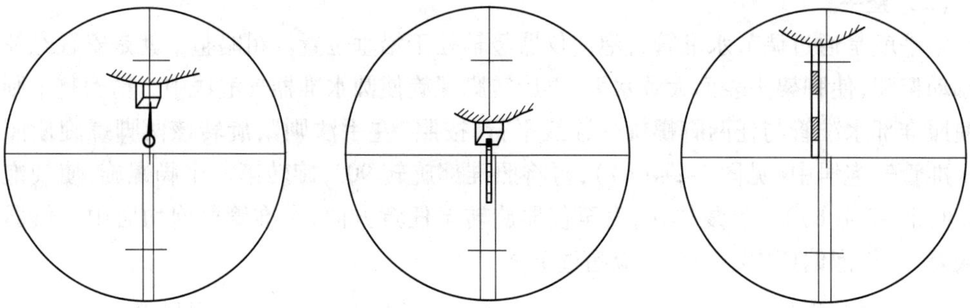

(a) (b) (c)

图 1-2-5 经纬仪照准

纬仪的读数方法,对水平度盘或竖直度盘进行读数。在对竖直度盘读数前,应旋转指标水准管微动螺旋,使竖盘指标水准管气泡居中。

# 任务二 水平角测量

**知识要点:**水平角及其测量原理、测回法、方向观测法。

**技能要点:**能进行测回法测量水平角的观测、记录和计算。

使用经纬仪进行角度测量是一种基本的测量工作。角度测量包括水平角测量和竖直角测量。

水平角是确定点的平面位置的基本要素之一。水平角测量常用的方法有两种,即测回法和方向观测法(又称全圆测回法)。前者适用于 2~3 个方向,后者适用于 3 个以上方向。一个测回由上、下两个半测回组成。上半测回用盘左,即将竖盘置于望远镜的左侧,又称正镜;下半测回用盘右,即倒转望远镜,将竖盘置于望远镜的右侧,又称倒镜。之后将盘左、盘右所测角值取平均,其目的是消除仪器的多种误差。

## 一、水平角测量原理

设 $A$、$O$、$B$ 为地面上任意三点,过 $OA$、$OB$ 分别做竖直面与水平面相交,得交线 $oa$、$ob$,其间的夹角 $\beta$ 就是 $OA$、$OB$ 两个方向之间的水平角(见图 1-2-6)。即水平角是空间任两方向在水平面上投影之间的夹角,取值范围为 0°~360°。

经纬仪之所以能用于测量水平角,是因为其中心可安置于过角顶点的铅垂线上,并有望远镜照准目标,还有作为投影面且带有刻度的水平度盘。安置经纬仪于地面 $O$ 点,转动望远镜分别照准不同的目标(如 $A$、$B$ 二点),就可以在水平度盘上得到方向线 $OA$、$OB$ 在水平面上投影的读数 $a$、$b$,由此即得 $OA$、$OB$ 之间的水平角 $\beta$ 为

$$\beta = b - a \tag{1-2-1}$$

## 二、测回法

设 $A$、$O$、$B$ 为地面上三点,为测定 $OA$、$OB$ 两个方向之间的水平角 $\beta$,在 $O$ 点安置经纬

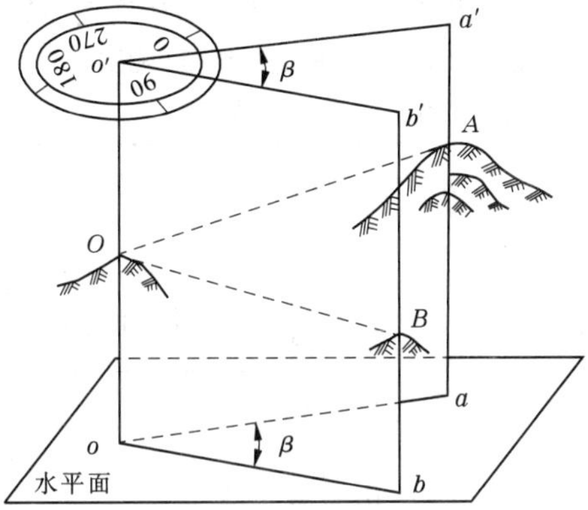


图 1-2-6　水平角测量原理

仪（见图 1-2-7），采用测回法进行观测。

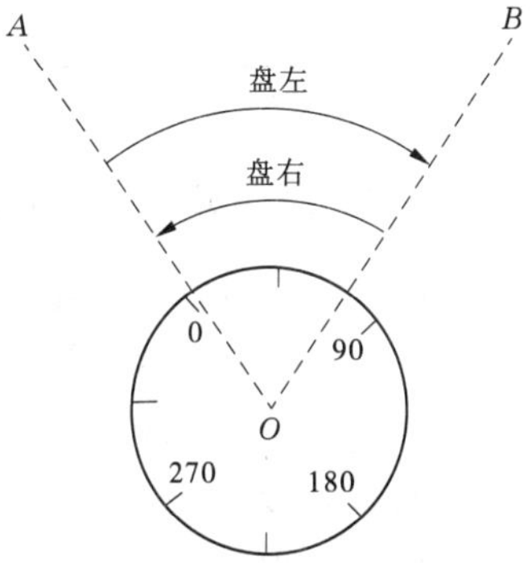


图 1-2-7　测回法观测顺序

**（一）操作步骤**

1.上半测回（盘左）

先瞄准左目标 $A$，得水平度盘读数 $a_1$（设为 0°02′06″），旋松水平制动螺旋，顺时针转动照准部瞄准右目标 $B$，得水平度盘读数 $b_1$（设为 68°49′18″），将两读数记入手簿（见表 1-2-1），并算得盘左角值为

$$\beta_{左} = b_1 - a_1 = 68°49'18'' - 0°02'06'' = 68°47'12''$$

接着旋松水平制动螺旋，倒转望远镜，由盘左变为盘右。

2.下半测回（盘右）

先瞄准右目标 $B$，得水平度盘读数 $b_2$（设为 248°49′30″），逆时针转动照准部瞄准左目标 $A$，得水平度盘读数 $a_2$（设为 180°02′24″），将两读数记入手簿（见表 1-2-1），并算得盘右角值为

$$\beta_{右} = b_2 - a_2 = 248°49'30'' - 180°02'24'' = 68°47'06''$$

计算角值时，总是右目标读数 $b$ 减去左目标读数 $a$，若 $b<a$，则应加 360°。

3.计算测回角值 $\beta$

测回角值为盘左与盘右角值取平均，即

$$\beta = \frac{\beta_{左} + \beta_{右}}{2} = \frac{68°47'12'' + 68°47'06''}{2} = 68°47'09''$$

如果还需测第二个测回，则观测顺序同上，记录和计算见表 1-2-1。

**（二）注意事项**

（1）同一方向的盘左、盘右读数大数应相差 180°。

（2）半测回角值较差的限差一般为±40″。

（3）为提高测角精度，观测 $n$ 个测回时，在每个测回开始即盘左的第一个方向，应旋转度盘变换手轮配置水平度盘读数，使其递增 $\frac{180°}{n}$。若 $n=2$，则各测回递增 90°，即盘左起始方

向的读数的大数应分别为0°、90°(见表1-2-1)。各测回平均角值较差的限差一般为±24″。

**表1-2-1　水平角观测手簿(测回法)**

日期______　天气______　仪器______　地点______　观测______　记录______

| 测站(测回) | 目标 | 竖盘位置 | 水平度盘读数(° ′ ″) | 半测回角值(° ′ ″) | 一测回角值(° ′ ″) | 各测回均值(° ′ ″) |
|---|---|---|---|---|---|---|
| *O*(Ⅰ) | *A* | 左 | 0 02 06 | 68 47 12 | 68 47 09 | 68 47 06 |
| | *B* | | 68 49 18 | | | |
| | *A* | 右 | 180 02 24 | 68 47 06 | | |
| | *B* | | 248 49 30 | | | |
| *O*(Ⅱ) | *A* | 左 | 90 01 36 | 68 47 06 | 68 47 03 | |
| | *B* | | 158 48 42 | | | |
| | *A* | 右 | 270 01 48 | 68 47 00 | | |
| | *B* | | 338 48 48 | | | |

## 三、方向观测法(全圆测回法)

设在测站 *O* 点安置仪器,以 *A*、*B*、*C*、*D* 为目标,为测定 *O* 点至每个目标的方向值及相邻方向之间的水平角,可采用方向观测法进行观测(见图1-2-8)。

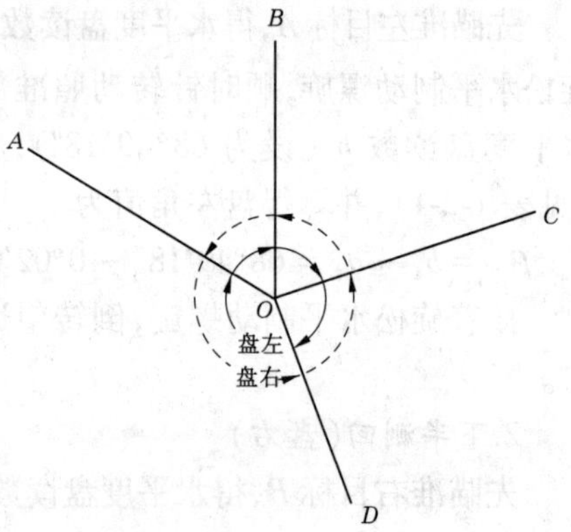

**图1-2-8　方向观测法观测顺序**

### (一)操作步骤

1.上半测回(盘左)

选定零方向(如为 *A*),将水平度盘配置在稍大于0°00′的读数处,按顺时针方向依次观测 *A*、*B*、*C*、*D*、*A* 各方向,分别读取水平度盘读数,并由上而下依次记入表1-2-2第4栏。观测最后再回到零方向 *A*,称为归零。由于方向数较多,产生碰动仪器等粗差的可能性也较大,通过归零,可以检查观测过程中水平度盘的位置有无变动。接着倒转望远镜,由盘左变为盘右。

2.下半测回(盘右)

按逆时针方向依次观测 *A*、*D*、*C*、*B*、*A* 各方向(仍要归零),读取水平度盘读数,并由下而上依次记入表1-2-2第5栏。

如果需要观测 $n$ 个测回,同样应在每个测回开始即盘左的第一个方向,配置水平度盘读数,使其递增$\frac{180°}{n}$,其后仍按相同的顺序进行观测、记录(见表1-2-2)。

分别对上、下半测回中零方向的两个读数进行比较,其差值称为半测回归零差,该值的限差列于表1-2-3。若两个半测回的归零差均符合限差要求,便可进行以下计算工作。

### (二)计算步骤

1.计算2倍视准轴误差($2c$)

两倍视准轴误差为

$$2c = 盘左读数 - (盘右读数 \pm 180°) \tag{1-2-2}$$

将每个方向的 $2c$ 值填入表 1-2-2 第 6 栏。如果所算 $2c$ 值仅为仪器的两倍视准轴误差，则不同方向的 $2c$ 值应相等。如果第 6 栏所示的 $2c$ 值互差较大，说明含有较多的观测误差，因此不同方向 $2c$ 值的互差大小可用于检查观测的质量。即此栏需要检查的不是各个方向 $2c$ 值的大小，而是不同方向 $2c$ 值的互差大小。如其互差超限（限差见表 1-2-3），则应检查原因，予以重测。

**表 1-2-2　水平角观测手簿（方向观测法）**

日期______　天气______　仪器______　观测______　记录______　检查______

| 测回数 | 测站 | 照准点 | 盘左读数 (° ′ ″) | 盘右读数 (° ′ ″) | 2c (″) | $\frac{L+(R\pm180°)}{2}$ (° ′ ″) | 一测回归零方向值 (° ′ ″) | 各测回归零方向平均值 (° ′ ″) | 水平角值 (° ′ ″) |
|---|---|---|---|---|---|---|---|---|---|
| 1 | 2 | 3 | 4 | 5 | 6 | 7 | 8 | 9 | 10 |
| | | A | 06<br>0 01 00 | 18<br>180 01 18 | −18 | (0 01 12)<br>0 01 09 | 0 00 00 | 0 00 00 | 91 52 48 |
| | | B | 91 54 00 | 271 54 06 | −06 | 91 54 03 | 91 52 51 | 91 52 48 | 61 38 45 |
| 1 | O | C | 153 32 36 | 333 32 48 | −12 | 153 32 42 | 153 31 30 | 153 31 33 | 60 33 27 |
| | | D | 214 06 06 | 34 06 12 | −06 | 214 06 09 | 214 04 57 | 214 05 00 | |
| | | A | 0 01 12 | 180 01 18 | −06 | 0 01 15 | | | |
| | | A | 18<br>90 01 12 | 30<br>270 01 24 | −12 | (90 01 24)<br>90 01 18 | 0 00 00 | | |
| | | B | 181 54 00 | 1 54 18 | −18 | 181 54 09 | 91 52 45 | | |
| 2 | O | C | 243 32 54 | 63 33 06 | −12 | 243 33 00 | 153 31 36 | | |
| | | D | 304 06 18 | 124 06 36 | −18 | 304 06 27 | 214 05 03 | | |
| | | A | 90 01 24 | 270 01 36 | −12 | 90 01 30 | | | |

**表 1-2-3　水平角方向观测法限差**

| 仪器级别 | 半测回归零差 | 一测回内 $2c$ 互差 | 同一方向值各测回互差 |
|---|---|---|---|
| $DJ_2$ | 12″ | 18″ | 12″ |
| $DJ_6$ | 18″ | 无此项要求 | 24″ |

2.计算各方向的平均读数

各方向的平均读数为

$$平均读数 = \frac{盘左读数 + (盘右读数 \pm 180°)}{2} \tag{1-2-3}$$

计算结果记入表 1-2-2 第 7 栏。因一测回中零方向有两个平均读数,应将该两个数值再取平均,作为零方向的平均方向值,填入该栏上方的括号内,如表 1-2-2 中第 1 测回的(0°01′12″)和第 2 测回的(90°01′24″)。

3.计算归零后的方向值

将各方向的平均读数减去括号内的零方向平均值,即得各方向的归零方向值(以零方向 0°00′00″为起始的方向值),填入表 1-2-2 第 8 栏。

4.计算各测回归零后方向值的平均值

同一方向在每个测回中均有归零后的方向值,如其互差小于限差(见表 1-2-3),则取其平均值作为该方向的最后方向值填入表 1-2-2 第 9 栏。

5.计算相邻目标间的水平角值

将表 1-2-2 中第 9 栏相邻两方向值相减,即得各相邻目标间的水平角值,填入第 10 栏。

# 任务三　竖直角测量

**知识要点**:竖直角及其测量原理、竖直角计算公式和竖盘指标差计算公式。

**技能要点**:能进行竖直角测量的观测、记录和计算及竖盘指标差的计算。

## 一、竖直角测量原理

竖直角(简称竖角)是同一竖直面内水平方向转向目标方向的夹角。竖直角可用于间接确定点的高程或将斜距化为平距。设在 $O$ 点安置仪器,使望远镜照准某目标得到目标方向,通过望远镜中心的水平方向,其间的夹角 $\alpha$ 就是该目标的竖直角(见图 1-2-9)。目标方向高于水平方向的竖直角称为仰角,$\alpha$ 为正值,取值范围为 0°~+90°;目标方向低于水平方向的竖直角称为俯角,$\alpha$ 为负值,取值范围为 0°~-90°。同一竖直面内由天顶方向(铅垂线的反方向)转向目标方向的夹角称为天顶距,其取值范围为 0°~+180°(无负值)。全站仪的角度测量中,天顶距测量和竖直角测量可以互相切换。

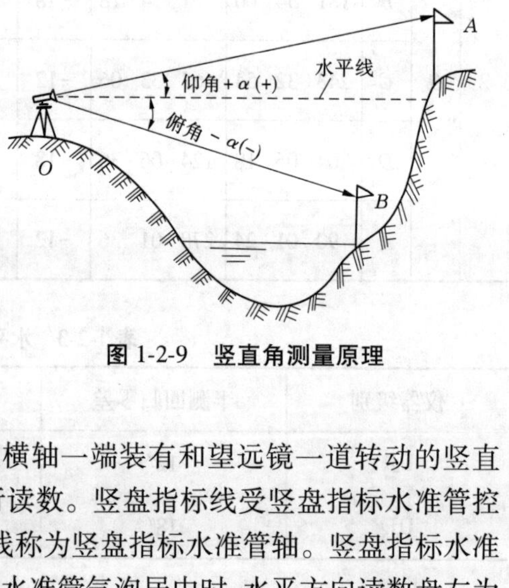

图 1-2-9　竖直角测量原理

经纬仪之所以能用于测量竖直角,是因为在横轴一端装有和望远镜一道转动的竖直度盘(简称竖盘),能对竖直面上的目标方向进行读数。竖盘指标线受竖盘指标水准管控制。过竖盘指标水准管圆弧表面零点的纵向切线称为竖盘指标水准管轴。竖盘指标水准管轴应垂直于竖盘指标线。在此前提下,当指标水准管气泡居中时,水平方向读数盘左为

90°,盘右为 270°(见图 1-2-10)。所以,在竖直角测量时,只要照准目标,读取竖盘读数,就可以通过计算得到目标的竖直角。

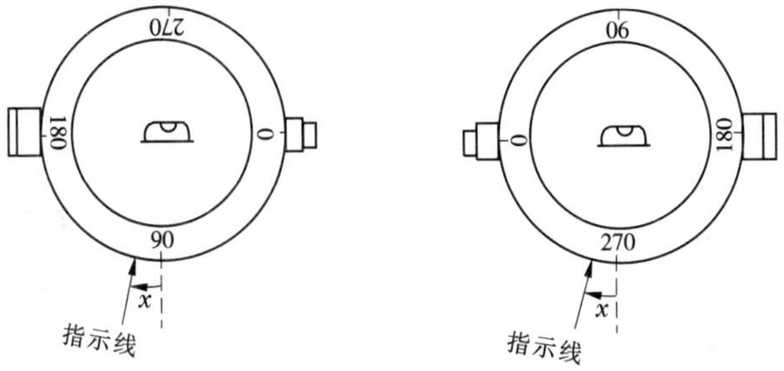


(a)盘左　　(b)盘右

**图 1-2-10　望远镜水平时的竖盘读数**

## 二、竖直角计算与观测

### (一)竖直角计算

由于竖直角测量只需对目标方向进行观测、读数,而水平方向读数为竖盘所固有,因此就需要通过公式将目标的竖直角值计算出来。

设目标方向在水平方向之上,盘左、盘右的竖盘读数分别为 $L(<90°)$ 和 $R(>270°)$(见图 1-2-11),而水平读数分别为 90°和 270°(见图 1-2-10),由于此时竖直角为仰角($\alpha>0°$),可知其计算公式为:

盘左　$$\alpha_L = 90° - L \tag{1-2-4}$$

盘右　$$\alpha_R = R - 270° \tag{1-2-5}$$

其平均值为

$$\alpha = \frac{\alpha_L + \alpha_R}{2} \tag{1-2-6}$$

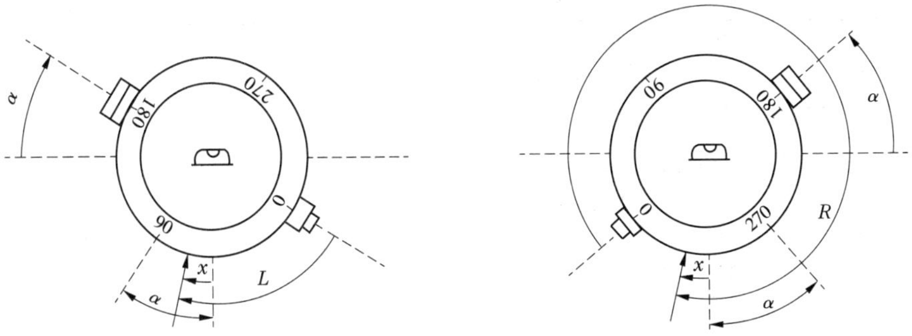


(a)盘左　　(b)盘右

**图 1-2-11　竖直角为仰角时的竖盘读数**

如目标方向在水平方向之下,盘左、盘右的竖盘读数必然为 $L>90°$ 和 $R<270°$(见图 1-2-12),代入式(1-2-4)~式(1-2-6)算得的竖直角为俯角($\alpha<0°$),因而式(1-2-4)~式(1-2-6)亦适用于俯角的计算。可知式(1-2-4)~式(1-2-6)即为竖直角的计算公式。

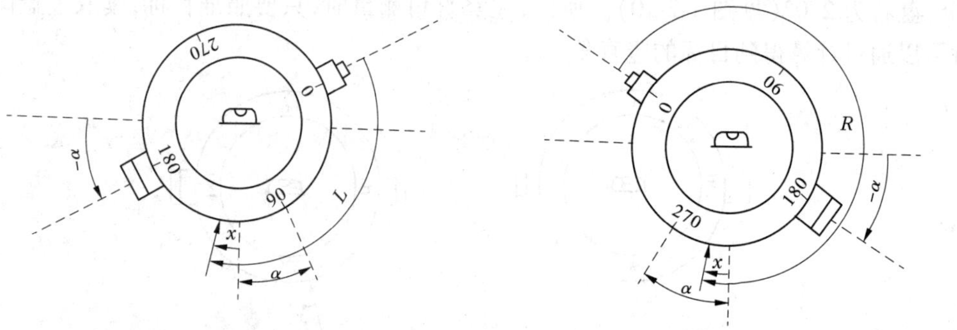


(a)盘左　　　　(b)盘右

**图 1-2-12　竖直角为俯角时的竖盘读数**

### (二)竖直角观测

设在 $A$ 点安置经纬仪,测定 $B$ 目标的竖直角,其步骤如下:

(1)盘左瞄准目标 $B$,以十字丝中横丝与目标预定的观测标志(或高度)相切(见图 1-2-5(c))。

(2)旋转竖盘指标水准管微动螺旋,使指标水准管气泡居中,读取盘左的竖盘读数 $L$(设为 82°37′12″),记入手簿(见表 1-2-4)第 4 栏,按式(1-2-4)算得 $\alpha_L=+7°22'48''$,填入第 5 栏。

(3)松开望远镜制动螺旋,倒转望远镜,以盘右再次瞄准目标 $B$,使指标水准管气泡居中,读取盘右的竖盘读数 $R$(设为 277°22′54″),记入手簿第 4 栏,按式(1-2-5)算得 $\alpha_R=+7°22'54''$,填入第 5 栏。

(4)按式(1-2-6)盘左、盘右取平均,得目标 $B$ 一测回的竖直角值+7°22′51″(为仰角),填入第 7 栏。

同法可得表 1-2-4 中所列目标 $C$ 的观测结果(为俯角)。

**表 1-2-4　竖直角观测手簿**

日期______　天气______　仪器______　地点______　观测______　记录______

| 测站 | 目标 | 竖盘位置 | 竖盘读数 (° ′ ″) | 半测回竖直角值 (° ′ ″) | 指标差 x(″) | 一测回竖直角值 (° ′ ″) | 说明 |
|---|---|---|---|---|---|---|---|
| 1 | 2 | 3 | 4 | 5 | 6 | 7 | 8 |
| A | B | 左 | 82 37 12 | +7 22 48 | +3 | +7 22 51 | |
| | | 右 | 277 22 54 | +7 22 54 | | | |
| A | C | 左 | 99 41 12 | −9 41 12 | −24 | −9 41 36 | |
| | | 右 | 260 18 00 | −9 42 00 | | | |

## 三、竖盘指标差及其计算

当望远镜水平,竖盘指标水准管气泡居中时,竖盘的正确读数应为 90°(盘左)或 270°

（盘右）。如果竖盘指标线偏离正确位置，其读数将与 90°或 270°之间产生小的偏角，此偏角 $x$ 称为竖盘指标差。

设盘左竖盘指标线向左偏离 $x$，如图 1-2-10～图 1-2-12 所示，这时无论盘左、盘右，也无论望远镜水平还是仰、俯，均使竖盘读数增加 $x$（$x$ 有"+""－"号，令其盘左时左偏为"+"，右偏为"－"），即

盘左 $$L=L_{正}+x \tag{1-2-7}$$

盘右 $$R=R_{正}+x \tag{1-2-8}$$

将式（1-2-7）、式（1-2-8）分别代入式（1-2-4）、式（1-2-5），得：

盘左 $$\alpha_L=90°-(L_{正}+x)=\alpha_{正}-x \tag{1-2-9}$$

盘右 $$\alpha_R=(R_{正}+x)-270°=\alpha_{正}+x \tag{1-2-10}$$

将式（1-2-9）、式（1-2-10）相加除以 2，可得

$$\alpha_{正}=\frac{\alpha_L+\alpha_R}{2} \tag{1-2-11}$$

式（1-2-9）～式（1-2-11）说明，指标差 $x$ 对盘左、盘右竖直角的影响大小相同、符号相反，采用盘左、盘右取平均的方法就可以消除指标差对竖直角的影响。

将式（1-2-9）、式（1-2-10）相减除以 2，可得

$$x=\frac{\alpha_R-\alpha_L}{2} \tag{1-2-12}$$

由图 1-2-10～图 1-2-12 可见，当竖盘指标线位置正确时，无论望远镜水平还是仰、俯，均有 $L_{正}+R_{正}=360°$，因此将式（1-2-7）、式（1-2-8）取和又可得

$$x=\frac{(L+R)-360°}{2} \tag{1-2-13}$$

可见，竖盘指标差 $x$ 有两种算法：一种是依据盘右和盘左的竖直角计算式（1-2-12），另一种则是直接依据盘左和盘右的竖盘读数计算式（1-2-13），二者的计算结果相同。例如，表 1-2-4 算例中，经计算目标 $B$ 和 $C$ 的竖盘指标差 $x$ 分别为+3″和－24″，其结果填入第 6 栏。对于同一架经纬仪而言，观测不同目标算得的竖盘指标差如确系仪器本身的误差，理应大致相同。该例两个指标差值相差较大，说明读数中含有较多的观测误差。

## 四、竖盘指标的自动归零

采用指标水准管控制竖盘指标线，每次读数前都必须旋转指标水准管微动螺旋，使指标水准管气泡居中，从而使竖盘指标线位于固定位置，一旦疏忽，将造成读数错误。因此，新型经纬仪在竖盘光路中，以竖盘指标自动归零补偿器替代竖盘指标水准管，其作用与自动安平水准仪的自动安平补偿器相类似，使仪器在允许倾斜范围内，直接就能读到与指标水准管气泡居中一样的正确读数。这一功能称为竖盘指标的自动归零。$DJ_6$ 型经纬仪的整平误差约为±1′，而竖盘指标自动归零补偿器的补偿范围（仪器允许的倾斜范围）为±2′。

# 任务四　光学经纬仪检验和校正

**知识要点**:光学经纬仪主要轴线及其应满足的几何条件。

**技能要点**:能进行光学经纬仪的五项检验和校正。

## 一、光学经纬仪主要轴线及其应满足的几何条件

光学经纬仪的主要轴线有仪器的旋转轴即竖轴 *VV*、照准部水准管轴 *LL*、望远镜视准轴 *CC* 和望远镜的旋转轴即横轴(又称水平轴)*HH*(见图 1-2-13)。它们之间应满足以下几何条件:

(1)照准部水准管轴垂直于竖轴,即 $LL \perp VV$;

(2)望远镜视准轴垂直于横轴,即 $CC \perp HH$;

(3)望远镜横轴垂直于竖轴,即 $HH \perp VV$;

(4)十字丝竖丝垂直于横轴,即竖丝 $\perp HH$。

此外,在测量竖直角时,还应满足竖盘指标水准管轴垂直于竖盘指标线的条件。

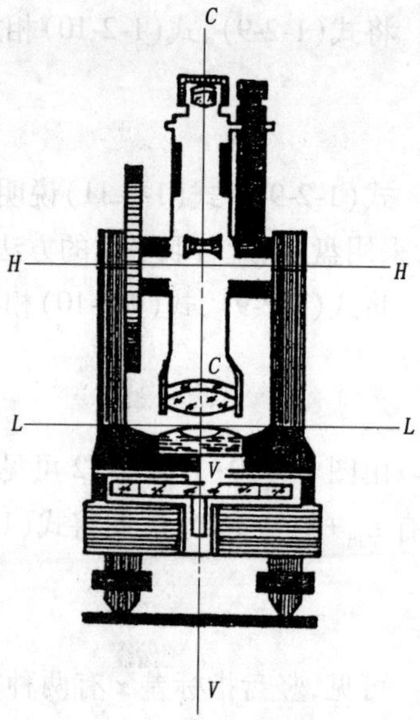

图 1-2-13　经纬仪的主要轴线关系

## 二、光学经纬仪检验和校正

### (一)照准部水准管轴检验和校正

1.检验目的

使照准部水准管轴 *LL* 垂直于仪器竖轴 *VV*。照准部水准管是用来粗略整平仪器的。粗略整平不仅仅是使水准管气泡居中,主要应使仪器的竖轴竖直,这一要求只有在满足 $LL \perp VV$ 的前提下才能达到。

2.检验方法

光学经纬仪照准部水准管轴检验方法和校正方法与水准仪的圆水准轴检验方法和校正方法基本相同(参见图 1-1-20 和图 1-1-21)。首先,转动照准部使水准管与基座上一对脚螺旋的连线相平行,旋转该二脚螺旋,使水准管气泡居中。然后,将照准部旋转 180°,如果气泡仍然居中,说明 *VV* 与 *LL* 相垂直;如果气泡不再居中(偏离 1 格以上),说明 *VV* 与 *LL* 不垂直。产生的原因是照准部水准管一端的校正螺丝有所松动或磨损,造成水准管两端不等高,致使照准部水准管轴偏移正确位置。

3.校正方法

校正时,用校正针拨动水准管的上、下校正螺丝,使气泡向居中位置返回偏移量的一半,此时水准管轴与竖轴之间即相互垂直。然后用脚螺旋整平,使水准管气泡居中,竖轴即恢复竖直位置。校正工作一般需反复进行,直到仪器旋转到任何位置,照准部水准管气泡均居中。

## （二）望远镜视准轴检验和校正

1.检验目的

使望远镜视准轴 $CC$ 垂直于横轴 $HH$，从而使视准轴绕横轴转动时划出的照准面为一平面。

2.检验方法

望远镜视准轴 $CC$ 与横轴 $HH$ 若不相垂直，则二者之间存在偏角 $c$，这一误差称为视准轴误差（见图 1-2-14）。视准轴误差的存在将使视准轴绕横轴转动时划出的照准面为一圆锥面，从而影响照准精度。

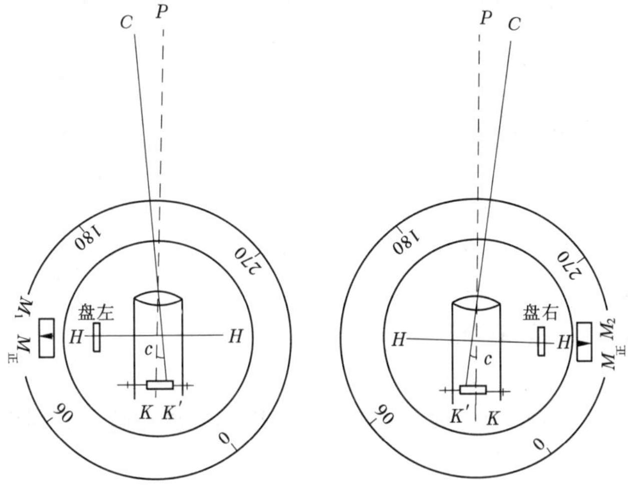


**图 1-2-14　视准轴检验**

如图 1-2-14（a）所示，望远镜先以盘左瞄准目标 $P$（与仪器大致同高），虚线所指为视准轴正确位置（十字丝交点位于 $K$ 点），水平度盘读数为 $M_{正}$，若存在视准轴误差 $c$（设十字丝交点位于正确位置 $K$ 点的右面 $K'$ 点，视准轴左偏），为使视准轴（实线所指）照准目标，必须使照准部顺时针转动 $c$ 角，即读数为

$$M_1 = M_{正} + c \tag{1-2-14}$$

再以盘右照准目标 $P$（见图 1-2-14（b）），由于倒转望远镜后十字丝交点所在的 $K'$ 转至正确位置 $K$ 的左面，视准轴变为右偏，为使视准轴照准目标，必须使照准部逆时针转动 $c$ 角，即读数为

$$M_2 = M_{正} - c \tag{1-2-15}$$

将式（1-2-14）、式（1-2-15）相加除以 2，可得

$$M_{正} = \frac{M_1 + (M_2 \pm 180°)}{2} \tag{1-2-16}$$

式（1-2-14）~式（1-2-16）说明，视准轴误差 $c$ 对盘左、盘右读数的影响大小相同、符号相反，采用盘左、盘右取平均的方法就可以消除视准轴误差对水平角的影响。

再将式（1-2-14）与式（1-2-15）相减除以 2，可得

$$c = \frac{M_1 - (M_2 \pm 180°)}{2} \qquad (1\text{-}2\text{-}17)$$

式(1-2-17)即为视准轴误差的计算公式。

根据上述即得其检验方法:以盘左、盘右观测大致位于水平方向的同一目标 $P$(为何需照准水平方向目标,见下面横轴的检验和校正),分别得读数 $M_1$、$M_2$,代入式(1-2-17),如算得的 $c$ 值超过容许范围(一般为±30″),即说明存在视准轴误差。

3.校正方法

视准轴和横轴不垂直,主要是由于十字丝环的固定螺丝有所松动或磨损,使十字丝交点偏离正确位置,造成视准轴偏斜。此时,望远镜仍处于盘右位置,校正按以下步骤进行:

(1)将算得的 $c$ 值代入式(1-2-15),计算盘右的正确读数 $M_{正}=M_2+c$。

(2)旋转照准部微动螺旋使读数变为 $M_{正}$,十字丝交点必然偏离目标 $P$。

(3)用校正针拨动十字丝环左、右校正螺丝(见图 1-2-15),一松一紧推动十字丝环左右平移,直至十字丝交点对准目标 $P$,即由 $K'$ 返回正确位置 $K$。

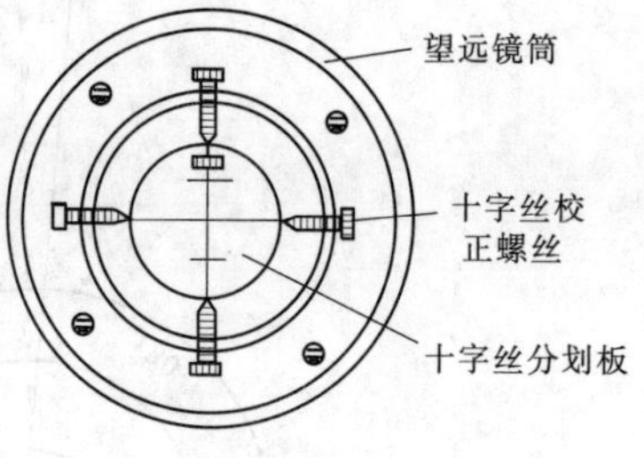


图 1-2-15　十字丝环

## (三)望远镜横轴检验和校正

1.检验目的

使望远镜横轴 $HH$ 垂直于竖轴 $VV$,从而使视准轴绕横轴转动时划出的照准面为一竖直平面。

2.检验方法

望远镜横轴 $HH$ 与竖轴 $VV$ 如不相垂直,二者之间存在偏角 $i$,这一误差称为横轴误差(见图 1-2-16)。横轴误差的存在,将使视准轴绕横轴转动时划出的照准面为一倾斜平面,同样会影响照准精度。

如图 1-2-16(a)所示,横轴误差的连带影响是使视准轴产生新的偏斜,对同一 $i$ 角而言,当目标的竖直角为零时,这种偏斜对平盘读数的影响亦为零;而当目标的竖直角增大时,其影响将显著增加(见图 1-2-16(b))。在实际观测中,视准轴误差和横轴误差的影响往往同时存在于盘左读数与盘右读数之差,即 $2c$ 值中。由此可知,上述视准轴误差的检验已包括横轴误差的检验。区分两种误差的方法是:照准水平方向的目标,其结果主要反映视准轴误差(这便是视准轴检验和校正时,需要照准水平方向目标的原因);照准竖直角大的目标,其结果主要反映横轴误差。

与视准轴误差一样,横轴误差对盘左、盘右读数的影响也是大小相同、符号相反,取平均即可消除其影响。

根据上述即得其检验方法:以盘左、盘右观测较高处,即竖直角较大的同一目标 $P$,分别得水平度盘读数 $M_1$、$M_2$,代入式(1-2-17),如算得的 $c$ 值超过容许范围(一般为±30″),即说明存在(或与视准轴误差同时存在)横轴误差。

3.校正方法

横轴和竖轴不垂直,主要是由于支承横轴的偏心环有所松动或磨损,使横轴两端的高

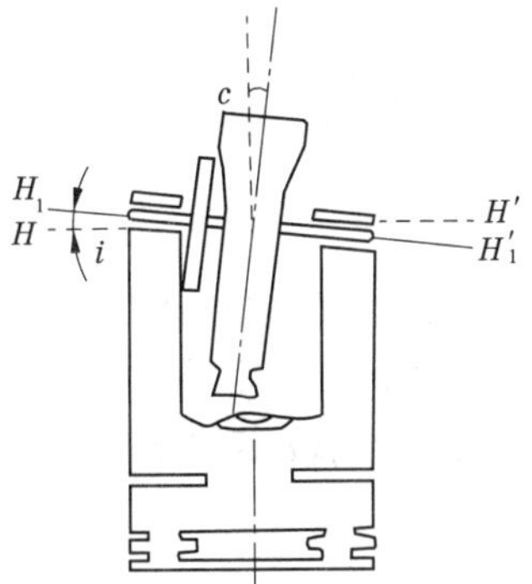

(a)产生新的视准轴误差

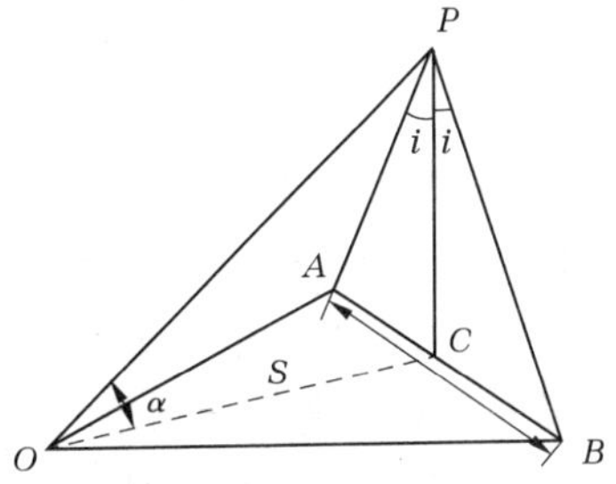

(b)与竖直角的关系

**图 1-2-16　横轴误差的影响**

度发生了变化。遇此问题,一般应送工厂修理。

**(四)十字丝竖丝检验和校正**

1.检验目的

使十字丝竖丝垂直于横轴 *HH*,以便于仪器整平后,十字丝竖丝保持竖直,从而提高目标照准的精度。

2.检验方法

十字丝竖丝的检验和校正方法与水准仪十字丝横丝的检验和校正基本相同(参见图1-1-23 和图 1-1-24)。只不过此处是用望远镜竖丝一端对准某固定点 *A*,使望远镜上下微动。若此时点 *A* 影像不偏离竖丝,说明条件满足,否则说明条件不满足。

3.校正方法

校正时轻转分划板座,使点 *A* 对竖丝的偏离量减少一半,即使竖丝恢复竖直位置。

**(五)竖盘指标水准管轴检验和校正**

1.检验目的

使竖盘指标水准管轴垂直于竖盘指标线,即消除竖盘指标差。

2.检验方法

安置经纬仪,对同一目标盘左、盘右测其竖直角,按式(1-2-12)或式(1-2-13)计算指标差 $x$。若 $|x|>1'$,应予以校正。

3.校正方法

指标差的存在,主要是由于竖盘指标水准管一端的上、下校正螺丝有所松动或磨损,造成指标水准管两端不等高,致使指标水准管轴和竖盘指标线不垂直。校正按以下步骤进行:

(1)依旧在盘右位置,照准原目标点,按式(1-2-8)计算盘右的竖盘正确读数 $R_{正}=R-x$。

(2)转动竖盘指标水准管微动螺旋,使竖盘读数由 $R$ 改变为 $R_{正}$。此时,指标水准管气泡将不再居中。

(3)用校正针拨动指标水准管上、下校正螺丝使气泡居中,指标水准管轴和竖盘指标线即相互垂直。

# 任务五　电子测角

**知识要点：** 电子测角原理。

电子测角是一种运用新型电子经纬仪或全站仪进行自动测角的方法。它采用光电扫描度盘，通过角度值和数码的相互转换，实现角度观测的自动记录、计算、显示、存储和传输。在光电扫描度盘获取电信号测角的方式中，目前应用较多的是光栅度盘测角和光栅动态测角两种，以下介绍它们的原理。

## 一、光栅度盘测角原理

光学玻璃上均匀地刻有若干细线，就构成光栅（见图 1-2-17(a)、(b)）。光栅的基本参数是刻线密度（每毫米的刻线条数）和栅距（相邻两刻线的间距）。设栅线宽度为 $a$，间隔宽度为 $b$，栅距即为 $d=a+b$，通常 $a=b$。栅线不透光，间隔透光。刻在圆盘上等角距的称为径向光栅，在电子经纬仪中即为光栅度盘（见图 1-2-17(c)）。在光栅度盘上下对应位置装上光源和接收器，并随照准部一道转动（光栅度盘不动）。在转动过程中，将光栅是否透光的信号转变为电信号，由计数器累计其移动的栅距数，即可求得所转动的角值。这种没有绝对度数，而是依据移动栅距的累计数进行测角的系统称为增量式测角系统。

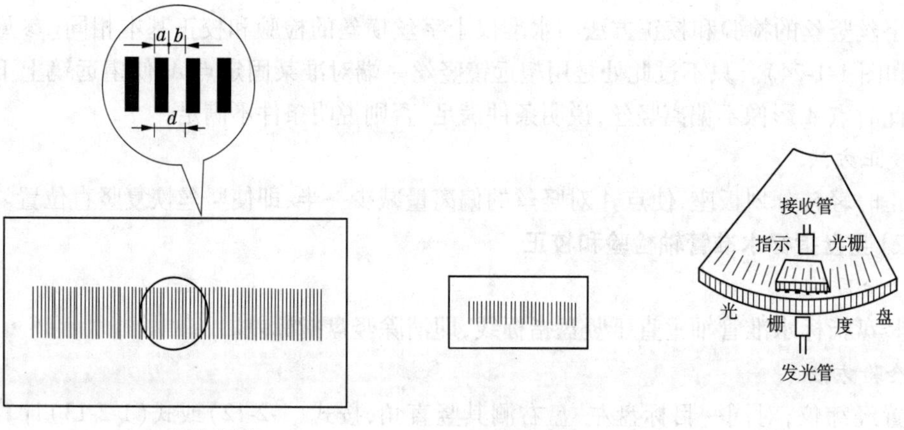

(a)直线光栅　　(b)指示光栅　　(c)径向光栅

**图 1-2-17　光栅度盘与指示光栅**

为了提高光栅的读数精度，系统采用叠栅条纹技术。所谓叠栅条纹，就是将两块密度相同的光栅（如图 1-2-17 中的指示光栅和径向光栅）重合，并使它们的刻划线相互倾斜一个小的角度 $\theta$，转动时即可产生明暗相间的条纹（见图 1-2-18）。当指示光栅横向移动一个栅距 $d$ 时，就会造成叠栅条纹上下移动一个纹距 $\omega$。二者之间的关系式为

$$\omega=\frac{d}{\theta'}\rho' \tag{1-2-18}$$

式中　$\rho'=3\ 438'$。

由式(1-2-18)可见,叠栅条纹的纹距比栅距放大了$\frac{1}{\theta'}\times$ 3 438′倍,如 $\theta=20'$,则 $\omega=172d$,即纹距较栅距放大 172 倍,明显可以提高精度。测角时,光栅度盘不动,照准部连同指示光栅和传感器相对于光栅度盘横向移动,所形成的叠栅条纹也随之移动。设栅距对应的角度分划值为 $\delta$,在照准目标的过程中,可累计条纹移动的个数为 $n$(反方向移动则减去),计数不足整条纹的小数为 $\Delta\delta$,则角度值为

$$\beta = n \cdot \delta + \Delta\delta \qquad (1\text{-}2\text{-}19)$$

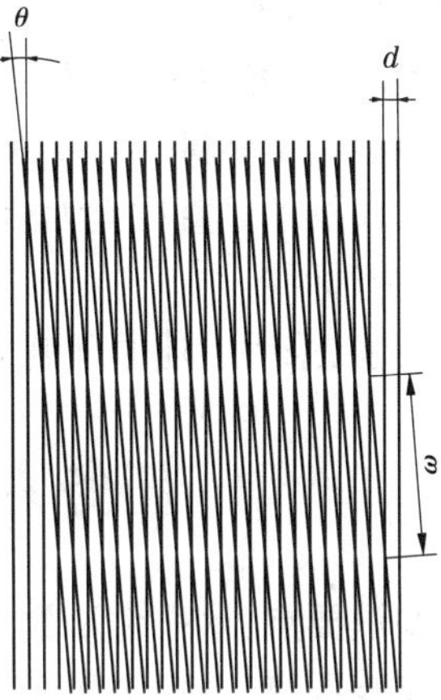


图 1-2-18 **叠栅条纹**

## 二、光栅动态测角原理

装有可旋转光栅度盘的电子经纬仪依据的是动态测角原理。其度盘上刻有 1 024 条栅线,不透光的栅线和透光间隔的宽度之和即为栅距的分划值 $\phi_0$(见图 1-2-19)。此外,在度盘外缘装有固定光栏 $L_S$(相当于光学度盘的零分划线),在度盘内侧装有可动光栏 $L_R$(相当于光学度盘的指标线),随照准部一道转动,它们之间的夹角即为待测的角值。这种方法称为绝对式测角系统。由图 1-2-19 可见,照准目标与零分划线之间的角值 $\phi$ 为

$$\phi = n \cdot \phi_0 + \Delta\phi \qquad (1\text{-}2\text{-}20)$$

即 $\phi$ 角等于 $n$ 个栅距分划值 $\phi_0$ 和不足整栅距的零分划 $\Delta\phi$ 之和,它们通过光栅度盘快速旋转时产生的电信号及其相应的相位差,分别由粗测和精测的结果转换求得。

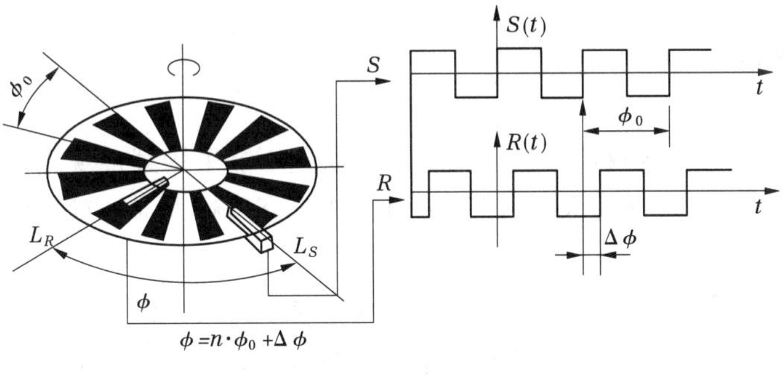


图 1-2-19 **动态测角原理**

### (一)粗测——求 $\phi_0$ 的个数 $n$

在度盘同一径向的内外缘上设有两个特殊标记 $a$ 和 $b$。度盘旋转时,从标记 $a$ 通过 $L_S$ 时起,计数器开始记取整周期 $\phi_0$ 的个数,当另一标记 $b$ 通过 $L_R$ 时,计数器停止记数。此时,所记数值即为 $\phi_0$ 的个数 $n$。

### (二)精测——求 $\Delta\phi$

精测开始,度盘旋转。每一条光栅线通过光栏 $L_S$ 和 $L_R$ 会分别产生两个信号 $S$ 和 $R$(见图 1-2-19 中的方形波),它们的相位差即为 $\Delta\phi$。度盘上共有 1 024 条栅线,即度盘每旋转一周,可获得 1 024 个 $\Delta\phi$,取其平均值就是零周期的相位差,再通过微处理器进行处

理,转换为角值。

实际上,光栏 $L_S$ 和 $L_R$ 均按对径设置,即各有一对(图 1-2-19 中 $L_S$ 和 $L_R$ 仅绘出各一个),度盘上的特殊标记 $a$ 和 $b$ 也各有一对,每隔 90°设置一个,其目的是消除度盘的偏心误差。仪器的竖直度盘无活动光栏,仅有一对固定光栏装在指向天顶的对径方向,相当于竖盘的指标线。

目前,采用上述原理制成的电子经纬仪,其一测回方向中误差可达±0.5″。

# 任务六　消减角度测量误差的措施

**知识要点**:水平角测量和竖直角测量的误差来源与分类。

**技能要点**:采取措施消减角度测量的各种误差。

与水准测量一样,角度测量的误差一般也由仪器误差、观测误差和外界条件影响的误差三方面构成。分析误差产生的原因,寻找消减误差的措施,将有助于提高角度测量的精度。

## 一、水平角测量误差及消减措施

### (一)仪器误差

虽经检验和校正,仪器还会带有某些剩余误差,如视准轴误差、横轴误差、竖盘指标差等,应通过盘左、盘右测角取平均消除其影响。此外,还可能因度盘的旋转中心与照准部的旋转中心不重合而产生度盘偏心差,因受工艺水平的限制而带有度盘刻划误差等,前者应采用盘左、盘右读数取平均,后者则采取测回间变换度盘位置等措施对它们的影响加以限制。

### (二)观测误差

1.整平误差

仪器整平不严格,将导致仪器竖轴倾斜。该误差不能采用某种观测方法加以消除,且影响随目标竖直角的增加而增大,所以观测目标的竖直角越大,越应注意仪器的整平。

2.对中误差

安置仪器不准确,致使仪器中心与测站点偏离 $e$,所产生的误差为对中误差。如图 1-2-20所示,$O$ 为测站点,$O'$为仪器中心,$\beta$ 为应有角值,$\beta'$为实测角值,$D_1$、$D_2$ 分别为测站点至两照准目标的距离,显然由于对中误差的存在,产生角度误差 $\Delta\beta=\beta'-\beta$。由图 1-2-20可见,角度误差的近似值可按下式计算

$$\Delta\beta=\delta_1+\delta_2=e\cdot\left(\frac{1}{D_1}+\frac{1}{D_2}\right)\cdot\rho''$$

设 $D_1=D_2=D$,则有

$$\Delta\beta=\frac{2e}{D}\cdot\rho'' \qquad (1\text{-}2\text{-}21)$$

式中 $\rho''=206\ 265''$。

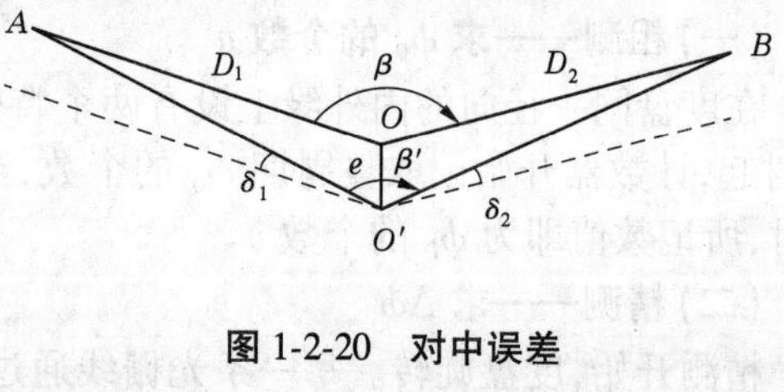


图 1-2-20　对中误差

由式(1-2-21)可知,此项影响与仪器的偏心距 $e$ 的大小成正比,而与测站至目标的距离成反比。当 $e=3$ mm,$D_1=D_2=100$ m 及 50 m 时,$\Delta\beta$ 分别为 12.4″和 24.8″。显然,在短边上测角时,尤其应注意仪器对中。

3.目标偏心误差

如图 1-2-21 所示,由于目标偏斜,致使目标之照准位置 $A'$ 与目标点 $A$ 偏离 $e_1$,造成应有角值 $\beta$ 与实测角值 $\beta'$ 之间产生目标偏心误差。

$$\delta_1=\beta-\beta'=\frac{e_1}{d_1}\cdot\rho'' \tag{1-2-22}$$

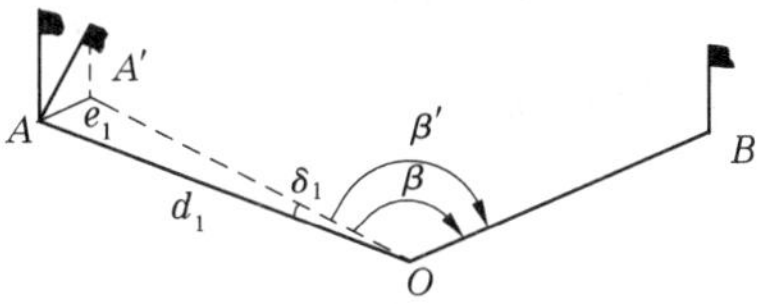

图 1-2-21 目标偏心误差

式中 $\rho''=206\ 265''$。

由式(1-2-22)可见,此项误差与对中误差相类似,即与目标的偏心距 $e_1$ 的大小成正比,与边长 $d_1$ 成反比。当 $e_1=1$ cm,$d_1=100$ m 及 50 m 时,$\delta_1$ 分别为 20″和 40″。所以,应尽量瞄准目标的底部,短边测角时,更应注意减小目标的偏心。

4.照准误差

望远镜的放大倍率为 $V$,人眼的分辨率为 60″,则照准误差为

$$m_V=\pm\frac{60''}{V} \tag{1-2-23}$$

设 $V=30$,则照准误差 $m_V=\pm 2.0''$。

5.读数误差

光学经纬仪的读数误差一般为测微器最小格值的$\frac{1}{10}$,如 $DJ_6$ 型经纬仪分微尺测微器格值为 1′,则其读数误差为±6″。

**(三)外界条件影响的误差**

1.旁折光影响

阳光照射建筑物或山坡,经反射会使附近的大气产生气温梯度,从而使靠近建筑物或山坡的视线在水平方向产生折射。如图 1-2-22 中由原直线 $AC$ 变为弧线,其夹角 $\delta$ 即为旁折光对方向观测值造成的影响。因此,观测时,至少应使视线离开建筑物或山坡 1 m。

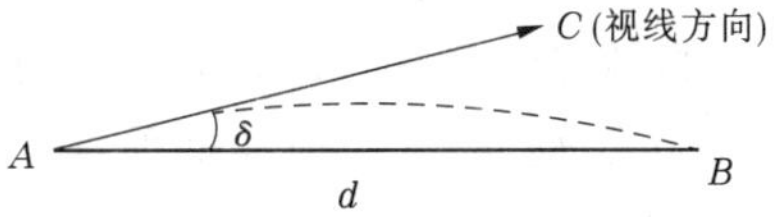

图 1-2-22 旁折光影响

2.其他因素的影响

大风和土壤的松软影响仪器的稳定,日晒和温度的变化影响水准管气泡的居中,大气层受地面的热辐射引起目标影像跳动,视线通过水域上空受濛气的影响,电子仪器在高压线或变电所附近受电磁波的干扰,这些都会给观测成果带来误差。应尽量选择微风多云、空气清新、成像稳定的天气及良好的作业时间进行观测。

## 二、竖直角测量误差及消减措施

竖直角测量误差的构成和产生原因与水平角测量的误差基本相同。仪器误差中主要是竖盘指标差,可采用盘左、盘右取平均的方法加以消除。观测误差中的照准误差和读数

误差与水平角测量的观测误差相类似。读数前,除应认真进行指标水准管的整平外,还应注意打伞保护仪器,减小指标水准管的整平误差。外界条件的影响和水平角测量误差有所不同的是,大气折光对竖直角测量主要产生垂直折光的影响,故在竖直角观测时,应使视线离开地面 1 m 以上,避免从水域上方通过,并尽可能采用对向观测取平均的方法,以消弱其误差的影响。

## 小　结

(1)水平角测量的原理。水平角是空间任两方向在水平面上投影之间的夹角。将测站至两个目标的方向投影到水平度盘上,然后用右目标的读数减去左目标的读数,即得两目标之间的水平角。

(2)竖直角测量的原理。竖直角是同一竖直面内水平方向转向目标方向的夹角。竖直度盘上刻有水平方向的正确读数为 90°(盘左)或 270°(盘右),只要读取目标方向的读数,即可运用公式算得目标的竖直角。

(3)普通光学经纬仪的组成及使用。普通光学经纬仪主要由照准部(包括竖轴、望远镜、水准管、读数系统及光学对中器等部件)、水平度盘、竖直度盘和基座组成。$DJ_6$ 型经纬仪采用的是分微尺读数法,使用分对中、整平、照准和读数四个步骤(采用光学对中器,对中和整平可同时进行)。

(4)水平角测量常用的方法有测回法和方向观测法(全圆测回法)。前者适用于 2~3个方向,后者适用于 3 个以上方向。一个测回由上、下两个半测回组成。上半测回用盘左,下半测回用盘右。之后盘左、盘右所测角值取平均,目的是消除仪器的多种误差。

(5)竖直角测量时,盘左、盘右均有相应的竖直角计算公式,同时可用公式计算竖盘指标差。盘左、盘右取平均即可消除竖盘指标差对竖直角测量的影响。

(6)普通光学经纬仪的检验和校正。经纬仪应满足的四项几何条件是:照准部水准管轴垂直于竖轴、望远镜视准轴垂直于横轴、望远镜横轴垂直于竖轴和十字丝竖丝垂直于横轴。视准轴不垂直于横轴产生的误差称为视准轴误差,横轴不垂直于竖轴产生的误差称为横轴误差。盘左、盘右取平均即可消除视准轴误差和横轴误差对水平角测量的影响。在经纬仪的四项检验中,重点应掌握视准轴误差的检验方法。

## 复习题

1.______________________________称为水平角,______________________________称为竖直角。竖直角 α 为正时称为__________,为负时称为__________。

2.使用经纬仪的步骤分为__________、__________、__________、__________。整平的目的是__________,对中的目的是__________。$DJ_6$ 型经纬仪的读数方法是__________,度盘格值__________,分微尺格值__________,估读__________;$DJ_2$ 型

经纬仪则采用______进行读数，度盘格值一般为______，秒盘格值______，估读______。

3. 测回法观测水平角取盘______（上半测回）和盘______（下半测回）的______作为一测回的角值。方向观测法半测回观测需要______，其目的是______。测回法适用于______，方向观测法适用于______。

4. $DJ_6$ 型经纬仪的四条主要轴线分别是______（英文字母______）、______（英文字母______）、______（英文字母______）和______（英文字母______），它们之间应满足以下几何条件：①______；②______；③______。

5. 经纬仪的视准轴误差是指______，横轴误差是指______。这两项误差对水平度盘读数影响的规律是：盘左、盘右______，采用______的方法，即可消除它们对水平角测量的影响。

6. 测量竖直角在竖盘读数前，应注意使______，目的是______。经纬仪的竖盘指标差是指______，其对竖直角测量影响的规律也是盘左、盘右______，采用______的方法，即可消除指标差对竖直角测量的影响。

7. 竖直角测量的计算公式盘左为______，盘右为______，平均值为______。竖盘指标差的计算公式为______，也可以为______。

# 练习题

1. 用 $DJ_6$ 型经纬仪按测回法测水平角，观测数据如图 1-2-23 所示，按表 1-2-5 进行记录和计算，并说明是否符合要求？

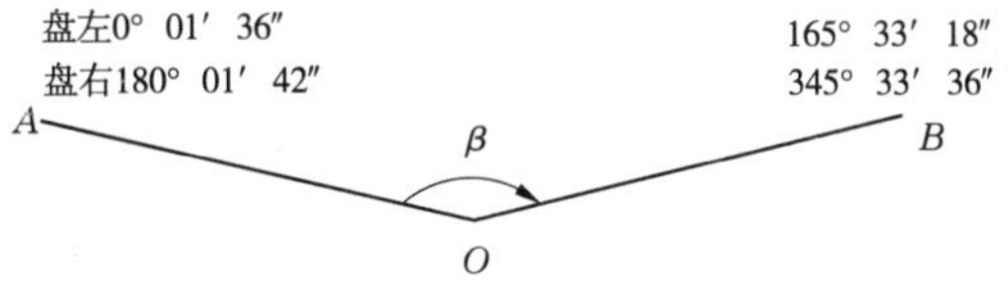


**图 1-2-23　练习题 1 图**

**表 1-2-5　水平角观测手簿（测回法）**

| 测站 | 目标 | 竖盘位置 | 水平度盘读数（° ′ ″） | 半测回角值（° ′ ″） | 一测回角值（° ′ ″） | 备注 |
|---|---|---|---|---|---|---|
| | | 左 | | | | |
| | | | | | | |
| | | 右 | | | | |
| | | | | | | |

2. 方向观测法($DJ_2$)观测水平角(见图 1-2-24),两个测回的观测数据已填入表 1-2-6 内,试完成所有计算。

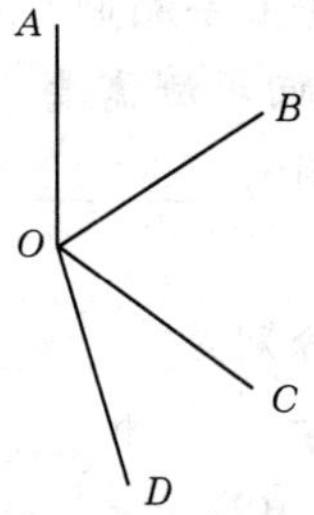


图 1-2-24　练习题 2 图

表 1-2-6　水平角观测手簿(方向观测法)

| 测回数 | 测站 | 照准点 | 盘左读数 (°　′　″) | 盘右读数 (°　′　″) | 2c (″) | $\frac{L+(R\pm180°)}{2}$ (°　′　″) | 一测回归零方向值 (°　′　″) | 各测回归零方向平均值 (°　′　″) | 角值 (°　′　″) |
|---|---|---|---|---|---|---|---|---|---|
| 1 | O | A | 00　00　22 | 180　00　18 | | | | | |
| | | B | 60　11　16 | 240　11　09 | | | | | |
| | | C | 131　49　38 | 311　49　21 | | | | | |
| | | D | 167　34　38 | 347　34　06 | | | | | |
| | | A | 00　00　27 | 180　00　13 | | | | | |
| 2 | O | A | 90　02　30 | 270　02　26 | | | | | |
| | | B | 150　13　26 | 330　13　18 | | | | | |
| | | C | 221　51　42 | 41　51　26 | | | | | |
| | | D | 257　36　30 | 77　36　21 | | | | | |
| | | A | 90　02　36 | 270　02　15 | | | | | |

3. 用 $DJ_6$ 型经纬仪分别观测目标点 $A$、$B$ 的竖直角(见图 1-2-25),读数已填入表 1-2-7 内,试完成其计算。

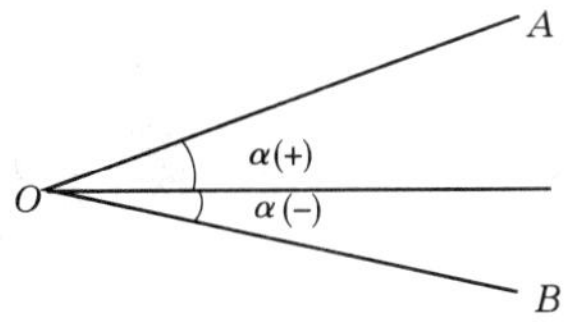


**图 1-2-25　练习题 3 图**

**表 1-2-7　竖直角观测手簿**

| 测站 | 目标 | 竖盘位置 | 竖盘读数<br>(°　′　″) | 半测回竖直角值<br>(°　′　″) | 一测回竖直角值<br>(°　′　″) | 指标差<br>(″) |
|---|---|---|---|---|---|---|
| *O* | *A* | 左 | 76　18　18 | | | |
| | | 右 | 283　41　24 | | | |
| | *B* | 左 | 92　32　24 | | | |
| | | 右 | 267　27　48 | | | |

# 思考题

1.水平角测量和竖直角测量有何相同点和不同点?

2.简述测回法和方向观测法的观测步骤。两种方法各有哪些限差? $2c$ 和 $2c$ 互差有何区别? 比较 $2c$ 互差有何作用? 进行 $n$ 个测回的水平角测量,应配置各测回水平度盘的起始读数,使其递增多少? 其目的是什么? 如何配置水平度盘的读数?

3.经纬仪主要轴线之间应满足的几何条件是什么? 各起什么作用?

4.经纬仪的检验包括哪些内容? 视准轴误差的检验如何进行? 横轴误差检验和视准轴误差检验有何相同点和不同点? 为什么?

5.竖盘指标差如何检验? 竖盘指标自动归零补偿器有何作用? 使用时应注意什么?

6.简述电子光栅度盘测角和光栅动态测角的原理。

7.角度测量有哪些主要误差? 观测过程中要注意哪些事项?

# 项目三　距离测量

**知识目标**

边长相对误差、尺长方程式、测距仪标称精度、消减距离测量误差的措施。

**技能目标**

能使用钢尺或普通经纬仪进行距离测量，能使用全站仪进行水平角、竖直角、距离测量和程序测量。

距离测量也是测量的基本工作之一。距离测量的目的是测量地面两点之间的水平距离。距离测量方法有钢尺量距、视距测量及光电测距等。

## 任务一　钢尺量距

**知识要点**：边长相对误差、精密量距的三项改正、尺长方程式、钢尺检定。

**技能要点**：能使用钢尺进行一般量距和精密量距。

钢尺量距是传统的量距方法，适用于地面比较平坦、边长较短的距离测量，目前一些施工单位仍在使用。

### 一、钢尺量距的一般方法

#### （一）钢卷尺

钢卷尺（简称钢尺）一般用薄钢带制成（见图 1-3-1），其长度有 20 m、30 m、50 m 等，基本刻划至毫米（mm）。以尺的端点为零点的称为端点尺（见图 1-3-2（a）），以尺的端部某一刻划为零点的称为刻线尺（见图 1-3-2（b））。使用时，应注意其零点的位置，以免出错。

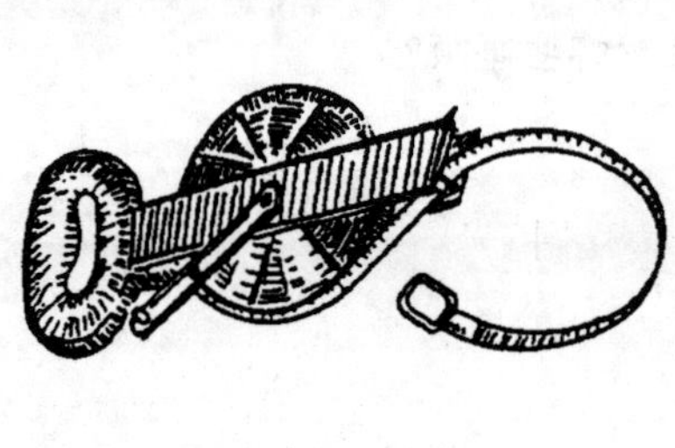

图 1-3-1　钢卷尺

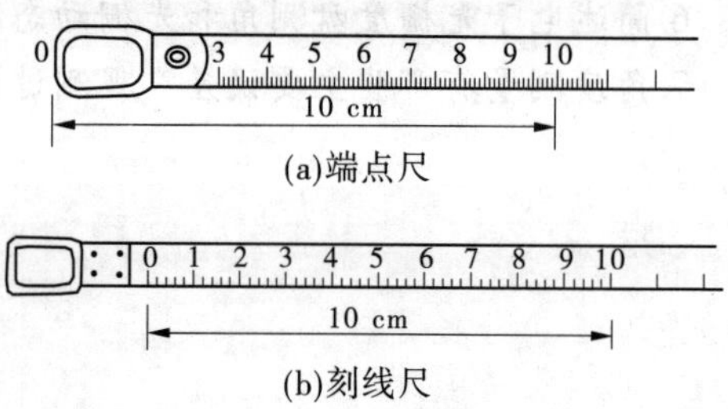


图 1-3-2　零点位置

#### （二）直线定线

当地面两点间距离较长时，往往以一整尺长为一尺段进行分段丈量。分段丈量首先要做的是将所有分段点标定在待测直线上，这一工作称为直线定线。

在待测距离的两端点 $A$、$B$ 各竖立一根标杆，由作业员甲站于 $A$ 点标杆后，以目测指挥另一位作业员乙站在距 $A$ 点为整尺段的位置，将所持标杆移动到 $A$、$B$ 连成的直线上，然后在标杆根部插下测钎（见图 1-3-3），依次类推，直到在所有整尺段的位置插上测钎，并使所有测钎位于 $A$、$B$ 连成的直线上。

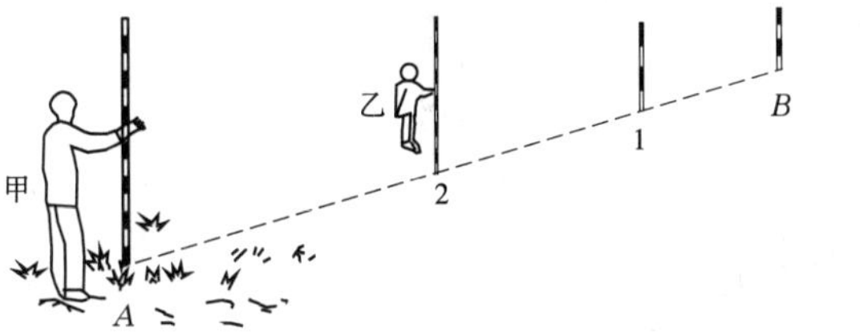


**图 1-3-3　直线定线**

精密量距时，可采用经纬仪定线，即在 $A$ 点标杆处架设经纬仪照准 $B$ 点标杆，以仪器视线指挥定线，从而提高直线定线的精度。

### （三）平坦地面量距

平坦地面一般可沿地面用整尺法进行丈量，即在直线定线的基础上（亦可边定线边丈量），依次丈量 1～$n$ 个整尺段，最后量取不足一整尺（零尺段）的距离 $q$（见图 1-3-4）。被测距离的长度即为

$$D = n \cdot l + q \tag{1-3-1}$$

式中　$D$——距离总长，m；

$l$——钢尺长度；

$n$——整尺段数；

$q$——零尺段距离。

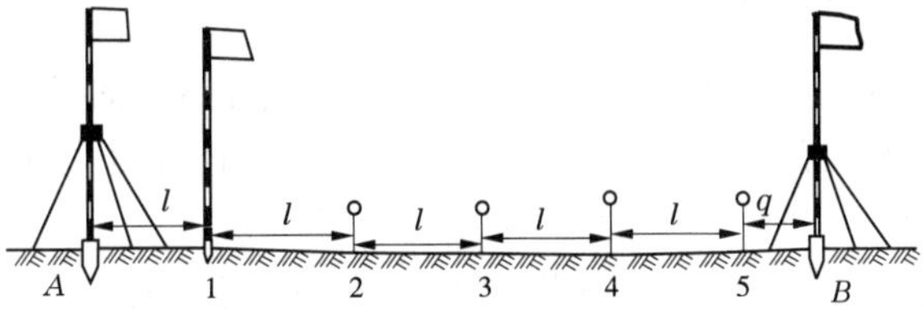


**图 1-3-4　平坦地面量距**

### （四）倾斜地面量距

1.平量法

当地面坡度不大时，可在每尺段拉平钢尺，然后用垂球在地面上标定其端点（见图 1-3-5（a））进行丈量。

2.斜量法

地面坡度较均匀时，可沿斜坡丈量其倾斜距离 $L$，同时设法测定两端点之间的高差 $h$（见图 1-3-5（b）），则两点之间的水平距离为

$$D = \sqrt{L^2 - h^2} \tag{1-3-2}$$

### （五）往、返丈量

为了检核和提高精度，一般需要进行往、返丈量，取其平均值作为量距的成果，即

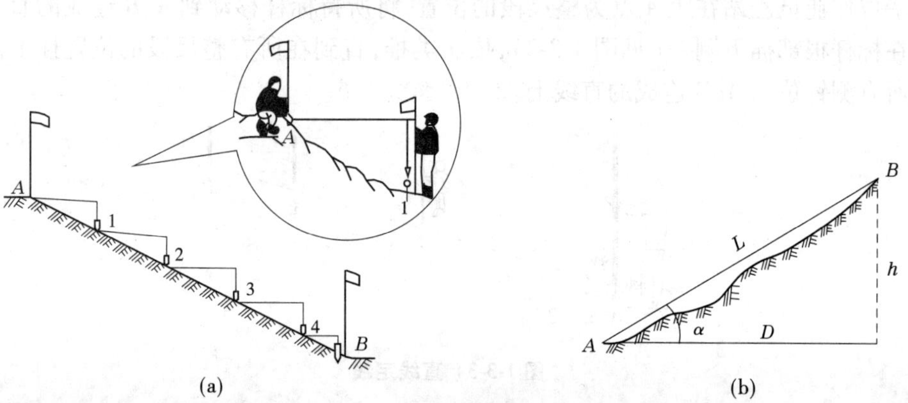


图 1-3-5 倾斜地面量距

$$D_{均} = \frac{D_{往} + D_{返}}{2} \tag{1-3-3}$$

并以往、返丈量结果的较差除以其平均值得到的相对误差（分子为 1、分母为某整数的分数）$K$ 来衡量其成果的精度（有关相对误差的概念见本书模块一项目五任务一），即

$$K = \frac{|D_{往} - D_{返}|}{D_{均}} = \frac{1}{\dfrac{D_{均}}{|D_{往} - D_{返}|}} \tag{1-3-4}$$

钢尺量距的相对误差一般平地应小于$\frac{1}{3\ 000}$，山地应小于$\frac{1}{2\ 000}$~$\frac{1}{1\ 000}$。

## 二、精密量距三项改正

对精度要求较高的钢尺量距，除应采用经纬仪定线、在钢尺的尺头处用弹簧秤控制拉力（使其等于钢尺检定时的标准力，一般为 10 kg）等措施外，还应对丈量结果进行以下改正。

### （一）尺长改正

设钢尺名义长为 $l_0$，在一定温度和拉力条件下检定得到的实际长为 $l_s$，二者之差值即为一尺段的尺长改正 $\Delta l_d$

$$\Delta l_d = l_s - l_0 \tag{1-3-5}$$

### （二）温度改正

受热胀冷缩的影响，当现场作业时的温度 $t$ 与检定时的温度 $t_0$ 不同时，钢尺的长度就会发生变化，因而每尺段需进行温度改正，其表达式为

$$\Delta l_t = \alpha(t - t_0) l_0 \tag{1-3-6}$$

式中 $\alpha$——钢尺的膨胀系数，$\alpha = 0.000\ 012\ 5/℃$。

钢尺说明书上一般都带有尺长随温度变化的函数式，称为尺长方程式，即

$$l_t = l_0 + \Delta l_d + \alpha(t - t_0) l_0 \tag{1-3-7}$$

式中 $l_0$——钢尺的名义长度；

$\Delta l_d$——钢尺的尺长改正数；

$l_t$——温度为 $t$（℃）时钢尺的实际长度。

式(1-3-7)右端后两项实际上就是钢尺尺长改正和温度改正的组合。

**(三)倾斜改正**

设一尺段两端的高差为 $h$，沿地面量得斜距为 $l$，将其化为平距 $d$(见图 1-3-6)，应加倾斜改正 $\Delta l_h$。

因为 $h^2=l^2-d^2=(l+d)(l-d)$

即有 $\Delta l_h=d-l=-\dfrac{h^2}{l+d}$；又因 $\Delta l_h$ 甚小，可近似认为 $l=d$，所以有

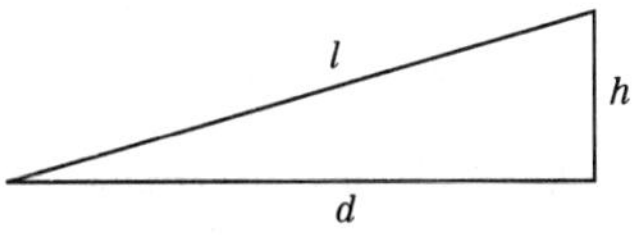


**图 1-3-6　倾斜改正**

$$\Delta l_h=-\frac{h^2}{2l} \tag{1-3-8}$$

以上三项之和即为一尺段的改正数 $\Delta l$，即

$$\Delta l=\Delta l_d+\Delta l_t+\Delta l_h \tag{1-3-9}$$

如果丈量时现场的温度变化不大，场地的坡度变化也比较均匀，则取丈量时的平均温度作为式(1-3-6)中的作业温度 $t$，取各尺段高差的平均值作为式(1-3-8)中的尺段高差 $h$，按式(1-3-9)计算尺段的平均改正数 $\Delta l$，再按下式计算所量总长 $D$ 的改正数 $\Delta D$

$$\Delta D=\frac{D}{l_0}\cdot\Delta l \tag{1-3-10}$$

否则，应分尺段量取温度和测定尺段两端高差，分别计算每尺段的改正数 $\Delta l_i$，再取所有测段改正数之和[$\Delta l$]作为总长 $D$ 的改正数。

**【例 1-3-1】**　一钢尺名义长 $l_0=30.0$ m，实际长 $l_s=30.002\,5$ m，检定温度 $t_0=20.0$ ℃，作业时的温度和场地坡度变化都不大，平均温度 $t=25.8$ ℃，尺段两端高差的平均值 $h=+0.272$ m，量得某段距离往测长 $D_{往}=221.756$ m，返测长 $D_{返}=221.704$ m。求其改正后平均长度及其相对误差。

**解**　一尺段尺长改正　　$\Delta l_d=30.002\,5-30.0=+0.002\,5(\text{m})$

温度改正　　$\Delta l_t=0.000\,012\,5\times(25.8-20.0)\times30.0=0.002\,2(\text{m})$

倾斜改正　　$\Delta l_h=-\dfrac{0.272^2}{2\times30.0}=-0.001\,2(\text{m})$

三项改正之和　　$\Delta l=0.002\,5+0.002\,2-0.001\,2=+0.003\,5(\text{m})$

往测长 $D_{往}$ 的改正数及往测长为

$$\Delta D_{往}=\frac{221.756}{30.0}\times0.003\,5=+0.026(\text{m})$$

$$D_{往}=221.756+0.026=221.782(\text{m})$$

返测长 $D_{返}$ 的改正数及返测长为

$$\Delta D_{返}=\frac{221.704}{30.0}\times0.003\,5=+0.026(\text{m})$$

$$D_{返}=221.704+0.026=221.730(\text{m})$$

改正后平均长为

$$D=\frac{221.782+221.730}{2}=221.756(\text{m})$$

相对误差为

$$K=\frac{221.782-221.730}{221.756}=\frac{1}{4\ 260}$$

## 三、钢尺检定

钢尺在出厂时或精密量距前，均应进行检定，从而得出标准温度、标准气压下钢尺的实际长度，建立尺长方程式。

钢尺检定的方法一般采用直接比长法（又称平台法）。用一根标准尺与被检定的钢尺并排放置于水泥平台上，两端用拉力架对钢尺施加标准拉力（如 30 m 钢尺为 10 kg），将钢尺的末端（如 30 m 处）比齐，在零分划线附近读出两尺的差数，同时记录检定时的温度，即可得出钢尺的实际长度和尺长与温度的关系。

【例 1-3-2】 设作为标准尺 1 号钢尺的尺长方程式为

$$l_{t1}=30+0.004+1.25\times10^{-5}\times30(t-20)\quad(\text{m})$$

被检定尺 2 号钢尺名义长亦为 30 m。两尺末端比齐时，2 号尺零分划线对准 1 号尺的 0.007 m 处，比较时的温度为 24 ℃。1 号尺上 7 mm 的长度受温度升高的影响为数甚微，可忽略不计，因而可得

$$l_{t1}=l_{t2}+0.007$$

故有 $l_{t2}=30+0.004+1.25\times10^{-5}\times30\times(24-20)-0.007=30-0.002(\text{m})$

即 2 号尺的尺长方程式为

$$l_{t2}=30-0.002+1.25\times10^{-5}\times30\times(t-24)\quad(\text{m})$$

通常，以 20 ℃作为检定的标准温度，即还应将上式圆括号中的标准温度由 24 ℃改为 20 ℃，而将受其影响使尺长改变值（−0.001 m）并入尺长改正数，故 2 号尺尺长方程式的最后形式为

$$l_{t2}=30-0.003+1.25\times10^{-5}\times30\times(t-20)\quad(\text{m})$$

# 任务二　视距测量

**知识要点**：视距测量原理、视距常数测定。

**技能要点**：能使用水准仪和经纬仪进行视距测量。

视距测量是使用光学仪器（水准仪、经纬仪）和标尺同时测定两点间的水平距离和高差的一种方法，简便易行，但精度较低，常应用于碎部测量。

## 一、视距测量原理

### （一）视线水平时的视距计算公式

设经纬仪安置于 $A$ 点，照准 $B$ 点竖立的标尺。当望远镜视线水平时，视线与标尺面相互垂直（见图 1-3-7）。根据光学原理可知，相当于自十字丝分划板上、下视距丝（图中 $m$、$g$ 两点）发出的平行于视准轴的光线，经物镜折射后通过物镜的前交点 $F$，而交标尺于 $M$、$G$ 两点。设图中上、下视距丝间隔 $mg=p$，物镜（与对光透镜的组合）焦距 $OF=f$，标尺上 $M$、$G$ 两点的间隔（相当于上、下视距丝在标尺上的读数之差）为 $l$，则由相似三角形

$GFM$ 和 $g'F\ m'$可得前交点 $F$ 至标尺的距离 $FQ=\frac{f}{p}\cdot l$。

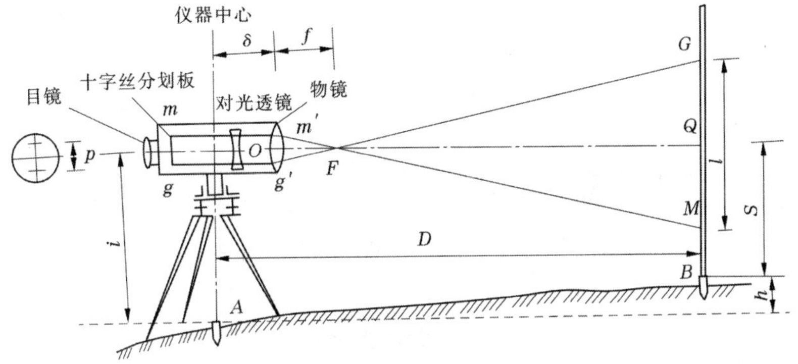


图 1-3-7　视线水平时的视距测量

又设仪器中心至物镜的距离为 $\delta$,则由图 1-3-7 可见,仪器中心至标尺的水平距离为

$$D=\frac{f}{p}\cdot l+(f+\delta) \tag{1-3-11}$$

令乘常数 $K=\frac{f}{p}$、加常数 $C=f+\delta$,则式(1-3-11)可写为

$$D=Kl+C \tag{1-3-12}$$

在设计仪器时,选择适宜的物镜和对光透镜的组合焦距 $f$ 及上、下视距丝间隔 $p$,即可令 $K=100$ 及 $C=0$,则有

$$D=Kl=100l \tag{1-3-13}$$

设在测站量得地面至经纬仪横轴中心的仪器高为 $i$、十字丝中丝在标尺上的读数为 $S$,由图 1-3-7 又可见 $A$、$B$ 两点间的高差为

$$h=i-S \tag{1-3-14}$$

式(1-3-13)和式(1-3-14)即为视线水平时的视距和高差计算公式。

**(二)视线倾斜时的视距计算公式**

当地面起伏较大,必须使望远镜视线倾斜方能照准目标时,由于标尺仍然垂直立于地面,即视线和标尺面不再垂直,而相交成($90°\pm\alpha$)的角度($\alpha$ 为倾斜视线的竖直角),因此上述公式不再适用,有必要推导出视线倾斜时的视距和高差计算公式。

在图 1-3-8 中,经纬仪仍置于 $A$ 点,其上、下视距丝在垂直立于 $B$ 点的标尺上读得视距间隔为 $GM=l$,又假设标尺面向仪器偏转 $\alpha$ 角,而与视线垂直,上、下视距丝在其上截得的视距间隔为 $G'M'=l'$。问题的关键是应求出 $l$ 与 $l'$二者的关系。

在$\triangle MQM'$和$\triangle GQG'$中,$\angle M'QM=\angle G'QG=\alpha$, $\angle QM'M=90°-\varphi$, $\angle QG'G=90°+\varphi$,式中 $\varphi$ 为上(或下)视距丝与中丝间的夹角,仅为 17′,因而可将$\angle QM'M$ 和$\angle QG'G$ 近似地视为直角,即有

$$l'=QG'+QM'=QG\cos\alpha+QM\cos\alpha=GM\cos\alpha=l\cos\alpha$$

代入式(1-3-13)即得仪器到标尺的倾斜距离 $D'$

$$D'=Kl\cos\alpha$$

再化为水平距离 $D$

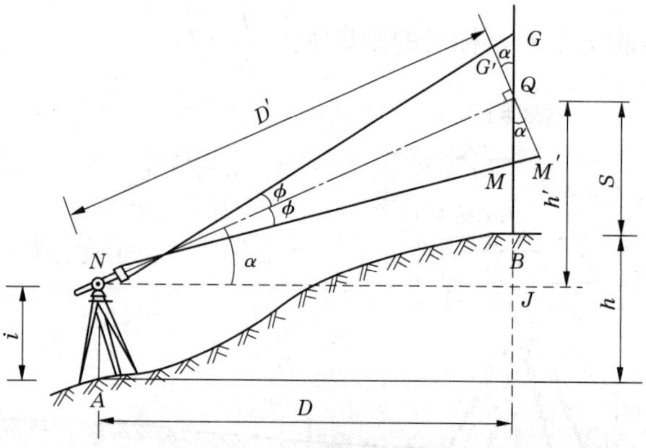


图 1-3-8 视线倾斜时的视距测量

$$D = D'\cos\alpha = Kl\cos^2\alpha \tag{1-3-15}$$

同时，得初算高差（经纬仪横轴中心到标尺 $Q$ 点的高差）$h'$

$$h' = D'\sin\alpha = Kl\cos\alpha\sin\alpha = \frac{1}{2}Kl\sin2\alpha \tag{1-3-16}$$

仍设仪器高为 $i$、十字丝中丝在标尺上的读数为 $S$，$A$、$B$ 的高差即为

$$h = h' + i - S = \frac{1}{2}Kl\sin2\alpha + i - S \tag{1-3-17}$$

式(1-3-15)和式(1-3-17)即为视线倾斜时的视距和高差计算公式。

## 二、视距测量观测和计算

视距测量的观测和计算按以下步骤进行：

(1)在测站 $A$ 安置经纬仪，量取仪器高 $i$，在目标点 $B$ 竖立标尺。

(2)以盘左转动望远镜照准标尺，使中丝截取标尺上与仪器高 $i$ 相等的读数或某一整数 $S$，分别读取上、下、中三丝读数，并以下丝读数减去上丝读数得视距间隔 $l$，依次记入手簿(见表 1-3-1)。

(3)旋转指标水准管微动螺旋，使指标水准管气泡居中，读取竖盘读数，并按盘左竖直角公式计算竖直角 $\alpha$。

(4)将观测值记入手簿，再按式(1-3-15)和式(1-3-17)计算水平距离和高差，并根据测站高程计算出测点的地面高程。

表 1-3-1 视距测量手簿

测站 <u>A</u>　　测站高程 <u>25.17 m</u>　　仪器高 <u>$i$=1.45 m</u>　　仪器 <u>$DJ_6$</u>

| 点号 | 上丝读数<br>下丝读数<br>(m) | 视距间隔<br>$l$(m) | 中丝读数<br>$S$(m) | 竖盘读数<br>(° ′ ″) | 竖直角<br>(° ′ ″) | 水平距离<br>$D$(m) | 初算高差<br>$h'$(m) | 高差<br>$h$(m) | 高程<br>$H$(m) |
|---|---|---|---|---|---|---|---|---|---|
| 1 | 2.237<br>0.663 | 1.574 | 1.450 | 87 41 12 | +2 18 48 | 157.14 | +6.35 | +6.35 | 31.52 |
| 2 | 2.445<br>1.555 | 0.890 | 2.000 | 95 17 36 | −5 17 36 | 88.24 | −8.18 | −8.73 | 16.44 |

三、视距常数检测

为了保证视距测量的精度，在视距测量前，应重新检测经纬仪的视距乘常数 $K$（内对光望远镜的视距加常数 $C$ 为 0，一般不需检测）。

检测时，在平坦的场地上，沿同一直线上距离分别为 25 m、50 m、100 m、150 m、200 m 处打木桩，用钢尺或短程测距仪测定各段的距离 $D_i$。将经纬仪安置于起点，在各木桩上依次竖立标尺，分别以盘左、盘右的望远镜水平位置，用上、下丝在尺上读数，取其视距间隔。然后进行返测，得各段视距间隔的往返平均值 $l_i$，即可按下式计算各段的 $K_i$

$$K_i = \frac{D_i}{l_i} \tag{1-3-18}$$

最后取各段所得 $K_i$ 的平均值即为该仪器的视距乘常数 $K$。

# 任务三　光电测距

**知识要点：**光电测距原理、光电测距仪检验。

**技能要点：**能使用光电测距仪或全站仪进行距离测量。

随着科学技术的发展，电磁波测距正在逐步取代传统的测距方法。

电磁波测距按载波不同分为微波测距（以微波段的电磁波作为载波）、光电测距（以可见光或红外光的光波作为载波）。

光电测距仪中利用氦氖（He-Ne）气体激光器发射红色可见光，其波长为 0.632 8 μm 的为激光测距仪；以砷化镓（GaAs）发光二极管发射红外线波段，其波长为 0.86~0.94 μm 的为红外测距仪。

红外测距仪具有耗电省、寿命长、体积小、抗震强等优点，在工程测量中应用广泛，本任务重点介绍其基本原理和使用方法。

## 一、光电测距原理

### （一）光电测距的两种方法

如图 1-3-9 所示，在 $A$ 点安置测距仪，$B$ 点安置反光镜。已知光波的传播速度 $c$ 为一定值，如果能测出测距仪发射的光波传播至反光镜，再经反射回到测站总共耗费的时间 $t$，即可按下式计算 $A$、$B$ 的距离 $D$

$$D = \frac{1}{2}ct \tag{1-3-19}$$

$$c = \frac{c_0}{n} \tag{1-3-19'}$$

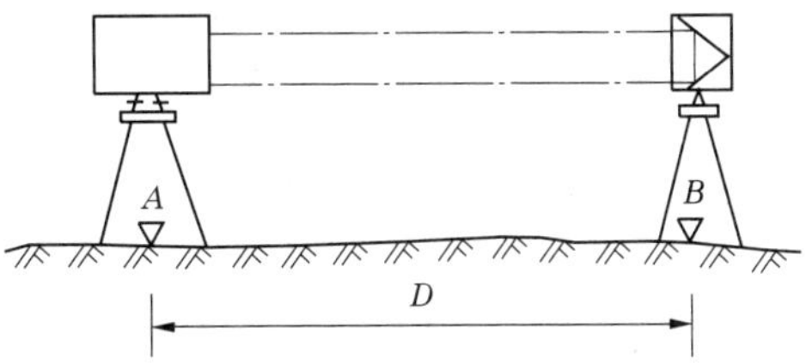

**图 1-3-9　光电测距**

式中　$t$——光波往返测程所耗费的时间；

$c_0$——真空中的光速，根据国际大地测量学与地球物理学联合会 1975 年所推荐的数值，$c_0 = (299\ 792\ 458 \pm 1.2)$ m/s；

$n$——大气折射率,与测距仪所采用的光波长、测程上大气平均温度、气压和湿度等因素有关。

显然,问题的关键在于如何测定光波往、返测程所耗费的时间 $t$。

$t$ 的测定方法也就是光电测距的方法,可分为两种:一种是直接测定由测距仪发出的光脉冲自发射到接收所耗费的时间差,称为脉冲法测距;另一种是通过测定测距仪发出的连续调制光波经往、返测程所产生的相位差来间接测定时间,称为相位法测距。

目前,脉冲法测距测定时间的精度一般只能达到 $10^{-8}$ s,相应的测距误差约为±1.5 m,难以满足工程测量的需要,而相位法测距的测距误差则可精确至厘米甚至毫米级,因此工程上使用的红外光电测距仪多为相位式测距仪。

**(二)相位法测距的基本原理**

如图 1-3-10 所示,测距仪在 $A$ 点发射光波,经 $B$ 点反射后再回到 $A$ 点。将光波往返测程的图形展开,即成一连续的正弦曲线。其中一个周期的光波长度为波长 $\lambda$,相位变化为 $2\pi$。

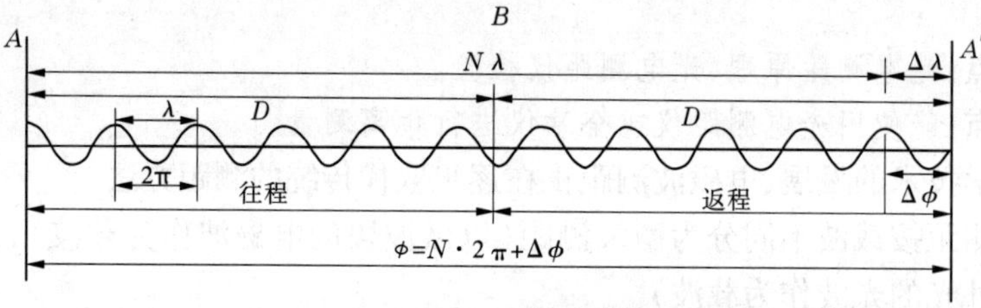


**图 1-3-10　相位法测距原理**

设调制光波的频率(每秒光强变化的周期数)为 $f$,由物理学可知,光波自 $A$ 到 $B$ 再返回 $A$ 的相位移 $\phi$ 为

$$\phi = 2\pi ft \tag{a}$$

式中　$t$——光波往、返测程所耗费的时间。

由式(a)可得

$$t = \frac{\phi}{2\pi f} \tag{b}$$

将式(b)代入式(1-3-19),则得

$$D = \frac{c}{2f} \cdot \frac{\phi}{2\pi} \tag{c}$$

由于波长 $\lambda = \frac{c}{f}$,所以有

$$D = \frac{\lambda}{2} \cdot \frac{\phi}{2\pi} \tag{1-3-20}$$

设从发射至接收之间调制波的整周期数为 $N$,最后不足一个整周期的零周期数为 $\Delta N$,由图 1-3-10 可得

$$\phi = N \cdot 2\pi + \Delta N \cdot 2\pi \tag{d}$$

将式(d)代入式(1-3-20),则得

$$D = \frac{\lambda}{2}(N + \Delta N) \tag{1-3-21}$$

令 $\mu = \frac{\lambda}{2}$,则有

$$D = \mu(N + \Delta N) \tag{1-3-22}$$

式(1-3-22)即为相位法测距的基本公式。

如果将 $\mu$ 视为一把“光尺”的长度,$N$ 和 $\Delta N$ 分别视为其整尺段与零尺段数,可见式(1-3-22)和钢尺量距的式(1-3-1)相类似,在根据设计已知 $\mu$ 的情况下,只要测出 $N$ 和 $\Delta N$,即可求得距离 $D$。

仪器的测相装置一般能精确测定 0~2π 的相位变化,对相位的整周期数却难以测定,即仅可以精确测定其相当于零尺段的距离,而对相当于整尺段的距离则难以测准。此外,测相的精度为 $10^{-3}\sim10^{-4}$,即“光尺”越长,相应的测距误差越大。为此,一般测距仪至少采用两种调制频率的“光尺”,其波长较长的称为“粗尺”,波长较短的称为“精尺”,分别用于测定距离的大数和小数。例如,“粗尺”长为 1 000 m,所测距离为 368. 5 m;“精尺”长为 10 m,对同一距离所测为 8. 542 m,则将二者综合即得显示屏上的精确距离为 368. 542 m。如果该段实际距离是 1 368. 542 m,则应由测量人员根据实际情况判断,加上应有的整千米数。对于测程较长的中、远程测距仪,往往采用多种调制频率的光波进行测量。

## 二、光电测距仪的使用

### (一)测距仪的组成

早期的测距仪一般由照准头、控制器和装有 1 至数块棱镜的反射镜构成,与经纬仪组合使用。照准头装有发射和接收装置,控制器装有控制电路、相位计及计算器,反射镜主要用于在被测点将测距仪发射来的调制光波反射回接收装置,新型的全站仪则将测距仪和电子经纬仪合为一体,使用更为方便。

### (二)测距仪的分类

测距仪按测程长短分为远程(15 km 以上)、中程(5~15 km)和短程(5 km 以下)。

测距仪的测距中误差(又称标称精度)通常表示为

$$m = \pm(A + B \times 10^{-6} \times D) \quad (\text{mm}) \tag{1-3-23}$$

式中 $A$——固定误差(与距离无关的误差),mm;

$B$——与距离成正比的误差系数;

$D$——被测距离,km;

$B\times10^{-6}\times D$——比例误差(与距离相关的误差),mm,式中,$10^{-6}$又称为 ppm。

测距仪按 1 km 测距中误差 $m_D$ 所表示的测距精度分为一级($m_D\leqslant5$ mm)、二级(5 mm<$m_D\leqslant10$ mm)和三级(10 mm<$m_D\leqslant20$ mm)。

测距仪按合作目标(反射装置)分为以棱镜为合作目标、以平面反射板为合作目标和无须合作目标(遇被测目标即可产生漫反射)。

### (三)测距仪的使用

测距时,将测距仪(或全站仪)与反射镜分别安置于测程两端点。反射镜所用棱镜的

块数与测程长短有关。一般单棱镜(见图 1-3-16)测程为 2.5 km,3、7、11 棱镜的测程依次为 3.5 km、4.5 km 和 5.5 km。接通电源后照准反射镜中心(见图 1-3-18),检查经反射镜返回的光强信号,符合要求即可开始测距(若测程小于 100 m,应启用滤光器,以免反射光过强损坏仪器)。每照准一次反射镜,撤动 2~3 次测距按钮,即进行 2~3 次距离读数,称为一测回。为提高测距精度,应按规定增加测回数,取其平均值作为测距成果。

新型测距仪一般均有对温度、气压等影响自动进行改正的功能,即所读距离已消除温度、气压变化所造成的误差。

## 三、光电测距仪检验

光电测距仪在使用前,应进行全面检验。其项目主要包括:仪器各部分的功能检视,三轴即发射光轴、接收光轴和望远镜视准轴是否一致或平行的检验,发光管相位不均匀引起照准误差的检验,接收信号强弱不均匀引起幅相误差的检验,反射镜不符合标准引起反射误差的检验,温度、气压及工作电压变化对测距影响的适应性能检验,以及仪器的周期误差和加常数、乘常数的测定等。后两项测定均属仪器的主要系统误差检测,较其他检验更为重要,因此简要加以介绍。

### (一)周期误差测定

所谓周期误差,是指按一定距离为周期重复出现的误差。周期误差主要是由于相位计测得的相位值受到仪器内部串扰信号的影响,从而使测距产生误差。为克服其影响,应在测距成果中加入周期误差改正数

$$V_i = A\sin(\phi_0 + \theta_i) \tag{1-3-24}$$

式中 $V_i$——与距离 $D_i$ 相应的周期误差改正数;

$A$——周期误差的振幅;

$\phi_0$——初相角,即与光尺长 $\mu$ 的整数倍距离相应的相位角;

$\theta_i$——与待测距离 $D_i$ 除去尺长 $\mu$ 的整数倍距离后的尾数相应的相位角。

周期误差的测定就是测定其振幅 $A$ 和初相角 $\phi_0$。常用的测定方法为“平台法”,即在室内(也可在室外)设置一平台,平台长与仪器的精尺长度 $\mu$ 相适应。将测距仪安置在平台延长线的一端 50~100 m 的 $O$ 点处(见图 1-3-11),其高度与反射镜的高度一致。观测时,由近至远在反射镜各个位置测定距离,反射镜每次移动量 $d=\dfrac{\mu}{n}$,一般取 $n=40$。如有必要,再由远至近返测。最后对观测值进行数据处理,就可得该仪器的周期误差振幅 $A$ 和初相角 $\phi_0$。

### (二)仪器常数测定

仪器常数包括仪器的加常数和乘常数。加常数是由于仪器的电子中心及反射镜的光学中心与各自的机械中心不重合而形成的,乘常数则主要是由于测距频率偏移而产生的。

如图 1-3-12 所示,$D_0$ 为 $A$、$B$ 两点之间的实际距离,$D'$为其观测值,则得下列关系式

$$D_0 = D' + K_i + K_r = D' + K \tag{1-3-25}$$

式中:$K=K_i+K_r$(图 1-3-12 中 $K_i$、$K_r$ 均为负值),一般称 $K$ 为仪器加常数,实际上它包含仪器自身加常数 $K_i$ 和反射镜加常数 $K_r$。

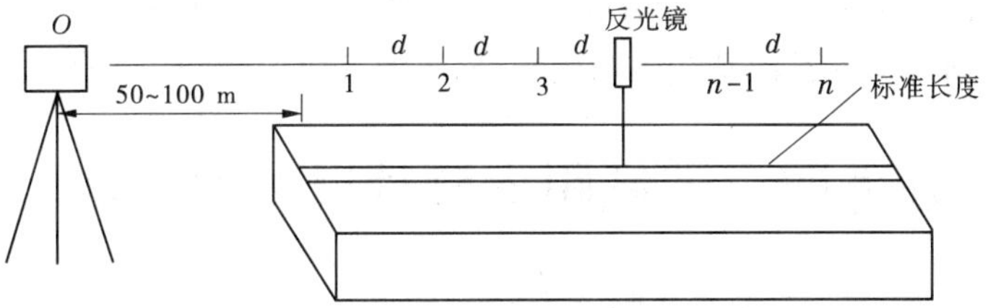


图 1-3-11　平台法测定测距仪的周期误差

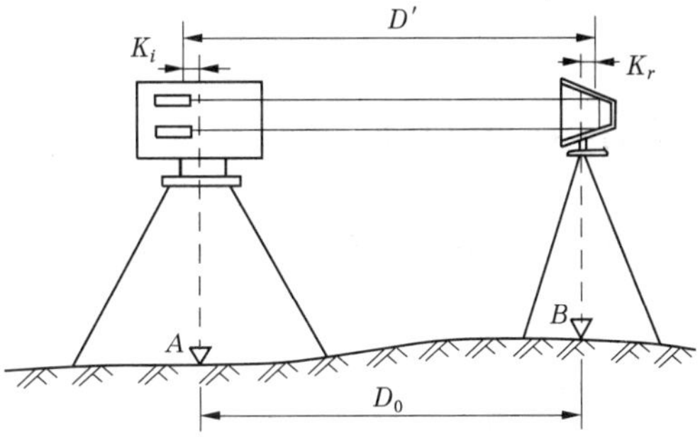


图 1-3-12　测距仪的加常数

由式(1-3-22)知,距离 $D$ 的测定首先和仪器的光尺长 $\mu$ 有关,而

$$\mu = \frac{\lambda}{2} = \frac{c}{2f} \tag{1-3-26}$$

即 $\mu$ 和光波的频率 $f$ 成反比。显然,若频率 $f$ 的实际值和标准值之间出现偏差 $\Delta f = f_{实} - f_{标}$,则必定会给距离 $D$ 带来误差,从而需要对此误差进行改正。所谓乘常数,就是由于频率偏差引起的计算改正数的系数。

1.六段解析法测定加常数

设置直线 $AB$(其长度为几百米至 1 km 左右),将其分为 $d_1 \sim d_6$,计 6 段 7 个点,点号分别为 0,1,…,6(见图 1-3-13)。自 0 号点起始,逐一在每点安置仪器,在该点之后的点上依次架设反射镜,测量相应两点间的距离。共可获得 21 个水平距离观测值 $D_{ij}$($i$=0,1,…,5;$j$=$i$+1,…,6)。最后对观测值进行数据处理,就可解得 7 个未知数,分别为 6 段距离的平差值和仪器的加常数 $K$。

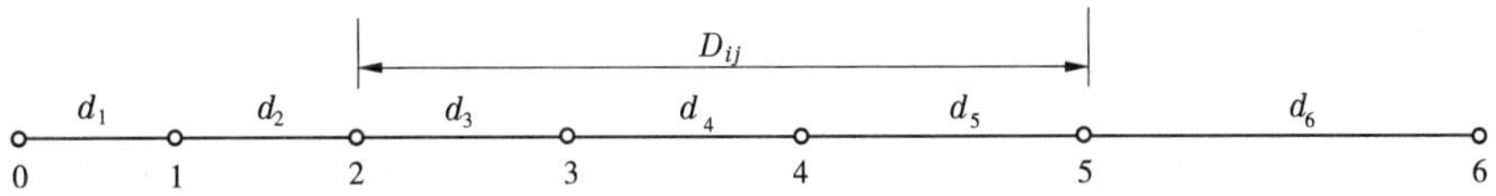


图 1-3-13　六段法测定加常数

六段法不需要预先知道测线上各点之间的精确长度,仅用测距仪的观测成果就可以通过计算求得仪器的加常数,因而应用较广。

2.比较法同时测定加常数和乘常数

在已知多段(6 段以上)基线值的基线场上分别设置测距仪和反射镜,获取各段距离观测值,与已知基线值进行比较,从而同时求得加常数和乘常数。之所以需要 6 段以上,是因为增加观测值的个数，可以使求出的加常数和乘常数更为可靠。

比较法需要预先知道各段基线的精确长度，因而其应用受到一定的限制。

## 任务四　消减距离测量误差的措施

**知识要点**：距离测量的误差来源和分类。

**技能要点**：采取措施消减距离测量的各种误差。

### 一、钢尺量距误差

钢尺量距的误差及相应的消减措施如下。

**（一）定线误差**

量距前应认真进行直线定线，否则量出的将是折线，使距离偏大。如果量距的精度要求较高，应采用经纬仪定线。

**（二）尺长误差**

钢尺的实际长和名义长不一致即产生尺长误差。尺长误差是一种系统误差，应在作业前进行钢尺检定，从而对量距成果施加尺长改正。

**（三）温度误差**

钢尺的尺长方程式中一般都已给出温度改正的计算方法，但如作业现场的气温量测不准，或所量气温与贴近地面丈量的钢尺温度相差较多，也会产生温度误差。因此，应尽量测定钢尺所在处的温度，用于温度改正。

**（四）拉力误差**

拉力的变化会改变钢尺的长度，从而带来拉力误差。丈量时应使拉力均匀、稳定，必要时可采用弹簧秤控制拉力，以使实测时的拉力尽量与标准拉力相同。

**（五）倾斜误差**

沿一定坡度的地面丈量时，可将钢尺一端抬离地面，使钢尺尽量保持水平，或用水准测量测定被测距离两端的高差，以便对所量距离施加倾斜改正。

**（六）钢尺垂曲误差**

丈量时钢尺不水平或中间下垂会产生误差。丈量时应尽量注意钢尺的水平或在悬空丈量时将钢尺在中间托平。

**（七）丈量误差**

丈量时，应认真作业，使钢尺端点对准、尺段端点测钎插准、分划尺的读数读准等，以尽量减少丈量误差的产生。

### 二、视距测量误差

视距测量的误差及相应的消减措施如下。

**（一）视距读数误差**

在视距测量中，视距间隔 $l$ 的误差是上、下丝读数误差的$\sqrt{2}$倍，而它对距离的影响还将扩大100倍，可见读数误差的影响之甚。所以，应格外注意望远镜的对光和尽量减小读数误差。

**（二）标尺倾斜误差**

标尺竖立不直或晃动，对视距和高差均会带来误差，在山区作业时，其影响更大。因此，应使用装有圆水准器的标尺，以尽量避免标尺的倾斜和晃动。

**（三）竖直角观测误差**

为提高竖直角测量的精度，竖盘读数时应注意指标水准管气泡的居中，同时采用盘左、盘右取平均，或在竖盘读数中加上指标差改正以消除指标差的影响。

**（四）视距常数误差**

定期测定仪器的视距乘常数，如变化较大，则需对视距测量成果加以常数差改正。

**（五）外界条件的影响**

观测时，应尽量抬高视线，以减小大气竖直折光的影响，同时避免在阳光强烈、气流颤动、濛气明显及大风等天气下作业。

## 三、光电测距误差

光电测距的误差及相应的消减措施如下。

**（一）固定误差**

*1.仪器和反射镜的对中误差*

对中误差的大小将直接影响测距的精度，应用光学对中器进行仪器和反射镜的对中，使对中误差控制在±2 mm 以内，同时保持反射镜的直立。

*2.仪器加常数误差*

应定期检测仪器的加常数，以便对仪器重新预置加常数，或对测距成果进行加常数改正。

*3.测相误差*

测相计的灵敏度降低及大气噪声的干扰，使测相系统受到影响，从而给测距带来误差。仪器显示的距离值都是仪器快速进行千万次测相结果的平均值，能在很大程度上消弱这一误差的影响。

*4.照准误差*

仪器发射光束的横截面上各部分的相位有所不同，经反射后也会产生测距误差。为消弱该项影响，应使望远镜照准时与反射镜互为最佳位置。为此，先用望远镜照准反射镜中心，称为“光照准”，再调整仪器的水平、竖直螺旋，同时调节反射镜的朝向和角度，以使信号强度指示到最大值，称为“电照准”，从而达到最佳的照准效果。

*5.幅相误差*

接收光强信号的强弱不均匀引起的测距误差为幅相误差，可通过调节光栏孔径，并根据检测电表将接收信号的强度控制在一定的范围内，以减小该项误差。

**（二）比例误差**

*1.光波频率测定误差*

由于光尺长与光波频率成反比，因此光波频率的测定误差致使光尺长度产生误差，即给测距带来与距离成比例的误差。可通过定期检测光波频率，以尽量减小该项误差的影响。

2.大气折射率误差

由式(1-3-19′)可见,光速 $c$ 与大气折射率 $n$ 有关。而影响折射率 $n$ 的因素有大气温度、气压等。如果温度、气压量测不准,使 $n$ 的数值有误,也会给测距造成比例误差。应尽量沿测程测定温度、气压,从而对测距成果合理地施加气象改正。

# 任务五　全站仪的组成与使用

**知识要点**:全站仪的组成。

**技能要点**:能使用全站仪进行常规测量和程序测量。

随着大规模集成电路的推广应用,单体的测距仪和电子经纬仪已逐步为全站仪所取代。全站仪的全称为全站型电子速测仪。它将光电测距仪、电子经纬仪和微处理器合为一体,具有对测量数据自动进行采集、计算、处理、存储、显示和传输的功能,不仅可全部完成测站上所有的距离测量、角度测量和高程测量以及三维坐标测量、点位测设、施工放样和变形监测,还可用于控制网的加密、地形图的数字化测绘及测绘数据库的建立等。

## 一、全站仪的组成

### (一)四大光电测量系统

全站仪的主要组成部分如图 1-3-14 所示。其四大光电测量系统分别为水平角测量系统、竖直角测量系统、距离测量系统和水平补偿系统。前三种用于角度、高差和距离测量,第四种则用于对仪器的竖轴、横轴(水平轴)和视准轴的倾斜误差进行补偿。

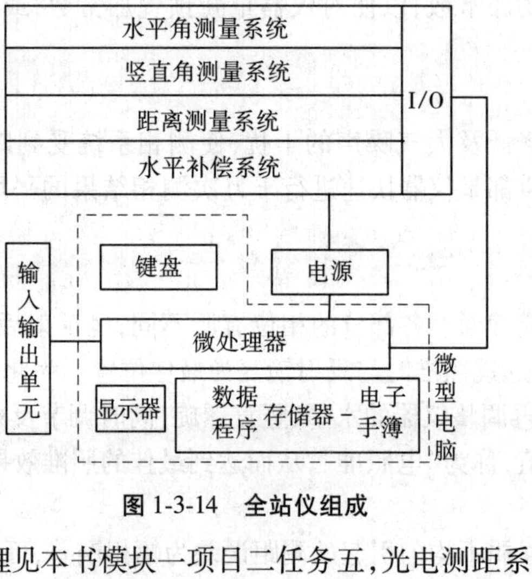


**图 1-3-14　全站仪组成**

电子测角系统的原理见本书模块一项目二任务五,光电测距系统的原理见本书模块一项目三任务三。

### (二)微处理器、电子手簿和附属部件

仪器的核心部分是微处理器和电子手簿。根据键盘获得的操作指令,微处理器即调用内部命令,指示仪器进行相关的测量工作和通过电子手簿进行数据的记录、检核、处理、存储及传输。其附属部件有作为电源的可充电电池,供仪器运转和照明;显示器供数据的

显示输出；输入输出单元则是与外部设备相连的接口，用于和计算机的双向通信。电子手簿中还备有数据存储器和程序存储器，前者用于数据的暂时存储，后者便于开发新的测量软件。

**(三)同轴望远镜**

全站仪的视准轴和光电测距的发射光轴、接收光轴同轴，既可以用于目标照准，又可以发射测距光波，并经同一路径返回接收。其测距头内装有两个光路与视准轴同轴的发射管，提供两种测距方式：一种发射需经棱镜反射进行测距的红外光束；另一种发射红色激光束，不用棱镜，只要遇到被测目标(或其他障碍物)即可反射(但反射光强偏弱，因此测距长度有一定限制)。正因为全站仪装有这样的望远镜，因此一次照准目标，即能同时测定水平角、竖直角(或天顶距)、距离和高差，而且采用不同的测距方式可在有或无反射棱镜(合作目标)的情况下，都能测距。

## 二、南方测绘 NTS-312 型全站仪的使用

该型号全站仪光电测距系统采用砷化镓(GaAs)红外发光管，内含两个光尺频率：精测频率为 14 985 437 Hz，光尺长 10 m；粗测频率为 14 985.440 Hz，光尺长 10 km。电子测角系统采用光栅度盘增量方式，竖直角采用倾斜传感器，自动进行倾斜补偿。补偿范围 ±3′，补偿精度 1″。望远镜成像为正像，放大倍率 30 倍，最短视距 1.3 m，采用内置式电源。图 1-3-15 为南方测绘 NTS-312 型全站仪的外形，图 1-3-16 为与之配套使用的反射棱镜，为便于观测，仪器双面都有显示窗(见图 1-3-17)，采用点阵式液晶显示，共 4 行，每行 20 个字符。

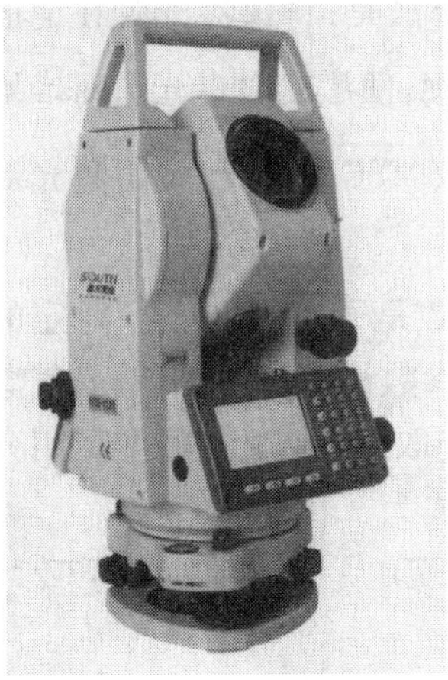

**图 1-3-15　南方测绘 NTS-312 型全站仪**

**图 1-3-16　反射棱镜**

**(一)测量模式**

(1)角度测量模式。进行零方向或起始方向值配置，同时进行水平角和竖直角(或天顶距)测量。

(2)距离测量模式。设置仪器常数和气象改正，进行距离的单次测量、连续测量或跟踪测量，同时完成水平角、水平距离和高差的测量，用于施工放样时显示测量距离和测设

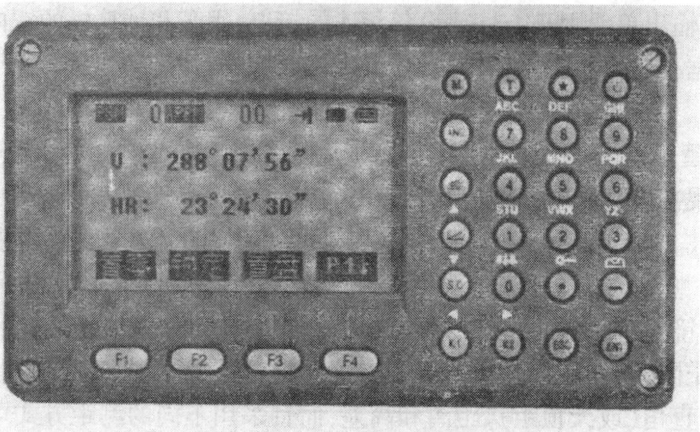


图 1-3-17　显示窗和操作键

距离之差,还可进行偏心测量等。

(3)坐标测量模式。直接测定未知点三维坐标,还可用于施工中的坐标放样。

(4)放样模式。进行角度、距离和点位的坐标放样。

(5)菜单模式(程序测量模式)。进行交会、悬高、对边、面积等测量。

**(二)基本操作**

(1)开机。将全站仪安置于测站,反射镜安置于目标点。打开电源开关键,显示器显示当前的棱镜常数和气象改正数及电源电压。若电压不足,应及时更换电池。

(2)仪器自检。纵向转动望远镜一周,使仪器垂直角过零盘,即使竖直度盘初始化(有的仪器无须初始化)。

(3)对中和整平。新型全站仪具有激光对点功能,其对中方法是:将仪器安置在地面点的上方,大致整平仪器,按 ★ 键,开启激光对点器,旋转脚螺旋,使激光对点光斑对准地面测站点的标志,再升降调节脚架的高度使水准器气泡居中,按 ESC 键自动关闭激光对点器功能即可。

(4)参数设置。棱镜常数检查与设置:检查仪器设置的常数是否与仪器出厂时定的常数,或检定后的常数一致,若不一致,应予以改正。气象改正参数设置:可直接输入气象参数(环境气温 $T$ 与气压 $P$),或从随机所带的气象改正表中查取改正参数,还可利用公式计算,然后输入气象改正参数。该型号全站仪的气象改正公式为

$$PPM = 273.8 - 0.290\,0P/(1 + 0.003\,66T) \qquad (1\text{-}3\text{-}27)$$

式中　$PPM$——气象改正值;

$P$——气压,hPa,若以 mmHg 为单位,按 1 mmHg = 1.333 hPa 进行换算;

$T$——温度,℃。

(5)选择角度测量模式。瞄准第 1 目标,设置水平方向起始值 0°00′00″(称为置零),或键入所需配置的方向值(称为置盘);再瞄准第 2 目标,直接显示该目标的水平方向值 $HR$ 和竖直角 $V$(或倾斜视线的天顶距)。南方测绘 NTS-312 型全站仪角度测量操作流程如表 1-3-2 所示(参见《测量技术基础实训》附录二:南方测绘 NTS-312 型全站仪使用简要说明)。

**表 1-3-2　南方测绘 NTS-312 型全站仪角度测量操作流程**

确认处于角度测量模式(ANG 键)

| 操作流程 | 操作 | 显示 |
|---|---|---|
| ①照准第一个目标 *A* | 照准 *A* | PSM -30 PPM 4.6<br>V : 88°30′55″<br>HR : 346°20′20″<br>置零 锁定 置盘 P1↓ |
| ②设置目标 *A* 的水平角为 0°00′00″ | [置零] | PSM -30 PPM 4.6<br>V : 88°30′55″<br>HR : 0°00′00″<br>置零 锁定 置盘 P1↓ |
| 按[置零]键和[是]键确定 | [是] | PSM -30 PPM 4.6<br>水平角置零<br>>OK? [否] [是] |
| ③照准第二个目标 *B*,显示目标 *B* 的天顶距或竖直角 *V* 和水平角 *HR* | 照准 *B* | PSM -30 PPM 4.6<br>V : 93°25′15″<br>HR : 168°32′24″<br>置零 锁定 置盘 P1↓ |

注:若关机,当前显示的水平角被保存,下次开机即显示被保存的水平角。

(6)选择距离测量模式。可以选择使用单次测距、连续测距或跟踪测距。

(7)照准、测量。方向观测时照准标杆或觇牌中心,距离测量时瞄准反射棱镜中心(见图 1-3-18),按测量键显示水平角、竖直角和斜距,或显示水平角、水平距离和高差。南方测绘 NTS-312 型全站仪距离测量操作流程如表 1-3-3 所示(参见《测量技术基础实训》附录二:南方测绘 NTS-312 型全站仪使用简要说明)。

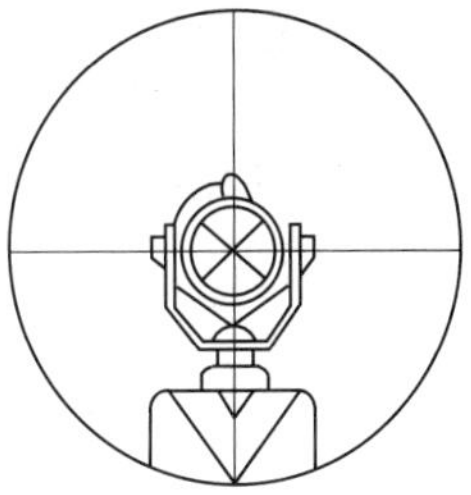

图 1-3-18　反射棱镜的照准

(8)测量完毕关机。

**表 1-3-3　南方测绘 NTS-312 型全站仪距离测量操作流程**

确认处于距离测量模式(◿键)

| 操作流程 | 操作 | 显示 |
|---|---|---|
| ①照准目标处的棱镜中心 | 照准 | PSM -30 PPM 4.6<br>V : 95°30′55″<br>HR : 155°30′20″<br>置零 锁定 置盘 P1↓ |

续表 1-3-3

| 操作流程 | 操作 | 显示 |
| --- | --- | --- |
| ②按◢键,距离测量开始;<br>显示倾斜距离($SD$) | ◢ | PSM -30 PPM 4.6<br>V : 95° 30′ 55″<br>HR : 155° 30′ 20″<br>SD : [N] m<br>测量 模式 S/A P1↓ |
| ③再次按◢键,显示变为水平距离($HD$)和高差($VD$) | ◢ | PSM -30 PPM 4.6<br>V : 95° 30′ 55″<br>HR : 155° 30′ 20″<br>HD : [N]<br>VD: m<br>测量 模式 S/A P1↓ |

注:$HD$ [N]表示测距模式为 N 次,按[模式]键,自键盘输入“1”,将[N]改为[1],即使测距模式改为 1 次。

**(三)注意事项**

(1)撑伞作业,防止阳光直接照射或雨水浇淋损坏仪器。阳光下作业,应装滤光镜。

(2)避免温度骤变时作业。开箱后,应待箱内温度与环境温度适应后,再使用仪器。

(3)测线两侧或反射棱镜后应避开障碍物体,以免障碍物反射信号进入接收系统产生干扰信号,同时,避开变压器、高压线等强电场源,以免受电磁场干扰。

(4)观测结束及时关机。

(5)运输过程中注意仪器的防潮、防震、防高温。

(6)注意仪器的及时充电。仪器不用时,也应充电后存放。长期不用,应将电池卸下,分开存放。

(7)不要用眼睛直视望远镜物镜,或用望远镜物镜指向别人,以免物镜发出的激光束对人造成伤害。

## 三、全站仪程序测量

进入坐标测量模式或菜单测量模式,全站仪即可调用自存的测量程序,进行如下测量工作。

**(一)悬高测量**

遇目标(如高压电线、桥梁桁架等)无法安置棱镜,需要测量其高度时,可以在正对目标的上面或下面安置棱镜,进行测量,称为悬高测量。如图 1-3-19 所示,为测量高压线垂曲最低点 $T$ 的高度 $d_{VD}$,在其垂线下方安置反射棱镜,量取棱镜高 $h_1$,选择菜单模式下的悬高测量程序,输入棱镜高,瞄准棱镜中心 $P$,按距离测量键,测定平距 $d_{HD}$ 及棱镜中心天顶距 $Z_P$;瞄准 $T$ 点,仪器自动测定 $T$ 点天顶距 $Z_T$,即可显示按下式计算的 $T$ 点离棱镜 $P$ 所立地面的高差 $d_{VD}$ 为

$$d_{VD} = h_1 + h_2 = h_1 + d_{HD}(\cot Z_T - \cot Z_P) \quad (1\text{-}3\text{-}28)$$

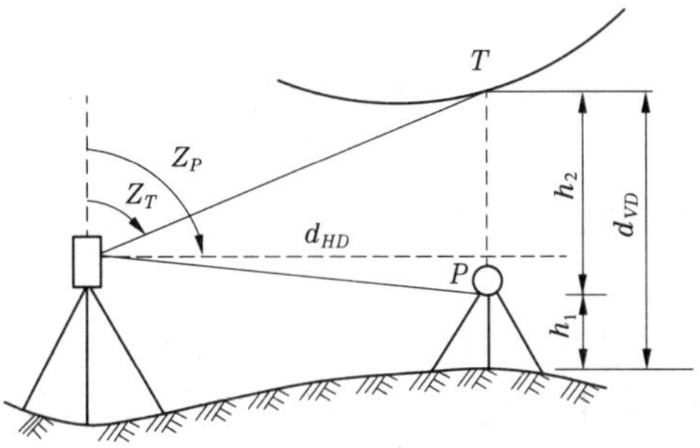


图 1-3-19　悬高测量

**(二)对边测量**

在测站点 $O$ 上安置仪器,分别对目标点 $A$ 和 $B$(二点之间是否通视不限)进行观测,从而推算出 $AB$ 之间的平距、斜距和高差,称为对边测量。对边测量有两种模式:辐射式(测量 $AB$、$AC$、$AD$…的平距 $d_{HD}$、斜距 $d_{SD}$和高差 $d_{VD}$)和连续式(测量 $AB$、$BC$、$CD$…的平距 $d_{HD}$、斜距 $d_{SD}$和高差 $d_{VD}$),供选择使用(见图 1-3-20)。

操作时,先输入测站 $O$ 的仪器高,选择对边测量程序。输入各目标点的点号和棱镜高,瞄准第一目标点 $A$,按测量键,再依次瞄准 $B$、$C$、$D$…,每按一次测量键,即分别显示相应的对边测量结果。

**(三)面积测量**

测量 3 个或 3 个以上目标点连线所围成的闭合多边形面积,为面积测量。各点坐标可以现场测得,也可以从内存调用或手工输入,点与点之间只用直线相连(如图 1-3-21 中虚线所示)。操作时,选择面积测量程序,按屏幕提示依次瞄准目标点处所立棱镜,按测量键。测量 3 个点以上(点与点之间连线不得相互交叉),屏幕即显示由目标点组成的闭合多边形的面积和点数。测量闭合曲线围成的面积时,应尽量选择曲线上方向发生明显变化的“拐点”作为目标点,以提高面积测量的精度。该测量的原理亦为“梯形面积累加法”,参见本书模块二项目三任务二中“图上面积量算”部分。

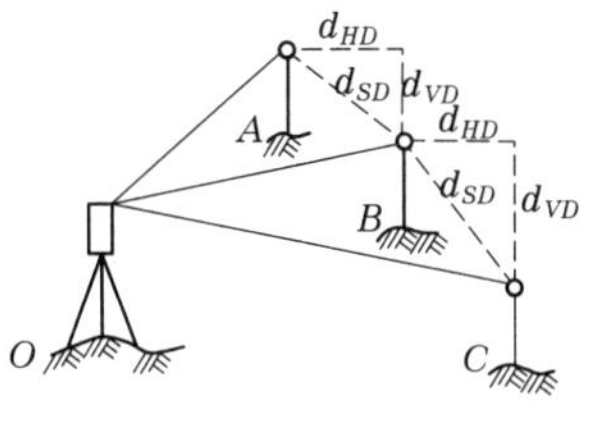


图 1-3-20　连续式对边测量

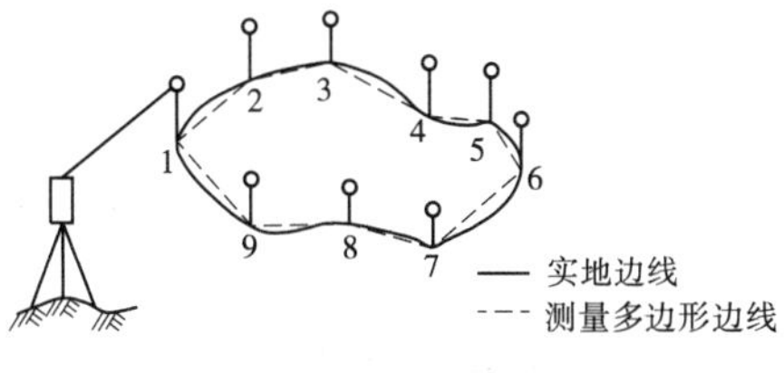


图 1-3-21　面积测量

全站仪的程序测量模式还可用于施工测量的点位坐标放样,有关内容见本书模块二项目四任务三。

**(四)三维坐标测量**

参见模块一项目四任务四:全站仪坐标测量。

该全站仪各测量模式的具体操作步骤参见《测量技术基础实训》附录二:南方测绘 NTS-312 型全站仪使用简要说明。

## 小　结

(1)钢尺量距的作业包括直线定线和分段往、返丈量,精密量距需要施加尺长改正、温度改正和倾斜改正。

(2)视距测量是用光学仪器(水准仪、经纬仪)和标尺同时测定两点间的水平距离和高差的一种方法,用十字丝的上、中、下三丝对标尺进行读数,同时观测中丝所指目标点的竖直角,并量取仪器高,即可通过倾斜视线的视距公式计算出测站至目标点的水平距离和高差。

(3)光电测距常用的是相位式测距仪,其测距原理为通过测定光波往、返测程所产生的相位差,间接测定光波往、返测程所耗费的时间,从而推算测站到目标的水平距离。

(4)全站仪是一种将光电测距仪、电子经纬仪、微处理器和电子手簿合为一体的新型电子测量仪器,既可全部完成测站上所有的距离、角度和高程测量以及点位的测设和施工放样等工作,又可通过调用自存的软件进行程序测量。

## 复习题

1.水平距离是指________。分段进行钢尺量距时,距离的计算公式为____________,往、返丈量距离的平均值为________,相对误差的计算公式为________________。

2.精密量距时,尺长改正的计算公式为________________,温度改正的计算公式为__________,倾斜改正的计算公式为____________________,钢尺尺长方程式的一般形式为________________________________。

3.倾斜视线的视距测量计算公式:$D_{平}$ =________________,$h_{AB}$ =________________,$H_B$ =________________。(以上公式均应说明各元素的含义)

4.光电测距仪的标称精度为 $m_D=\pm(A+B\times10^{-6}\times D)$,式中 $A$ 是______________,意为____________________,$B$ 是____________________,意为________________。

## 练习题

1.钢尺丈量 $AB$ 的水平距离,往测为 357.23 m,返测为 357.33 m;丈量 $CD$ 的水平距离,往测为 248.73 m,返测为 248.63 m,最后得 $D_{AB}$、$D_{CD}$ 及它们的相对误差各为多少?(注意:相对误差的分母一般取 100 或 10 的整倍数,而不用取到小数)哪段丈量的结果比较精确?

2.已知某钢尺尺长方程式为 $l_t=30.0-0.005+1.25\times10^{-5}\times30.0(t-20)$ m,当 $t=30$ ℃时,用该钢尺量得 $AB$ 的倾斜距离为 230.70 m,每尺段两端高差平均值为 0.15 m。求 $AB$ 的水平距离(计算至mm)。

3.完成表 1-3-4 中视距测量的有关计算。

**表 1-3-4 视距测量手簿**

测站高程 32.16 m　　　　　仪器高 $i=1.56$ m

| 点号 | 上丝读数<br>下丝读数<br>(m) | 视距间隔<br>(m) | 中丝读数<br>(m) | 竖盘读数<br>(° ′ ″) | 竖直角<br>(° ′ ″) | 水平距离<br>(m) | 高差<br>(m) | 高程<br>(m) |
|---|---|---|---|---|---|---|---|---|
| 1 | 1.880<br>1.242 | | 1.56 | 87 18 00 | | | | |
| 2 | 2.875<br>1.120 | | 2.00 | 93 18 00 | | | | |

# 思考题

1.钢尺量距为何要进行直线定线？如果定线不准，或量距时钢尺不水平、中部下垂等，会使丈量的结果大于还是小于正确距离？

2.钢尺量距和视距测量会受哪些误差的影响？钢尺的尺长改正数和视距测量的乘常数如何检定？

3.简述相位式测距仪的测距原理。一般相位式测距仪为何至少采用两种以上频率的光波进行测距？什么是测距仪的加常数、乘常数和周期误差？可分别采用什么方法加以测定？

4.简述全站仪的组成、性能指标、测量模式、使用方法和注意事项。全站仪常用的程序测量包括哪些内容？如何进行？

# 项目四　点位测定

**知识目标**

直线定向，方位角、相邻边方位角的推算，坐标正算、坐标反算，测定未知点坐标的方法，测定未知点高程的方法。

**技能目标**

能运用极坐标法、直角坐标法、角度交会法、距离交会法等方法测定未知点的坐标，能运用水准测量和三角高程测量等方法测定未知点的高程，能进行全站仪的坐标测量。

## 任务一　直线定向和坐标推算

**知识要点**：方位角、象限角、相邻边方位角的推算，坐标正算、坐标反算。

**技能要点**：能根据需要，熟练运用普通测量的三个重要公式：相邻边方位角推算公式、坐标正算公式和坐标反算公式。

地面两点之间的方向一般是用方位角表示的。知道两点之间的边长和方位角，即可根据一个点的坐标推算另一个点的坐标。边长用距离测量测定，方位角则可通过直线定向来获得。

### 一、直线定向

#### （一）方位角

直线定向就是确定一条直线的方向，直线方向一般用方位角表示。所谓方位角，就是自某标准方向起始，顺时针至一条直线的水平角，取值范围为0°～360°（见图1-4-1）。由于标准方向的不同，方位角可分为真方位角、磁方位角和坐标方位角。

（1）真方位角：以过直线起点和地球南、北极的真子午线指北端为标准方向的方位角，以$A$表示。

（2）磁方位角：以过直线起点和地球磁场南、北极的磁子午线指北端为标准方向的方位角，以$A_m$表示。

（3）坐标方位角：以过直线起点的平面坐标纵轴平行线指北端为标准方向的方位角，以$\alpha$表示。测量中，坐标方位角往往简称为方位角。

*1.真方位角与磁方位角之间的关系*

地球的南、北极和地球磁场的南、北极是不重合的，因此过地面某点的真子午线与磁子午线不重合，二者之间的夹角为磁偏角，用$\delta$表示（见图1-4-2）。磁子午线北端偏于真子午线以东为东偏，$\delta$为“+”；磁子午线北端偏于真子午线以西为西偏，$\delta$为“-”。不同地方的磁偏角不同，如北京地区$\delta$约为-5°，而南京地区$\delta$约为-3.5°。

同一直线的真方位角 $A$ 和磁方位角 $A_m$ 可用下式换算

$$A = A_m + \delta \tag{1-4-1}$$

2.真方位角与坐标方位角之间的关系

过平面某点的坐标纵轴平行线与过该点的真子午线也是不平行的，二者之间的夹角为子午线收敛角，用 $\gamma$ 表示（见图 1-4-3）。坐标纵轴位于真子午线以东，$\gamma$ 为"+"；坐标纵轴位于真子午线以西，$\gamma$ 为"−"。同一直线的真方位角 $A$ 和坐标方位角 $\alpha$ 可用下式换算

$$A = \alpha + \gamma \tag{1-4-2}$$

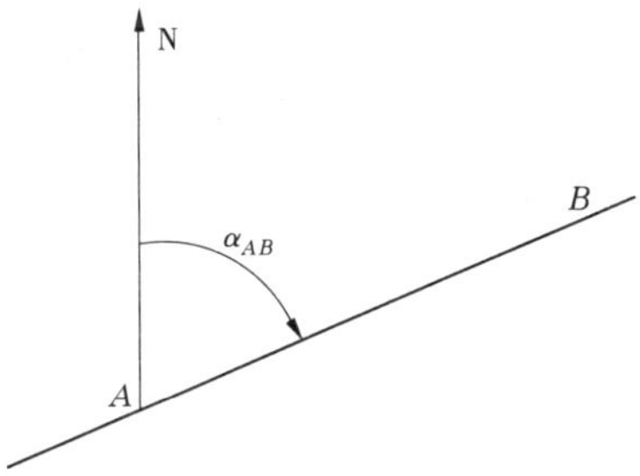


图 1-4-1　方位角

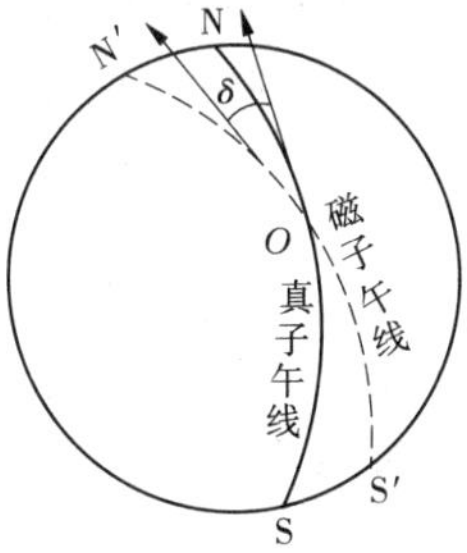


图 1-4-2　磁偏角

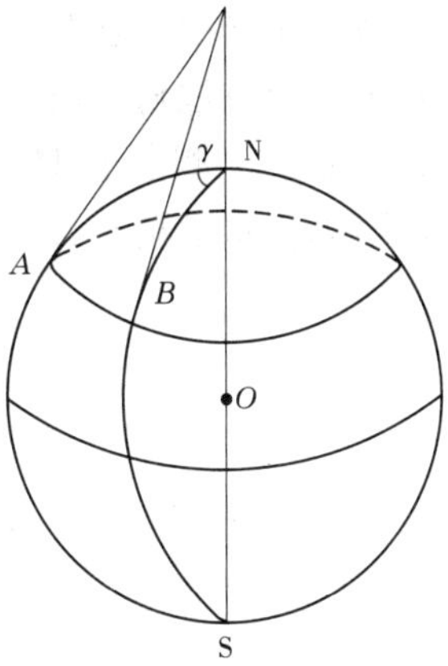


图 1-4-3　子午线收敛角

**（二）正、反方位角**

对于直线 $AB$ 而言，过始点 $A$ 的坐标纵轴平行线指北端顺时针至直线的夹角 $\alpha_{AB}$ 是 $AB$ 的正方位角，而过端点 $B$ 的坐标纵轴平行线指北端顺时针至直线的夹角 $\alpha_{BA}$ 则是 $AB$ 的反方位角，同一条直线的正、反方位角相差 180°（见图 1-4-4），即

$$\alpha_{AB} = \alpha_{BA} \pm 180° \tag{1-4-3}$$

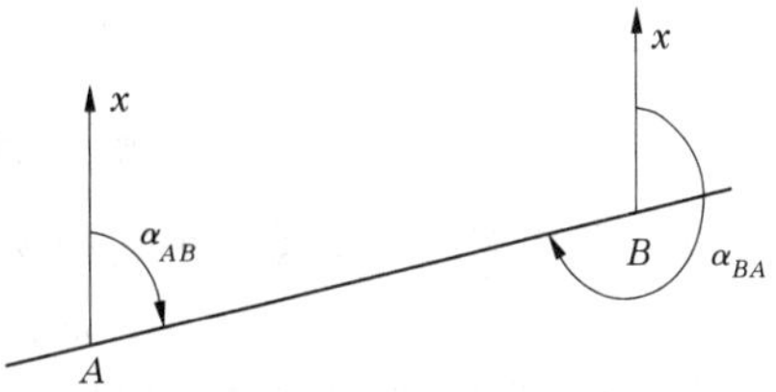


图 1-4-4　同一直线的正、反方位角

式（1-4-3）右端，若 $\alpha_{BA}<180°$，用"+"号；若 $\alpha_{BA}\geq 180°$，用"−"号。

**（三）象限角**

一条直线的方向有时也可用象限角表示。所谓象限角，是指从坐标纵轴的指北端或指南端起始，至直线的锐角，用 $R$ 表示，取值范围为 0°~90°。为了说明直线所在的象限，在 $R$ 前应加注直线所在象限的名称。四个象限的名称分别为北东（NE）、南东（SE）、南西（SW）、北西（NW）（见图 1-4-5）。象限角和坐标方位角之间的换算公式列于表 1-4-1。

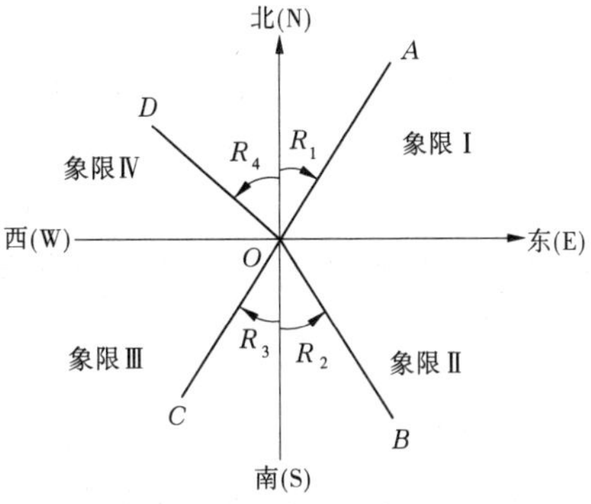


图 1-4-5　象限角

表 1-4-1　象限角与坐标方位角换算关系

| 象限 | 象限角 $R$ 与坐标方位角 $\alpha$ 换算公式 |
| --- | --- |
| 第Ⅰ象限(NE) | $\alpha=R$ |
| 第Ⅱ象限(SE) | $\alpha=180°-R$ |
| 第Ⅲ象限(SW) | $\alpha=180°+R$ |
| 第Ⅳ象限(NW) | $\alpha=360°-R$ |

**(四)相邻边方位角推算**

测量工作中一般并不直接测定每条边的方向,而是通过与已知方向进行联测,推算出各边的坐标方位角。设地面有相邻的 $A$、$B$、$C$ 三点,连成折线(见图 1-4-6),已知 $AB$ 边的方位角 $\alpha_{AB}$,又测定了 $AB$ 和 $BC$ 之间的水平角 $\beta$,求 $BC$ 边的方位角 $\alpha_{BC}$,即是相邻边方位角的推算。水平角 $\beta$ 又有左、右之分,前进方向左侧的水平角为 $\beta_{左}$,前进方向右侧的水平角为 $\beta_{右}$。

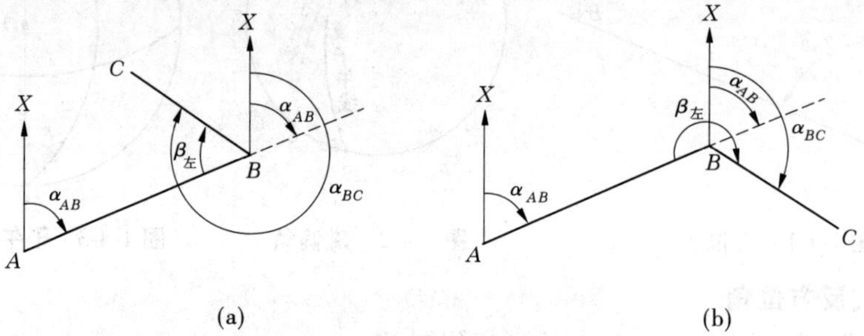


**图 1-4-6　相邻边方位角的推算**

设三点相关位置如图 1-4-6(a)所示,应有

$$\alpha_{BC}=\alpha_{AB}+\beta_{左}+180° \tag{1-4-4}$$

设三点相关位置如图 1-4-6(b)所示,应有

$$\alpha_{BC}=\alpha_{AB}+\beta_{左}+180°-360°=\alpha_{AB}+\beta_{左}-180° \tag{1-4-5}$$

若按折线前进方向将 $AB$ 视为后边、$BC$ 视为前边,综合式(1-4-4)和式(1-4-5)即得相邻边方位角推算的通式

$$\alpha_{前}=\alpha_{后}+\beta_{左}\pm180° \tag{1-4-6}$$

显然,如果测定的是 $AB$ 和 $BC$ 之间的前进方向右侧水平角 $\beta_{右}$,因为有 $\beta_{左}=360°-\beta_{右}$,代入式(1-4-6)即得通式

$$\alpha_{前}=\alpha_{后}-\beta_{右}\pm180° \tag{1-4-7}$$

式(1-4-6)和式(1-4-7)右端,若前两项计算结果<180°,180°前面用"+"号,否则 180°前面用"-"号。

## 二、坐标推算

地面点的坐标推算包括坐标正算和坐标反算。

**(一)坐标正算**

根据 $A$ 点的坐标($X_A$,$Y_A$)和直线 $AB$ 的水平距离 $D_{AB}$ 与坐标方位角 $\alpha_{AB}$,推算 $B$ 点的

坐标($X_B$,$Y_B$)为坐标正算。由图 1-4-7 可见,其计算公式为

$$\left.\begin{aligned} X_B &= X_A + \Delta X_{AB} \\ Y_B &= Y_A + \Delta Y_{AB} \end{aligned}\right\} \tag{1-4-8}$$

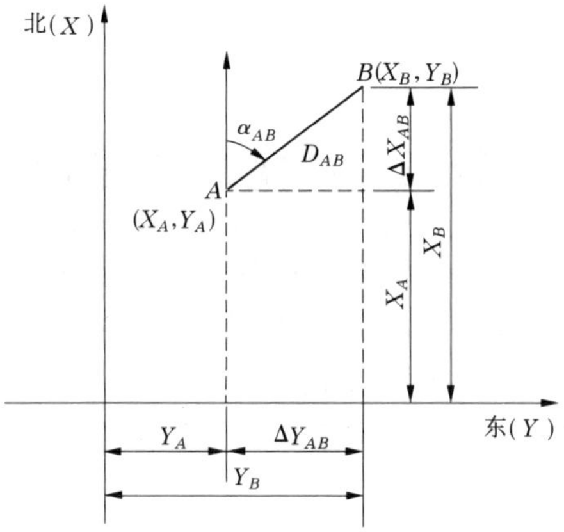


**图 1-4-7　坐标正算与反算**

其中:$\Delta X_{AB}$与 $\Delta Y_{AB}$分别称为 $A\sim B$ 的纵、横坐标增量,仍由图 1-4-7 可见,其计算公式为

$$\left.\begin{aligned} \Delta X_{AB} &= X_B - X_A = D_{AB}\cos\alpha_{AB} \\ \Delta Y_{AB} &= Y_B - Y_A = D_{AB}\sin\alpha_{AB} \end{aligned}\right\} \tag{1-4-9}$$

注意:$\Delta X_{AB}$和 $\Delta Y_{AB}$均有正、负,其符号取决于直线 $AB$ 的坐标方位角所在的象限,参见表 1-4-2。

**表 1-4-2　不同象限坐标增量的符号**

| 坐标方位角 $\alpha_{AB}$及其所在象限 | $\Delta X_{AB}$的符号 | $\Delta Y_{AB}$的符号 |
|---|---|---|
| 0°~90°(第Ⅰ象限) | + | + |
| 90°~180°(第Ⅱ象限) | − | + |
| 180°~270°(第Ⅲ象限) | − | − |
| 270°~360°(第Ⅳ象限) | + | − |

### (二)坐标反算

根据 $A$、$B$ 两点的坐标($X_A$,$Y_A$)和($X_B$,$Y_B$),推算直线 $AB$ 的水平距离 $D_{AB}$与坐标方位角 $\alpha_{AB}$为坐标反算。仍由图 1-4-7 可见,其计算公式为

$$\alpha_{AB} = \arctan\frac{Y_B - Y_A}{X_B - X_A} = \arctan\frac{\Delta Y_{AB}}{\Delta X_{AB}} \tag{1-4-10}$$

$$D_{AB} = \sqrt{(X_B - X_A)^2 + (Y_B - Y_A)^2} = \sqrt{(\Delta X_{AB})^2 + (\Delta Y_{AB})^2} \tag{1-4-11}$$

注意,在用计算器按(1-4-10)式反算 $\alpha_{AB}$时,首先计算出的是象限角$\pm R_{AB}$,如果 $\Delta Y_{AB}$与 $\Delta X_{AB}$的符号相同,在第一或第三象限,$R_{AB}$前为"+"号,否则在第二或第四象限,$R_{AB}$前为"−"号,然后应参照表 1-4-2 根据 $\Delta X_{AB}$与 $\Delta Y_{AB}$的正、负号,确定 $AB$ 所在的象限,再参照表 1-4-1 将象限角化为方位角。

用计算器按(1-4-10)式反算 $\alpha_{AB}$的计算流程如下:

$$\boxed{\text{SHIFT}}\ \overset{\tan^{-1}}{\boxed{\tan}}((Y_B-Y_A)\div(X_B-X_A))=\pm R_{AB}\text{（10 进制）}$$

$$\xrightarrow[\text{第二、三象限}+180°\text{；第四象限}+360°]{\text{根据 }\Delta Y\text{ 与 }\Delta X\text{ 的符号判别 }AB\text{ 所在象限}}\alpha_{AB}\text{（10 进制）}$$

$$\boxed{\text{SHIFT}}\ \boxed{°\ '\ ''}\longrightarrow\alpha_{AB}\text{（60 进制）}$$

# 任务二　测定点的坐标

**知识要点：**极坐标法、直角坐标法、角度交会法、距离交会法、全站仪自由设站法。

**技能要点：**能根据施工现场特点，灵活选择最佳方法测定未知点坐标。

在已知点上设站测量未知点（加密图根控制点或地形点）坐标的基本方法有以下几种，应根据仪器设备和现场条件等多种因素灵活选择使用。

## 一、极坐标法

如图 1-4-8 所示，在已知点 $A$ 上架设仪器，以 $A$ 至另一已知点 $B$ 为起始方向（极轴，其方位角 $\alpha_{AB}$ 为已知），测量 $AB$ 和 $Aa$ 之间的水平角 $\beta$（极角）以及 $Aa$ 的水平距离 $D_{Aa}$（极距），即可按以下步骤计算未知点 $a$ 的坐标：

（1）计算 $Aa$ 边的方位角为

$$\alpha_{Aa}=\alpha_{AB}+\beta \tag{1-4-12}$$

（2）计算 $Aa$ 边的坐标增量为

$$\left.\begin{aligned}\Delta X_{Aa}&=D_{Aa}\cos\alpha_{Aa}\\\Delta Y_{Aa}&=D_{Aa}\sin\alpha_{Aa}\end{aligned}\right\} \tag{1-4-13}$$

（3）计算 $a$ 点坐标

$$\left.\begin{aligned}X_a&=X_A+\Delta X_{Aa}\\Y_a&=Y_A+\Delta Y_{Aa}\end{aligned}\right\} \tag{1-4-14}$$

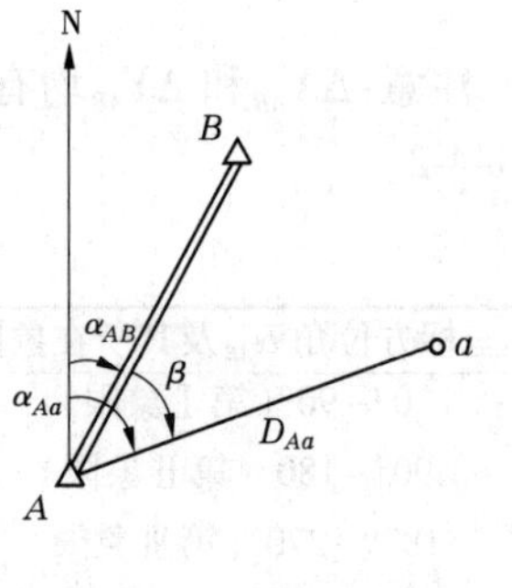


**图 1-4-8　极坐标法测定点位**

此法应用最广，尤其适用于开阔地区。

## 二、直角坐标法

在图 1-4-9 中，将 $AB$ 视为直角坐标系的坐标轴，为测定未知点 $b$ 的位置，先由 $b$ 点向 $AB$ 边做垂线，再分别量取 $A$ 点和 $b$ 点至垂足 $b'$ 的距离 $D_{Ab'}$ 和 $D_{bb'}$，即可按以下步骤计算 $b$ 点的坐标：

（1）分别计算 $Ab'$ 边和 $b'b$ 边的坐标增量

$$\left.\begin{aligned}\Delta X_{Ab'}&=D_{Ab'}\cos\alpha_{AB}\\\Delta Y_{Ab'}&=D_{Ab'}\sin\alpha_{AB}\end{aligned}\right\} \tag{1-4-15}$$

$$\left.\begin{aligned}\Delta X_{b'b}&=D_{b'b}\cos(\alpha_{AB}+90°)\\\Delta Y_{b'b}&=D_{b'b}\sin(\alpha_{AB}+90°)\end{aligned}\right\} \tag{1-4-16}$$

(2)计算 $b$ 点坐标

$$\left.\begin{aligned}X_b &= X_A + \Delta X_{Ab'} + \Delta X_{b'b}\\ Y_b &= Y_A + \Delta Y_{Ab'} + \Delta Y_{b'b}\end{aligned}\right\}\qquad(1\text{-}4\text{-}17)$$

此法适用于建筑物较为规整,未知点离已知点较近的地区。

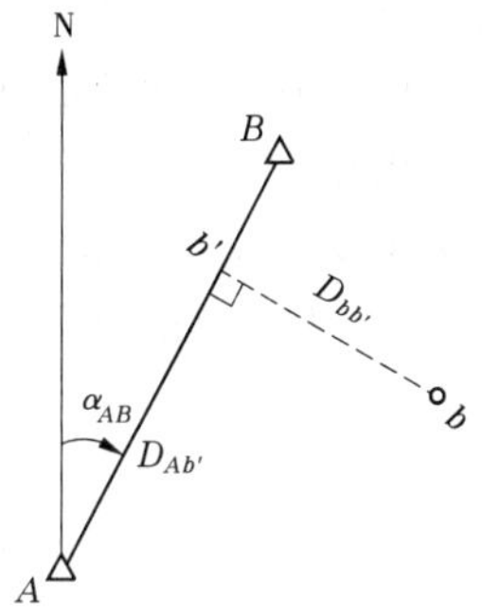


图 1-4-9　直角坐标法测定点位

## 三、角度交会法

角度交会又分前方交会、侧方交会和后方交会等多种形式,适用场合有所不同。

### (一)前方交会

如图 1-4-10 所示,在已知点 $A$、$B$ 上设站,观测 $\alpha$、$\beta$ 角,计算待定点 $P$ 的坐标,即为前方交会。计算公式推导如下:

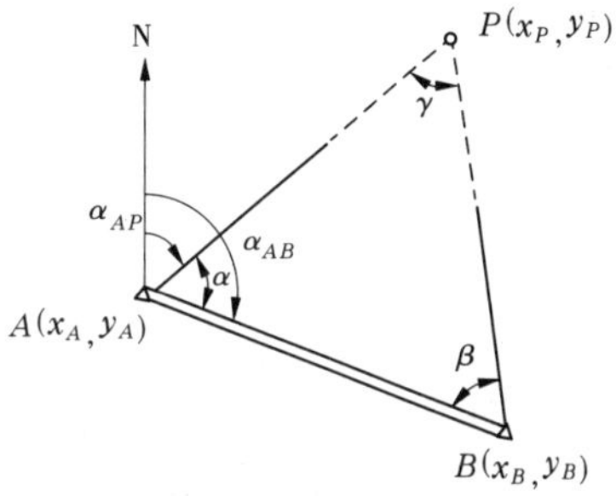


图 1-4-10　测角前方交会

由 $A$、$B$ 两点已知坐标按式(1-4-10)反算得 $\alpha_{AB}$,于是有

$$\alpha_{AP} = \alpha_{AB} - \alpha \qquad (a)$$

按坐标正算可得

$$\left.\begin{aligned}x_P - x_A &= D_{AP}\cos\alpha_{AP}\\ y_P - y_A &= D_{AP}\sin\alpha_{AP}\end{aligned}\right\}\qquad(b)$$

将式(a)代入式(b),得

$$\left.\begin{aligned}x_P - x_A &= D_{AP}(\cos\alpha_{AB}\cos\alpha + \sin\alpha_{AB}\sin\alpha)\\ y_P - y_A &= D_{AP}(\sin\alpha_{AB}\cos\alpha - \cos\alpha_{AB}\sin\alpha)\end{aligned}\right\}\qquad(c)$$

因有 $\cos\alpha_{AB}=\dfrac{x_B-x_A}{D_{AB}}$,$\sin\alpha_{AB}=\dfrac{y_B-y_A}{D_{AB}}$,代入式(c)可得

$$\left.\begin{aligned}x_P - x_A &= \frac{D_{AP}}{D_{AB}}\sin\alpha[(x_B - x_A)\cot\alpha + (y_B - y_A)]\\ y_P - y_A &= \frac{D_{AP}}{D_{AB}}\sin\alpha[(y_B - y_A)\cot\alpha - (x_B - x_A)]\end{aligned}\right\}\qquad(d)$$

式(d)右端第一项据正弦定理可写为

$$\frac{D_{AP}}{D_{AB}}\sin\alpha = \frac{\sin\beta}{\sin(\alpha+\beta)}\sin\alpha = \frac{\sin\beta\sin\alpha}{\sin\alpha\cos\beta + \cos\alpha\sin\beta} = \frac{1}{\cot\alpha + \cot\beta}\qquad(e)$$

将式(e)代入式(d),整理可得

$$\left.\begin{aligned}x_P &= \frac{x_A\cot\beta + x_B\cot\alpha + (y_B - y_A)}{\cot\alpha + \cot\beta}\\ y_P &= \frac{y_A\cot\beta + y_B\cot\alpha - (x_B - x_A)}{\cot\alpha + \cot\beta}\end{aligned}\right\}\qquad(1\text{-}4\text{-}18)$$

式(1-4-18)即为由已知点坐标和观测角直接计算交会点坐标的余切公式。具体算例

见表 1-4-3。需要注意的是，推导余切公式时，所用符号与图 1-4-10 中的编号是对应的，因此在使用该式时，两个已知点和两个观测角的编号一定要与图 1-4-10 中的编号相一致，否则会出错。

为了保证交会的精度，交会角 $\gamma$（见图 1-4-10）应大于 30°且小于 120°，最好在 90°左右。同时，为了保证交会的可靠性，最好选择第三个已知点观测相应的角度，其检核方法有两种。

**表 1-4-3　测角前方交会计算表**

| 附图 | 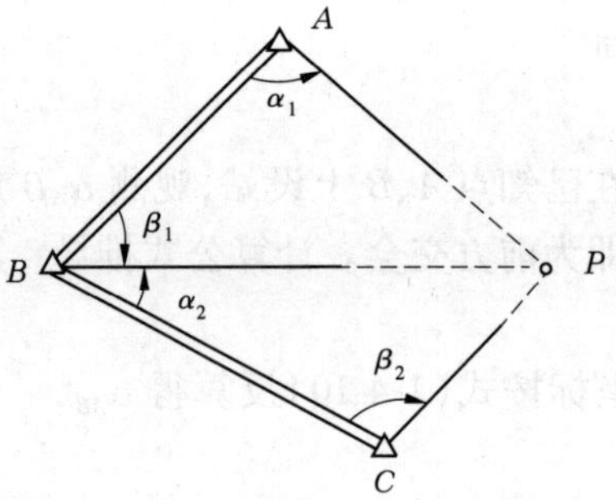 | | | | | |
|---|---|---|---|---|---|---|
| 点名 | 观测角 | | $x$(m) | | $y$(m) | |
| $A$ | $\alpha_1$ | 59°20′59″ | $x_A$ | 5 522.01 | $y_A$ | 1 527.29 |
| $B$ | $\beta_1$ | 54°09′52″ | $x_B$ | 5 189.35 | $y_B$ | 1 116.90 |
| $P$ | | | $x_{P1}$ | 5 059.93 | $y_{P1}$ | 1 595.34 |
| cotα | 0.592 583 | cotβ | 0.722 167 | cotα+cotβ | | 1.314 750 |
| $B$ | $\alpha_2$ | 61°54′29″ | $x_B$ | 5 189.35 | $y_B$ | 1 116.90 |
| $C$ | $\beta_2$ | 55°44′54″ | $x_C$ | 4 671.79 | $y_C$ | 1 236.06 |
| $P$ | | | $x_{P2}$ | 5 060.02 | $y_{P2}$ | 1 595.35 |
| cotα | 0.533 770 | cotβ | 0.680 918 | cotα+cotβ | | 1.214 688 |
| $e=\sqrt{\delta_x^2+\delta_y^2}=\pm0.09$ m | | | $x_P$ | 5 059.98 | $y_P$ | 1 595.35 |



方法一：分别在已知点 $A$、$B$、$C$ 上观测角 $\alpha_1$、$\beta_1$ 及 $\alpha_2$、$\beta_2$（见表 1-4-3 中算例附图），由两组图形分别计算待定点 $P$ 的坐标（$x_{P1}$，$y_{P1}$）及（$x_{P2}$，$y_{P2}$）。如两组坐标算得的点位较差 $f=\pm\sqrt{(x_{P1}-x_{P2})^2+(y_{P1}-y_{P2})^2}\leqslant 0.2M\sim 0.3M$ mm（$M$ 为测图比例尺分母），则取其平均值作为 $P$ 点坐标的最后结果。

方法二：观测角度 $\alpha_1$、$\beta_1$，计算 $P$ 的坐标，而以另一方向作为检核。即在 $B$ 点同时观测检查角 $\varepsilon_{测}$（$\alpha_2$）（见表 1-4-3 中算例附图），再由 $B$、$C$ 点和解得的 $P$ 点坐标先反算方位角 $\alpha_{BC}$、$\alpha_{BP}$，再计算检查角 $\varepsilon_{算}=\alpha_{BC}-\alpha_{BP}$，得较差 $\Delta\varepsilon''=\varepsilon_{测}-\varepsilon_{算}$。如 $\Delta\varepsilon''$ 不超过

$\pm\frac{(0.15\sim0.20)M\rho''}{S}$（$M$ 含义同上，$S$ 为检查方向 $BC$ 的边长），说明成果符合要求。

前方交会除常用于控制点的加密外，尤其适于在水域或其他不便到达处测定（或测设）点位时使用。

**（二）侧方交会**

如图 1-4-11 所示，在已知点 $A$（或 $B$）和待定点上设站，观测 $\alpha$（或 $\beta$）角与 $\gamma$ 角，计算待定点 $P$ 的坐标，即为侧方交会。因为 $\alpha$、$\beta$、$\gamma$ 三角之和等于 180°，由 $\beta=180°-\alpha-\gamma$ 即可将 $\beta$ 角算出，因而侧方交会和前方交会实质相同，仍可用前方交会的方法进行计算。

侧方交会适于在两个已知点中有一个难以到达或不便设站时使用。

**（三）后方交会**

如图 1-4-12 所示，在待定点 $P$ 上设站，观测三个已知点 $A$、$B$、$C$ 之间的夹角 $\alpha$、$\beta$，亦可算得 $P$ 点的坐标，称为后方交会。后方交会有多种解算方法，下面介绍一种常用的辅助角法。

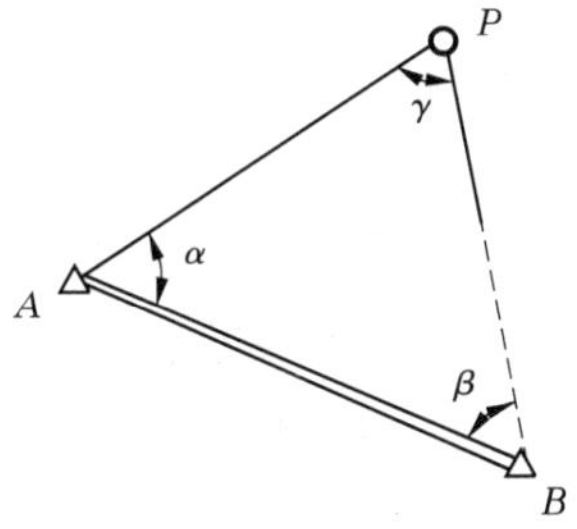


**图 1-4-11　测角侧方交会**

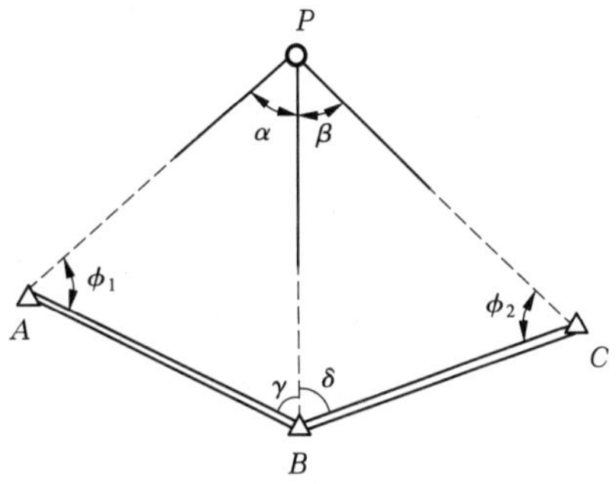


**图 1-4-12　测角后方交会**

由图 1-4-12 可见，在由已知点和待定点组成的两个三角形中，设 $\phi_1$、$\phi_2$ 两角为辅助角，由于 $\alpha$、$\beta$ 已测定，显然，只要求出该两辅助角，就成了两组侧方交会。因此，问题的关键归结于辅助角的解算。

首先，根据三个已知点坐标，按坐标反算得已知方位角 $\alpha_{AB}$、$\alpha_{BC}$和已知边长 $D_{AB}$、$D_{BC}$，则 $AB$、$BC$ 两已知边的夹角 $\angle ABC$ 为

$$\angle ABC=\alpha_{BC}-\alpha_{BA}$$

在$\triangle ABP$ 和$\triangle BCP$ 中，运用正弦定理可得

$$\frac{D_{AB}}{\sin\alpha}=\frac{D_{BP}}{\sin\phi_1}=K_1$$

$$\frac{D_{BC}}{\sin\beta}=\frac{D_{BP}}{\sin\phi_2}=K_2$$

因为 $D_{AB}$、$D_{BC}$及 $\alpha$、$\beta$ 角已知，所以两式中 $K_1$、$K_2$ 均为常数。移项即有

$$\frac{\sin\phi_1}{\sin\phi_2}=\frac{K_2}{K_1}$$

又设 $\phi_1+\phi_2=360°-\alpha-\beta-\angle B=\theta$（亦为常数），即有 $\phi_1=\theta-\phi_2$，代入上式并将 $\sin(\theta-\phi_2)$ 展开得

$$\frac{\sin\theta\cos\phi_2-\cos\theta\sin\phi_2}{\sin\phi_2}=\frac{K_2}{K_1}$$

整理即有

同理，可得

$$\left.\begin{aligned}\phi_2&=\operatorname{arccot}\left(\frac{\frac{K_2}{K_1}+\cos\theta}{\sin\theta}\right)\\\phi_1&=\operatorname{arccot}\left(\frac{\frac{K_1}{K_2}+\cos\theta}{\sin\theta}\right)\end{aligned}\right\}\tag{1-4-19}$$

求出辅助角 $\phi_1$、$\phi_2$ 后，即可按三角形三个角之和等于 180°，分别算得角 $\gamma$ 及 $\delta$，然后按前方交会计算待定点 $P$ 的坐标。

需要注意的是，在后方交会中，过三个已知点构成的外接圆称为危险圆。因为在这个圆周上不同的点位将有相同的圆周角，因此如果待定点刚好位于该圆上（或位于该圆附近），同一组观测角 $\alpha$、$\beta$ 就可以算得无数组解，即 $P$ 点有无数组坐标，实质即无解。所以，在选择已知点时，应尽量使待定点避开危险圆。

后方交会也可参照前方交会的检核方法，另找已知点测定检查角，进行检核。

后方交会仅需设一个测站，就能测定待定点坐标，布点灵活，工作量少，尤其适合在有多个已知点可供照准使用的情况下，直接在作业现场测定待定点坐标时使用。

## 四、距离交会法

图 1-4-13 中，分别量取控制点 $A$、$B$ 至点 $P$ 的距离 $D_{AP}$、$D_{BP}$，亦可按距离交会的方法确定 $P$ 的点位。

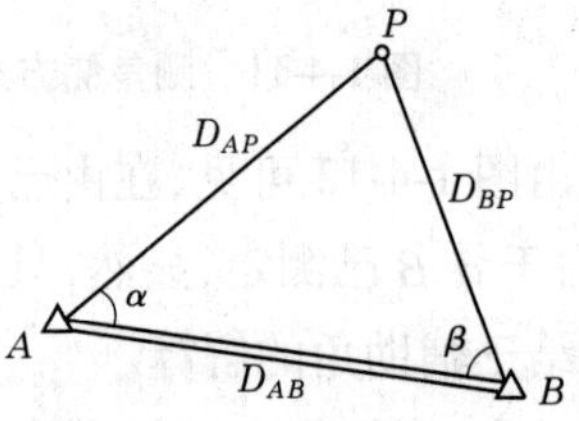


图 1-4-13　距离交会法

首先根据三条边长（包括已知点之间的边长 $D_{AB}$）按反余弦公式计算水平角 $\alpha$ 和 $\beta$

$$\left.\begin{aligned}\alpha&=\arccos\frac{D_{AB}^2+D_{AP}^2-D_{BP}^2}{2D_{AB}\times D_{AP}}\\\beta&=\arccos\frac{D_{AB}^2+D_{BP}^2-D_{AP}^2}{2D_{AB}\times D_{BP}}\end{aligned}\right\}\tag{1-4-20}$$

然后将 $\alpha$、$\beta$ 和 $A$、$B$ 点的已知坐标代入上述前方交会坐标计算式（1-4-18），即可计算得交会点 $P$ 的坐标。也可以 $A\sim B$ 为已知方向，用水平角 $\alpha$ 和水平距离 $D_{AP}$ 运用极坐标法，计算 $P$ 点的坐标。

此法适用于量距方便的地区。

## 五、自由设站定位

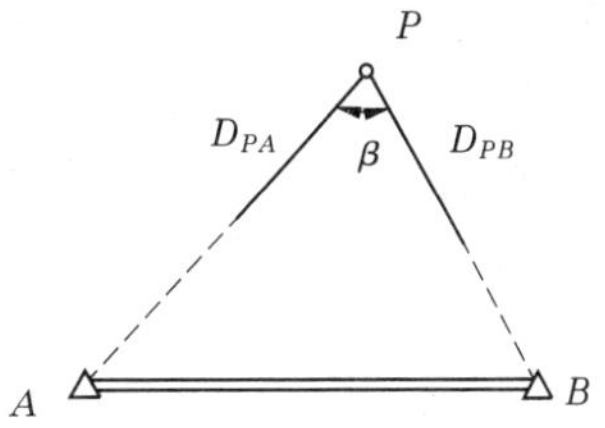

图 1-4-14　自由设站定位

自由设站定位与后方交会相似，也是仅在待定点（如图 1-4-14 中，根据需要在现场自由设定的 $P$ 点）上设站，只是后方交会至少需要 3 个已知点，而自由设站定位至少有 2 个已知点即可，但需同时测量待定点与 2 个已知点之间的夹角和边长（如图 1-4-14 中的夹角 $\beta$ 和边长 $D_{PA}$、$D_{PB}$）。计算时，同样可将待定点 $P$ 和两个已知点组成三角形，运用正弦定理，算出 $\angle PAB$ 和 $\angle PBA$，再用前方交会的方法解算出待定点坐标。

# 任务三　测定点的高程

**知识要点：**三角高程测量。

**技能要点：**能根据施工现场特点，灵活选择最佳方法测定未知点高程。

前已述及，测定未知点的高程可以采用水准测量的方法（见模块一项目一），但水准测量通常适用于平坦地区，而当地势起伏较大时，更适宜采用三角高程测量的方法。

## 一、三角高程测量原理

所谓三角高程测量，就是用经纬仪或全站仪，通过测定目标的竖直角和测站与目标之间的距离，运用三角函数来求得测站和目标之间的高差。

如图 1-4-15 所示，在已知高程点 $A$ 上安置经纬仪，在 $B$ 点竖立标杆，测定标杆顶点的竖直角 $\alpha$ 和 $A$、$B$ 两点之间的水平距离 $D$，同时量取仪器高 $i$ 和标杆高 $l$，按下式计算 $A$、$B$ 点之间的高差 $h_{AB}$

$$h_{AB} = D\tan\alpha + i - l \tag{1-4-21}$$

设 $A$ 点的已知高程为 $H_A$，则 $B$ 点的高程为

$$H_B = H_A + h_{AB} \tag{1-4-22}$$

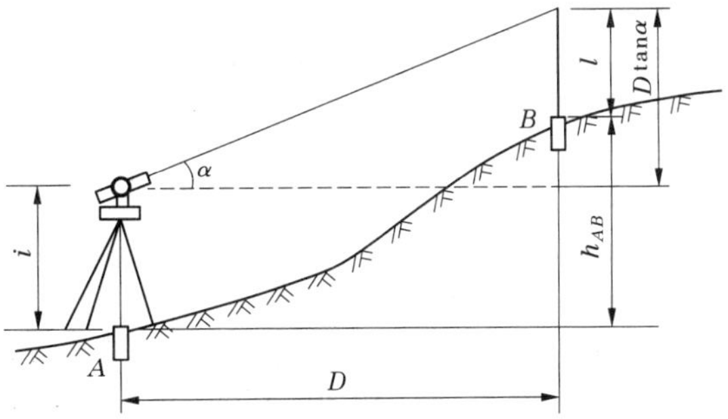

图 1-4-15　三角高程测量

## 二、地球曲率和大气折光差

在前面分析水准测量误差时曾讨论过地球曲率和大气折光差对水准测量的影响（参

见本教材第 30 页)，三角高程测量同样会受到地球曲率和大气折光差的影响。在单程观测的情况下，测站到目标的距离又较长时，这两项误差的联合影响(称为球气差)$f$是三角高程测量误差的重要来源。即在精度要求较高的三角测量中，高差计算应考虑球气差的影响，则有

$$h_{AB} = D\tan\alpha + i - l + f \tag{1-4-23}$$

根据研究，$f$值一般可按下式计算

$$f \approx 0.43\frac{D^2}{R} \tag{1-4-24}$$

式中　$D$——两点间的水平距离，km；

$R$——地球的曲率半径，km，$R$=6 371 km。

为了克服地球曲率与大气折光差的影响，在可能的情况下，三角高程测量应采用对向观测的方法，即由 $A$ 点观测 $B$ 点，再由 $B$ 点观测 $A$ 点，取其高差绝对值的平均数(符号以往测为准)作为 $A$、$B$ 的高差，同时对观测成果进行检核。

## 三、三角高程测量观测和计算

随着光电测距和全站仪的推广使用，三角高程测量已普遍用于代替四等水准测量和普通水准测量，并可组成相应等级的附合水准路线或闭合水准路线。

光电测距三角高程测量一个测站上的观测可按以下步骤进行(记录和计算见表 1-4-4)：

(1)安置仪器，量取仪器高和目标高，精确至 mm，各量两次取平均。

(2)用测距仪测量距离。

(3)按中丝法或三丝法(用望远镜十字丝的上、中、下三丝依次照准目标，测其竖直角取平均)测定目标的竖直角。

(4)往测完毕再返测。

(5)将观测值填入表 1-4-4，进行每条边往、返测的高差计算，如往、返较差符合要求，取其平均值作为该边的高差，符号与往测相同。

**表 1-4-4　三角高程测量计算**

| 测站点 | $A$ | $B$ |
| --- | --- | --- |
| 目标点 | $B$ | $A$ |
| 测向 | 往测 | 返测 |
| 平距 $D$(或斜距 $S$)(m) | 358. 462(此为平距) | 358. 464(此为平距) |
| 竖直角 $\alpha$ | +2°34′56″ | −2°34′26″ |
| $D\tan\alpha$(或 $S\sin\alpha$)(m) | +16. 166 | −16. 114 |
| 仪器高 $i$(m) | 1. 465 | 1. 455 |
| 目标高 $l$(m) | 1. 500 | 1. 500 |
| 球气差 $f$(m) | +0. 009 | +0. 009 |
| 单向高差 $h$(m) | +16. 140 | −16. 150 |
| 平均高差 $h_{均}$(m) | +16. 145 | |

如果用全站仪测量，先输入仪器高和目标高，照准目标后，仪器可自动测定距离和竖直角，并显示平距和高差。连续测定相邻测站之间的高差，即可组成三角高程测量的附合路线或闭合路线。有关测站观测、对向观测和路线闭合差的技术要求见表 1-4-5（引自《工程测量规范》（GB 50026—2007））。

表 1-4-5　电磁波测距三角高程测量的主要技术要求

| 等级 | 每千米高差全中误差(mm) | 边长(km) | 观测方式 | 对向观测高差较差(mm) | 附合或环形闭合差(mm) |
|---|---|---|---|---|---|
| 四等 | 10 | ≤1 | 对向观测 | $40\sqrt{D}$ | $20\sqrt{\sum D}$ |
| 四五 | 15 | ≤1 | 对向观测 | $60\sqrt{D}$ | $30\sqrt{\sum D}$ |

注：$D$ 为测距边的长度，km。

# 任务四　全站仪坐标测量

**知识要点**：全站仪坐标测量。

**技能要点**：能用全站仪直接测定未知点的坐标。

## 一、全站仪三维坐标测量

如图 1-4-16 所示，在已知点 $A$ 安置仪器，先进入角度测量模式，照准后视点 $M$，设置水平度盘读数使其等于 $AM$ 的已知方位角 $\alpha_{AM}$作为起始方向值，再进入坐标测量模式，输入测站点 $A$ 的三维坐标（图中 $N_A$、$E_A$、$Z_A$）及仪器高 $i$ 和目标点 $B$ 的棱镜高 $l$，有的全站仪也可以输入后视点 $M$ 的坐标（图中 $N_0$、$E_0$，不必输入该点的高程），而不用事先输入起始方位角 $\alpha_{AM}$，然后转动望远镜瞄准 $B$ 点反射棱镜，按测量键即可获得其三维坐标（图中 $N_B$、$E_B$、$Z_B$）。其中，未知点平面坐标的推算方法为极坐标法（参见模块一项目四任务二），高程的推算方法为三角高程测量（参见模块一项目四任务三）。南方测绘NTS-312型全站仪坐标测量的操作流程列于表 1-4-6 中。

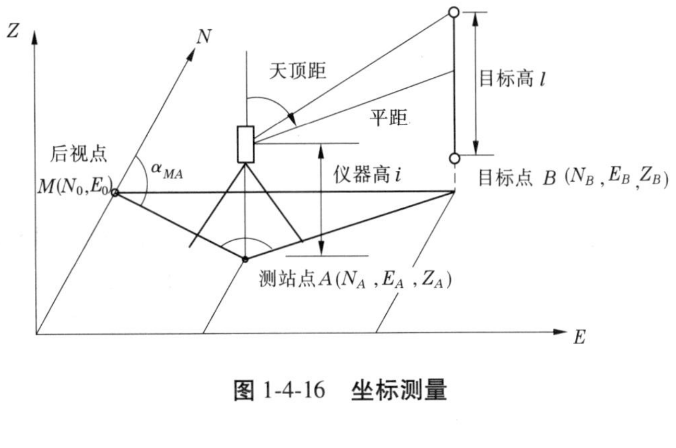


图 1-4-16　坐标测量

表 1-4-6 南方测绘 NTS-312 型全站仪坐标测量操作流程

步骤 1:设置测站点三维坐标

| 操作流程 | 操作 | 显示 |
| --- | --- | --- |
| ①在坐标测量模式下,按 P1↓ 键,转到第 2 页功能 | P1↓ | PSM -30 PPM 4.6<br>N: 2012.236 m<br>E: 2115.309 m<br>Z: 3.156 m<br>测量 模式 S/A P1↓<br>镜高 仪高 测站 P2↓ |
| ②按 测站 键 | 测站 | PSM -30 PPM 4.6<br>N: 0.000 m<br>E: 0.000 m<br>Z: 0.000 m<br>回退 |
| ③输入 N 坐标,按 ENT 键确认 | 输入数据<br>ENT | PSM -30 PPM 4.6<br>N: 6396_ m<br>E: 0.000 m<br>Z: 0.000 m<br>回退 |
| ④按同样方法输入测站点 E 和 Z 坐标,输入数据后,显示屏返回坐标测量第 1 页 | 输入数据<br>ENT | PSM -30 PPM 4.6<br>N: 6396.321 m<br>E: 12.639 m<br>Z: 0.369 m<br>回退<br><br>PSM -30 PPM 4.6<br>N: 6432.693 m<br>E: 117.309 m<br>Z: 0.126 m<br>镜高 仪高 测站 P2↓ |

步骤 2:设置仪器高

| 操作流程 | 操作 | 显示 |
| --- | --- | --- |
| ①在坐标测量模式下,按 P1↓ 键,转到第 2 页功能 | P1↓ | PSM -30 PPM 4.6<br>N: 2012.236 m<br>E: 2115.309 m<br>Z: 3.156 m<br>测量 模式 S/A P1↓<br>镜高 仪高 测站 P2↓ |
| ②按 仪高 键,显示当前值 | 仪高 | 输入仪器高<br>仪高: 0.000 m<br>回退 |

续表 1-4-6

| 操作流程 | 操作 | 显示 |
| --- | --- | --- |
| ③输入仪器高，按 ENT 键确认，返回坐标测量第 1 页 | 输入仪器高<br>ENT | 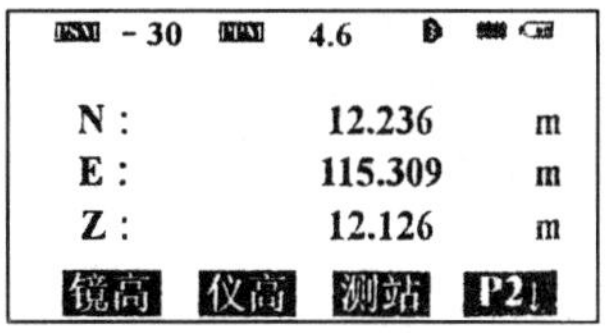 |

步骤 3:设置棱镜高

| 操作流程 | 操作 | 显示 |
| --- | --- | --- |
| ①在坐标测量模式下，按 P1↓ 键，进入第 2 页功能 | P1↓ | 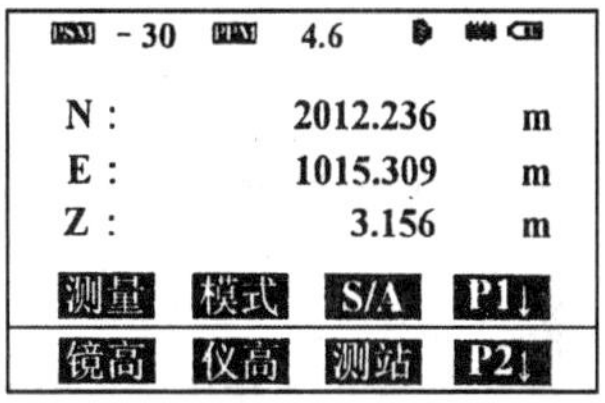 |
| ②按 镜高 键，显示当前值 | 镜高 | 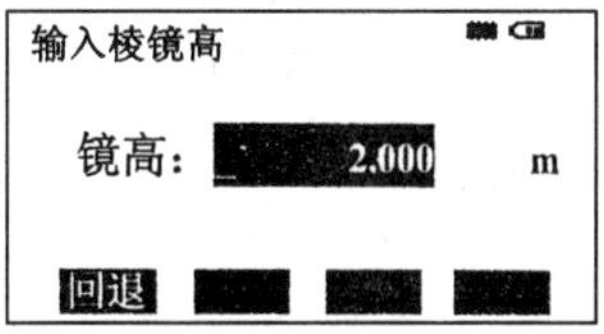 |
| ③输入棱镜高，按 ENT 键确认，返回坐标测量界面第 1 页 | 输入棱镜高<br>ENT | 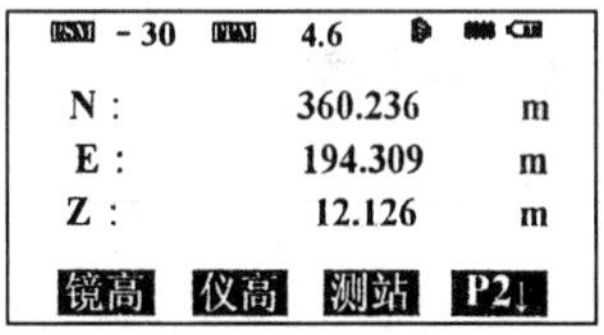 |

步骤 4:设置后视点(坐标或方向值)，照准后视点

| 操作流程 | 操作 | 显示 |
| --- | --- | --- |
| ①在坐标测量模式下，按 P1↓、P2↓ 键，进入第 3 页功能 | P1↓<br>P2↓ | 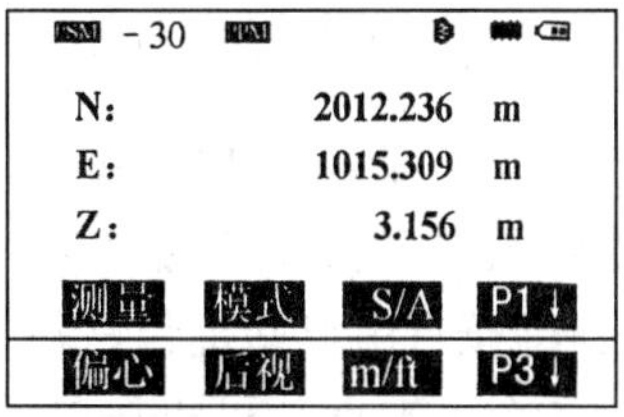 |
| ②在坐标测量第 3 页中按 后视 键<br>说明：按 字母 键可对输入字母或数字进行切换 | 后视 | 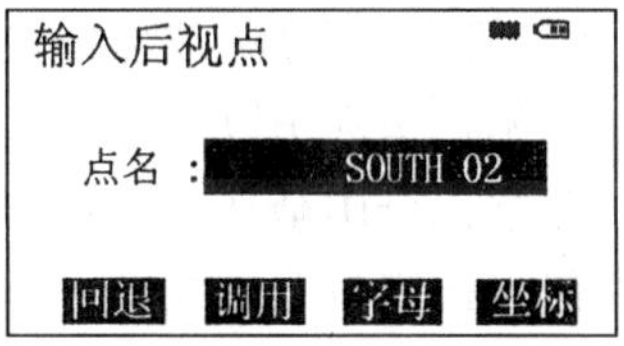 |

续表 1-4-6

| 操作流程 | 操作 | 显示 |
| --- | --- | --- |
| ③按[坐标]键* | [坐标] | 输入后视点<br>N: 0.000 m<br>E: 0.000 m<br>回退 角度 |
| ④输入后视点坐标值,按[ENT]键确认 | 输入坐标<br>[ENT] | PSM -30 PPM 4.6<br>照准后视点<br>HB = 176° 22′ 20″<br>>照准? [否] [是] |
| ⑤照准后视点,按[是]键完成设置 | 照准后视点<br>[是] | |

* 表示也可按[角度]键直接输入后视点的方向值

步骤 5:测定未知点三维坐标

| 操作流程 | 操作 | 显示 |
| --- | --- | --- |
| ①照准目标 $B$ 的棱镜中心,按,显示 $B$ 点三维坐标 | 照准棱镜<br> | PSM -30 PPM 4.6<br>N: 12.236 m<br>E: 115.309 m<br>Z: 0.126 m<br>测量 模式 S/A P1↓ |

需要注意的是,如果还需在同一测站上测量其他目标点的三维坐标,则应事先改变相应目标点棱镜高 $l$ 的设置;如果还需用盘右进行坐标测量,则应在盘右重新输入后视点坐标,或照准后视点 $M$ 后,将其起始方向值即水平度盘的读数仍设置为 $AM$ 的已知方位角 $\alpha_{AM}$,否则将因起始方向值自行±180°而导致结果出错。

## 二、全站仪自由设站定位和后方交会测量

在待定点上安置全站仪,输入仪器高,进入菜单测量模式,选择后方交会程序,按屏幕提示依次输入两个已知点的三维坐标和目标的棱镜高,并先后瞄准两个已知点棱镜,按测量键,仪器即按自由设站定位法测定测站点的三维坐标。如需继续观测其他已知点(最多可观测 7 个已知点),可再按提示输入增加的已知点坐标和棱镜高,依次瞄准各已知点棱镜,按测量键,观测完毕仪器即按后方交会法自动计算测站点的三维坐标予以显示,并作为新的测站点坐标予以存储。

此法非常适合用全站仪进行测图或放样需要加密临时性的控制点时使用。

全站仪坐标测量及后方交会测量的详细操作步骤参见《测量技术基础实训》附录二:南方测绘 NTS-312 型全站仪使用简要说明。

# 小　结

(1)有关直线定向和坐标推算的方法。直线以方位角定向,坐标推算分坐标正算和坐标反算。相邻边的方位角推算公式以及相邻点的坐标正算公式与坐标反算公式是测量最基本的计算公式。

(2)测定未知点坐标的方法有极坐标法、直角坐标法、角度交会法、距离交会法、全站仪自由设站法等,测定未知点高程的方法有水准测量和三角高程测量等。

(3)全站仪的三维坐标测量和后方交会测量可以用于直接测量未知点的三维坐标。

# 复习题

1.直线定向是指____________________。______________________称为直线的坐标方位角,简称方位角,方位角的范围是______________。一条直线的正、反方位角的关系式是______________________。_________________________________称为象限角,象限角前面应加_____________,象限角的范围是______________。不同象限象限角换算为方位角的计算公式为:第Ⅰ象限______________,第Ⅱ象限______________,第Ⅲ象限______________,第Ⅳ象限______________。

2.相邻边方位角的推算公式是____________________________________,式中±180°项,当_____________________时用“+”号,当__________________时用“-”号。

3.坐标正算是指__________________________________,坐标增量的计算公式是:__________________,__________________;坐标反算是指________________________,坐标反算的计算公式是:______________________,______________________。

4.测定未知点的坐标有哪几种方法?每种方法的观测量有哪些?如何计算未知点的坐标?

5.三角高程测量使用经纬仪或全站仪,其观测值为__________、__________、__________和__________,所求值为__________。

6.全站仪坐标测量和后方交会测量的操作步骤有哪些?

# 练习题

1.已知 $AB$、$AC$ 两条边的象限角分别为 $R_{AB}=\mathrm{SE}34°20'$、$R_{AC}=\mathrm{SW}72°40'$,求该两边的方位角 $\alpha_{AB}$、$\alpha_{AC}$ 以及它们的反方位角 $\alpha_{BA}$、$\alpha_{CA}$。

2.如图 1-4-17 所示,已知 $\alpha_{AB}=126°34'20''$,测得水平角 $\beta_1=138°48'40''$(为左角),$\beta_2=305°26'30''$(为右角),求 $\alpha_{BC}$、$\alpha_{CD}$。

3.已知 $A$ 点坐标 $x_A=2\ 508.465$ m、$y_A=1\ 436.942$ m,$\alpha_{AB}=138°26'45''$、$D_{AB}=265.438$ m,$\alpha_{AC}=246°38'52''$、$D_{AC}=194.576$ m,求 $B$、$C$ 两点坐标 $x_B$、$y_B$ 和 $x_C$、$y_C$。

4.已知 $A$、$B$、$C$ 三点坐标分别为 $x_A=2\ 186.29$ m、$y_A=1\ 383.97$ m,$x_B=2\ 192.45$ m、$y_B=$

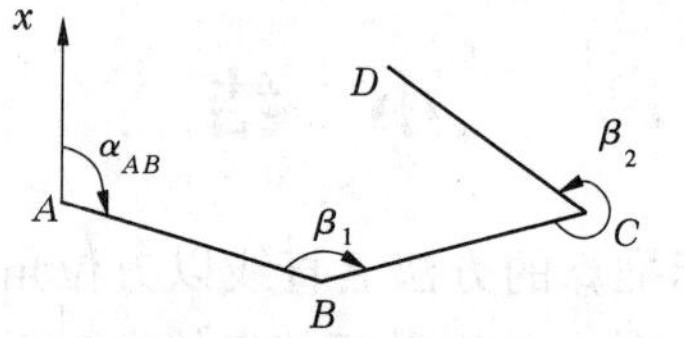


**图 1-4-17　练习题 2 图**

1 556. 40 m，$x_C$ = 2 299. 83 m、$y_C$ = 1 303. 80 m，求 $\alpha_{AB}$、$D_{AB}$ 和 $\alpha_{AC}$、$D_{AC}$。

5. 角度前方交会已知数据和观测数据列于表 1-4-7，试完成表内各项计算。

**表 1-4-7　前方交会计算表**

| 附图 | 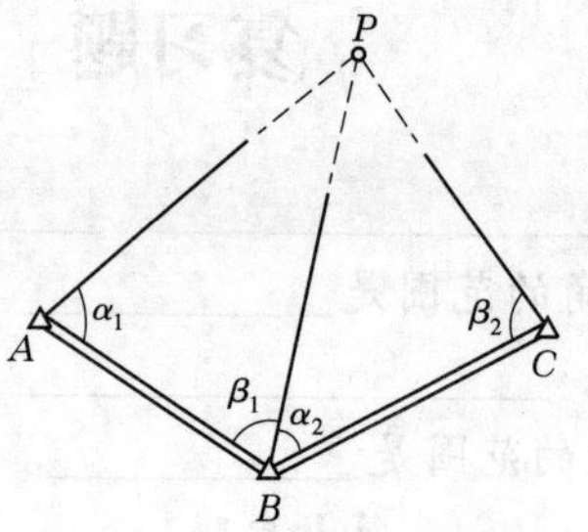 | | | | | |
|---|---|---|---|---|---|---|
| 点名 | 观测角 | | x(m) | | y(m) | |
| $A$ | $\alpha_1$ | 54°48′00″ | $x_A$ | 807.04 | $y_A$ | 719.85 |
| $B$ | $\beta_1$ | 32°51′54″ | $x_B$ | 646.38 | $y_B$ | 830.66 |
| $P$ | | | $x_{P1}$ | | $y_{P1}$ | |
| cotα | | cotβ | | cotα+cotβ | | |
| $B$ | $\alpha_2$ | 56°23′24″ | $x_B$ | 646.38 | $y_B$ | 830.66 |
| $C$ | $\beta_2$ | 48°30′54″ | $x_C$ | 765.50 | $y_C$ | 998.65 |
| $P$ | | | $x_{P2}$ | | $y_{P2}$ | |
| cotα | | cotβ | | cotα+cotβ | | |
| | $e=\sqrt{\delta_x^2+\delta_y^2}=$ | | $x_P$ | | $y_P$ | |

6. 用经纬仪在 A、B 两点间进行往、返三角高程测量，已知 $H_A$ = 78. 29 m，水平距离 $D_{AB}$ = 624. 42 m，从 A 观测 B 时，竖直角 $\alpha_{AB}$ = +2°38′07″，A 点仪器高 $i_A$ = 1. 42 m，B 点目标高 $l_B$ = 3. 50 m；从 B 观测 A 时，竖直角 $\alpha_{BA}$ = −2°23′15″，B 点仪器高 $i_B$ = 1. 51 m，A 点目标高 $l_A$ = 2. 26 m。试求 A、B 两点间的高差平均值及 B 点的高程。

## 思考题

1.在使用相邻边的方位角推算公式时应注意什么？

2.在使用坐标正算公式和坐标反算公式时应注意什么？

3.测定未知点坐标有哪几种方法？各适用于什么场合？自由设站定位的实质是什么？何时适用？

4.与水准测量相比较,三角高程测量有何优点？适用于什么情况？影响三角高程测量的误差有哪些？如何消弱这些误差的影响？用水准测量和三角高程测量测定未知点的高程各适用于什么场合？

# 项目五 基本测量最或是值计算及其精度评定

**知识目标**

测量误差的分类、评定观测值精度的指标、观测值中误差、观测值函数中误差、测量观测值的最或是值及其中误差。

**技能目标**

能运用误差基本理论计算角度、距离等基本测量观测量的最或是值并评定其精度。

## 任务一 测量误差基本知识

**知识要点:**测量误差的来源和分类,评定观测值精度的指标,观测值中误差和观测值函数中误差。

任何测量工作都会受到种种不利因素的影响,致使观测值中含有各种误差。误差是客观存在的,但可以采取相应的措施消弱甚至消除其影响,或通过一定的方法将误差控制在容许的范围内。

### 一、测量误差的基本概念

#### (一)观测值及其误差

如前所述,测量就是采用合适的仪器、工具和方法,对各种地物、地貌的几何要素进行量测,被量测几何要素的真实值称为真值,量测获得的数据称为观测值,观测值 $L_i$ 与真值 $X$ 之差即为观测值的真误差 $\Delta_i$

$$\Delta_i = L_i - X \quad (i = 1,2,3,\cdots,n) \tag{1-5-1}$$

#### (二)测量误差来源

测量误差的来源有以下三个方面:

(1)测量仪器。受到设计、材料或工艺水平的限制,测量仪器的构造总有欠精密或不完善之处,长期使用,亦会受到磨损或震动,即使经过仔细的检验和校正,也会含有剩余误差。

(2)观测者。受到生理、感官等功能的限制,观测者在仪器的安置、照准和读数等方面总会产生一些误差。

(3)外界条件。测量总是在现场进行的,自然会受到气温、阳光、风力等各种外界条件变化的干扰,这些都会给测量成果造成误差。

#### (三)测量误差分类

由于受到各种因素的影响,测量成果中可能包含误差、粗差,甚至错误。误差通常是指限差以内的差值,是观测所不可避免的。粗差是超过容许范围的误差,也不符合要求,必须通过检核,查找产生粗差的原因,加以剔除,并对成果进行重测。错误如在观测时碰动脚架,读错、听错、算错等,是不允许的,应通过加强责任心,防止其发生。

根据对测量成果影响的性质,可将误差分为以下两类。

1.系统误差

系统误差是指在相同的观测条件下对某量做一系列的观测,其数值和符号均相同或按一定规律变化的误差。例如,距离测量时钢尺的实际长和名义长不相等引起的尺长误差,每量一尺段,误差的大小和符号都不变,从而使得误差的影响具有累积性;又如,水准仪的 $i$ 角对标尺读数的影响与视距的长短成正比,当水准测量一个测站的前、后视距相差较大时,就可能使高差受到显著影响。

尽管如此,只要采用恰当的方法,就可以将系统误差的影响予以消除。如用钢尺定期检定其尺长改正数,据此对测量成果加以改正;水准测量注意使测站的前、后视距相等,从而使测站高差不再含有 $i$ 角误差的影响等。经纬仪的视准轴误差、横轴误差和竖盘指标差也都属于系统误差,测量水平角和竖直角时,只要采用盘左、盘右取平均的方法,就可以较好地消除它们的影响。

2.偶然误差

偶然误差是指在相同的观测条件下对某量做一系列的观测,其数值和符号均不固定,或看上去没有一定规律的误差。例如,受到人眼分辨率或望远镜放大倍率的限制,水准测量毫米位的估读和角度测量秒位的估读,有可能忽大忽小;因气象条件的变化,造成目标影像忽明忽暗,致使照准目标可能忽左忽右。这些误差,都具有偶然性。在概率论中,称偶然性为随机性,因而偶然误差又称随机误差。偶然误差表面无规律可言,但在相同条件下对某量进行大量重复观测后,即可从统计学的观点看出偶然误差实际上仍然具有一定的规律。概率论就是研究随机误差规律性的理论。

由于受到仪器性能、观测员生理功能的限制及外界条件变化的影响,偶然误差总是不可避免地存在于观测值中。既然系统误差的影响可以采用恰当的方法予以消除,而偶然误差的影响又不可避免,因此这里主要讨论偶然误差的规律(特性)和对观测值进行简单数学处理的方法,以求出测量成果最接近真值的估值(又称最可靠值),并对含有偶然误差观测成果的精度进行评定。

**(四)偶然误差的特性**

如上所述,偶然误差的随机性是表面的,运用统计学的方法对大量观测成果进行分析,即可看出偶然误差实际含有的内在规律。

例如,在相同的观测条件下,对某三角形的三个内角重复观测了 217 次。由于观测值中存在偶然误差,三角形的三个内角观测值之和 $L$ 一般不等于其真值 180°,则每次观测后可得三角形的闭合差为

$$\Delta_i = L_i - 180° \quad (i = 1,2,3,\cdots,n)$$

$\Delta_i$ 即为每次观测三角形内角和的真误差。现将 217 个真误差按 3″为一区间,以误差值的大小及其正、负号进行排列,统计出各误差区间的个数 $k$ 及相对个数 $k/217$,如表 1-5-1 所示。

表 1-5-1　三角形内角和观测实验误差统计

| 误差区间 (3″) | 正误差 | | 负误差 | | 合计 | |
|---|---|---|---|---|---|---|
| | 个数 $k$ | 相对个数 $k/n$ | 个数 $k$ | 相对个数 $k/n$ | 个数 $k$ | 相对个数 $k/n$ |
| 0~ 3 | 30 | 0.138 | 29 | 0.134 | 59 | 0.272 |
| 3~ 6 | 21 | 0.097 | 20 | 0.092 | 41 | 0.189 |
| 6~ 9 | 15 | 0.069 | 18 | 0.083 | 33 | 0.152 |
| 9~12 | 14 | 0.064 | 16 | 0.074 | 30 | 0.138 |
| 12~15 | 12 | 0.055 | 10 | 0.046 | 22 | 0.101 |
| 15~18 | 8 | 0.037 | 8 | 0.037 | 16 | 0.074 |
| 18~21 | 5 | 0.023 | 6 | 0.028 | 11 | 0.051 |
| 21~24 | 2 | 0.009 | 2 | 0.009 | 4 | 0.018 |
| 24~27 | 1 | 0.005 | 0 | 0 | 1 | 0.005 |
| 27 以上 | 0 | 0 | 0 | 0 | 0 | 0 |
| 总和 | 108 | 0.497 | 109 | 0.503 | 217 | 1.000 |

由表 1-5-1 可以看出,小误差出现的个数较大误差出现的个数多,绝对值相等的正、负误差出现的个数相近,绝对值最大的误差不超过某一定值(本例为 27″)。由此实验统计结果表明,当观测次数较多时,偶然误差具有以下特性:

(1)在一定的观测条件下,偶然误差的绝对值不会超过一定的限度。

(2)绝对值小的误差比绝对值大的误差出现的机会大。

(3)绝对值相等的正误差和负误差出现的机会相等。

(4)当观测次数无限增多时,偶然误差的算术平均值趋近于零,即

$$\lim_{n\to\infty}\frac{\Delta_1+\Delta_2+\cdots+\Delta_n}{n}=\lim_{n\to\infty}\frac{[\Delta]}{n}=0 \tag{1-5-2}$$

实践表明,一般的测量误差中均存在上述 4 条特性,相同条件下观测次数越多,其特性表现得越明显。

图 1-5-1 是一种误差分布直方图,可以用来更加直观地反映误差分布的情况。其横坐标表示误差 $\Delta$ 的大小,纵坐标表示各区间误差出现的相对个数 $k/n$(频率) 除以误差区间的间隔值 $d\Delta$(本例为 0.2″)。这样,每个区间上方的长方形面积就代表误差出现在该区间的频率。例如,图中有斜线的长方形面积就代表误差出现在+0.4″~+0.6″区间内的频率为 0.092。

若使观测次数无限增多,即使 $n\to\infty$,并将区间 $d\Delta$ 分得无限小($d\Delta\to0$),此时各区间内的频率将趋于稳定而成为概率,直方图的顶端连线将变成一条光滑而又对称的曲线(见图 1-5-2),称为误差分布曲线。因由高斯提出,所以又称为高斯正态分布曲线。曲线上任一点的纵坐标 $y$ 均为偶然误差 $\Delta$ 的函数,其函数形式为

$$y=f(\Delta)=\frac{1}{\sqrt{2\pi}\sigma}e^{-\frac{\Delta^2}{2\sigma^2}} \tag{1-5-3}$$

式中　e——自然对数的底,e=2.718 3;

$\sigma$——观测值的标准差,其平方 $\sigma^2$ 称为方差。

图 1-5-2 中斜线长方条的面积($f(\Delta_i)\cdot d\Delta$)表示偶然误差出现在微小区间($\Delta_i+\frac{1}{2}d\Delta,\Delta_i-\frac{1}{2}d\Delta$)内的概率,记为

$$P(\Delta_i)=f(\Delta_i)\cdot d\Delta \tag{1-5-4}$$

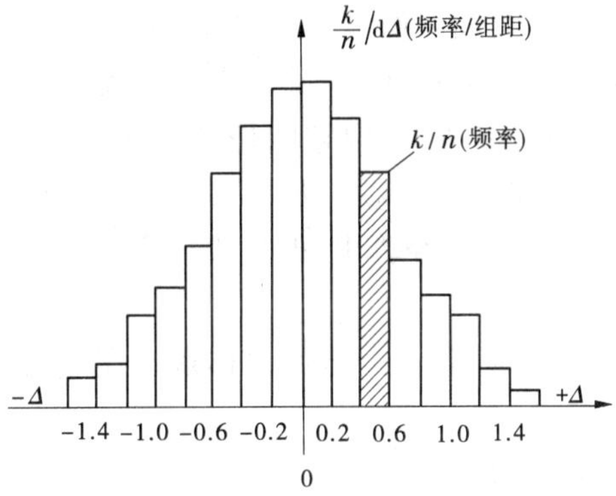


图 1-5-1 误差分布直方图

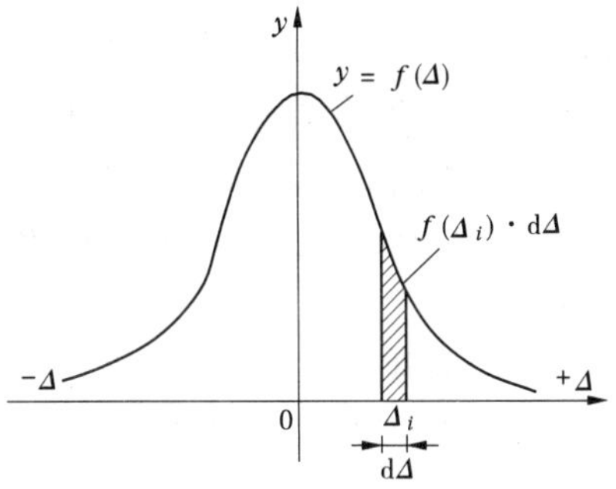


图 1-5-2 误差正态分布曲线

图 1-5-2 中分布曲线与横坐标轴所包围的面积为 $\int_{-\infty}^{+\infty} f(\Delta_i)\cdot d\Delta=1$(直方图中所有长方形的面积总和也等于 1),即偶然误差出现的概率总和为 1,概率论上称为必然发生的事件,简称必然事件。

偶然误差既然是必然发生的,就不能通过施加改正或采用某种观测方法加以消除,只能在增加观测量的前提下,应用恰当的数学处理方法,消弱偶然误差的影响,以提高测量成果的精度。

## 二、评定精度的指标

既然测量成果中不可避免地含有偶然误差,就需要一种评定精度的指标,用以评判测量成果的优劣。测量中最常用的评定精度的指标是中误差。

### (一)中误差

设在相同条件下,对真值为 $X$ 的量做 $n$ 次观测,每次观测值为 $L_i$,其真误差 $\Delta_i$ 为

$$\Delta_i=L_i-X \quad (i=1,2,3,\cdots,n) \tag{1-5-5}$$

则中误差 $m$ 的定义公式为

$$m=\pm\sqrt{\frac{[\Delta\Delta]}{n}} \tag{1-5-6}$$

概率论中衡量观测值精度的指标为观测误差的标准差 $\sigma$,其定义公式为

$$\sigma^2=\lim_{n\to\infty}\frac{[\Delta\Delta]}{n} \tag{1-5-7}$$

比较式(1-5-6)和式(1-5-7)可以看出,标准差 $\sigma$ 与中误差 $m$ 的区别在于观测值的个数不同。标准差是设想根据无限多个观测值计算的理论上的观测精度;而中误差则是由有限个观测值计算的观测精度,实际上是一种观测精度的近似值,统计学上称为估值。$n$

越大,$m$ 越趋近于 $\sigma$。

在使用中误差评定观测值的精度时,需要注意以下几点:

(1)所用的 $\Delta_i$ 既可以是同一量观测值的真误差,也可以是不同量观测值的真误差,但观测值的精度必须相等,且个数较多。因为只有等精度观测值才对应同一个误差分布,也才具有相同的中误差,而中误差又是根据统计学的原理来衡量观测值精度的,如果观测值的个数甚少,即不符合统计学的要求,自然也就失去其用以衡量精度的可靠性。

(2)依据式(1-5-6) 计算的中误差,代表一组等精度观测中每一个观测值的精度。一组观测值的真误差有大有小、可正可负,那是偶然误差造成的,但它们是在相同条件(相同的观测员、相同的仪器、相同的外界环境)下所获得的,精度就可以认为是相等的,即它们中每一个的中误差都相同,等于算得的 $m$ 值。所以,$m$ 一经算出,即代表该组中每个观测值的精度。

(3)中误差数值前应冠以"±"号,一方面表示为方根值,另一方面也体现中误差所表示的精度实际上是误差的某个区间。

例如,甲、乙两组各含 10 个观测值,其真误差分别为

甲组:+3,-2,-4,+2,0,+4,+3,+2,-3,-1

乙组: 0,-1,+7,+2,+1,+1,-8,0,+3,-1

则依据式(1-5-6)可计算两组观测值的中误差分别为

$$m_{甲} = \pm\sqrt{\frac{(3^2+2^2+4^2+2^2+0+4^2+3^2+2^2+3^2+1^2)}{10}} = \pm 2.7$$

$$m_{乙} = \pm\sqrt{\frac{(0+1^2+7^2+2^2+1^2+1^2+8^2+0+3^2+1^2)}{10}} = \pm 3.6$$

即知,甲、乙两组中每个观测值的精度可分别以±2.7 和±3.6 表示,而同一组中真误差的差异只是偶然误差的反映。由于 $m_{甲}<m_{乙}$,所以甲组观测值较乙组观测值的精度高,显然这是由于甲组观测值中真误差的离散程度小于乙组观测值中真误差的离散程度。亦可看出,中误差之所以能作为衡量精度的指标,是因为它能充分反映绝对值大的误差的影响。

**(二)容许误差**

偶然误差的第一特性表明,在一定的条件下,误差的绝对值是有一定限度的。在衡量某一观测值的质量,决定其取舍时,可以该限度作为限差,即容许误差。

由概率论知,在一组等精度观测中,设误差的标准差为 $\sigma$,误差落在区间($-\sigma,+\sigma$)、($-2\sigma,+2\sigma$)、($-3\sigma,+3\sigma$)的概率 (见图 1-5-3) 分别为

$$\left.\begin{aligned} P(-\sigma<\Delta<+\sigma) &\approx 68.3\% \\ P(-2\sigma<\Delta<+2\sigma) &\approx 95.4\% \\ P(-3\sigma<\Delta<+3\sigma) &\approx 99.7\% \end{aligned}\right\} \tag{1-5-8}$$

式(1-5-8)说明,绝对值大于 2 倍中误差的误差出现的概率仅为 4.6%,而绝对值大于 3 倍中误差的误差出现的概率只有 0.3%,更是属于小概率事件,难以发生。因此,测量规范中,通常规定以 2 倍(要求较严)或 3 倍(要求较宽)中误差作为偶然误差的容许误差或限差,即

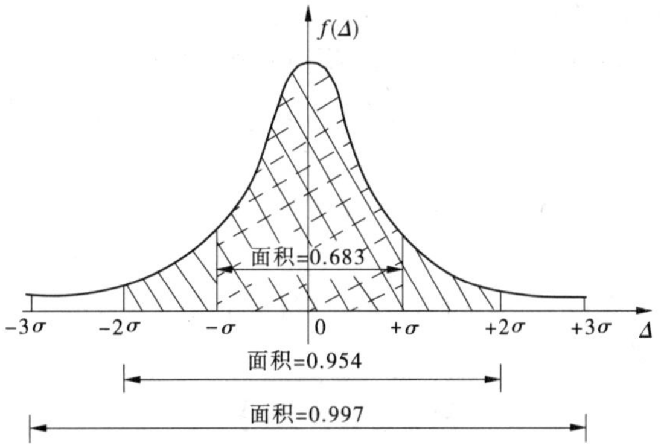


**图 1-5-3　不同区间的误差分布概率**

$$\Delta_{限} = (2 \sim 3)m \tag{1-5-9}$$

所谓限差,也就是容许范围内的误差和粗差的界限,一旦超限,就说明观测值中含有粗差甚至错误,必须舍去,或予重测。

**(三)相对误差**

并非所有的测量工作都适于用中误差来完全表达成果的精度。例如,对两段长度分别为 100 m 和 1 000 m 的距离进行测量,其中误差均为±0.1 m,能否说明二者的精度相等?显然不能,因为后者的精度明显高于前者。而这里就应采用相对中误差作为衡量精度的指标。所谓相对中误差(简称相对误差),就是中误差的绝对值(设为$|m|$)与观测值(设为 $D$)相除,再将分子化为 1,分母取 100 或 10 的整倍数(不必取至小数)后的比值(常以 $K$ 表示),如下式所示

$$K = \frac{|m|}{D} = \frac{1}{D/|m|} \tag{1-5-10}$$

如该两段距离测量,前者的相对误差为 $K_1 = 0.1/100 = 1/1\ 000$,后者的相对误差为 $K_2 = 0.1/1\ 000 = 1/10\ 000$。显然,后者测量的精度高于前者。

一般,当误差大小与被量测量的大小之间存在比例关系时,适于采用相对误差作为衡量观测值精度的标准,如距离测量。而在角度测量中,测角误差与被测角度的大小不相关,因而就不宜采用相对误差来衡量测角精度。

在距离测量中,容许误差与被量测距离之比也是相对误差,称为相对容许误差。

## 三、观测值函数中误差

实际测量工作中,有些未知数并不能直接由观测得到,而是观测值的函数。例如,在水准测量中,所求的测站高差 $h=a-b$ 就是标尺读数 $a$ 和 $b$ 的函数;而坐标正算所求两点之间的坐标增量 $\Delta x = D\cos\alpha$ 与 $\Delta y = D\sin\alpha$ 就是直接测量的边长和方位角的函数。观测值存在的误差也必然会传播到其函数中,从而产生观测值函数的中误差。

**(一)倍数函数**

设有函数

$$Z = kx \tag{1-5-11}$$

其中：$x$ 为观测值，$k$ 为常数，$Z$ 即为 $x$ 的倍数函数。已知 $x$ 的中误差为 $m_x$，求 $Z$ 的中误差 $m_Z$。

设 $x$ 和 $Z$ 存有真误差分别为 $\Delta x$ 和 $\Delta Z$，据其函数式，显然有

$$\Delta Z = k\Delta x$$

若 $x$ 观测了 $n$ 次，则有

$$\Delta Z_i = k\Delta x_i \quad (i = 1,2,3,\cdots,n)$$

将上式两端平方得

$$(\Delta Z_i)^2 = k^2(\Delta x_i)^2 \quad (i = 1,2,3,\cdots,n)$$

按上式求和，并除以 $n$ 得

$$\frac{[(\Delta Z)^2]}{n} = k^2 \frac{[(\Delta x)^2]}{n}$$

根据中误差定义，上式可写为

$$m_Z^2 = k^2 m_x^2$$

或

$$m_Z = \pm k \cdot m_x \tag{1-5-12}$$

即倍数函数的中误差等于观测值中误差与其倍数的乘积。

【例 1-5-1】 在 1∶1 000 比例尺地形图上，量得 $A$、$B$ 两点间的距离 $d_{AB} = 134.6$ mm，其中误差 $m_{d_{AB}} = \pm 0.2$ mm，求 $A$、$B$ 两点间的实地距离 $D_{AB}$ 及其中误差 $m_{D_{AB}}$。

**解** $D_{AB} = 1\,000 \times d_{AB} = 1\,000 \times 134.6 = 134\,600(\text{mm}) = 134.6\ \text{m}$

$m_{D_{AB}} = \pm 1\,000 \times m_{d_{AB}} = \pm 1\,000 \times 0.2 = \pm 200(\text{mm}) = \pm 0.2\ \text{m}$

则 $A$、$B$ 两点间的实地距离可表达为

$$D_{AB} = 134.6\ \text{m} \pm 0.2\ \text{m}$$

**（二）和差函数**

设有函数

$$Z = x \pm y \tag{1-5-13}$$

其中：$x$、$y$ 为独立观测值，$Z$ 即为 $x$、$y$ 的和（或差）函数，合称和差函数。已知 $x$、$y$ 的中误差分别为 $m_x$、$m_y$，求 $Z$ 的中误差 $m_Z$。

设 $x$、$y$ 和 $Z$ 存有真误差分别为 $\Delta x$、$\Delta y$ 和 $\Delta Z$，据其函数式，显然有

$$\Delta Z = \Delta x \pm \Delta y$$

若 $x$、$y$ 观测了 $n$ 次，则有

$$\Delta Z_i = \Delta x_i \pm \Delta y_i \quad (i = 1,2,3,\cdots,n)$$

将上式平方得

$$(\Delta Z_i)^2 = (\Delta x_i)^2 + (\Delta y_i)^2 \pm 2\Delta x_i \Delta y_i \quad (i = 1,2,3,\cdots,n)$$

按上式求和，并除以 $n$ 得

$$\frac{[(\Delta Z)^2]}{n} = \frac{[(\Delta x)^2]}{n} + \frac{[(\Delta y)^2]}{n} \pm \frac{2[\Delta x \cdot \Delta y]}{n}$$

因为 $\Delta x$、$\Delta y$ 均为偶然误差，其符号或正或负的机会相同，又因为 $\Delta x$、$\Delta y$ 互为独立误差，它们出现的正、负号互不相关，所以其乘积 $\Delta x \cdot \Delta y$ 也具有偶然性。根据偶然误差第四特性，即有

$$\lim_{n\to\infty} \frac{[\Delta x \cdot \Delta y]}{n} = 0$$

实际上,对于独立观测值而言,即使 $n$ 为有限量,$\frac{[\Delta x \cdot \Delta y]}{n}$ 的残存值也不大,一般可以忽略其影响。

因此,根据中误差的定义即得

$$m_Z^2 = m_x^2 + m_y^2$$

或

$$m_Z = \pm\sqrt{m_x^2 + m_y^2} \tag{1-5-14}$$

即和差函数的中误差等于观测值中误差平方之和的平方根。

**【例 1-5-2】** 设对某三角形观测了其中 $a$、$b$ 两个角,测角中误差分别为 $m_a = \pm 4.3''$,$m_b = \pm 5.4''$,求按公式 $c = 180° - a - b$ 计算的第三角 $c$ 的中误差 $m_c$。

**解** $$m_c = \pm\sqrt{m_a^2 + m_b^2} = \pm\sqrt{4.3^2 + 5.4^2} = \pm 6.9''$$

**(三)线性函数**

设 $Z$ 是一组独立观测值 $x_1, x_2, \cdots, x_n$ 的线性函数,即

$$Z = k_1x_1 \pm k_2x_2 \pm k_3x_3 \pm \cdots \pm k_nx_n \quad (k_1, k_2, \cdots, k_n \text{ 为常数}) \tag{1-5-15}$$

将式(1-5-12)与式(1-5-14)加以综合和推广,即可根据观测值的中误差 $m_{x_1}, m_{x_2}, m_{x_3}, \cdots, m_{x_n}$ 求得函数 $Z$ 的中误差 $m_Z$ 为

$$m_Z = \pm\sqrt{k_1^2m_{x_1}^2 + k_2^2m_{x_2}^2 + k_3^2m_{x_3}^2 + \cdots + k_n^2m_{x_n}^2} \tag{1-5-16}$$

**【例 1-5-3】** 如图 1-5-4 所示,自 $A$ 点经 $B$ 点至 $C$ 点进行支水准往返测量,设各段往返所测高差及其中误差分别为

往测:$h_{AB} = +2.426 \text{ m} \pm 4 \text{ mm}$,$h_{BC} = -1.574 \text{ m} \pm 6 \text{ mm}$

返测:$h_{CB} = +1.562 \text{ m} \pm 6 \text{ mm}$,$h_{BA} = -2.440 \text{ m} \pm 4 \text{ mm}$

求 $A$ 点至 $C$ 点间的高差 $h_{AC}$ 及其中误差 $m_{h_{AC}}$。

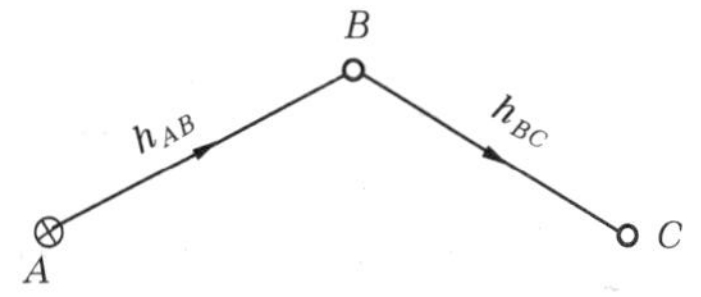


**图 1-5-4 支水准测量**

**解** $$h_{AC} = \frac{2.426 + 2.440}{2} - \frac{1.574 + 1.562}{2} = +0.865(\text{m})$$

$$m_{h_{AC}} = \pm\sqrt{\frac{1}{4}(4^2 + 4^2) + \frac{1}{4}(6^2 + 6^2)} = \pm\sqrt{8 + 18} = \pm 5.1(\text{mm})$$

$A$ 点至 $C$ 点间的实测高差可表达为 $h_{AC} = +0.865 \text{ m} \pm 5.1 \text{ mm}$。

**(四)非线性函数**

非线性函数即一般函数,其形式为

$$Z = f(x_1, x_2, \cdots, x_n) \tag{1-5-17}$$

其中:$x_i(i = 1, 2, 3, \cdots, n)$ 为独立观测值。已知其中误差为 $m_{xi}(i = 1, 2, 3, \cdots, n)$,求 $Z$ 的中误差 $m_Z$。

对式(1-5-17)进行全微分,即可将其按泰勒级数展开成线性函数形式

$$\text{d}Z = \frac{\partial f}{\partial x_1}\text{d}x_1 + \frac{\partial f}{\partial x_2}\text{d}x_2 + \cdots + \frac{\partial f}{\partial x_n}\text{d}x_n$$

因真误差均很小,可用来代替上式的 $\text{d}Z, \text{d}x_1, \text{d}x_2, \cdots, \text{d}x_n$,得真误差关系式

$$\Delta Z = \frac{\partial f}{\partial x_1}\Delta x_1 + \frac{\partial f}{\partial x_2}\Delta x_2 + \cdots + \frac{\partial f}{\partial x_n}\Delta x_n$$

其中：$\frac{\partial f}{\partial x_i}$ ($i=1,2,3,\cdots,n$) 是函数对各变量所取的偏导数，以观测值代入，其值即为常数，因而该式即成为线性函数的真误差关系式，依式（1-5-16）可得一般函数 $Z$ 的中误差 $m_Z$ 为

$$m_Z = \pm\sqrt{\left(\frac{\partial f}{\partial x_1}\right)^2 m_{x_1}^2 + \left(\frac{\partial f}{\partial x_2}\right)^2 m_{x_2}^2 + \cdots + \left(\frac{\partial f}{\partial x_n}\right)^2 m_{x_n}^2} \tag{1-5-18}$$

**【例 1-5-4】** 已测 $A$、$B$ 点间的平距 $D=184.62\ \text{m}\pm5\ \text{cm}$，方位角 $\alpha=146°22'40''\pm20''$，求 $A$、$B$ 点坐标增量 $\Delta x$、$\Delta y$ 及其中误差 $m_{\Delta x}$、$m_{\Delta y}$ 以及 $B$ 点的点位中误差 $m$。

**解** $A$、$B$ 点坐标增量 $\Delta x$、$\Delta y$ 分别为

$$\Delta x = D\cos\alpha = 184.62 \times \cos 146°22'40'' = -153.73(\text{m})$$

$$\Delta y = D\sin\alpha = 184.62 \times \sin 146°22'40'' = +102.23(\text{m})$$

$\Delta x$、$\Delta y$ 分别对 $D$ 和 $\alpha$ 求偏导数，有

$$\frac{\partial(\Delta x)}{\partial D} = \cos\alpha = -0.833 \qquad \frac{\partial(\Delta x)}{\partial\alpha} = -D\sin\alpha = -184.62 \times 0.554 = -102.28$$

$$\frac{\partial(\Delta y)}{\partial D} = \sin\alpha = +0.554 \qquad \frac{\partial(\Delta y)}{\partial\alpha} = D\cos\alpha = 184.62 \times (-0.833) = -153.79$$

$\Delta x$、$\Delta y$ 的中误差 $m_{\Delta x}$、$m_{\Delta y}$ 为

$$m_{\Delta x} = \pm\sqrt{\left(\frac{\partial(\Delta x)}{\partial D}\right)^2 m_D^2 + \left(\frac{\partial(\Delta x)}{\partial\alpha}\right)^2\left(\frac{m_\alpha}{\rho''}\right)^2} = \pm\sqrt{0.833^2 \times 5^2 + 10\ 228^2 \times \left(\frac{20}{\rho''}\right)^2} = \pm 4.28(\text{cm})$$

$$m_{\Delta y} = \pm\sqrt{\left(\frac{\partial(\Delta y)}{\partial D}\right)^2 m_D^2 + \left(\frac{\partial(\Delta y)}{\partial\alpha}\right)^2\left(\frac{m_\alpha}{\rho''}\right)^2} = \pm\sqrt{0.554^2 \times 5^2 + 15\ 379^2 \times (\frac{20}{\rho''})^2} = \pm 3.15(\text{cm})$$

$B$ 点的点位中误差 $m$ 为

$$m = \pm\sqrt{m_{\Delta x}^2 + m_{\Delta y}^2} = \pm\sqrt{4.28^2 + 3.15^2} = \pm 5.31(\text{cm})$$

注意：计算式中，$m_D$ 及 $\frac{\partial(\Delta x)}{\partial\alpha}$、$\frac{\partial(\Delta y)}{\partial\alpha}$ 的单位均为 cm，$\frac{m_\alpha}{\rho''}$ 是将角值的单位由秒化为弧度，以便根号内两项的单位一致（均为 cm）。

式(1-5-18)为误差传播定律的通式，而式(1-5-12)、式(1-5-14) 和 式(1-5-16)实际上是该通式的特例。四种函数的误差传播公式归纳见表 1-5-2。

**表 1-5-2 观测值函数中误差计算公式**

| 函数名称 | 函数式 | 函数中误差计算公式 |
|---|---|---|
| 倍数函数 | $Z=kx$ | $m_Z=\pm k\cdot m_x$ |
| 和差函数 | $Z=x\pm y$ | $m_Z=\pm\sqrt{m_x^2+m_y^2}$ |
| 线性函数 | $Z=k_1x_1\pm k_2x_2\pm\cdots\pm k_nx_n$ | $m_Z=\pm\sqrt{k_1^2m_{x_1}^2+k_2^2m_{x_2}^2+k_3^2m_{x_3}^2+\cdots+k_n^2m_{x_n}^2}$ |
| 一般函数 | $Z=f(x_1,x_2,\cdots,x_n)$ | $m_Z=\pm\sqrt{\left(\frac{\partial f}{\partial x_1}\right)^2 m_{x_1}^2+\left(\frac{\partial f}{\partial x_2}\right)^2 m_{x_2}^2+\cdots+\left(\frac{\partial f}{\partial x_n}\right)^2 m_{x_n}^2}$ |

应用误差传播定律求观测值函数的中误差时，首先应按问题的要求写出函数式，而后运用表 1-5-2 中相应的公式来计算。对一般函数，应先对函数式进行全微分，写出函数与观测值的真误差关系式，再按式(1-5-18)计算。

## 四、观测值函数中误差在测量中的应用示例

### (一) $DS_3$ 型水准仪进行普通水准测量，路线高差闭合差限差的依据

1.水准尺的读数中误差

影响水准尺读数的主要误差有整平误差、照准误差及估读误差。据本模块项目一任务四分析，在用 $DS_3$ 型水准仪进行普通水准观测时，视距为 100 m，整平误差 $m_{平}$ 为±0.73 mm，照准误差 $m_{照}$ 为±1.16 mm，估读误差 $m_{估}$ 为±1.5 mm，综合可得一个读数的中误差 $m_{读}$ 为

$$m_{读} = \pm\sqrt{m_{平}^2 + m_{照}^2 + m_{估}^2} = \pm\sqrt{0.73^2 + 1.16^2 + 1.5^2} = \pm 2.0(\text{mm})$$

2.测站的高差中误差

测站高差等于后视尺与前视尺读数之差($h=a-b$)，属于和差函数，即有

$$m_{站} = \pm\sqrt{m_{读}^2 + m_{读}^2} = \pm\sqrt{2}\cdot m_{读} = \pm\sqrt{2}\times 2.0 \approx \pm 3.0(\text{mm})$$

3.路线的高差中误差

设一条水准路线共含 $n$ 个测站，总高差为 $h=h_1+h_2+\cdots+h_n$，亦属和差函数，所有测站均可视为等精度观测，测站高差中误差均为 $m_{站}$，即有

$$m_h = \pm\sqrt{m_{h_1}^2 + m_{h_2}^2 + \cdots + m_{h_n}^2} = \pm\sqrt{n}\cdot m_{站} \tag{1-5-19}$$

将 $m_{站}=\pm3.0$ mm 代入，可得

$$m_h = \pm 3.0\sqrt{n}$$

4.路线高差的容许误差

同时，考虑其他因素的影响，以约 4 倍中误差取整作为容许误差。如果是山地，有

$$\Delta h_{容} = \pm 4\times 3.0\sqrt{n} = \pm 12\sqrt{n}$$

如果是平地，按 1 km 约 10 个测站计，以（10×总长的千米数 $L$）代替测站数 $n$，有

$$\Delta h_{容} = \pm(4\times 3.0\sqrt{10\cdot L})\text{mm} \approx \pm 40\sqrt{L}$$

以上即为用 $DS_3$ 型水准仪进行普通水准测量时，路线高差闭合差限差(参见本教材第 22 页)的依据。

### (二) $DJ_6$ 型经纬仪测量水平角，上、下半测回差限差的依据

1.半测回方向中误差

由经纬仪型号可知，$DJ_6$ 测量水平角一个测回的方向中误差为 $m_{回方}=\pm6''$，而一个测回方向值是上、下两个半测回方向值（相当于两个方向读数）的平均值，它们的中误差关系式为 $m_{回方}=\pm\frac{1}{\sqrt{2}}m_{半方}$，即 $6''=\pm\frac{1}{\sqrt{2}}m_{半方}$，所以半测回方向中误差为

$$m_{半方} = \pm 6''\sqrt{2} = \pm 8.5''$$

2.半测回角值中误差

半测回角值等于两个半测回方向值之差，所以半测回角值与半测回方向值的中误差

关系式为 $m_{半\beta}=\pm\sqrt{2}\cdot m_{半方}$，即有

$$m_{半\beta}=\pm\sqrt{2}\times 8.5''=\pm 12.0''$$

3.上、下半测回角值之差的中误差

上、下半测回角值之差 $\Delta\beta=\beta_{上}-\beta_{下}$，所以其中误差关系式为 $m_{\Delta\beta}=\pm\sqrt{2}\cdot m_{半\beta}$，即有

$$m_{\Delta\beta}=\pm\sqrt{2}\times 12.0''=\pm 17.0''$$

4.上、下半测回角值之差的容许误差

以约 2.4 倍中误差取整，即得上、下半测回角值之差 $\Delta\beta$ 的容许误差为

$$\Delta\beta_{容}=\pm 2.4\times 17.0''\approx\pm 40.0''$$

以上即为用 $DJ_6$ 型经纬仪测量水平角时，上、下半测回角值之差限差（参见本教材第 49 页）的依据。

# 任务二　算术平均值及其中误差

**知识要点：**算术平均值、算术平均值中误差。

**技能要点：**能运用误差基本知识计算角度、距离等测量基本观测量的最或是值并评定其精度。

在相同条件下对某量进行 $n$ 次观测，通过数据处理，求出唯一的未知数——被观测量真值的最或是值（最可靠值），同时评定最或是值的精度，即为等精度直接观测平差。对一组等精度观测值而言，算术平均值就是被观测量真值的最或是值，对其进行直接观测平差，就是求算术平均值及其中误差。

## 一、算术平均值

设对某量进行 $n$ 次等精度观测，观测值为 $L_i(i=1,2,\cdots,n)$，其算术平均值为 $x$，则有

$$x=\frac{L_1+L_2+\cdots+L_n}{n}=\frac{[L]}{n} \tag{1-5-20}$$

一般情况下，被观测量的真值 $X$（如一个角度或一条边长的真值）是无法得知的，而用 $n$ 次观测值的算术平均值来代替其真值可以认为是很可靠的，理由如下。

如式（1-5-5）所示，每个观测值都含有真误差 $\Delta_i$，即

$$\Delta_1=L_1-X$$
$$\Delta_2=L_2-X$$
$$\vdots$$
$$\Delta_n=L_n-X$$

对等式两端取和，有

$$[\Delta]=[L]-nX$$

两端同除以 $n$，则有

$$\frac{[\Delta]}{n}=\frac{[L]}{n}-X$$

根据偶然误差的第四特性 $\lim_{n \to \infty} \frac{[\Delta]}{n} = 0$ 可知，当观测值个数 $n$ 趋于无穷大时，上式左端的极限值为 0，而右端的第一项为观测值的算术平均值 $x$，即有

$$\lim_{n \to \infty} x = X$$

上式说明，当观测值个数 $n$ 趋于无穷大时，观测值的算术平均值就是该量的真值。实际测量中一量的观测次数虽然是有限的，但只要次数较多，求得的算术平均值尽管不是真值，仍然可以认为是很可靠的。因此，对于一组等精度观测值而言，算术平均值就是被观测量真值的最可靠值，即最或是值。

## 二、观测值中误差

本项目任务一已给出了观测值中误差的定义公式

$$m = \pm \sqrt{\frac{[\Delta\Delta]}{n}}$$

其中：$\Delta$ 为观测值的真误差。

$$\Delta_i = L_i - X \quad (i = 1, 2, \cdots, n) \tag{1-5-21}$$

如前所述，由于某量的真值 $X$ 一般难以得知，观测值的真误差也就难以计算，因而根据以上定义公式求观测值的中误差往往并不可行。由于观测值的算术平均值 $x$ 总是可求的，算术平均值与每个观测值的差值总是可算的，令该差值为观测值改正数 $v_i$，则有

$$v_i = x - L_i \quad (i = 1, 2, \cdots, n) \tag{1-5-22}$$

即有

$$\begin{aligned} v_1 &= x - L_1 \\ v_2 &= x - L_2 \\ &\vdots \\ v_n &= x - L_n \end{aligned}$$

两端取和得

$$[v] = nx - [L] = n\frac{[L]}{n} - [L] = 0 \tag{1-5-23}$$

即观测值改正数具有特性：总和为 0，可用于计算时的检核。由此，可以推导出用改正数计算观测值中误差的实用公式。

将式(1-5-21)和式(1-5-22)两端分别相加并移项得

$$\Delta_i = x - X - v_i \quad (i = 1, 2, \cdots, n)$$

即有

$$\begin{aligned} \Delta_1 &= x - X - v_1 \\ \Delta_2 &= x - X - v_2 \\ &\vdots \\ \Delta_n &= x - X - v_n \end{aligned}$$

各式两端自乘后再取和得

$$[\Delta\Delta] = n(x - X)^2 + [vv] - 2(x - X)[v]$$

将式(1-5-23)代入上式得

$$[\Delta\Delta] = n(x - X)^2 + [vv]$$

两端同除以 $n$,有

$$\frac{[\Delta\Delta]}{n} = (x - X)^2 + \frac{[vv]}{n} \tag{1-5-24}$$

式(1-5-24)右端第一项为

$$\begin{aligned}(x - X)^2 &= \left(\frac{[L]}{n} - X\right)^2 = \left(\frac{[L] - nX}{n}\right)^2 = \left(\frac{[\Delta]}{n}\right)^2 \\ &= \frac{1}{n^2}(\Delta_1^2 + \Delta_2^2 + \cdots + \Delta_n^2 + 2\Delta_1\Delta_2 + 2\Delta_2\Delta_3 + \cdots) \\ &= \frac{1}{n^2}[\Delta\Delta] + \frac{2}{n^2}(\Delta_1\Delta_2 + \Delta_2\Delta_3 + \cdots)\end{aligned}$$

由于 $\Delta_1,\Delta_2,\cdots,\Delta_n$ 均为偶然误差,且彼此独立,故 $\Delta_1\Delta_2,\Delta_2\Delta_3,\cdots$ 也具有偶然误差的性质,当 $n\to\infty$ 时,其和($\Delta_1\Delta_2+\Delta_2\Delta_3+\cdots$)亦趋近于0,于是式(1-5-24)可写为

$$\frac{[\Delta\Delta]}{n} = \frac{[\Delta\Delta]}{n^2} + \frac{[vv]}{n}$$

根据中误差的定义公式又可写为

$$m^2 = \frac{m^2}{n} + \frac{[vv]}{n}$$

即得

$$m = \pm\sqrt{\frac{[vv]}{n - 1}} \tag{1-5-25}$$

式(1-5-25)即为利用观测值改正数计算观测值中误差的实用公式。

## 三、算术平均值中误差

根据算术平均值的定义式(1-5-20)知

$$x = \frac{[L]}{n} = \frac{1}{n}L_1 + \frac{1}{n}L_2 + \cdots + \frac{1}{n}L_n$$

又因 $L_i$ 均为等精度观测,具有相同的中误差 $m$,运用误差传播定律可得

$$m_x = \pm\sqrt{\left(\frac{1}{n}\right)^2 m^2 + \left(\frac{1}{n}\right)^2 m^2 + \cdots + \left(\frac{1}{n}\right)^2 m^2}$$

即

$$m_x = \pm\frac{m}{\sqrt{n}} \tag{1-5-26}$$

将式(1-5-25)代入式(1-5-26),又可得

$$m_x = \pm\sqrt{\frac{[vv]}{n(n - 1)}} \tag{1-5-27}$$

由式(1-5-26)和式(1-5-27)可知，算术平均值的中误差与观测次数的平方根成反比，即算术平均值较观测值的精度提高$\sqrt{n}$倍。

## 四、角度观测值最或是值的计算及其精度评定

**【例1-5-5】** 对某水平角测量了6个测回，观测值列于表1-5-3中，求该角度的最或是值及其中误差。

**解** (1)计算最或是值即算术平均值$x$为

$$x = \frac{[\beta]}{6} = 136°10'26''$$

**表1-5-3 角度测量成果计算表**

| 观测次数 | 观测值$\beta$(° ′ ″) | 改正数$v$(″) | $vv$ |
|---|---|---|---|
| 1 | 136 10 30 | −4 | 16 |
| 2 | 136 10 26 | 0 | 0 |
| 3 | 136 10 28 | −2 | 4 |
| 4 | 136 10 24 | +2 | 4 |
| 5 | 136 10 25 | +1 | 1 |
| 6 | 136 10 23 | +3 | 9 |
| 总和 | $x=\frac{[\beta]}{6}=136°10'26''$ | $[v]=0$ | $[vv]=34$ |

(2)计算观测值改正数$v_i$为

$$v_i = x - \beta_i \quad (i = 1,2,\cdots,n)$$

检核：计算$[v]$，看其是否为0。如果由于凑整误差使算得的$[v]$为一微小数值，也应视为计算无误。本例计算$[v]=0$，检核通过。再计算各$v_i$的平方，得$[vv]=34$。

(3)计算观测值中误差为

$$m = \pm\sqrt{\frac{[vv]}{n-1}} = \pm\sqrt{\frac{34}{6-1}} = \pm 2.6''$$

(4)计算算术平均值中误差为

$$m_x = \pm\frac{m}{\sqrt{n}} = \pm\frac{2.6}{\sqrt{6}} = \pm 1.1''$$

该例为角度测量，无须计算相对误差。

## 五、距离观测值最或是值的计算及其精度评定

**【例1-5-6】** 对某段距离进行了6次等精度测量，观测值列于表1-5-4，求该距离的最或是值及其中误差。

**表 1-5-4　距离测量成果计算表**

| 观测次数 | 观测值 $L$(m) | $v$(mm) | $vv$ |
|---|---|---|---|
| 1 | 348.367 | −7 | 49 |
| 2 | 348.359 | +1 | 1 |
| 3 | 348.364 | −4 | 16 |
| 4 | 348.350 | +10 | 100 |
| 5 | 348.366 | −6 | 36 |
| 6 | 348.354 | +6 | 36 |
| 总和 | $x=\frac{[L]}{6}=348.360$ | $[v]=0$ | $[vv]=238$ |

**解**　(1)计算最或是值即算术平均值 $x$ 为

$$x=\frac{[L]}{6}=348.360(\mathrm{m})$$

(2)计算观测值改正数 $v_i$ 为

$$v_i=x-L_i \quad (i=1,2,\cdots,n)$$

检核:本例计算$[v]=0$,检核通过。再计算各 $v_i$ 的平方,得$[vv]=238$。

(3)计算观测值中误差为

$$m=\pm\sqrt{\frac{[vv]}{n-1}}=\pm\sqrt{\frac{238}{6-1}}=\pm 6.9(\mathrm{mm})$$

(4)计算算术平均值中误差为

$$m_x=\pm\frac{m}{\sqrt{n}}=\pm\frac{6.9}{\sqrt{6}}=\pm 2.8(\mathrm{mm})$$

(5)计算算术平均值的相对中误差为

$$K=\frac{1}{x/|m_x|}=\frac{1}{348.360/0.002\,8}=\frac{1}{124\,400}$$

该例为距离测量,所以需进行相对误差的计算。

# 任务三　加权平均值及其中误差

**知识要点:**权的概念、测量基本工作中权的确定、加权平均值、加权平均值中误差。

**技能要点:**能运用误差基本知识计算不等精度观测量的最或是值并评定其精度。

在不同条件下对某量进行 $n$ 次观测,通过数据处理,求出唯一的未知数——被观测量真值的最或是值,同时评定最或是值的精度,即为不等精度直接观测平差。不等精度直接观测平差,首先需要通过一组比值来确定观测值之间精度不等的程度,这样一组比值称为权,再根据权计算所有观测值的加权平均值(被观测量的最或是值)及其中误差。

## 一、权的概念

人们在做一件事之前,首先应当"权衡利弊",就是说用权来衡量其利弊,三思而行,可见权的概念在日常生活中应用广泛。而在测量中,则可以用权来衡量观测值之间可靠程度的不同。

设观测值 $L_i(i=1,2,\cdots,n)$ 的中误差为 $m_i$,其权的定义为

$$P_i=\frac{\sigma_0^2}{m_i^2} \tag{1-5-28}$$

式中:$\sigma_0^2$ 为一正的常数,可以任意假设,但对一组观测值而言,$\sigma_0^2$ 必须相同。

式(1-5-28)表明,观测值的权与其中误差的平方成反比。

设对某角度在不同条件下进行了 3 次观测,它们的中误差分别为 $m_1=\pm3''$,$m_2=\pm4''$,$m_3=\pm5''$。由式(1-5-28)可定它们的权分别为

$$P_1=\frac{\sigma_0^2}{3^2}\quad P_2=\frac{\sigma_0^2}{4^2}\quad P_3=\frac{\sigma_0^2}{5^2}$$

假设 $\sigma_0^2=1$,则有

$$P_1=\frac{1}{9}=0.11\quad P_2=\frac{1}{16}=0.06\quad P_3=\frac{1}{25}=0.04$$

假设 $\sigma_0^2=3^2$,则有

$$P_1=\frac{9}{9}=1\quad P_2=\frac{9}{16}=0.56\quad P_3=\frac{9}{25}=0.36$$

假设 $\sigma_0^2=4^2$,则有

$$P_1=\frac{16}{9}=1.78\quad P_2=\frac{16}{16}=1\quad P_3=\frac{16}{25}=0.64$$

假设 $\sigma_0^2=5^2$,则有

$$P_1=\frac{25}{9}=2.78\quad P_2=\frac{25}{16}=1.56\quad P_3=\frac{25}{25}=1$$

$\sigma_0^2$ 的假设值不同,得到各个观测值的权也不同,但是,上面的计算结果显然有

$$P_1:P_2:P_3=0.11:0.06:0.04=1:0.56:0.36=1.78:1:0.64=2.78:1.56:1$$

由此可见,不同精度观测值的权可以视为一组比例数值,在 $\sigma_0^2$ 假设为不同数值时,观测值权的数值不同,但之间的比例关系不变。比例关系中数值大的权大,说明其精度高;反之,比例关系中数值小的权小,说明其精度低。因此,可以用权来表示不同观测值之间精度的差异。当某个观测值的 $m_i=\sigma_0$ 时,它的权 $P_i=1$。等于 1 的权称为单位权,相应的观测值即为单位权观测值,其中误差为单位权观测值中误差,简称单位权中误差。

## 二、测量基本工作中权的确定

### (一)水准测量中路线高差观测值权的确定

一条水准测量路线(山地)含有 $n$ 个测站,每个测站高差的中误差 $m_{站}$ 相等,由式(1-5-19)得路线高差 $h$ 的中误差为 $m_h=\pm\sqrt{n}\cdot m_{站}$,即其路线高差中误差与测站数平方根$\sqrt{n}$成正比。

依据式(1-5-28),且设 $\sigma_0^2=m_{站}^2$,得

$$P_h = \frac{\sigma_0^2}{m_h^2} = \frac{m_{站}^2}{n \cdot m_{站}^2} = \frac{1}{n} \tag{1-5-29}$$

可见,在山地进行水准测量时路线高差观测值的权与路线的测站数 $n$ 成反比,即不同路线的高差观测值可以路线测站数的倒数$\frac{1}{n}$定权。

**(二)距离测量观测值权的确定**

对一段长度为 $L$ 千米的距离 $D$ 进行测量,设每千米的测量中误差为 $m_{千米}$,依据误差传播定律,显然有 $m_D = \pm\sqrt{L} \cdot m_{千米}$,再设 $\sigma_0^2 = m_{千米}^2$,得

$$P_D = \frac{\sigma_0^2}{m_D^2} = \frac{m_{千米}^2}{L \cdot m_{千米}^2} = \frac{1}{L} \tag{1-5-30}$$

可见,距离测量观测值的权与路线的千米数 $L$ 成反比,即不同路线的距离观测值可以路线千米数的倒数$\frac{1}{L}$定权。

**(三)角度测量观测值权的确定**

对一角度 $\beta$ 进行 $n$ 个测回的观测,其算术平均值即为该角的最或是值,设每个测回观测值的中误差为 $m_{回}$,则由式(1-5-26)可知其最或是值的中误差为 $m_\beta = \pm\frac{m_{回}}{\sqrt{n}}$,再设 $\sigma_0^2 = m_{回}^2$,得

$$P_\beta = \frac{\sigma_0^2}{m_\beta^2} = \frac{m_{回}^2}{m_{回}^2} \cdot n = n \tag{1-5-31}$$

可见,角度测量观测值的权与测回数 $n$ 成正比,即角度观测值可以其测回数 $n$ 定权。

## 三、加权平均值及其中误差

**(一)加权平均值**

设某量的 $n$ 次不等精度观测值为 $L_1, L_2, \cdots, L_n$,它们的权分别为 $P_1, P_2, \cdots, P_n$,则加权平均值即其最或是值为

$$x = \frac{P_1L_1 + P_2L_2 + \cdots + P_nL_n}{P_1 + P_2 + \cdots + P_n} = \frac{[PL]}{[P]} \tag{1-5-32}$$

为方便计算,可设 $x_0$ 为最或是值的近似值,且令 $\delta L_i = L_i - x_0$,则加权平均值还可表达为

$$x = x_0 + \frac{[P\delta L]}{[P]} \tag{1-5-33}$$

观测值 $L_i$ 的改正数为

$$v_i = x - L_i \tag{1-5-34}$$

其特性为

$$[Pv] = 0 \tag{1-5-35}$$

可用于计算时的检核。

### (二)单位权中误差

不等精度观测中,对应于权等于 1 的观测值中误差即为单位权中误差,一般以 $\mu$ 表示,其计算公式为

$$\mu = \pm\sqrt{\frac{[Pvv]}{n-1}} \tag{1-5-36}$$

其中:$v$ 和 $P$ 分别为各观测值的改正数和相应的权,$n$ 为观测值的个数。

### (三)加权平均值中误差

不等精度观测中,最或是值的中误差即加权平均值中误差的计算公式为

$$m_x = \pm\frac{\mu}{\sqrt{[P]}} \tag{1-5-37}$$

其中:$\mu$ 为单位权中误差,$[P]$为各观测值的权之和。

**【例 1-5-7】** 如图 1-5-5 所示为具有一个结点的路线水准测量,已知 $A$、$B$、$C$ 三点的高程分别为 10.145 m、14.030 m、9.898 m,测得 $h_{AD}=+1.538$ m,$h_{BD}=-2.330$ m,$h_{CD}=+1.782$ m。三条水准路线长度分别为 $L_1=2.5$ km、$L_2=4.0$ km、$L_3=2.0$ km,求结点 $D$ 的高程 $H_D$、单位权中误差 $\mu$ 及 $H_D$ 的中误差。

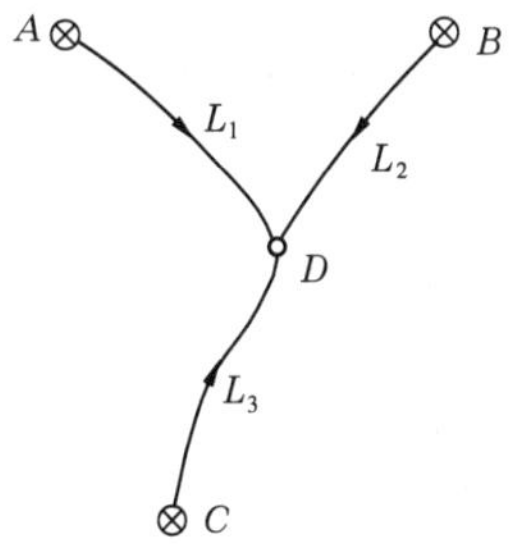


**图 1-5-5 单一结点的水准测量路线**

**解** 已知数据(粗体字)、观测数据及有关计算数据列于表 1-5-5。

**表 1-5-5 单一结点水准路线平差计算表**

| 路线 | 已知点 | 已知点高程(m) | 观测高差(m) | D 点高程推算值(m) | $\delta L_i$(m) | 路线长(km) | 权 $P=\frac{1}{L}$ | 改正数 $v$(mm) | $Pv$ | $Pvv$ |
|---|---|---|---|---|---|---|---|---|---|---|
| 1 | $A$ | **10.145** | +1.538 | 11.683 | 1.683 | 2.5 | 0.40 | +2.4 | +0.96 | 2.30 |
| 2 | $B$ | **14.030** | − 2.330 | 11.700 | 1.700 | 4.0 | 0.25 | −14.6 | − 3.65 | 53.29 |
| 3 | $C$ | **9.898** | +1.782 | 11.680 | 1.680 | 2.0 | 0.50 | +5.4 | +2.70 | 14.58 |
| 和 | | | | 设 $x_0$= 10.000 m | | | 1.15 | | +0.01 | 70.17 |

结点 $D$ 高程的加权平均值为

$$H_D = 10.000 + \frac{0.40\times1.683 + 0.25\times1.700 + 0.50\times1.680}{1.15}$$
$$= 10.000 + 1.685\,4 = 11.685\,4(\text{m})$$

单位权中误差 (长度 $L$=1 km 的观测高差中误差)为

$$\mu = \pm\sqrt{\frac{[Pvv]}{n-1}} = \pm\sqrt{\frac{70.17}{3-1}} = \pm 5.9(\text{mm})$$

结点 $D$ 的高程中误差为

$$m_x = \pm\frac{\mu}{\sqrt{[P]}} = \pm\frac{5.9}{\sqrt{1.15}} = \pm 5.5(\text{mm})$$

对等精度观测而言,可视 $n$ 个观测值的权均相等,即 $P_1=P_2=\cdots=P_n=1,[P]=n$,将此代入式(1-5-32)、式(1-5-36)、式(1-5-37),其结果和式(1-5-20)、式(1-5-25)、式(1-5-26)完全一致,可见,算术平均值及其中误差实际上就是观测值权均等于 1 时的加权平均值及其中误差。

# 小 结

(1)测量误差来源于仪器误差、观测者本身及外界条件的影响等,测量误差主要分为系统误差和偶然误差。偶然误差具有统计特性。

(2)评定测量精度的指标主要是中误差,距离测量中则为相对误差。

(3)运用误差传播定律,可以根据观测值中误差计算其函数中误差。

(4)等精度直接观测值的最可靠值就是其算术平均值,算术平均值中误差较观测值中误差缩小$\sqrt{n}$倍。

(5)不等精度直接观测平差,首先需要通过一组比值来确定观测值之间精度不等的程度,这样一组比值称为权,再根据权计算所有观测值的加权平均值(被观测量的最或是值)及其中误差。

# 复习题

1.测量误差来源于________、________及________。

2.________________称为系统误差,____________________________称为偶然误差。偶然误差具有以下特性:①________________;②________________;③________________;④________________。

3.中误差的定义公式是________,式中 $\Delta_i=$________,称为________,其中 $L_i$ 为________,$X$ 为________,$n$ 为________,中误差数值的前面必须带有______号。一般以________作为容许误差。距离测量中用________评定成果的精度,其理由是________________________。

4.倍数函数中误差的计算公式为________,和差函数中误差的计算公式为________,线性函数中误差的计算公式为________,非线性函数中误差的计算公式为________。

5.算术平均值 $x=$________,式中 $L$ 为________,$n$ 为________。计算观测值中误差的实用公式是________,式中 $v=$________,称为________,其特性为________。算术平均值中误差 $m_x=$________,由该式可知,算术平均值的精度较观测值的精度提高________倍。

6.权的定义公式是________,表明观测值的权和________成反比。式中 $\sigma_0^2$ 为________,当 $\sigma_0^2$ 假设为不同数值时,观测值权的数值不同,但之间的________。权可以用来表示不同观测值之间________。等于 1 的权称为________,

相应的观测值即为________________，其中误差为________________，简称__________。加权平均值的计算公式是__________，单位权中误差的计算公式是__________，加权平均值中误差的计算公式是______________。对于等精度观测而言，算术平均值及其中误差，实际上就是______________________________________________________________。

# 练习题

1.甲、乙两观测员在相同的观测条件下，对同一量各观测 10 次，各次观测的真误差分别为

甲：-3，0，+2，+3，-2，+1，-1，+2，0，+1

乙：0，-1，+5，0，-6，0，+1，+6，-4，-3

试计算甲、乙的观测中误差，并比较其精度的高低。

2.在一个 $n$ 边的多边形中，等精度观测了各内角，每角的测角中误差均为 $m_\beta=\pm10''$。求该多边形内角和的中误差。

3.一正方形建筑物，量其一边长为 $a$，中误差为 $m_a=\pm3$ mm，求其周长及中误差。若以相同精度量其四条边为 $a_1$、$a_2$、$a_3$、$a_4$，其中误差均为 $m_a=\pm3$ mm，求其周长及中误差。

4.设有三个函数式：$Z_1=L_1+L_2$，$Z_2=L_1-L_2$，$Z_3=\frac{1}{2}(L_1+L_2)$，式中 $L_1$、$L_2$ 为相互独立的观测值，中误差均为 $m$。试分别求这三个函数的中误差 $m_{Z_1}$、$m_{Z_2}$和 $m_{Z_3}$。

5.用经纬仪观测水平角，一个测回的中误差为±8″，欲使该角值的精度提高 1 倍，应观测几个测回？

6.测得一长方形两条边长分别为 $a=15$ m±3 mm、$b=20$ m±4 mm。求该长方形的面积及其中误差。

7.对某角观测 5 次，观测值列于表 1-5-6，试计算算术平均值及其中误差。

**表 1-5-6　角度观测成果计算表**

| 观测次数 | 观测值<br>(° ′ ″) | $v$<br>(″) | $vv$ |
|---|---|---|---|
| 1 | 148 46 28 | | |
| 2 | 148 46 45 | | |
| 3 | 148 46 54 | | |
| 4 | 148 46 24 | | |
| 5 | 148 46 32 | | |
| 总和 | $x=$ | $[v]=$ | $[vv]=$ |

$m=$

$m_x=$

8.对某段距离等精度丈量 6 次，观测值列于表 1-5-7，试计算其算术平均值和相对

误差。

**表 1-5-7 距离丈量成果计算表**

| 观测次数 | 观测值(m) | $v$(mm) | $vv$ |
|---|---|---|---|
| 1 | 428.243 | | |
| 2 | 428.227 | | |
| 3 | 428.231 | | |
| 4 | 428.235 | | |
| 5 | 428.240 | | |
| 6 | 428.228 | | |
| 总和 | $x=$ | $[v]=$ | $[vv]=$ |

$m=$

$m_x=$

$K=$

# 思考题

1.试指出下列误差的类别:

(1)钢尺的尺长误差;

(2)视距测量的乘常数误差;

(3)水准仪的 $i$ 角误差;

(4)水准测量水准气泡符合不准确的误差;

(5)钢尺定线不准、弯曲、不水平等给量距造成的误差;

(6)经纬仪对中不准确给测角造成的误差。

2.系统误差的影响一般可采取什么样的措施加以消除?偶然误差的影响能消除吗?为什么?

3.什么情况下进行的观测可以认为是等精度观测?上面的练习题第 1 题中,甲和乙各自的 10 次观测是等精度观测吗?如果是等精度观测,为何甲和乙各 10 次真误差会有大有小、有正有负?计算出的 $m_{甲}$、$m_{乙}$ 各表示什么?中误差前面的“±”号又表示什么?

4.评定角度测量的精度能用相对误差吗?为什么?

5.上面的练习题第 3 题中,同样求四边形的周长,是量一边所得结果精度高,还是分别量四边所得结果精度高?为何会产生这样的结果?

6.水平角观测成果的中误差和测回数之间有什么关系?测角的测回数是否越多越好?为什么?

# 模块二　普通测量技术

# 项目一　小区域控制测量

**知识目标**

平面控制测量和高程控制测量的基本概念、导线的形式、四等水准测量的观测方法和精度要求、GPS 定位的基本原理和测量方法。

**技能目标**

能够进行导线测量和四等水准测量的外业观测和内业计算。

## 任务一　控制测量基本知识

**知识要点：**平面和高程测量的分类及控制网必要的起算数据。

如前所述，测量工作必须遵循程序上“从整体到局部”，步骤上“先控制后碎部”，精度上“由高级到低级”的原则进行。即无论是地形测图，还是施工放样，都必须首先进行整体的控制测量。

控制测量包括平面控制测量和高程控制测量，其目的是在测区内通过测定控制点的平面坐标（$x,y$）以建立平面控制网，或通过测定控制点的高程（$H$）以建立高程控制网。

### 一、控制网分类

根据建网目的和控制范围等的不同，控制网一般可分为以下类型。

**（一）国家控制网**

在全国范围内建立的控制网为国家控制网，分为国家平面控制网和国家高程控制网。

国家平面控制网从高到低分为四个等级，一般采用三角测量或 GPS 精密定位的方法，逐级加密布设。其中，一、二等是国家平面控制的基础，平均边长分别为 25 km 和 13 km；三、四等是局部地区地形测量和施工测量的依据，平均边长分别为 8 km 和 2~6 km。

国家高程控制网从高到低亦分四个等级，主要采用精密水准测量或精密三角高程测量的方法，逐级加密布设。

**（二）城市控制网**

城市控制网是大中城市在国家控制网的基础上建立的控制网，采用统一的城市坐标系统和高程系统，为城市规划设计、市政工程建设及工业与民用建筑的大比例尺地形图测绘和施工测量提供依据。一般采用城市导线测量或GPS测量的方法布设。

城市各等级光电测距导线测量和水准测量的主要技术要求分列于表2-1-1和表2-1-2（引自国家建设部2011年颁布的《城市测量规范》(CJJ 8—2011)）。

**表2-1-1　各等级光电测距导线的主要技术要求**

| 等级 | 附合导线长度（km） | 平均边长（m） | 测距中误差（mm） | 测角中误差（″） | 全长容许相对闭合差 |
|---|---|---|---|---|---|
| 三等 | ≤15 | 3 000 | ≤±18 | ≤±1.5 | ≤1/60 000 |
| 四等 | ≤10 | 1 600 | ≤±18 | ≤±2.5 | ≤1/40 000 |
| 一级 | ≤3.6 | 300 | ≤±15 | ≤± 5 | ≤ 1/14 000 |
| 二级 | ≤2.4 | 200 | ≤±15 | ≤± 8 | ≤ 1/10 000 |
| 三级 | ≤1.5 | 120 | ≤±15 | ≤±12 | ≤ 1/6 000 |

**表2-1-2　各等级水准测量的主要技术要求**

| 等级 | 测段、路线往返测高差不符值（mm） | 附合路线或环线闭合差（mm） | |
|---|---|---|---|
| | | 平原、丘陵 | 山区 |
| 二等 | $\leqslant \pm 4\sqrt{L}$ | $\leqslant \pm 4\sqrt{L}$ | |
| 三等 | $\leqslant \pm 12\sqrt{L}$ | $\leqslant \pm 12\sqrt{L}$ | $\leqslant \pm 15\sqrt{L}$ |
| 四等 | $\leqslant \pm 20\sqrt{L}$ | $\leqslant \pm 20\sqrt{L}$ | $\leqslant \pm 25\sqrt{L}$ |

注：表中$L$为测段、路线或附合路线、闭合环线长度，均以km计。

**（三）工程控制网**

工程控制网是为某项大型或特种工程的设计、施工和安全监测专门布设的控制网。一般采用和工程设计需要相一致的坐标和高程系统，而针对不同的工程，在其不同部位定位时，往往会有不同的精度要求。

**（四）小区域控制网**

小区域控制网则是为满足小区域大比例尺地形图测绘或施工测量的要求而建立的控制网。小区域控制网应尽量与国家控制网或城市控制网进行联测，在特殊情况下，也可采用独立的坐标系或高程系。

**（五）图根控制网**

图根控制网即直接用于地形测图的控制网。一般控制网在建立时，如果面积较大，应采用不同的等级，控制整个测区的为首级控制网，图根控制网则是其最低一级。

## 二、小区域控制网的建立方法

小区域控制网最常用的布设方法是导线测量，电磁波测距导线测量的技术指标列于

表 2-1-3。(引自国家住房和城乡建设部 2011 年颁布的中华人民共和国行业标准《城市测量规范》(CJJ 8—2011))。

**表 2-1-3　图根电磁波测距导线测量的技术指标**

| 比例尺 | 附合导线长度(m) | 平均边长(m) | 导线相对闭合差 | 测回数($DJ_6$) | 方位角闭合差(″) | 测距 | |
|---|---|---|---|---|---|---|---|
| | | | | | | 仪器类型 | 方法与测回数 |
| 1∶500 | 900 | 80 | ≤1/4 000 | 1 | $\leqslant \pm 40\sqrt{n}$ | Ⅱ级 | 单程观测 1 测回 |
| 1∶1 000 | 1 800 | 150 | | | | | |
| 1∶2 000 | 3 000 | 250 | | | | | |

注:$n$——测站数。

此外,在导线测量的基础上,小区域控制点还可以采用极坐标法、交会测量、全站仪坐标测量及全站仪自由设站等方法进行加密(见本书模块一项目四),高程点的加密仍采用水准测量、三角高程测量或全站仪高程测量的方法。

### 三、控制网必要的起算数据

在一个区域进行控制测量工作时,至少要有一个已知点的坐标、一条边的已知方位角和一个已知水准点的高程作为必要的起算数据,以便将测区纳入已知的坐标系和高程系。这样的起算数据可以通过与测区附近已有的国家或城市高级测量控制点进行联测的方法获得。若测区附近没有高级测量控制点可以利用,则需要假设一个点的坐标、一条边的方位角及一个点的高程,从而建立测区假定的平面直角坐标系和高程系。假设一边的方位角时,为使该方位角与其真实方向大致相仿,可以用罗盘仪测定该边的磁方位角 $A_m$,再根据当地的磁偏角 $\delta$ 换算得该边的真方位角 $A$,作为其方位角的假定值。

# 任务二　导线测量

**知识要点:**导线的形式及适用场合。

**技能要点:**能进行导线测量的外业观测和内业计算。

导线测量是城市或小区域平面控制测量中最常用的一种布网形式,具有布设灵活、对通视要求低、施测方便、计算简单等优点,尤其适合建筑区、隐蔽区或道路、河道等狭长地带的控制测量。导线测量一般应有 1~2 套起算数据(一套起算数据包括一个已知点的 $x$、$y$ 和一条边的已知方位角),按一定形式布设,通过外业观测和内业计算,求出待定点(导线点)的平面坐标。

### 一、导线形式

#### (一)附合导线

如图 2-1-1~图 2-1-3 所示,从一已知点 $B$(即图上点 1)出发,经导线点 2,…,$n$,附合到另一已知点 $C$(即图上点 6)上,称为附合导线。因两端已知点联测已知方向数的不同,附合导线又分为三种形式。图 2-1-1 所示的两端已知点均联测有已知方向(如图中已知

方位角 $\alpha_{AB}$ 和已知方位角 $\alpha_{CD}$），称为双定向附合导线（一般简称附合导线）；图 2-1-2 所示的仅有一端联测了已知方向（如图中已知方位角 $\alpha_{AB}$），称为单定向附合导线；图 2-1-3 所示的两端已知点均未联测已知方向，则称无定向附合导线。

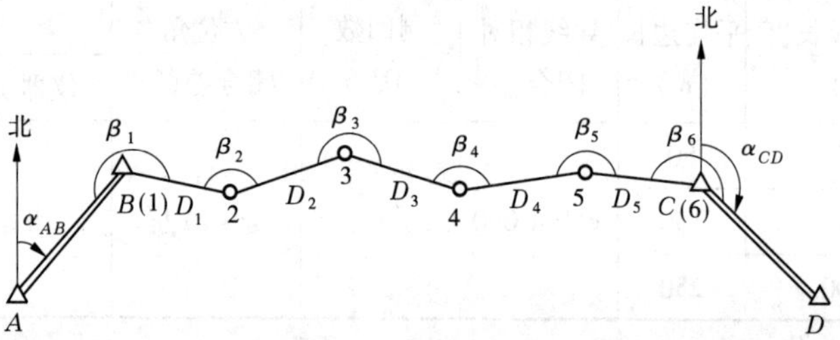

图 2-1-1　双定向附合导线

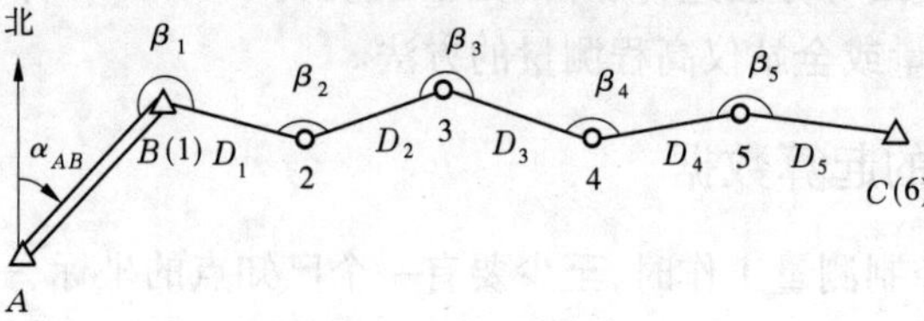

图 2-1-2　单定向附合导线

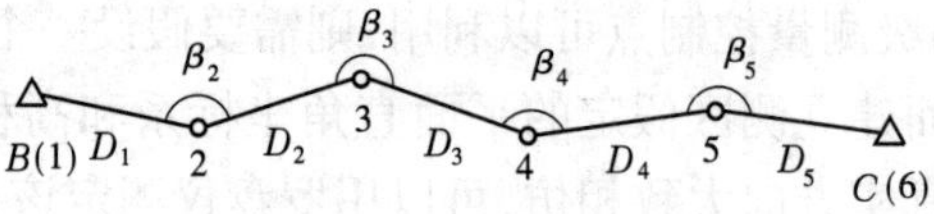

图 2-1-3　无定向附合导线

**（二）闭合导线**

如图 2-1-4 所示，从一已知点 $A$（即图上点 1）和已知方位角 $\alpha_{AB}$ 出发，经导线点 2，…，$n$，再回到原已知点 $A$ 和已知方位角 $\alpha_{AB}$ 上，称为闭合导线。

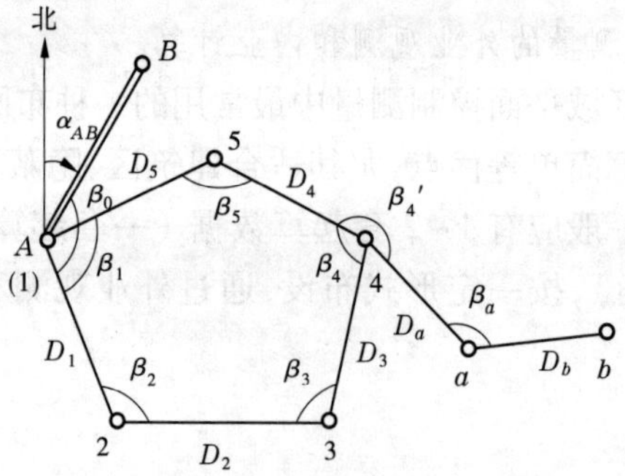

图 2-1-4　闭合导线和支导线

**（三）支导线**

若从一个已知点和已知方向出发，经各待定点进行导线测量，既不附合到另一已知点上，也不返回到原已知点上，称为支导线（见图 2-1-4）。

附合导线和闭合导线对测量成果都能进行有效的检核，而支导线由于缺少必要的检核，因此一般只容许支出 1~2 点。

## 二、导线测量外业

导线测量的外业包括踏勘选点、角度测量、边长测量和连接测量。

### （一）踏勘选点

踏勘选点就是根据导线测量的目的、已收集到的测区及已知高级控制点的资料，先在老的地形图上拟定导线点的位置和导线的布设形式，然后到测区勘察，根据现场的实际情况，确定方案，选定导线点的具体位置，并埋设相应的标志。

实地选点时，应考虑以下因素：

（1）导线点在测区内应分布均匀，图根导线的边长应符合表 2-1-3 的要求，相邻边的长度不宜相差过大，以避免测角时因望远镜频繁调焦而造成较大误差。

（2）相邻导线点之间应互相通视，以便于仪器观测。

（3）导线点周围应视野开阔，以利于碎部测量或施工放样。

（4）导线点位的土质应坚实，以便于埋设标志和安置仪器。

点位选好后，除图根导线点可采用木桩外，一般等级导线点都应埋设混凝土桩（见图 2-1-5），并绘制点之记（参见图 1-1-13），以利长期使用。

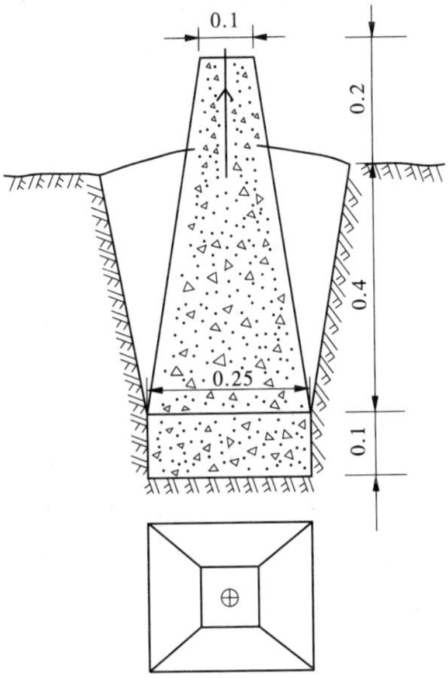


**图 2-1-5　混凝土桩**　（单位：m）

### （二）角度测量

角度测量就是用经纬仪或全站仪在导线点上设站，测量相邻导线边之间的水平角。位于导线前进方向左侧的水平角称为左角，位于导线前进方向右侧的水平角称为右角。为便于计算，通常观测左角。闭合导线以逆时针为前进方向，所测左角即闭合多边形的内角。使用 $DJ_6$ 型经纬仪观测水平角 1 个测回的盘左、盘右角值较差应不超过±40″。

### （三）边长测量

导线边的边长（水平距离）可用全站仪光电测距，采用单向多组观测，并对观测值进行相应的气象改正。如条件所限，也可用钢尺丈量，采用往、返取平均的方法，往、返较差的相对误差一般应小于 1/3 000。

### （四）连接测量

连接测量是使导线与附近高级控制点相连接所进行的测量，以便将导线并入国家或区域统一的坐标系中。连接测量有时仅需要测定连接角（如图 2-1-1 中的 $\beta_1$、$\beta_6$ 角），有时则需要同时测定连接角和连接边（如图 2-1-6 中的 $\beta'$、$\beta''$角及 $D_0$ 边）。对于无法与高级控制点进行连接的独立闭合导线，只能假定其第一点的坐标为起始坐标，并用罗盘仪测定其第一条边的磁方位角，经磁偏角改正后，作为起始方位角（参见本项目任务一）。

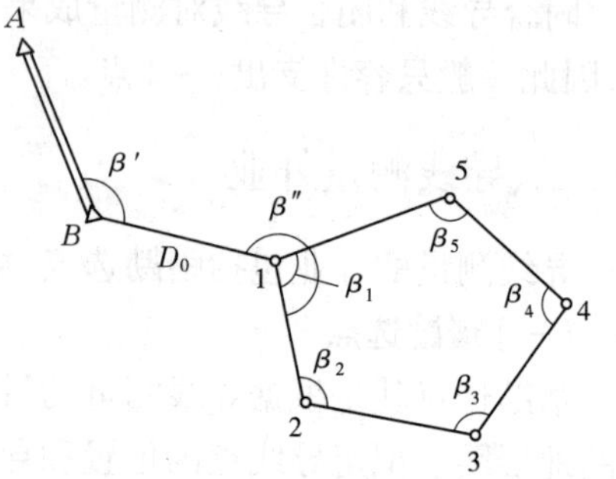


图 2-1-6　连接测量示例

## 三、导线测量内业

导线测量的内业就是进行数据处理，消除角度和边长观测值中偶然误差的影响，最终推算出导线点的坐标。内业计算之前，应认真检查所有外业观测的记录、计算是否正确，成果是否符合限差要求。同时，将已知数据和观测值标注在导线略图上。

### （一）双定向附合导线计算

如图 2-1-1 所示双定向附合导线，以 $A$、$B(1)$ 和 $C(n)$、$D$ 为两端的已知控制点，2，3，4，…，$n-1$ 为待定导线点，观测了所有的水平角和边长。首先需要按坐标反算公式（式(1-4-10)）反算出两端的坐标方位角 $\alpha_{AB}$ 和 $\alpha_{CD}$

$$\left.\begin{aligned}\alpha_{AB} &= \arctan\frac{Y_B - Y_A}{X_B - X_A} = \arctan\frac{\Delta Y_{AB}}{\Delta X_{AB}}\\ \alpha_{CD} &= \arctan\frac{Y_D - Y_C}{X_D - X_C} = \arctan\frac{\Delta Y_{CD}}{\Delta X_{CD}}\end{aligned}\right\}\tag{2-1-1}$$

然后按以下步骤进行计算。

1. 角度闭合差计算和调整

依据相邻边方位角的推算公式（式(1-4-6)），可以写出

$$\begin{aligned}\alpha_{12} &= \alpha_{AB} + \beta_1 \pm 180^\circ\\ \alpha_{23} &= \alpha_{12} + \beta_2 \pm 180^\circ\\ &\vdots\\ +)\quad \alpha'_{CD} &= \alpha_{(n-1)n} + \beta_n \pm 180^\circ\\ \hline \alpha'_{CD} &= \alpha_{AB} + \sum_{i=1}^{n}\beta_i \pm n\times 180^\circ\end{aligned}\tag{2-1-2}$$

由式(2-1-2)算得的方位角应反复减去 360°，直到符合 $0^\circ<\alpha'_{CD}<360^\circ$ 的要求。$CD$ 的方位角计算值 $\alpha'_{CD}$ 与其已知值 $\alpha_{CD}$ 理应相等，但由于角度观测值存在偶然误差，它们之间总会出现差值，该差值即称为角度闭合差 $f_\beta$

$$f_\beta = \alpha'_{CD} - \alpha_{CD} = \sum_{i=1}^{n}\beta_i - (\alpha_{CD} - \alpha_{AB}) \pm n\times 180^\circ\tag{2-1-3}$$

角度闭合差的容许值按表 2-1-4 的规定计算。如果 $f_\beta$ 小于限差，说明观测成果符合要求，但是需要调整，给每个角度观测值计算改正数，即将角度闭合差按相反符号平均分配于各角，其分配值即称为原有角度观测值的改正数，按下式计算

$$v_\beta = -\frac{f_\beta}{n}\tag{2-1-4}$$

式中　$n$——观测角个数。

如果观测的是$\beta_{右}$，除应以下式（式（1-4-7））

$$\alpha_{前} = \alpha_{后} - \beta_{右} \pm 180°$$

作为相邻边方位角的推算公式外，还应将角度闭合差按相同符号平均分配于各右角。

角度闭合差分配值一般取整至秒，并使其总和与角度闭合差二者绝对值相等，从而消除角度测量偶然误差的影响。

2.根据改正后的角值，重新计算各边坐标方位角

依据式(1-4-6)，根据改正后的角值，重新计算各边的坐标方位角。最后算得的$\alpha'_{CD}$和已知值$\alpha_{CD}$应完全相等，作为检核。

3.坐标增量闭合差计算和调整

依据坐标正算公式由各边方位角和边长观测值计算各边的坐标增量$\Delta x$、$\Delta y$

$$\Delta x = D\cos\alpha$$

$$\Delta y = D\sin\alpha$$

所谓坐标增量闭合差，是依据所有边的坐标增量之和计算的末端已知点坐标的计算值$x'_C$、$y'_C$和已知值$x_C$、$y_C$之差（分别称为纵坐标增量闭合差$f_x$和横坐标增量闭合差$f_y$）

$$\left.\begin{aligned} f_x = x'_C - x_C = \sum_{i=1}^{n-1}\Delta x_i - (x_C - x_B) \\ f_y = y'_C - y_C = \sum_{i=1}^{n-1}\Delta y_i - (y_C - y_B) \end{aligned}\right\} \tag{2-1-5}$$

根据$f_x$、$f_y$计算导线全长闭合差$f$和全长相对闭合差$K$

$$f = \pm\sqrt{f_x^2 + f_y^2} \tag{2-1-6}$$

$$K = \frac{|f|}{\sum D} = \frac{1}{\sum D / |f|} \tag{2-1-7}$$

各等级导线全长相对闭合差的限差见表 2-1-1，图根导线的$K$值一般不应大于1/2 000。如果$K$值小于限差，说明观测成果符合要求，但亦需要调整，即将纵、横坐标增量闭合差$f_x$、$f_y$以相反符号，按与边长成比例分配于各边的坐标增量中，从而消除边长测量偶然误差的影响。其分配值(原纵、横坐标增量值之改正数)$v_{xi}$、$v_{yi}$按下式计算

$$\left.\begin{aligned} v_{xi} = -\frac{f_x}{\sum D}\cdot D_i \\ v_{yi} = -\frac{f_y}{\sum D}\cdot D_i \end{aligned}\right\} \tag{2-1-8}$$

式中　$D_i$——第$i$条边边长。

纵、横坐标增量改正数的总和应分别等于纵、横坐标增量闭合差，而符号相反，用于检核。

4.计算待定导线点坐标

坐标增量闭合差调整后，就可根据起始点的已知坐标和经改正后的坐标增量计算各待定导线点的坐标。最后算得的末端点$x$、$y$坐标应与其已知值完全相符合，再次检核。

表 2-1-4 为附合导线（双定向）计算示例。首先，将两端已知点坐标 $x_B$、$y_B$ 和 $x_C$、$y_C$ 分别填入该表第 10、11 栏的第 1 行和最后 1 行；将按坐标反算得到的两端已知方位角 $\alpha_{AB}$ 和 $\alpha_{CD}$ 分别填入该表第 4 栏的第 1 行和最后 1 行；再将所有角度观测值和边长观测值分别填入第 2 栏和第 5 栏。然后按上述步骤进行计算，并将每步计算结果填入表内相应栏中。注意：计算过程中必须步步检核，只有在一个步骤的检核通过以后，才能进行下一个步骤的计算，以保证计算的准确和可靠（说明：表内加粗字为已知数据）。

**表 2-1-4　附合导线（双定向）计算表**

| 点号 | 观测角 β (° ′ ″) | 改正后观测角 (° ′ ″) | 方位角 α (° ′ ″) | 距离 D (m) | 纵增量 Δx′ (m) | 横增量 Δy′ (m) | 改正后 Δx (m) | 改正后 Δy (m) | 纵坐标 x (m) | 横坐标 y (m) |
|---|---|---|---|---|---|---|---|---|---|---|
| 1 | 2 | 3 | 4 | 5 | 6 | 7 | 8 | 9 | 10 | 11 |
| A | | | | | | | | | | |
| | | | **237 59 30** | | | | | | | |
| B (1) | +6<br>99 01 00 | 99 01 06 | | | | | | | **507.69** | **215.63** |
| | | | 157 00 36 | 225.85 | +5<br>−207.91 | −4<br>+88.21 | −207.86 | +88.17 | | |
| 2 | +6<br>167 45 36 | 167 45 42 | | | | | | | 299.83 | 303.80 |
| | | | 144 46 18 | 139.03 | +3<br>−113.57 | −3<br>+80.20 | −113.54 | +80.17 | | |
| 3 | +6<br>123 11 24 | 123 11 30 | | | | | | | 186.29 | 383.97 |
| | | | 87 57 48 | 172.57 | +3<br>+6.13 | −3<br>+172.46 | +6.16 | +172.43 | | |
| 4 | +6<br>189 20 36 | 189 20 42 | | | | | | | 192.45 | 556.40 |
| | | | 97 18 30 | 100.07 | +2<br>−12.73 | −2<br>+99.26 | −12.71 | +99.24 | | |
| 5 | +6<br>179 59 18 | 179 59 24 | | | | | | | 179.74 | 655.64 |
| | | | 97 17 54 | 102.48 | +2<br>−13.02 | −2<br>+101.65 | 13.00 | +101.63 | | |
| C (6) | +6<br>129 27 24 | 129 27 30 | | | | | | | **166.74** | **757.27** |
| | | | **46 45 24** | | | | | | | |
| D | | | | | | | | | | |
| 总和 | 888 45 18 | 888 45 54 | | 740.00 | −341.10 | +541.78 | | | | |

**辅助计算**

$\alpha_{AB} = 237°59'30'' + \sum \beta_{测}$

$= +888°45'18'' - 6 \times 180°$

$= -1\,080° - \alpha_{CD}$

$= -46°45'24''$

$f_\beta = -36''$

$f_{\beta允} = \pm 60''\sqrt{n} = \pm 147''$

$\Delta x'_{BC} = -341.10, \Delta y'_{BC} = +541.78$

$\Delta x_{BC} = -340.95, \Delta y_{BC} = +541.64$

$f_x = -0.15, f_y = +0.14$

$f_D = \pm\sqrt{f_x^2 + f_y^2} = \pm 0.20$

$K = \dfrac{0.20}{740.00} = \dfrac{1}{3\,700}$

$K_{允} = \dfrac{1}{2\,000}$

附图：

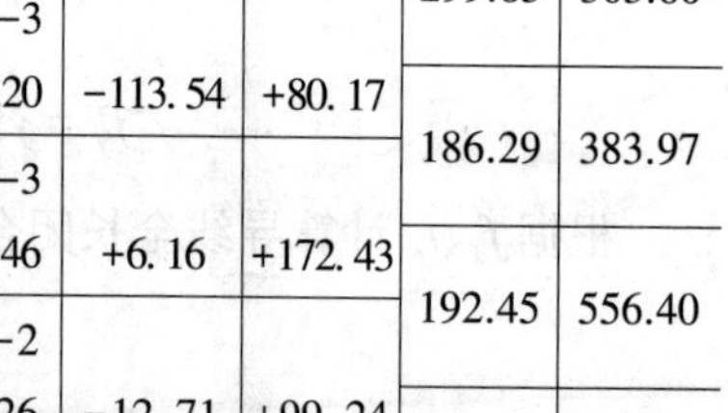

### （二）单定向附合导线计算

图 2-1-2 所示为单定向附合导线，由于缺少连接角 $\beta_6$，故该导线不存在角度闭合差，但仍存在坐标增量闭合差，可直接用起始端已知方位角和各点角度观测值推算各边方位角，然后进行坐标增量闭合差计算和调整，最后推算各未知点坐标，即除无须计算 $f_\beta$ 及其调整外，其他计算内容和方法与双定向附合导线相同。

### （三）无定向附合导线计算

图 2-1-3 所示为无定向附合导线，由于缺少连接角 $\beta_1$、$\beta_6$，即缺少已知方位角，给各边方位角的推算带来困难，因此首先需要设法将第一条导线边应有的方位角解算出来。其方法和步骤如下：

（1）设第一条导线边 $B2$ 的假定坐标方位角为 $\alpha'_{B2}$（与该边实际坐标方位角相近的某整数），根据各点的角度观测值计算各边的假定方位角。

（2）根据各边的假定方位角和边长观测值计算各边的假定坐标增量，所有边假定坐标增量之和 $\sum \Delta x'$、$\sum \Delta y'$ 即分别为固定边 $BC$ 的假定坐标增量 $\Delta x'_{BC}$、$\Delta y'_{BC}$，并按下式计算固定边 $BC$ 的假定方位角 $\alpha'_{BC}$

$$\alpha'_{BC} = \arctan \frac{\Delta y'_{BC}}{\Delta x'_{BC}} \tag{2-1-9}$$

（3）设固定边 $BC$ 的已知方位角为 $\alpha_{BC}$，其与假定方位角 $\alpha'_{BC}$ 之差称为导线的旋转角 $\delta$，可按下式计算

$$\delta = \alpha_{BC} - \alpha'_{BC} \tag{2-1-10}$$

（4）计算第一条边 $B2$ 的应有方位角 $\alpha_{B2}$ 为

$$\alpha_{B2} = \alpha'_{B2} + \delta \tag{2-1-11}$$

由此，根据 $\alpha_{B2}$ 即可推算各边应有方位角和坐标增量，进而计算坐标增量闭合差及其调整，最后计算各未知点坐标，即其后的计算与单定向附合导线相同。

表 2-1-5 为无定向附合导线计算示例，除少了已知方位角和两端连接角外，其他已知点坐标和观测数据与表 2-1-4 相同。开始令第一条导线边的假定方位角为 150°00′00″。

### （四）闭合导线计算

闭合导线和附合导线的实质相同，只是将附合导线两端的起、终点和起始方向合为一个已知点和一个已知方向而已。因此，二者计算的方法和步骤一致，仅两种闭合差的计算有所不同。

1.角度闭合差计算

闭合导线角度闭合差为所有内角观测值之和与闭合 $n$ 边形内角和理论值 $(n-2)\times 180°$ 之差，即

$$f_\beta = \sum_{i=1}^{n} \beta_i - (n-2) \times 180° \tag{2-1-12}$$

表 2-1-5　无定向导线计算表

| 点号 | 观测角<br>$\beta$<br>(° ′ ″) | 假定方位角<br>$\alpha'$<br>(° ′ ″) | 距离<br>$D$<br>(m) | 假定纵增量<br>$\Delta x'$<br>(m) | 假定横增量<br>$\Delta y'$<br>(m) | 应有方位角<br>$\alpha=\alpha'+\delta$<br>(° ′ ″) | 应有纵增量<br>$\Delta x$<br>(m) | 应有横增量<br>$\Delta y$<br>(m) | 纵坐标<br>$x$<br>(m) | 横坐标<br>$y$<br>(m) |
|---|---|---|---|---|---|---|---|---|---|---|
| 1 | 2 | 3 | 4 | 5 | 6 | 7 | 8 | 9 | 10 | 11 |
| $B$<br>(1) | | | | | | | | | **507.69** | **215.63** |
| | | | | | | | +3 | −4 | | |
| | | 150 00 00 | 225.85 | −195.59 | +112.92 | 157 00 29 | −207.91 | +88.22 | | |
| 2 | 167 45 36 | | | | | | | | 299.81 | 303.81 |
| | | | | | | | +2 | −3 | | |
| | | 137 45 36 | 139.03 | −102.93 | +93.46 | 144 46 05 | −113.56 | +80.20 | | |
| 3 | 123 11 24 | | | | | | | | 186.27 | 383.98 |
| | | | | | | | +2 | −4 | | |
| | | 80 57 00 | 172.57 | +27.14 | +170.42 | 87 57 29 | +6.15 | +172.46 | | |
| 4 | 189 20 36 | | | | | | | | 192.44 | 556.40 |
| | | | | | | | +1 | −2 | | |
| | | 90 17 36 | 100.07 | −0.51 | +100.07 | 97 18 05 | −12.72 | +99.26 | | |
| 5 | 179 59 18 | | | | | | | | 179.73 | 655.64 |
| | | | | | | | +1 | −2 | | |
| | | 90 16 54 | 102.48 | −0.50 | +102.48 | 97 17 23 | −13.00 | +101.65 | | |
| $C$<br>(6) | | | | | | | | | **166.74** | **757.27** |
| 总和 | | | 740.00 | −272.39 | +579.35 | | −341.04 | +541.79 | | |

辅助计算：

$\Delta x'_{BC} = -272.39, \Delta y'_{BC} = +579.35$

$\alpha'_{BC} = \arctan\frac{579.35}{-272.39} = 115°10'53''$

$\Delta x_{BC} = -340.95, \Delta y_{BC} = +541.64$

$\alpha_{BC} = \arctan\frac{541.64}{-340.95} = 122°11'22''$

$\delta = 122°11'22'' - 115°10'53'' = 7°00'29''$

$f_x = -341.04 - (-340.95) = -0.09$

$f_y = 541.79 - 541.64 = +0.15$

$f = \sqrt{0.09^2 + 0.15^2} = \pm 0.18$

附图：

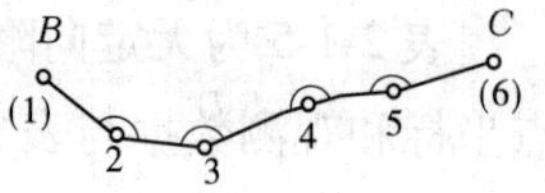


由式(2-1-12)可见，此处角度闭合差是由闭合图形内部观测角之和不满足其几何条件而产生的，与观测角在推算线路的左侧或右侧无关，也与第一边和起始方向之间的连接角无关。因此，调整时，不管观测角是左角还是右角，都应将角度闭合差反号后平均分配于 $n$ 边形的所有内角中，同时也不考虑连接角的改正。但在其后进行相邻边的方位角推算时，则仍需注意左角和右角的区别，即前者依据式(1-4-6)计算，后者依据式(1-4-7)计算。

2.坐标增量闭合差计算

由于闭合导线的起、终点为同一点，因而式(2-1-5)右端第 2 项均为 0，即得闭合导线的纵、横坐标增量闭合差计算公式为

$$
\left.\begin{aligned}
f_x &= \sum_{i=1}^{n} \Delta x_i \\
f_y &= \sum_{i=1}^{n} \Delta y_i
\end{aligned}\right\} \tag{2-1-13}
$$

表 2-1-6 为闭合导线计算示例。

**表 2-1-6　闭合导线计算表**

| 点号 | 观测角 $\beta_{测}$ (° ′ ″) | 改正后角值 $\beta$ (° ′ ″) | 方位角 $\alpha$ (° ′ ″) | 距离 $D$ (m) | 纵坐标增量 $\Delta x'$ (m) | 横坐标增量 $\Delta y'$ (m) | 改正后 $\Delta x$ (m) | 改正后 $\Delta y$ (m) | 纵坐标 $x$ (m) | 横坐标 $y$ (m) |
|---|---|---|---|---|---|---|---|---|---|---|
| 1 | 2 | 3 | 4 | 5 | 6 | 7 | 8 | 9 | 10 | 11 |
| *A* | | | | | | | | | **100.00** | **100.00** |
| | | | **96 51 36** | 201.58 | −4<br>−24.08 | +4<br>+200.14 | −24.12 | +200.18 | | |
| *B* | −12<br>108 27 00 | 108 26 48 | | | | | | | 75.88 | 300.18 |
| | | | 25 18 24 | 263.41 | −6<br>+238.13 | +5<br>+112.60 | +238.07 | +112.65 | | |
| *C* | −12<br>84 10 30 | 84 10 18 | | | | | | | 313.95 | 412.83 |
| | | | 289 28 42 | 241.00 | −6<br>+80.36 | +5<br>−227.21 | +80.30 | −227.16 | | |
| *D* | −12<br>135 48 00 | 135 47 48 | | | | | | | 394.25 | 185.67 |
| | | | 245 16 30 | 200.44 | −4<br>−83.84 | +4<br>−182.06 | −83.88 | −182.02 | | |
| *E* | −12<br>90 07 30 | 90 07 18 | | | | | | | 310.37 | 3.65 |
| | | | 155 23 48 | 231.32 | −5<br>−210.32 | +4<br>+96.31 | −210.37 | +96.35 | | |
| *A* | −12<br>121 28 00 | 121 27 48 | | | | | | | **100.00** | **100.00** |
| | | | (**96 51 36**) | | | | | | | |
| 总和 | 540 01 00 | 540 00 00 | | 1 137.75 | | | | | | |

辅助计算：

$\sum \beta_{测} = 540°01'00''$

$\sum \beta_{理} = (n-2) \times 180° = 540°$

$f_\beta = +01'00''$

$f_{\beta允} = \pm 60''\sqrt{n} = \pm 134''$

$f_x = +0.25,\ f_y = -0.22$

$f_D = \pm\sqrt{f_x^2 + f_y^2} = \pm 0.33$

$K = \dfrac{0.33}{1\ 137.75} \approx \dfrac{1}{3\ 400}$

$K_{允} = \dfrac{1}{2\ 000}$

附图：

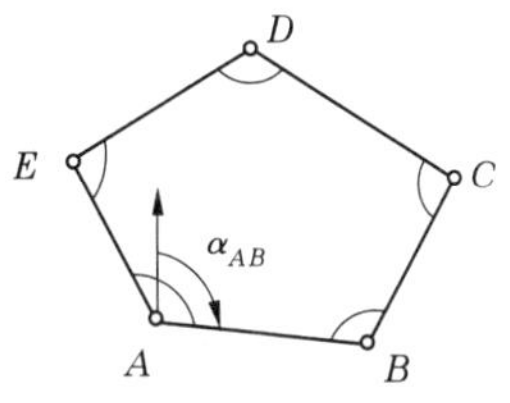

# 任务三　电算在导线测量近似计算中的应用

**知识要点**：Visual Basic 程序设计语言的特点和在开发测量程序中的应用。

**技能要点**：能运用 Visual Basic 电算程序进行单一导线测量的近似计算。

Visual Basic 是一种基于 BASIC 的可视化程序设计语言，采用面向对象的程序设计思想和事件驱动的编程机制，不仅具有功能强大、简单易用、便于扩充的优点，而且适应面广，尤其适用于科学和工程计算应用程序的开发。采用 Visual Basic 编制的测量电算程序，将复杂的测量计算变得方便、快捷、高效，受到测量技术人员的广泛欢迎。本任务结合算例，介绍基于 Visual Basic 语言编写的单一导线近似计算程序及其使用方法。该程序的数据输入窗体设计和程序代码参见《测量技术基础实训》附录四。

## 一、数学模型及适用导线形式

本程序主要用于单一导线的近似计算，其数学模型和计算步骤见本项目任务二“导线测量”部分之“导线测量内业”，所不同的是将附合导线（见图 2-1-7）和闭合导线（见图 2-1-8）合二为一，即在图 2-1-8 中，将起点 $A$ 亦视为终点 $B$，末端方位角 $\alpha_{BB'}$ 视为起始方位角 $\alpha_{A'A}$ 的反方位角（二者相差±180°），且将 $\angle A'A1$ 和 $\angle 6BB'$ 视为如同附合导线两端的连接角参与近似平差计算，这样不仅有利于提高计算成果的精度，也增强了程序的通用性。

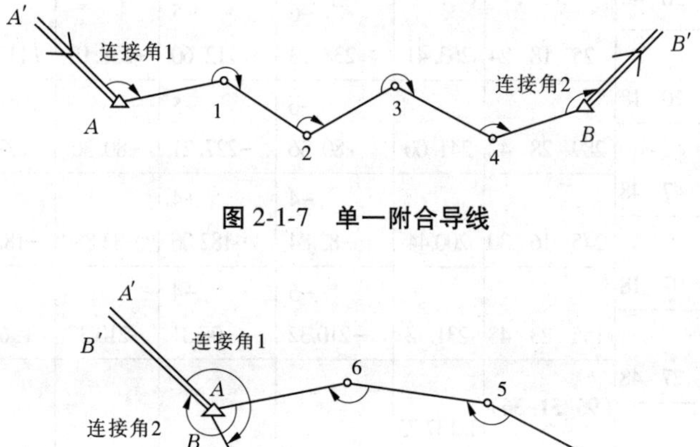


**图 2-1-7　单一附合导线**

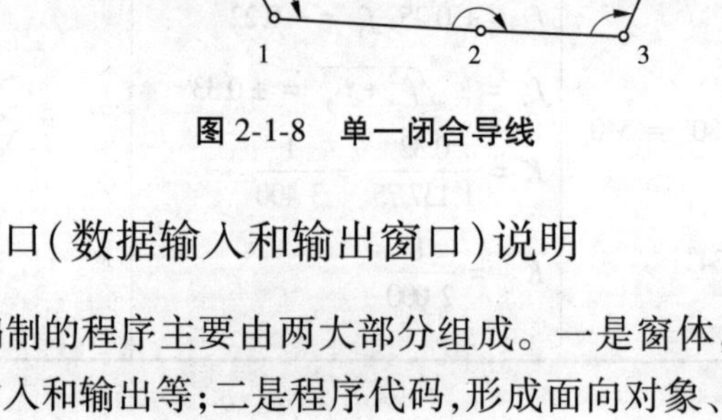


**图 2-1-8　单一闭合导线**

## 二、用户界面窗口（数据输入和输出窗口）说明

用 Visual Basic 编制的程序主要由两大部分组成。一是窗体，作为与用户互动的界面，主要用于数据的输入和输出等；二是程序代码，形成面向对象、事件驱动的各种算法，

完成特定的电算功能。

在 Visual Basic 单一导线近似计算程序的用户界面窗口输入的基本数据如下：

已知值——$A$、$B$ 点的 $x$、$y$ 坐标，方位角 $\alpha_{AA'}$、$\alpha_{BB'}$。

观测值——所有点的左角和边长，以及未知点的个数。

输出的计算成果：通过 Visual Basic 和 Excel 的链接，将电算结果输出到 Excel，从而在 Excel 的工作表输出窗口中列出导线的计算结果，包括所有边的方位角、边长及所有导线点的 $x$、$y$ 坐标。

## 三、算例

题目见本书 136 页表 2-1-4 附合导线计算表。

用户的数据输入窗口（窗体），以及由用户在相关文本控件中输入的已知值和观测值如图 2-1-9 所示。

说明：已知值和未知点数采用左对齐输入，观测值采用右对齐输入。观测值每输入 1 个数据回车 1 次，继续下一行输入。观测角和方位角取至秒（″），边长和坐标取至毫米（mm）。

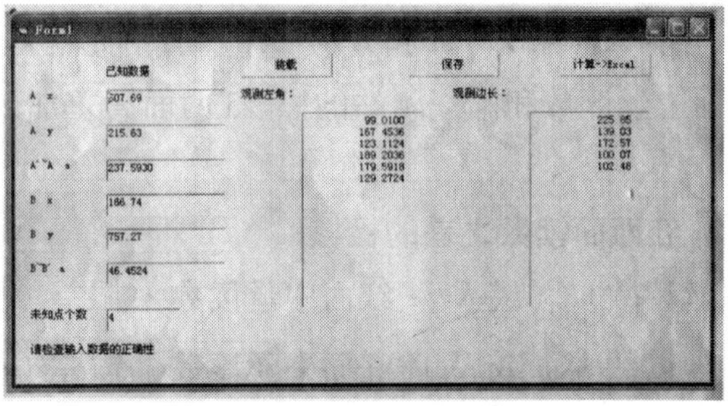


图 2-1-9　单一导线计算数据输入窗口

对所有输入的数据进行检查，正确无误后，按以下顺序操作：

（1）按“装载”键——将输入数据装入相关数组。

（2）按“保存”键——将数组数据存入相关数据文件。

（3）按“计算->Excel”键——计算，并将结果送入 Excel，以工作表的形式显示所有计算结果（见图 2-1-10）。

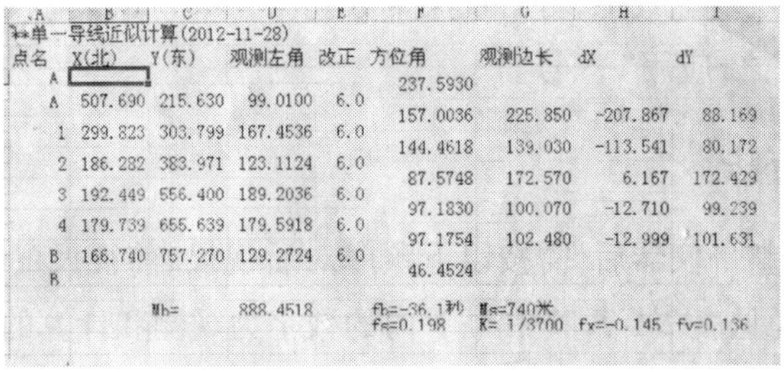

单一导线近似计算(2012-11-28)

| 点名 | X(北) | Y(东) | 观测左角 | 改正 | 方位角 | 观测边长 | dX | dY |
|---|---|---|---|---|---|---|---|---|
| A | | | | | 237.5930 | | | |
| A | 507.690 | 215.630 | 99.0100 | 6.0 | | | | |
| | | | | | 157.0036 | 225.850 | -207.867 | 88.169 |
| 1 | 299.823 | 303.799 | 167.4536 | 6.0 | | | | |
| | | | | | 144.4618 | 139.030 | -113.541 | 80.172 |
| 2 | 186.282 | 383.971 | 123.1124 | 6.0 | | | | |
| | | | | | 87.5748 | 172.570 | 6.167 | 172.429 |
| 3 | 192.449 | 556.400 | 189.2036 | 6.0 | | | | |
| | | | | | 97.1830 | 100.070 | -12.710 | 99.239 |
| 4 | 179.739 | 655.639 | 179.5918 | 6.0 | | | | |
| | | | | | 97.1754 | 102.480 | -12.999 | 101.631 |
| B | 166.740 | 757.270 | 129.2724 | 6.0 | | | | |
| B | | | | | 46.4524 | | | |
| | | Wh= | 888.4518 | | fh=-36.1秒 | Ws=740米 | | |
| | | | | | fs=0.198 | K= 1/3700 | fx=-0.145 | fy=0.136 |

图 2-1-10　单一导线计算结果输出窗口

# 任务四　四等水准测量

**知识要点：**双面尺的特点，四等水准测量的观测方法和精度要求。

**技能要点：**能进行四等水准测量的外业观测、记录和计算。

小区域的地形测绘和施工测量，一般都以三、四等水准测量作为基本的高程控制。三、四等水准测量的方法与一般水准测量大致相同，只是为了满足更高的精度要求，一方面采用双面尺法进行观测，另一方面为了消弱仪器 $i$ 角误差的影响，增加了视距观测，所需满足的限差也更多、更严。下面首先介绍双面尺的特点，再以四等水准测量为例，介绍其观测和记录、计算方法及其技术要求。

## 一、双面尺的特点

所谓双面尺，是一对水准尺各有黑、红两面，黑面刻划的起始读数均为 0.000 m，而红面刻划的起始读数分别为 4.687 m 和 4.787 m，即两根水准尺的红面和黑面在同一视线高度的读数含有常数差分别为 $K_1 = 4.687$ m 和 $K_2 = 4.787$ m，由此就可以分别对同一根尺同一视线高度的黑、红两面中丝读数和同一测站的黑、红两面高差加以比较，以便检核成果的正确性。

### （一）同一根尺的黑、红两面读数之差的检核

甲尺：　　黑面中丝读数+$K_1$（或 $K_2$）−红面中丝读数 < 限差（见后）

乙尺：　　黑面中丝读数+$K_2$（或 $K_1$）−红面中丝读数 < 限差（见后）

### （二）同一测站黑、红两面高差之差的检核

设测站的黑面高差 $h_{黑} = a_{黑} - b_{黑}$ 和红面高差 $h_{红} = a_{红} - b_{红}$，由于 $a_{红}$ 与 $b_{红}$ 所含常数差不同，因而相对正确的测站高差会产生 0.100 m 差值，故应将 $h_{红} \pm 0.100$ m 之后，再与 $h_{黑}$ 进行比较，即其检核式为

$$\Delta h = h_{黑} - (h_{红} \pm 0.100) < \text{限差（见后）}$$

一个测站后、前二尺的常数差究竟是 4.687 m 还是 4.787 m，应由观测时后视点和前视点实际所立之尺而定。上式中，若后视尺常数差为 4.687 m，前视尺常数差为 4.787 m，括号内应用“+”号；反之，应用“−”号。

## 二、测站观测方法

一个测站安置并整平仪器后，需按以下顺序对后视尺、前视尺的黑、红面共观测 8 个读数，并记录于手簿（见表 2-1-7，其中（ ）内的数字为观测和计算的顺序）相应栏中。

（1）后视尺黑面读数：上丝（1）、下丝（2）、中丝（3）。

（2）前视尺黑面读数：上丝（4）、下丝（5）、中丝（6）。

（3）前视尺红面读数：中丝（7）。

(4)后视尺红面读数:中丝(8)。

之所以采用“后—前—前—后”的观测顺序,是为了消弱仪器下沉和水准尺下沉产生的误差,在坚实的道路上进行四等水准测量时,也可采用“后—后—前—前”的观测顺序。注意:使用微倾式水准仪进行观测时,后尺、前尺的黑、红面的中丝读数前都必须使符合气泡居中,否则必然导致读数错误。读数完毕,随之进行以下计算与检核。

## 三、计算与检核

一个测站共有以下 10 项计算(参见表 2-1-7):

(1)后视距——(9)=[(1)-(2)]×100。

(2)前视距——(10)=[(4)-(5)]×100。

(3)后、前视距差——(11)=[(9)-(10)](其限差见表 2-1-8 第 4 栏)。

(4)后、前视距累计差——(12)=前站(12)+本站(11)(其限差见表 2-1-8 第 5 栏)。

(5)后尺黑、红面读数差——(13)=(3)+$K_1$-(8)(其限差见表 2-1-8 第 6 栏)。

(6)前尺黑、红面读数差——(14)=(6)+$K_2$-(7)(其限差同上)。

(7)黑面高差——(16)=(3)-(6)。

(8)红面高差——(17)=(8)-(7)。

(9)黑、红面高差之差——(15)=(13)-(14)=(16)-[(17)±0.100](其限差见表 2-1-8第 7 栏)。

**表 2-1-7 四等水准测量手簿**

测自 $BM_1$ 至 $BM_2$ 观测 李兵 记录 王刚 检查 张明

日期 2018 年 10 月 20 日 天气 多云 呈像 清晰 仪器S3 210055

| 测站编号 | 点号 | 后尺 上/下<br>后视距(m)<br>后、前视距差(m) | 前尺 上/下<br>前视距(m)<br>累计差(m) | 方向及尺号 | 水准尺读数(m)<br>黑面 | 水准尺读数(m)<br>红面 | K+黑-红(mm) | 高差中数(m) | 说明 |
|---|---|---|---|---|---|---|---|---|---|
| | | (1) | (4) | 后 | (3) | (8) | (13) | (18) | $K_1$ = 4.787 m<br>$K_2$ = 4.687 m |
| | | (2) | (5) | 前 | (6) | (7) | (14) | | |
| | | (9) | (10) | 后-前 | (16) | (17) | (15) | | |
| | | (11) | (12) | | | | | | |
| 1 | $BM_1$<br>\|<br>$TP_1$ | 1.614 | 0.774 | 后 1 | 1.384 | 6.171 | 0 | +0.832 5 | |
| | | 1.156 | 0.326 | 前 2 | 0.551 | 5.239 | -1 | | |
| | | 45.8 | 44.8 | 后-前 | +0.833 | +0.932 | +1 | | |
| | | +1.0 | +1.0 | | | | | | |

续表 2-1-7

| 测站编号 | 点号 | 后尺 上 / 下；后视距(m)；后、前视距差(m) | 前尺 上 / 下；前视距(m)；累计差(m) | 方向及尺号 | 水准尺读数(m) 黑面 | 红面 | K+黑-红(mm) | 高差中数(m) | 说明 |
|---|---|---|---|---|---|---|---|---|---|
| 2 | $TP_1$—$TP_2$ | 2.188 | 2.252 | 后 2 | 1.934 | 6.622 | -1 | -0.074 0 | |
| | | 1.682 | 1.758 | 前 1 | 2.008 | 6.796 | -1 | | |
| | | 50.6 | 49.4 | 后-前 | -0.074 | -0.174 | 0 | | |
| | | +1.2 | +2.2 | | | | | | |
| 3 | $TP_2$—$TP_3$ | 1.922 | 2.066 | 后 1 | 1.726 | 6.512 | +1 | -0.141 0 | |
| | | 1.529 | 1.668 | 前 2 | 1.866 | 6.554 | -1 | | |
| | | 39.3 | 39.8 | 后-前 | -0.140 | -0.042 | +2 | | |
| | | -0.5 | +1.7 | | | | | | |
| 4 | $TP_3$—$BM_2$ | 2.041 | 2.220 | 后 2 | 1.832 | 6.520 | -1 | -0.174 0 | |
| | | 1.622 | 1.790 | 前 1 | 2.007 | 6.793 | +1 | | |
| | | 41.9 | 43.0 | 后-前 | -0.175 | -0.273 | -2 | | |
| | | -1.1 | +0.6 | | | | | | |
| 检核 | | $\sum(9)=177.6$；$\sum(10)=177.0$；(12) 末站 = +0.6；总距离 = 354.6 m | | | $\sum(3)=6.876$　$\sum(8)=25.825$；$\sum(6)=6.432$　$\sum(7)=25.382$；$\sum(16)=+0.444$；$\sum(17)=+0.443$；$\frac{1}{2}\{\sum(16)+[\sum(17)\pm0.100]\}=+0.4435=\sum(18)$ | | | $\sum(18)=+0.4435$ | |

注:表中说明栏的 $K_1$、$K_2$ 分别为第 1 测站后尺和前尺的黑、红面常数差。由于迁站时,其前尺转为第 2 测站的后尺,其后尺调为第 2 测站的前尺,所以第 2 测站的 $K_1$、$K_2$ 应与第 1 测站的 $K_1$、$K_2$ 对调,其余类推。

(10)高差中数——$(18)=\dfrac{(16)+[(17)\pm0.100]}{2}$。

由于(16)所示黑面高差 $h_{黑}$ 不含常数差,而(17)所示红面高差 $h_{红}$ 含有因二尺常数差不同产生的 0.100 m 差值,故测站的高差中数必须将 $h_{红}\pm0.100$ m 之后,再与 $h_{黑}$ 取平均。

在所有限差都满足后,方可迁站。

当整条路线测量完毕后，还应对每页的计算进行检核。检核的项目有：

(1)该页测站后视、前视距累计差

$$\sum(9)-\sum(10)=\text{本页末站}(12)-\text{前页末站}(12)$$

(2)该页测站高差之和

测站数为奇数 $$\frac{\sum(16)+\left[\sum(17)\ \pm 0.100\right]}{2}=\sum(18)$$

测站数为偶数 $$\frac{\sum(16)+\sum(17)}{2}=\sum(18)$$

最后计算水准路线的总长度为

$$L=\sum(9)+\sum(10)$$

四等水准测量的内业计算与普通水准测量相同。

## 四、主要技术要求

三、四等水准测量的主要技术要求列于表 2-1-8，路线高差闭合差的要求见表 2-1-2。

**表 2-1-8 三、四等水准测量的主要技术要求**

| 等级 | 视线长度(m) | 视线高度 | 后、前视距差(m) | 后、前视距累计差(m) | 黑、红面读数差(mm) | 黑、红面高差之差(mm) |
|---|---|---|---|---|---|---|
| 1 | 2 | 3 | 4 | 5 | 6 | 7 |
| 三等 | 75 | 三丝能读数 | 3.0 | 5.0 | 2.0 | 3.0 |
| 四等 | 100 | 三丝能读数 | 5.0 | 10.0 | 3.0 | 5.0 |

由表 2-1-8 可见，三等与四等水准测量的观测和检核方法相同，只是三等水准测量较四等水准测量的技术(限差)要求更高。

# 任务五 GNSS 定位及其在测量中的应用

**知识要点：**GNSS 定位的基本概念、实施方法及其应用。

**技能要点：**能进行 GNSS 静态和动态定位测量的外业操作与内业数据处理。

## 一、GNSS 定位概述

GNSS(Global Navigatian Satellite System)是全球卫星定位系统即"授时、测距导航系统/全球定位系统"的简称，利用卫星发射的无线电信号进行三维定位、导航、测速和授时，具有全球性、全天候、速度快、精度高、自动化等优点，已成为当今导航定位技术现代化的重要标志。

### (一)GNSS 定位基本原理

GNSS 定位的基本原理是空间测距后方交会。如图 2-1-11 所示，有 24 颗以上卫星在空间运行。由于它们都有各自的运行轨道,因此每个卫星在任何时刻的空间位置（$X_{si}$，$Y_{si}$，$Z_{si}$，$i=1,2,3,4,\cdots$，属 WGS-84 坐标系）均已知。当它们在某一时刻 $t$ 所发射的无线电信号被地面接收站接收后,即可测定每一卫星至接收站的距离 $R_{si}$,而 $R_{si}$ 和接收站的坐标之间存在以下关系式

$$R_{si}=\sqrt{(X_{si}-X_G)^2+(Y_{si}-Y_G)^2+(Z_{si}-Z_G)^2}\quad (i=1,2,3,4,\cdots)\quad (2\text{-}1\text{-}14)$$

其中:$X_G$、$Y_G$、$Z_G$ 为地面接收站的三维坐标,是未知数。考虑到卫星发出信号和接收站接收卫星信号由于时钟误差而不完全,还需对所测距离加接收机钟差改正 $\delta_{tG}$,即共有 4 个未知数。因此,只要接收到 4 个以上卫星发射的信号,按式(2-1-14)建立 4 个以上的方程,即可解算出接收站的三维坐标。

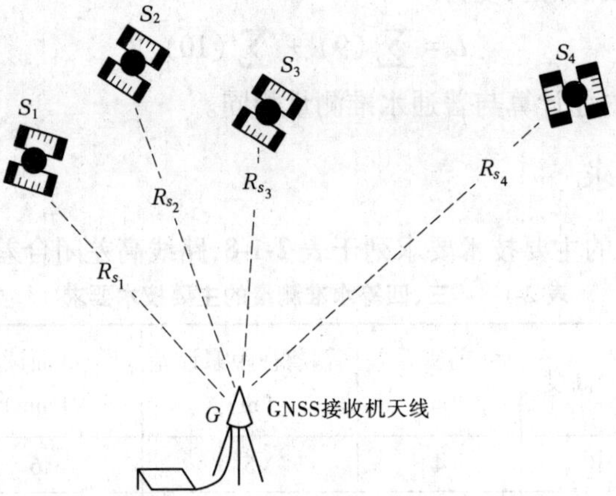


图 2-1-11　GNSS 定位的基本原理

**(二)GNSS 定位系统的组成**

GNSS 定位系统由 GNSS 卫星星座、GNSS 地面监控系统和用户的 GNSS 卫星接收系统三大部分组成(见图 2-1-12)。

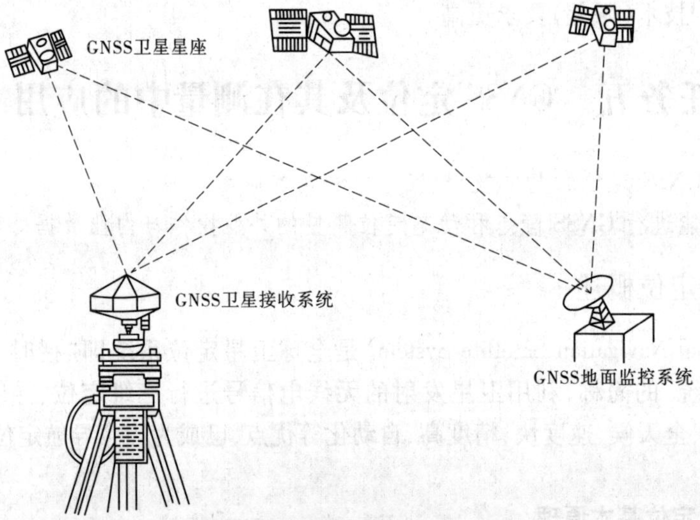


图 2-1-12　GNSS 定位系统的组成

1.GNSS 卫星星座

GNSS 的卫星星座由 24 颗以上的工作卫星组成，其中包括 3 颗可以随时启用的备用卫星，在 6 个相对于赤道成 55°倾角的近似圆形轨道内，每个轨道分布有 4 颗卫星，它们距地球表面的平均高度约为 20 200 km，运行周期为 11 h 58 min，每颗卫星可覆盖地球 38% 的面积（见图 2-1-13）。用户可在全球任何地区、任何时刻，在高度角为 15°以上的天空，都能至少同时接收到最少 4 颗、最多 11 颗卫星发射的信号。

2.GNSS 地面监控系统

GNSS 地面监控系统是支持整个系统正常运行的地面设施，由分布在世界若干地点的 1 个主控站（管理和协调整个地面监控系统的工作）、3 个注入站（在主控站控制下向各 GNSS 卫星发射导航电文和其他命令）、5 个监测站（完成对 GNSS 卫星信号的连续观测，并将收集的资料和当地气象观测资料经处理后传送到主控站）及通信辅助系统（负责系统中数据传输以及提供其他辅助服务）等部分组成（见图 2-1-14）。

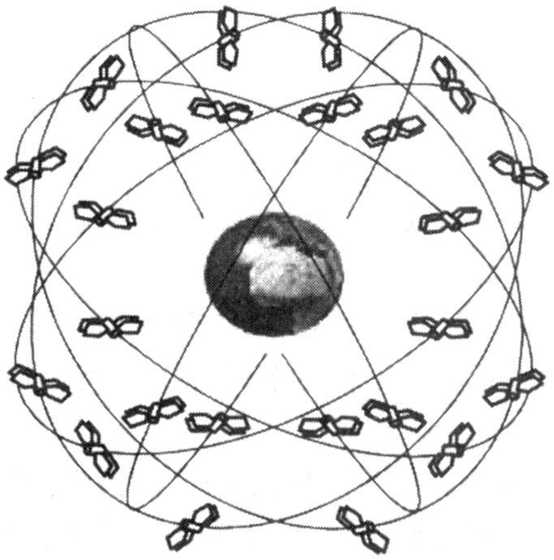

图 2-1-13　GNSS 卫星星座

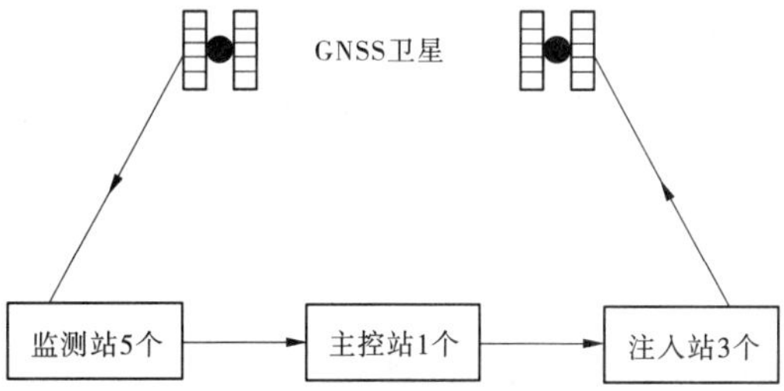


图 2-1-14　GNSS 地面监控系统

3.用户的 GNSS 卫星接收系统

用户的 GNSS 卫星接收系统包括 GNSS 接收机（见图 2-1-15）、数据处理软件及相应的终端设备等。

1）GNSS 接收机的结构和功能

GNSS 接收机是用户设备部分的核心，由主机、天线和电源三部分组成。其主要功能是接收和处理 GNSS 卫星发射的信号,测量信号从卫星到接收机天线的传播时间,解译导航电文,从而计算测站的三维坐标、三维运动速度和时间。

2)GNSS 接收机的分类

GNSS 接收机的种类很多,如按用途不同分为导航型、授时型和测地型,按使用载波频率的多少分为单频接收机和双频接收机等。在精密定位测量中,一般均采用测地型双频接收机或单频接收机,其观测资料需进行后期处理,因此必须配有功能完善的后处理软件,才能求得测站点的三维坐标。

图 2-1-15　GNSS 接收机

### (三)GNSS 卫星信号

GNSS 卫星发射的信号主要由测距码、载波和数据码组成。

1.测距码

测距码是卫星在自身的时钟控制下发射的一种二进制编码,被 GNSS 接收机接收后,接收机会在自己的时钟控制下产生一组结构完全相同的复制码,通过时间延迟器将发射码和接收码的时间加以比较,得出卫星信号传播的时间 $\Delta t$,即可用于换算卫星至接收机的距离。

测距码分为 C/A 码和 P 码两种。C/A 码的测距精度仅能达到米级,因而称为粗码,适于一般用户;P 码的测距精度可以达到分米级,因而称为精码,为美国军方所控制。

2.载波

载波是用于加载的电磁波。将频率较低的信号,通过调制加载到频率较高的载波上,形成调制波,即可提高信号传播的有效性。GNSS 使用的载波是无线电 L 波段中的两种频率不同的电磁波 $L_1$ 和 $L_2$,前者调制有 C/A 码、P 码和数据码,后者仅调制有 P 码和数据码。

3.数据码

数据码是卫星的导航电文(卫星电文),它包含卫星星历、卫星工作状态、时间系统、卫星时钟改正、电离层时延改正、大气层折射改正等信息,是用户用于定位和导航的数据基础。

### (四)GNSS 定位方法

GNSS 定位方法一般可以根据下列情况进行分类。

1.按定位基本原理分

GNSS 定位是以 GNSS 卫星和用户接收机天线之间的距离(或距离差)为基础,并根据已知的卫星瞬时坐标确定用户接收机的三维坐标($X_G, Y_G, Z_G$)。因此,GNSS 定位的关键是测定用户接收机至 GNSS 卫星之间的距离。

1)伪距测量定位法

接收机测定调制码由卫星传播至接收机的时间,再乘上电磁波传播的速度便直接得出卫星到接收机之间的距离。由于所测距离受到大气延迟和接收机时钟与卫星时钟不同步的影响，它不是真正卫星间的几何距离，因此称为“伪距”。通过对 4 颗以上卫星同时进行“伪距”测量，即可计算出接收机的位置。

2）载波相位测量定位法

载波相位测量是把接收到的卫星载波信号和接收机本身的基准信号进行混频，通过测量两种信号之间的相位差（$\Delta\phi$），间接化算出卫星到接收机之间的伪距。由于载波的波长比上述伪距测量法直接接收到的调制码的波长短得多，因而其测得的伪距精度及定位精度较上述伪距测量定位的精度高。

2.按接收机所处状态分

1）静态定位

定位时，用户接收机天线（待定点）相对于周围地面点而言处于静止状态。

2）动态定位

定位时，接收机天线相对于周围地面点处于运动状态，如用于陆地车辆、海洋舰船、飞机、宇宙飞行器等，其定位结果连续变化。

3.按定位方式分

1）绝对定位

绝对定位又称单点定位，是在世界大地坐标系 WGS-84 中，独立确定待定点相对地球质心的绝对位置。其优点是只需要一台 GNSS 接收机就可作业，缺点是定位精度较低（米级），适用于普通导航。

2）相对定位

采用两台以上的接收机，分别在不同的测站，同时观测同一组 GNSS 卫星信号，然后计算测点之间的三维坐标差（称为基线向量），确定待定点之间的相对位置。由于许多误差如大气电离层和对流层的折射误差、星历误差等，对同时观测的测站具有基本相同的影响，在进行数据处理时，大部分被相互抵消，因此能显著地提高定位的相对精度（目前，可达 $D\times10^{-6}$级，$D$ 为待定点之间的距离）。

4.按实时差分技术分

GNSS 定位的实时差分技术属于相对定位，其基本类型为单基准站差分，就是将一台 GNSS 接收机安置在基准站上进行观测，根据基准站已知的精确坐标计算出基准站到卫星的距离改正数，并由基准站实时地将这一改正数发送给其他同步观测的用户接收机，用于对它们的观测结果加以改正，从而提高其定位精度。单基准站差分一般又分为以下三种。

1）位置差分

将基准站的已知坐标和根据伪距测量定位得到的坐标之间的坐标改正数传送给用户接收机，以便对用户站测得的坐标进行修正。该法需要基准站和用户接收机同步接收同一组卫星的信号，当用户站与基准站相距超出 100 km 时，难以满足。

2）伪距差分

将基准站根据已知坐标和卫星星历得到的与卫星之间的应有距离和观测得到的伪距之差值传送给用户接收机，以便对用户站测得的伪距进行修正。该法不需要用户接收机和基准站同步接收相同卫星的信号，只要任意观测到 4 颗以上的卫星信号即可，因而应用较广。

3）载波相位差分（RTK）

基准站和用户站均根据载波相位测量定位进行观测，且将基准站观测得到的载波相位值和根据位置差分或伪距差分的原理计算的坐标信息通过数据通信设备（电台）实时地传输给移动用户站，以便对用户接收到的载波相位和坐标信息进行修正，进而根据相对定位原理实时地解算并显示用户站的三维坐标及其精度。该法实际上是由相应的数据传输设备、实时差分数据处理软件和 GNSS 接收机组合而成的 GNSS RTK 接收系统（见图 2-1-16），亦需要基准站和用户接收机同步接收同一组卫星的信号。由于该法不仅可以实时解算其定位结果，而且可以及时监测基准站和用户站观测与解算成果的质量，同时减少了观测时间，显著提高了 GNSS 定位测量的效率和可靠性，因此应用前景良好，但同时增加了用户的设备投资。

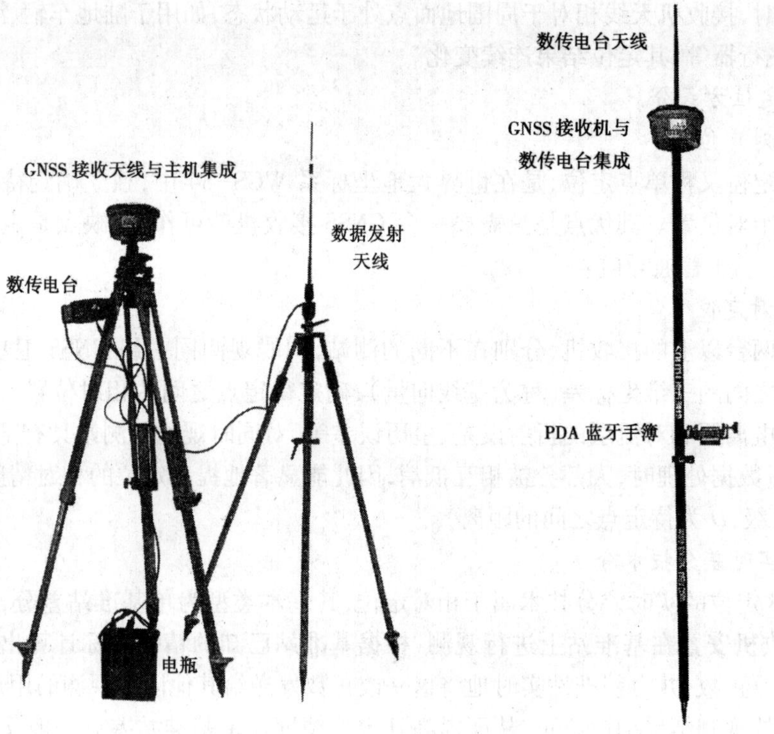

（a）基准站设备　　（b）移动站设备

图 2-1-16　GNSS RTK 接收系统

## 二、GNSS 测量的实施

GNSS 测量的实施包括方案设计、踏勘选点、外业观测、数据处理等。

### （一）方案设计

1.GNSS 测量控制网的技术要求

GNSS 测量控制网一般采用载波相位测量相对定位的方法，以计算得到的同步观测相邻点之间的三维坐标差即基线向量作为观测量，因此可以相邻点之间距离的中误差 $m_D$

作为控制网的精度指标,其表达式为

$$m_D = a + b \times 10^{-6}D \tag{2-1-15}$$

式中　$a$——距离固定误差,mm;

$b$——比例误差系数;

$D$——相邻点间距离,km。

城市及工程 GNSS 测量控制网的主要技术要求列于表 2-1-9(摘自《卫星定位城市测量技术规范》(CJJ/T 73—2010),表 2-1-10 同)。

**表 2-1-9　城市及工程 GNSS 测量控制网主要技术要求**

| 等级 | 平均距离(km) | 固定误差 $a$(mm) | 比例误差系数 $b$($1\times10^{-6}$) | 最弱边相对中误差 |
|---|---|---|---|---|
| 二等 | 9 | ≤10 | ≤2 | 1:12 万 |
| 三等 | 5 | ≤10 | ≤5 | 1:8万 |
| 四等 | 2 | ≤10 | ≤10 | 1:4.5 万 |
| 一级 | 1 | ≤10 | ≤10 | 1:2万 |
| 二级 | < 1 | ≤15 | ≤20 | 1:1万 |

2.GNSS 测量控制网图形构成的基本概念

(1)观测时段:测站上开始接收卫星信号到观测停止,连续工作的时间称为观测时段。

(2)同步观测:2 台或 2 台以上的接收机对同一组卫星同时进行观测称为同步观测。

(3)同步观测环:3 台或 3 台以上接收机同步观测获得的基线向量所构成的闭合环称为同步观测环。

(4)异步观测环:在构成多边形环路的所有基线向量中,只要有非同步观测基线向量,则该多边形环路即称异步观测环。

(5)独立基线:对于 $N$ 台 GNSS 接收机构成的同步观测环,有 $J$ 条同步观测基线,其中独立基线数为 $N-1$,即同步观测基线中有 $N-1$ 条为独立基线。

(6)非独立基线:除独立基线外的其他基线称为非独立基线,总基线数与独立基线数之差即为非独立基线数。

3.GNSS 测量控制网的图形设计

为了确保 GNSS 观测效果的可靠性,有效地发现观测成果中的粗差,必须使 GNSS 测量控制网中的独立边构成一定的几何图形。这种几何图形一般是由数条 GNSS 独立边构成的非同步多边形(亦称非同步闭合环),如三边形、四边形、五边形等。当 GNSS 测量控制网中有若干个起算点时,也可以是由起算点之间的数条 GNSS 独立边构成的附合路线。GNSS 测量控制网的图形设计就是根据用户对所布设的 GNSS 测量控制网的精度要求及经费、时间、人力、可以投入的 GNSS 接收机台数及野外作业条件等因素,设计出由独立 GNSS 边构成的多边形网(亦称环形网)。

常用的 GNSS 测量控制网形有点连式、边连式、点边混合连接式(见图 2-1-17)及网连式等基本类型。

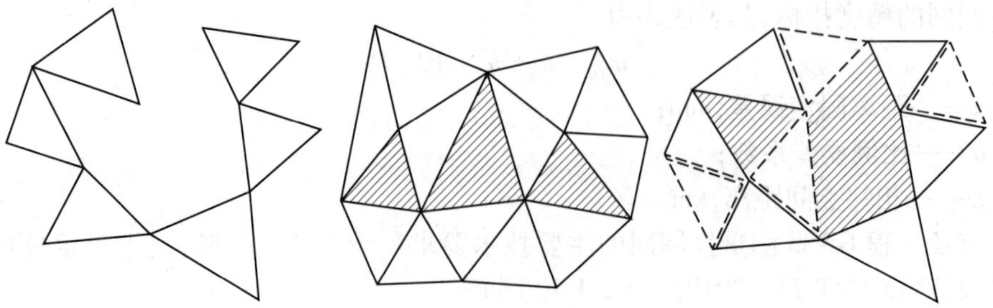


图 2-1-17　常用的 GNSS 测量控制网形

(1)点连式。相邻同步图形之间仅有一个公共点连接,非同步图形之间缺少闭合条件,可靠性很差,一般不单独使用。

(2)边连式。同步图形之间由一条公共基线连接,有较多的复测边和非同步图形闭合条件,可靠性较高,但当仪器台数相同时,观测时段将较点连式大为增加。

(3)点边混合连接式。系上述两种连接方式的有机结合,既能保证网的图形强度,提高可靠性,又能减少外业工作量,降低成本,是较为理想的布网方法。

(4)网连式。相邻同步图形之间有两个以上的公共点相连接,图形密集,几何强度和可靠性都很高,但至少需要 4 台以上的接收机,所需的费用和时间较多,一般仅适用于精度要求较高的控制测量。

4.GNSS 测量控制网与常规测量控制网的联测

为了使 GNSS 测量控制网和地面常规测量控制网建立必要的联系,应考虑 GNSS 测量控制网至少和 3 个以上相应等级的常规控制点进行联测,如需测定 GNSS 点的高程,还应与国家等级水准点进行联测,平坦地区联测点不应少于 3 个,丘陵山区联测点不应少于 6 个,且分布均匀。

**(二)踏勘选点**

由于 GNSS 测量同步观测不需要站点之间互相通视,图形结构比较灵活,也不需建立高标,但为了与常规控制网进行联测和加密,每点应有一个以上的通视方向。GNSS 测量控制点应选在交通便利、视野开阔、点位较高、易于安置接收设备的地方,应尽量避开对电磁波有强烈吸收、反射等干扰影响的金属构件或其他障碍物,如高压线、电视发射台及大面积水域等。

点位选好,应按《卫星定位城市测量技术规范》(CJJ/T 73—2010)要求埋设标石,并绘制点之记。

**(三)作业模式**

工程上常用的 GNSS 测量作业模式有以下几种。

1.经典静态定位

采用 2 台或 2 台以上接收机,分别安置在一条或数条基线的两个端点(见图 2-1-18(a)),同步观测 4 颗以上卫星,每时段长 30 min 以上。该法适用于精度要求较高的工程控制测量。

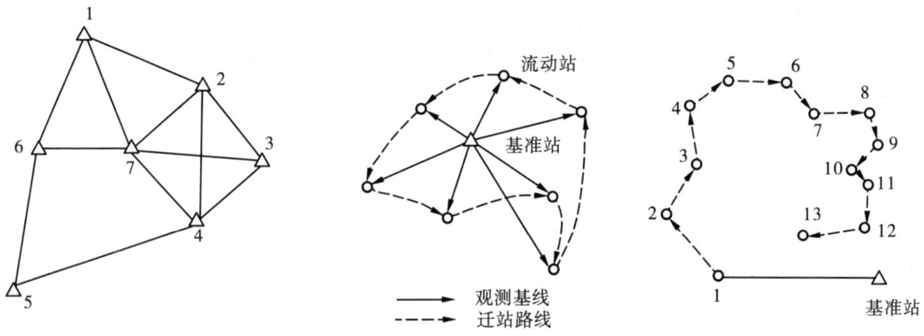


**图 2-1-18　常用 GNSS 测量作业模式**

2.快速静态定位

在测区中部选择一个基准站,安置一台接收机,连续跟踪 5 颗以上卫星,另一台接收机依次到各点流动设站(见图 2-1-18(b)),每点观测数分钟。该法适用于控制网的加密及一般工程测量、地籍测量。

3.准动态定位

在基准点上安置接收机,连续跟踪 5 颗以上卫星,另一台接收机先在 1 号点上静态观测数分钟,在保持对所测卫星连续跟踪并且不失去已锁定卫星的情况下,依次至 2,3,4,…(见图 2-1-18(c))号点,各点观测数秒。该法适用于一般工程定位、碎部测量及线路测量等。

**(四)外业观测**

1.主要技术要求

GNSS 测量外业一般至少用 2 台或 2 台以上接收机进行同步观测,《卫星定位城市测量技术规范》(CJJ/T 73—2010)规定城市及工程各等级 GNSS 测量控制网静态测量作业的主要技术要求列于表 2-1-10。

**表 2-1-10　城市及工程 GNSS 测量控制网静态测量作业的主要技术要求**

| 等级 | 二等 | 三等 | 四等 | 一级 | 二级 |
|---|---|---|---|---|---|
| 卫星高度角(°) | ≥15 | ≥15 | ≥15 | ≥15 | ≥15 |
| *PDOP* | ≤6 | ≤6 | ≤6 | ≤6 | ≤6 |
| 有效观测卫星数 | ≥4 | ≥4 | ≥4 | ≥4 | ≥4 |
| 平均重复设站数 | ≥2 | ≥2 | ≥1.6 | ≥1.6 | ≥1.6 |
| 时段长度(min) | ≥90 | ≥60 | ≥45 | ≥45 | ≥45 |
| 数据采样间隔(s) | 10~60 | 10~60 | 10~60 | 10~60 | 10~60 |

表 2-1-10 中,卫星高度角是指卫星与接收机天线相对水平面的夹角,太小时不能进行观测;*PDOP* 是反映一组卫星与测站所构成的几何图形形状与定位精度关系的数值,称

为点位图形强度因子，其大小与观测卫星高度角的大小及观测卫星在空间的分布有关；有效观测卫星数是指在各观测时段中，观测时间符合规定的卫星数；平均重复设站数≥1.6（或≥2）是指每站观测一时段后，至少60%（100%）测站再观测一时段。

2.拟订观测计划

运用卫星预报软件，输入测区中心点的概略坐标、作业日期和时间，根据卫星星历文件，编制GNSS卫星的可见性预报图，对观测区域进行合理划分，选择最佳的观测时段，编制合理安排时段、测站和接收机的作业调度表等。

3.测站观测

1）天线安置

天线一般应固连在三角架上，通过对中、整平，架设在点位上方，离地面高度应在1 m以上。天线定向标志线应指向正北，其定向误差一般不应超过±(3°~5°)。天线架设好后，在圆盘天线间隔120°的3个方向分别量取天线高（见图2-1-19），取至0.001 m。天线高的量测一般备有专用测高尺，其量测方法有两种：一种是斜高测量，量取天线相位中心至测站点标志中心间的斜距，直接将斜距输入主机设备，可自动化算为铅垂距离；另一种是垂高测量，直接量取天线相位中心至测点标志中心的铅垂距离。三次量测的较差不应超过3 mm，将其平均值记入手簿。然后在离开天线的适当位置安放接收机，并将天线电缆与接收机进行连接。一般在测站测量结束后还需再量取一次天线高，进行校核。

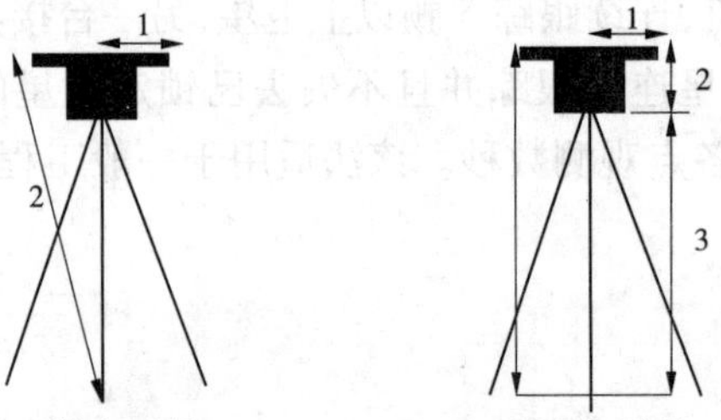

(a)斜高测量　(b)垂高测量

**图2-1-19　天线高量测**

2）开机观测

开机通过自检，接收机锁定卫星后，观测员便可按照接收机操作手册进行测站和时段控制等有关信息的输入与观测操作。

观测操作的主要目的是接收GNSS卫星信号，并对其进行跟踪处理，以获得所需要的观测数据和定位信息。

观测时接收的卫星信息主要包括GNSS卫星星历及卫星时钟差参数、载波相位观测值及相应的历元时刻、同一历元的伪距观测值及GNSS实时定位结果等，连同接收机的工作状态等信息一道由接收机自动进行记录并存储于电子手簿中。此外，观测员还应将测站信息、接收时间、出现的问题和处理情况等及时填写于观测手簿中。

**（五）GNSS RTK定位测量的操作流程**

下面以天宝4800 RTK接收机为例，介绍其定位测量的具体操作流程。

1.设置基准站

将基准站的 GNSS 接收机安置在已知点(或未知点)上,架设好天线和电台,正确连接后开机,先启动基准站,在手持控制器 TSC1 中按"ON/OFF"键,打开控制器,自动调用主菜单,选择"Files"(文件),建立新的工程(工作项目):

(1)输入新工程名称。

(2)选择"工程管理"(Job management)子菜单,输入新工程名并确认。

(3)在选择坐标系统窗口中选用手工键入参数(Key in parameter)。

(4)在键入参数窗口中选择设置投影参数(Projection)。

(5)在输入椭球参数窗口选择:

①投影方式:横轴墨卡托投影(Transverce Mercator);

②北偏(False northing):0.000 m(北偏为 0);

③东偏(False easting):500 000.000 m(东偏为 500 km);

④纬度(Origin lat):0°00′00″.000N;

⑤当地中央子午线经度(Central meridian):114°00′00″.000E;

⑥尺度比(Scale):1∶1 000 000;

⑦BJ-54 椭球长半轴(Semi_major axis):6 378 245.000 m;

⑧扁率分母(Flattening):298.300 000。

在某一测区椭球参数只需输入一次,若再进入其他测区则需重新输入新测区的中央子午线经度。

(6)在键入参数窗口中再选"输入转换参数",有三种情况:

①没有转换参数(No transformation):适用于基准站没有 WGS-84 或 BJ-54 坐标的情况。

②三参数(Three parameter):适用于基准站有 BJ-54 坐标的情况,此时将测区的参数输入即可,也可输入 0。

③七参数(Seven parameter):一般不考虑。

上述建立新工程项目也可以单独在内业进行。

2.启动基准站

在手持控制器 TSC1 中点击"测量"(Survey)图标,进入"测量工作方式"菜单。

(1)在"测量工作方式"(Survey Styles)菜单中选实时动态(Trimble RTK)。

(2)在"测量"(Survey)菜单中选"启动基准站"(Start base receiver);

(3)显示连接接收机后,输入基准站的点名和天线高,若控制器中已存有该点点名(及其坐标),直接按 F1(Start)键,显示 Disconnect controller from receiver(控制器可以离开接收机),若控制器中不存在该点或该点是未知点,则按 F3(here)键,求取该点的 WGS-84 坐标(伪距),显示后连续按回车键,直到高程变化趋于稳定,之后再按 F1(Start)键。当显示控制器可以离开接收机时,即启动了基准站,可以将基准站接收机上的电缆插头拔下(可带电插拔),但此时控制器的显示器上并不显示电台的标志,只有启动流动站后,电台的标志才在控制器上显示。

3.启动流动站

将手持控制器 TSC1 上的电缆插入流动站 GNSS 接收机的插口,在“测量”(Survey)菜单中选“开始测量”(Start Survey),即启动流动站。此时在控制器的下部显示如图 2-1-20 所示。

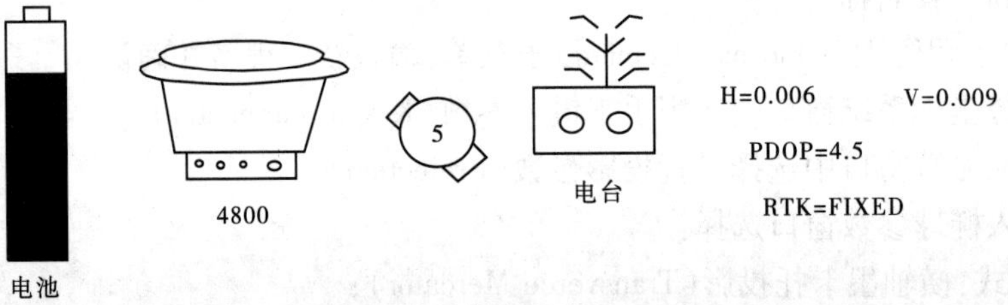


**图 2-1-20 手持控制器 TSC1 窗口下部显示的图标**

图 2-1-20 中自左至右,电池图标显示电量的多少;4800 表示与控制器所连接的 GNSS 接收机型号;卫星图标显示搜索到的卫星颗数(RTK 测量时不能少于 5 颗);电台图标中若两个小灯交替闪亮,证明无线电数据链已连接;H 和 V 分别代表水平精度和高程精度;PDOP 代表空间点位图形强度因子,越小越好;当 RTK = fixed(固定解)时,初始化完毕,即可开始测量,而当 RTK = float(浮点解)时,表示初始化未成功,必须再等待直到 RTK = fixed 方可测量。

4.采集数据

1)开试测量

在“测量”菜单中选择“RTK...”,再选择“开始测量”。开始测量一般分为以下两种形式。

(1)测量点。

为了改变当前测量的某些设置(如点间自动增加的步长、测量的时间等),可以按下“选项”软键(见图 2-1-21),进行有关参数的设置,确信无误后,按下“选项”键,进行测量,单个“控制点”,测量 3 min 后予以存储,再用同法测量其余的点。按“Esc”或“MENU”返回主菜单,进入“文件”中的“查看当前任务”即可对所测点的坐标进行检查。

| | | |
|---|---|---|
| 点名称 | ? | |
| 代码 | ? | |
| 类型 | ▼ 地形点 | |
| 天线高 | 2.000m | |
| 测量到 | 1 | |
| 测量 | | 选项 |

**图 2-1-21 测量点的选项设置**

(2)连续的碎部点采集。

在“测量”菜单下选“连续地形点”(显示页面见图 2-1-22~图 2-1-24)。

按“测量”软键进行测量 3~5 s,予以存储,在显示屏上可显示流动站的三维坐标。

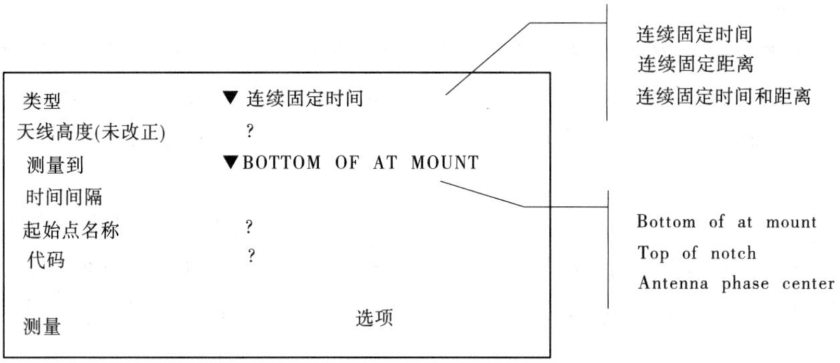


**图 2-1-22　连续的碎部点采集(一)**

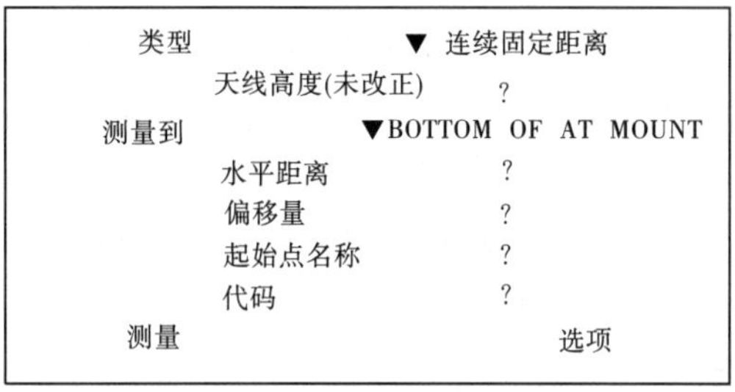


**图 2-1-23　连续的碎部点采集(二)**

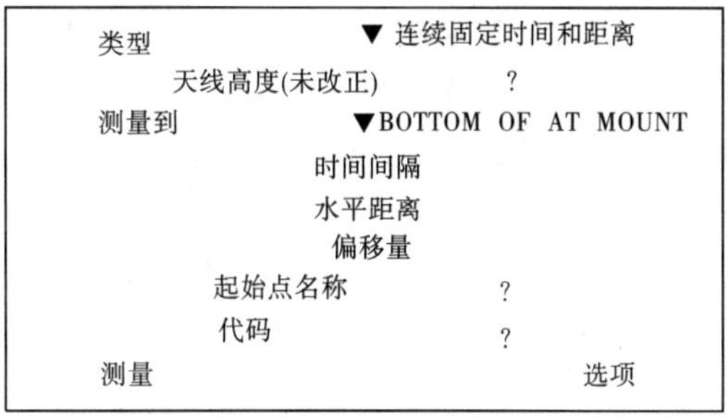


**图 2-1-24　连续的碎部点采集(三)**

2)结束测量

在"测量"菜单中选"End Survey"即结束测量,下载与解算则由电子手簿自动完成,并可通过执行有关命令,将所测坐标化算为用户所需坐标系的坐标。

**(六)数据处理**

GNSS 用于控制测量时,还需在外业结束后,将观测数据传输至计算机,运行后处理软件,进行以下数据处理:

(1)数据预处理。对观测数据进行检验,剔除粗差,将各种数据文件加工成标准化文件。

(2)基线向量解算。计算所有同步观测相邻点之间的三维坐标差(独立基线向量),检核重复边,即同一基线在不同时间段测得的基线边长的较差,以及由基线向量构成的各种同步环和异步环的闭合差是否满足相应等级的限差要求。

(3)GNSS 测量控制网无约束平差。以解算的基线向量作为观测值,对 GNSS 网进行无约束平差,从而得到各 GNSS 点之间的相对坐标差值,再以基准点在 WGS-84 坐标系的坐标值为起始数据,即得各 GNSS 点的 WGS-84 坐标,以及所有基线的边长和相应的精度。

(4)GNSS 测量控制网约束平差。根据 GNSS 测量控制网和国家或城市测量控制网联测的结果,将联测的高级点的坐标、边长、方位角或高程作为强制约束条件,对 GNSS 网进行二维或三维约束平差和坐标转换,使所有 GNSS 点获得与国家或城市测量控制网相一致的二维或三维坐标值。

## 三、连续运行参考站系统 CORS

随着计算机网络技术的迅速发展,可以将区域内的一个或若干个固定而又连续运行的卫星定位测量参考站所获得的经过检验的载波相位与伪距等卫星的观测值或状态信息,经过有效组合,消除电离层、对流层和卫星轨道误差,并进行差分改正,再利用互联网实时地传送给区域内的各种用户,以满足不同类型卫星用户的需求,这样的系统即称为 CORS(Continuously Operating Reference System)。

### (一)CORS 系统的组成

CORS 系统主要由以下部分组成:

(1)控制中心,即系统的通信控制中心和数据处理中心,通过通信线路与所有的固定参考站进行通信,又通过无线网络与移动用户进行通信,由计算机控制整个系统的运行。

(2)固定参考站,为分布在整个网络中的 3 个以上、数量不限的卫星接收系统,站间距离可长达 70 km。固定参考站与控制中心之间由通信线路连接,将观测数据实时地传送给控制中心。

(3)数据通信部分,包括固定参考站到控制中心的通信网络,负责将参考站的观测数据实时地传输给用户,以及控制中心到流动用户的通信网络,负责将相应的校正数据发送给用户。

(4) 用户部分,即流动用户的接收机,以及相关的无线通信等设备。

### (二)CORS 系统的 VRS 技术

CORS 系统采用的技术主要有 VRS 技术、区域改正参数 FKP 技术及主辅站技术等三种,天宝和南方测绘 CORS 使用的就是 VRS 技术,下面对 VRS 技术做简要介绍。

所谓 VRS 技术,就是一个虚拟的参考站系统。如图 2-1-25 所示,在 VRS 网络中,各固定参考站将接收到的卫星数据通过数据通信线发给控制中心,由控制中心经过处理,将各固定参考站观测数据中的卫星轨道误差,以及电离层、对流层和大气折射产生的误差加以消除。而移动用户也将接收到的观测值通过 GSM 的短信功能发送给控制中心,控制中心根据用户的概略位置,由计算机自动选择最佳的一组固定参考站,将这些参考站消除误差后的观测值和用户发来的观测值加以有效组合,相当于在流动站旁边生成一个虚拟的参考站,然后对虚拟参考站和流动站的数据进行载波相位差分改正,再将改正后的高精度差分信号发给流动站,实现流动站的实时快速定位,从而解决了 RTK 作业距离上的限制问题,可以保证用户流动站达到厘米级的定位精度,并使成果的可靠性、信号的可利用性和精度水平在系统的有效覆盖范围内大致均匀,与离开最近参考站的距离没有明显的相关性,但 VRS 技术对控制中心的数据处理能力和系统的数据双向传输能力均有较高的要求。每个固定参考站的设备见图 2-1-26。

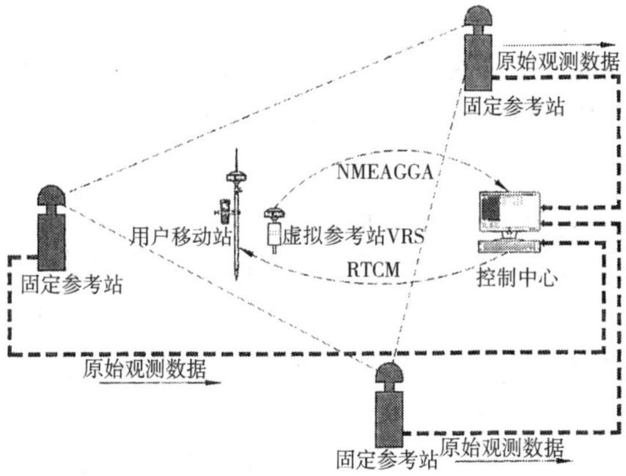


**图 2-1-25　VRS 技术的原理**

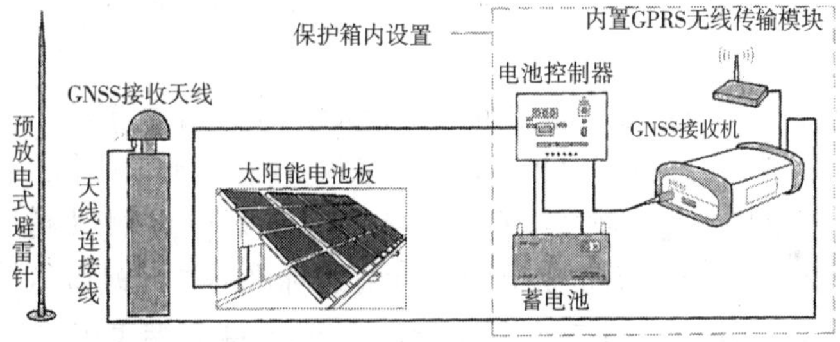


**图 2-1-26　固定参考站的设备组成及其连接**

**(三)使用 S86 进行城市 CORS 测量**

如果用户所在城市使用的是南方测绘 CORS,只需将一张手机 SIM 卡插入 S86 接收机背面的“SIM CARD”插槽,将 S86 设置为流动站模式,按开关键正常开机后,进入“设置工作模式”,将数据链选项设置为“GPRS 网络”,并向城市的 CORS 控制中心申请一个 IP 地址即可进行测量。

## 四、现有的全球卫星定位系统

**(一)GPS 卫星定位系统**

由美国国防部于 1973 年开始研制,历时 20 年,耗资 300 亿美元,于 1993 年建成。名为 NAVSTAR/GPS (Navigation System Timing and Ranging/Global Positioning System) ,中文译为“授时与测距导航系统/全球定位系统”,通常称之为全球定位系统,简称 GPS 系统。该系统至 1994 年共发射 24 颗卫星(其中 21 颗为工作卫星,3 颗为备用卫星,目前的卫星数已超过 32 颗),均匀分布在 6 个相对于赤道倾角为 55°的近圆形轨道上。卫星距离地球表面的平均高度为 20 200 km,运行速度为 3 800 m/s,运行周期为 11 h 58 min。卫星的分布可保证在地球上任何地点、任何时刻同时至少能观测到 4 颗卫星。该系统开始主要用于军事上的导航、定位或监测等，随着系统的开发应用，现已广泛应用于飞机、船舶等各种运载工具的导航，高精度的大地测量、精密工程测量，以及航天发射和卫星回收等高科技领域。

**（二）GLONASS 卫星定位系统**

由苏联自 1982 年开始研制发射，历时 14 年共发射 24+1 颗 GLONASS 卫星，于 1996 年 1 月系统正式运行。卫星均匀分布在 3 个轨道平面内，轨道倾角为 64.8°，每个轨道等间隔分布 8 颗卫星。

**（三）伽利略（GALILEO）全球卫星导航系统**

由欧盟于 1992 年 2 月首次提出伽利略计划，至 2007 年，共发射 30 颗卫星（27 颗工作卫星和 3 颗备用卫星），均匀分布在高度约为 23 616 km 的 3 个中高度圆轨道面上，倾角 56°。该系统不仅可以用于提供导航、定位、授时、通信等服务，还具有救援等功能。

**（四）中国北斗卫星导航系统**

我国第一颗"北斗导航定位试验卫星"于 2000 年 11 月 1 日在西昌卫星发射中心发射成功，至 2019 年 5 月 17 日，先后总共成功发射了 45 颗北斗导航卫星，从而建成了我国自行研制、面向全球的中国北斗卫星导航系统（英文名称 BeiDou Navigation Satellite System，缩写 BDS）。

北斗卫星导航系统不仅可以在全球范围内全天候、全天时为各类用户提供高精度、高可靠定位、导航、授时服务，而且可以为用户提供联网、短报文通信等信息交流以及数据采集和传输等服务，无须其他通信系统支持。现有定位精度 10 m，测速精度 0.2 m/s，授时精度 10 ns。2014 年 11 月联合国负责制定国际海运标准的国际海事组织海上安全委员会，正式将中国的北斗系统纳入全球无线电导航系统，意味着继美国的 GPS 和俄罗斯的 GLONASS 后，中国的导航系统已成为第三个被联合国认可的海上卫星导航系统。这表明北斗全球导航定位系统已被全世界接受，可媲美美国全球定位系统（GPS）。

## 五、GNSS 测量的应用

GNSS 测量的应用包括以下方面：

（1）布设精密工程控制网。用 GNSS 布设隧道贯通、大坝施工等精密工程控制网，其精度比常规方法高出一个数量级。

（2）布设一般控制网。用卫星布设一般控制网，较常规方法速度快、精度高。

（3）加密测图控制。卫星静态测量可用于加密测图控制网，一次布测完成，无须逐级加密和复杂计算。

（4）直接用于地形测量、地籍测量或施工测量。卫星采用准动态测量模式，进行地形图、地籍图的测绘或工程的定线、放样，亦将给这些测量工作带来很大方便。

（5）直接用于变形监测。国内外已将卫星广泛应用于油田、矿山地壳的变形监测，城市因过度抽取地下水造成的地面沉降监测，大型水库的大坝变形监测，大型桥梁及高层建筑的变形监测等。

# 小 结

(1)小区域平面控制测量最常用的方法是导线测量,其形式有附合导线(含单定向附合导线和无定向附合导线)、闭合导线和支导线。导线测量的外业包括踏勘选点、角度测量、边长测量和连接测量,内业计算包括角度闭合差的计算和调整(单定向附合导线无此项计算,无定向导线则需首先计算第一条边应有的方位角)、方位角的推算、坐标增量闭合差的计算和调整及未知点的坐标计算。

(2)小区域高程控制测量最常用的方法是四等水准测量,其原理与一般水准测量相同,只是精度的要求更高。为此,采用双面水准尺法,增加读数和检核的项目,以便使观测的精度有所保证。

(3)GNSS定位技术的基本原理是根据卫星发射的信号进行空间测距后方交会,从而直接解算出地面点的三维坐标,具有全球性、全天候、速度快、精度高、自动化等优点,在测量中应用广泛。

# 复习题

1.控制测量的目的是在测区内通过测定控制点的平面坐标($x,y$)以建立________,或通过测定控制点的高程($H$)以建立________。根据建网目的和控制范围等的不同,控制网一般可分以下类型:________、________、________、________和________。

2.导线的形式主要分为________、________和________。导线测量的外业包括________、________、________和________,内业计算主要包括________、________、________和________。导线计算的电算程序主要由________和________两大部分组成。需要输入的数据包括________、________和________,计算成果输出到________的工作表中。

3.四等水准测量采用双面水准尺法,一个测站有8项读数,分别是后视尺黑面的________、________、________丝读数和红面的________丝读数,以及前视尺黑面的________、________、________丝读数和红面的________丝读数。有5项数据检核,分别是________、________、________、________和________。同一测站的黑面高差和红面高差理论上相差________,高差平均值的计算公式为________。

4.GNSS定位系统由________、________、________三大部分组成。其定位方法按定位基本原理分为________和________,按接收机所处状态分为________和________,按定位方式分为________和________。GNSS测量的实施包括________、________、________、________等。

# 练习题

1.附合导线已知数据和观测数据已列入表 2-1-11,试完成表内各项计算。

**表 2-1-11　导线测量计算表**

| 点号 | 观测角 $\beta$ (° ′ ″) | 改正后观测角 (° ′ ″) | 方位角 $\alpha$ (° ′ ″) | 距离 $D$ (m) | 纵坐标增量 $\Delta x'$ (m) | 横坐标增量 $\Delta y'$ (m) | 改正后 $\Delta x$ (m) | 改正后 $\Delta y$ (m) | 纵坐标 $x$ (m) | 横坐标 $y$ (m) |
|---|---|---|---|---|---|---|---|---|---|---|
| $A$ | | | | | | | | | | |
| | | | **192 59 22** | | | | | | | |
| $B$ | 173 25 13 | | | | | | | | **534.570** | **252.462** |
| | | | | 160.593 | | | | | | |
| 1 | 77 23 19 | | | | | | | | | |
| | | | | 171.857 | | | | | | |
| 2 | 158 10 46 | | | | | | | | | |
| | | | | 161.505 | | | | | | |
| 3 | 193 35 13 | | | | | | | | | |
| | | | | 148.658 | | | | | | |
| $C$ | 197 58 03 | | | | | | | | **506.568** | **691.858** |
| | | | **93 31 10** | | | | | | | |
| $D$ | | | | | | | | | | |
| 总和 | | | | | | | | | | |

辅助计算

$$f_\beta = \alpha_{AB} - \alpha_{CD} + \sum\beta \pm n \cdot 180° =$$

$$f_{\beta允} = \pm 60'' \sqrt{n} =$$

$$f_x =$$

$$f_y =$$

$$f_D = \pm\sqrt{f_x^2 + f_y^2} =$$

$$K = \frac{f_D}{\sum D}$$

$$K_{允} = \frac{1}{2\ 000}$$

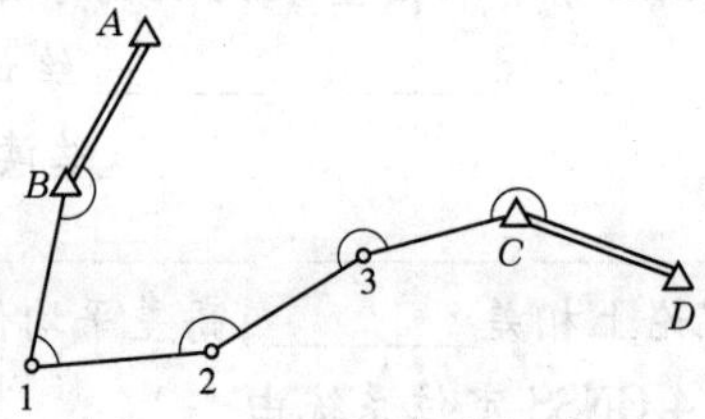


2.试完成表 2-1-12 四等水准测量的各项计算。

表 2-1-12　四等水准测量手簿

| 测站编号 | 点号 | 后尺 上／下<br>后视距(m)<br>后、前视距差(m) | 前尺 上／下<br>前视距(m)<br>累计差(m) | 方向及尺号 | 水准尺读数(m)<br>黑面 | 水准尺读数(m)<br>红面 | $K$+黑－红(mm) | 高差中数(m) | 备注 |
|---|---|---|---|---|---|---|---|---|---|
| | | (1) | (4) | 后 | (3) | (8) | (13) | (18) | $K_1 = 4.687$ m<br>$K_2 = 4.787$ m |
| | | (2) | (5) | 前 | (6) | (7) | (14) | | |
| | | (9) | (10) | 后－前 | (16) | (17) | (15) | | |
| | | (11) | (12) | | | | | | |
| 1 | $BM_1$－$T_1$ | 1.842 | 1.213 | 后 1 | 1.628 | 6.315 | | | |
| | | 1.415 | 0.785 | 前 2 | 0.999 | 5.787 | | | |
| | | | | 后－前 | | | | | |
| | | | | | | | | | |
| 2 | $T_1$－$T_2$ | 1.645 | 2.033 | 后 2 | 1.364 | 6.150 | | | |
| | | 1.082 | 1.459 | 前 1 | 1.746 | 6.434 | | | |
| | | | | 后－前 | | | | | |
| | | | | | | | | | |
| 3 | $T_2$－$T_3$ | 1.918 | 1.839 | 后 1 | 1.620 | 6.306 | | | |
| | | 1.322 | 1.253 | 前 2 | 1.546 | 6.334 | | | |
| | | | | 后－前 | | | | | |
| | | | | | | | | | |
| 4 | $T_3$－$BM_2$ | 1.774 | 0.910 | 后 2 | 1.576 | 6.364 | | | |
| | | 1.388 | 0.526 | 前 1 | 0.718 | 5.405 | | | |
| | | | | 后－前 | | | | | |
| | | | | | | | | | |
| 校核 | | $\sum(9)=$<br>$\sum(10)=$<br>(12) 末站 =<br>总距离 = | | | $\sum(3)=$　$\sum(8)=$<br>$\sum(6)=$　$\sum(7)=$<br>$\sum(16)=$　$\sum(17)=$<br>$\frac{1}{2}\{\sum(16)+[\sum(17)\pm 0.100]\}$<br>= | | | $\sum(18)$<br>= | |

# 思考题

1.导线测量有何优点？为何说导线测量是小区域平面控制测量最常用的形式？导线选点应注意什么？闭合导线和附合导线各适用于什么情况？它们的内业计算有何不同点？电算时如何将附合导线和闭合导线综合考虑？这样有何优点？

2.什么是单定向附合导线和无定向附合导线？它们的内业计算与双定向附合导线的内业计算有何不同？无定向附合导线第一条导线边应有的方位角如何计算？

3.同一测站的黑面高差和红面高差在什么情况下会符号相反？举例说明其产生的原因。

4.GNSS 定位的基本原理是什么？采用的是哪一种坐标系？什么是伪距测量定位与载波相位测量定位？什么是静态定位与动态定位？什么是绝对定位与相对定位？相对定位时，根据不同测站同时观测同一组 GNSS 卫星信号，计算什么？确定什么？为何说相对定位比绝对定位的效果好？

5.GNSS RTK 测量运用的是何种定位技术？其接收机的外业操作有哪些步骤？优点何在？

# 项目二　大比例尺地形图测绘

**知识目标**

地形图的基本知识，地形图经纬仪测绘法和数字测图的基本原理。

**技能目标**

能运用经纬仪进行小区域大比例尺地形图的测绘和应用 CASS 软件进行数字测图。

## 任务一　地形图基本知识

**知识要点：**有关地形图的基本知识。

**技能要点：**能熟练阅读地形图。

### 一、地形、地形图、地形图比例尺和比例尺精度

地面上的房屋、道路、河流、桥梁等自然物体或人工建筑物（构筑物）称为地物，地表的山丘、谷地、平原等高低起伏的形态称为地貌，地物和地貌总称为地形。而地形图就是将一定范围内的地物、地貌沿铅垂线投影到水平面上，再按规定的符号和比例尺，经综合取舍，缩绘成的图纸。地形是三维的空间形体，而图纸仅为二维平面，因此传统的纸质地形图实质上是三维地形在二维平面上的模拟。地形图是普通地图的一种，按成图方式的不同又有线画图、影像图和数字图之分。仅用各种线画符号和注记说明表示的为线画图，在航摄像片的基础上加工而成并保留有地面影像的为影像图，将地物、地貌的三维坐标以数字形式存储在计算机内的为数字图。如果仅有地物的平面位置，而不反映地面的高低起伏，这样的图就是平面图。

地形图的内容可分为数字信息和地表形态两大类。数字信息是指根据地形图的比例尺、图廓、坐标格网等确定的地面点的平面位置和高程，以及地面点之间的水平距离、方位角和高差等。地表形态是指通过各种地物符号和地貌符号反映的地物和地貌的形状与特征等。

地形图的比例尺是图上任意两点间的长度和相应的实地水平长度之比，即 $1:M$，$M$ 称为比例尺分母。如 1:1 000 地形图的图上 1 cm 就代表实地水平距离为 10 m。地形图比例尺按比值的大小可分为不同的类别。如 1:100 万、1:50 万、1:25 万的称为小比例尺地形图，常用于国家以至世界范围的地形图；1:10 万、1:5万、1:2.5 万的称为中比例尺地形图，常用于区域性的勘测规划、方案比选和初步设计；1:10 000、1:5 000、1:2 000、1:1 000、1:500 的称为大比例尺地形图，常用于工程的技术设计、详细设计和施工放样。

人的肉眼能够分辨图上两点之间的最小距离为人眼的分辨率。人眼分辨率在图上都是 0.1 mm，但它所代表的实地距离却因比例尺的不同而异，因而就将人眼分辨率即图上

0.1 mm 所代表的实地距离视为地形图的比例尺精度。地形图不同比例尺的精度列于表 2-2-1。

表 2-2-1　地形图不同比例尺的精度

| 比例尺 | 1:500 | 1:1 000 | 1:2 000 | 1:5 000 | 1:10 000 |
|---|---|---|---|---|---|
| 比例尺精度(m) | 0.05 | 0.1 | 0.2 | 0.5 | 1.0 |

由表 2-2-1 可见,比例尺越大的地形图,反映的内容越详细,精度也越高。当然,比例尺也并非越大越好,因为测图的成本将随比例尺的增大而成倍增加,关键是应根据工程的实际需要合理选择。例如,要求能将 0.1 m 宽度的地物在地形图上表示出来,则根据地形图的比例尺精度即知,所选的测图比例尺就不应小于 1:1 000,以此作为合理选择测图比例尺的重要依据之一。

## 二、地物符号

地形图上的地物必须遵照中华人民共和国国家标准《国家基本比例尺地图图式 第 1 部分:1:500、1:1 000、1:2 000 地形图图式》(GB/T 20257.1—2007),采用统一规范的符号来表示。地形图图式不仅含有规范的地物符号,还包括专门的地貌符号和注记符号(参见表 2-2-2),是测绘和应用地形图的重要工具之一。地物符号按特性、大小和在图上描绘方法的不同,可做以下分类。

### (一)比例符号

水平轮廓较大的地物,根据其实际大小,按比例尺缩绘成的符号称为比例符号,如房屋、道路、河流等。

### (二)半比例符号(线形符号)

呈带状延伸,但宽度较窄的地物,其长度按比例尺缩绘,而不表示其实际宽度的符号称为半比例符号(线形符号),如铁路、通信线路、乡间小路等。

### (三)非比例符号

水平轮廓太小的地物,无法按比例尺进行缩绘,仅用于表示其形象的符号称为非比例符号,如测量控制点(符号的几何中心与点位的实地中心相吻合)、纪念碑(符号的底部中心与地物的中心位置相吻合)、独立树(符号底部的直角顶点与地物的中心位置相吻合)等。

### (四)注记符号

需要另用文字、数字或特定符号加以说明的称为注记,如河流及湖泊的水位,城镇、厂矿的名称,果园或苗圃等。

## 三、等高线

地形图上的地貌是用等高线来表示的。等高线是由地面上高程相等的相邻点连接而成的闭合曲线。如图 2-2-1 所示,设想以若干高度(图中为 100 m、95 m、90 m)及相邻之间高差均为整米数的平静水面与某山头相交,再将所有交线依次投影到水平面上,得到一组闭合曲线。显然,每条闭合曲线上点的高程都相等,因而称为等高线,即可用于模拟该山头的形状。

表 2-2-2　地形图图式（1∶500，1∶1 000）

| 符号说明 | 符号 | 符号说明 | 符号 | 符号说明 | 符号 |
|---|---|---|---|---|---|
| 三角点<br>横山—点名<br>95.931—高程 | 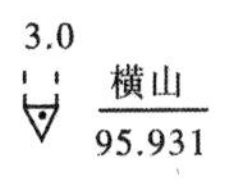 | 土墙 | 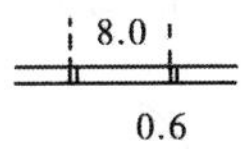 | 水渠 | 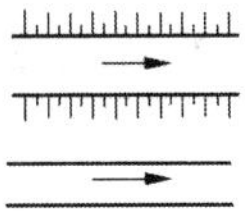 |
| 导线点<br>25—点名<br>62.74—高程 | 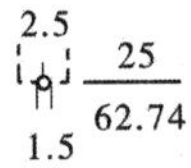 | 栅栏<br>栏杆 | 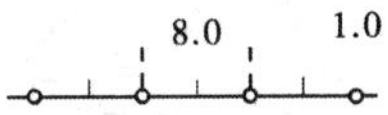 | 车行桥 | 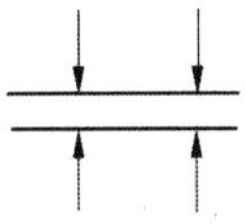 |
| 水准点<br>京石 5—点名<br>32.804—高程 | 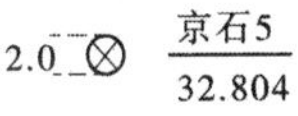 | 篱笆 | 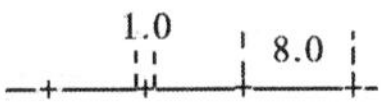 | 人行桥 | 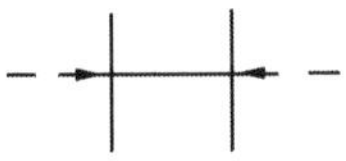 |
| 永久性房屋<br>（四层） | 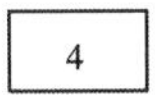 | 铁丝网 | 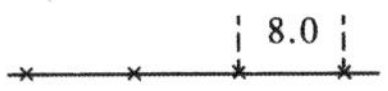 | 地类界 | 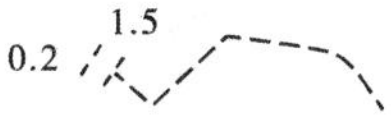 |
| 普通房屋 | 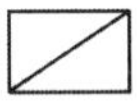 | 铁路 | 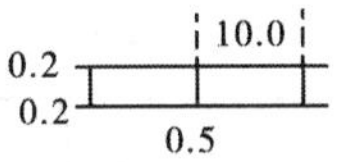 | 旱地 | 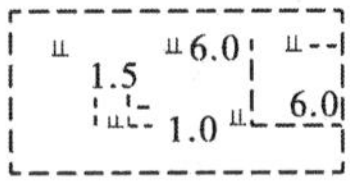 |
| 厕所 |  | 公路 | 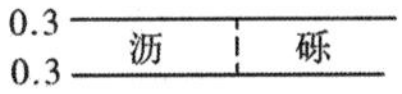 | 大面积<br>的竹林 | 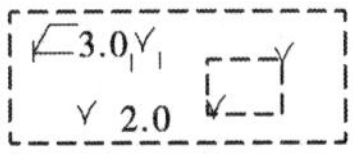 |
| 水塔 | 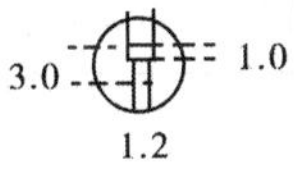 | 简易公路 | 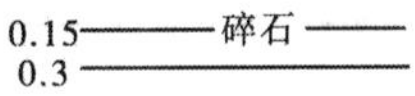 | 草地 | 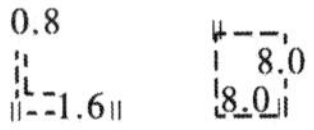 |
| 烟囱 | 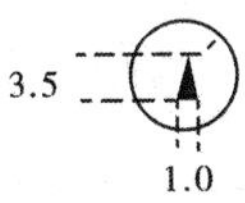 | 大车路 | 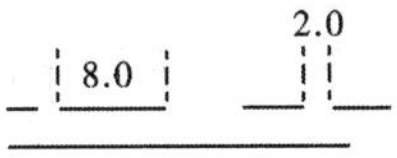 | 耕田、<br>水稻田 | 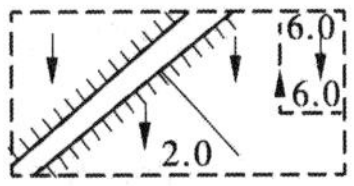 |
| 电力线高压 | 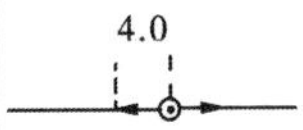 | 小路 | 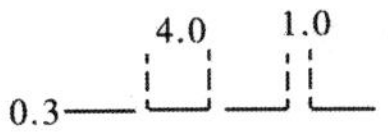 | 菜地 | 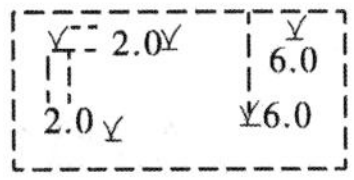 |
| 电力线低压 | 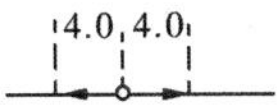 | 阶梯路 | 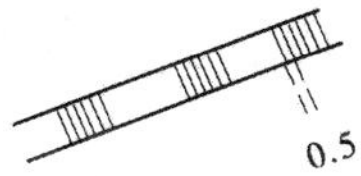 | 等高线 | 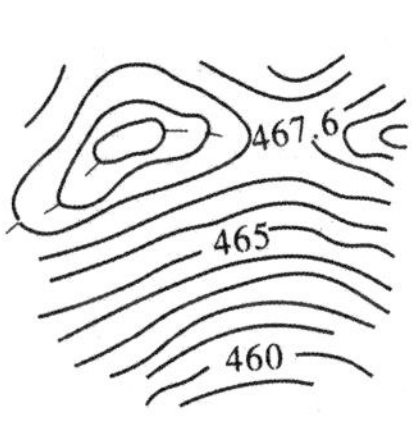 |
| 砖石及<br>混凝土墙 | 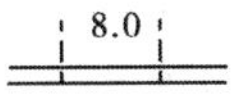 | 河流、湖泊、<br>水库、水涯线<br>及流向 |  | | |

## (一)等高距

相邻等高线之间的高差称为等高距,用 $h$ 表示。一幅地形图上一般只用一种等高距,如图 2-2-1 中等高距为 5 m。等高距的选择应考虑测图比例尺的大小和地势的起伏程度。比例尺越大、地势越平缓,所选等高距应越小。

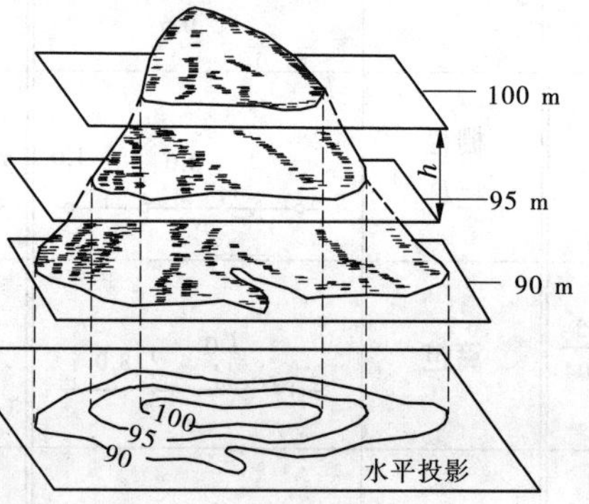


图 2-2-1　等高线的生成

适于一般地形图选用的基本等高距列于表 2-2-3。

表 2-2-3　地形图基本等高距　(单位:m)

| 比例尺 | 平坦地区 | 丘陵地区 | 一般山地 | 高山地区 |
|---|---|---|---|---|
| 1∶500 | 0.5 | 0.5 | 0.5 (或 1.0) | 1.0 |
| 1∶1 000 | 0.5 | 0.5(或 1.0 ) | 1.0 | 1.0(或 2.0) |
| 1∶2 000 | 0.5(或 1.0) | 1.0 | 2.0 | 2.0 |

## (二)等高线平距

相邻等高线之间的水平距离称为等高线平距,用 $d$ 表示。等高距 $h$ 与等高线平距 $d$ 之比为地面坡度,即 $i=\frac{h}{d}$。由于一幅地形图上的等高距 $h$ 一般是固定的,因此可以通过等高线平距的大小来反映地面坡度的变化。

## (三)等高线分类

1.首曲线

同一幅地形图上,按规定的等高距勾绘的等高线叫首曲线(如图 2-2-2 中的 9 m、11 m、12 m、13 m 等高线)。

2.计曲线

每隔 4 条首曲线加粗描绘的一条等高线叫计曲线。例如,在一幅等高距为 1 m 的地形图上,逢 5 m、10 m 整数倍的等高线均加粗描绘,即为计曲线(如图 2-2-2 中的 10 m、15 m 等高线)。计曲线的醒目表示可使读图更加方便。

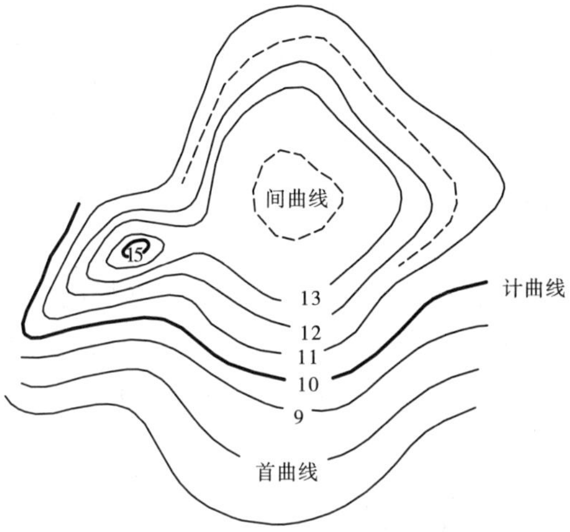


**图 2-2-2　等高线的分类**

3.间曲线

相邻两条首曲线之间二分之一等高距处，用虚线插绘的等高线叫间曲线。间曲线可以不闭合，一般在河滩等地势平缓处使用（如图 2-2-2 中的 11.5 m、13.5 m 等高线）。

**（四）典型地貌的等高线表示**

典型地貌的等高线表示见图 2-2-3。

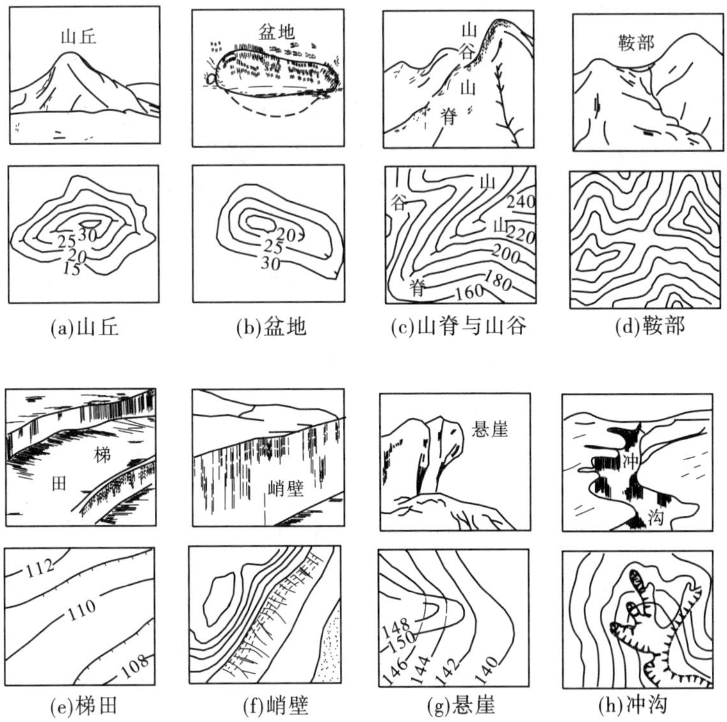


**图 2-2-3　典型地貌的等高线表示**

1.山丘与盆地

等高线均由若干圈闭合曲线所组成。在其下坡方向绘有垂直于等高线的短线为示坡线。示坡线由内圈指向外圈,说明下坡由内向外,为山丘（见图 2-2-3(a)）;示坡线由外圈指向内圈,说明下坡由外向内,为盆地（见图 2-2-3(b)）。此外,如等高线有高程注记,显然,内圈高程注记大于外圈为山丘,内圈高程注记小于外圈为盆地。

2.山脊与山谷

等高线均类似于一组抛物线,如图 2-2-3(c)所示。其拐点凸向低处的表示山脊,拐点的连线为山脊线,因雨水分流山脊两侧,所以又称分水线。其拐点凸向高处的表示山谷,拐点的连线为山谷线,因雨水沿山谷线集中,所以又称集水线 。

3.鞍部

相邻两山头之间呈马鞍形的低地,为两个山头和两个山谷的会合点,其等高线近似于两组双曲线的对称组合,见图 2-2-3(d)。

4.特殊地貌

梯田（见图 2-2-3(e)）、峭壁(见图 2-2-3(f))、悬崖(见图 2-2-3(g))、冲沟(见图 2-2-3(h))等,常用专门的地貌符号表示。用等高线表示时,会出现相邻等高线相交的情况,如悬崖,被覆盖部分的等高线应以虚线描绘。有关特殊地貌的具体表示方法可参见 GB/T 20257.1—2007。

**(五)等高线特性**

(1)等高性,即同一条等高线上的点高程相等。

(2)闭合性,即等高线为闭合曲线,不在图幅内闭合就在图幅外闭合,因此在图幅内,除遇房屋、道路、河流等地物符号或陡坎、冲沟等地貌符号外,不能中断。

(3)非交性,即除遇悬崖等特殊地貌外,等高线不能相交。

(4)正交性,即等高线遇山脊线或山谷线应垂直相交,并改变方向。

(5)反比性,即在等高距相同的情况下,等高线平距与地面坡度成反比。等高线平距越小,等高线越密,表示地面坡度越大;反之,等高线平距越大,等高线越疏,表示地面坡度越小。

遵循以上特性,将有利于等高线的正确勾绘和地貌的正确判读。

图 2-2-4 是局部的实地地形与其相应地形图的对照示意图。

## 四、分幅和编号

测区的面积较大时,为了便于地形图的使用和管理,应按统一的规定对地形图进行分幅和编号。小比例尺的国家基本图,以 1:100 万的地形图作为基础,按一定的经度差和纬度差划分成梯形图幅来进行分幅和编号,称为国际分幅法;区域性的大比例尺地形图,则通常采用正方形图幅进行分幅和编号。不同比例尺的正方形图幅的大小和实地面积列于表 2-2-4。

宽度较窄的带状地形图还可以采用 40 cm×50 cm 的矩形图幅。

工程上使用的正方形或矩形图幅一般采用图廓西南角千米数编号法,即以图廓西南角

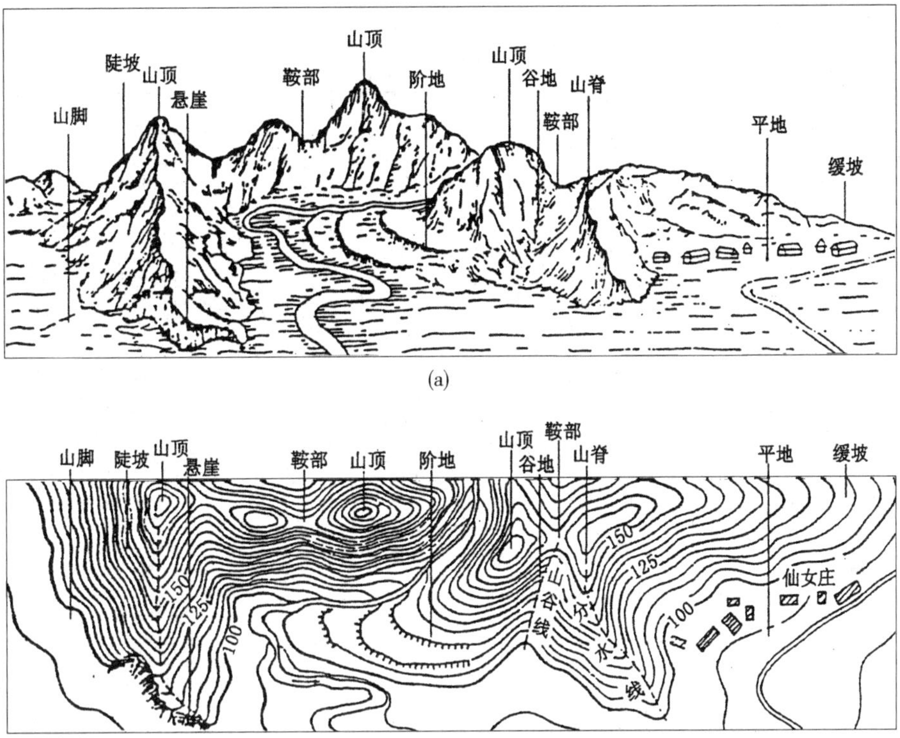


(a)

(b)

图 2-2-4 实地地形与相应地形图

坐标的千米数（1∶500 地形图取至 0.01 km，1∶1 000、1∶2 000 地形图取至 0.1 km，$x$ 坐标在前，$y$ 坐标在后，中以"-"号连接）进行编号。如图 2-2-5 所示，该图幅西南角坐标 $x$ = 3 355.0 km，$y$ = 545.0 km，其编号即为 3 355.0-545.0（该图仅为正规图幅的西南部分）。

表 2-2-4 正方形图幅的大小和实地面积

| 比例尺 | 图幅大小（cm×cm） | 实地面积（$km^2$） | 一幅 1∶5 000 的图包含本图幅的数目 |
|---|---|---|---|
| 1∶5 000 | 40×40 | 4 | 1 |
| 1∶2 000 | 50×50 | 1 | 4 |
| 1∶1 000 | 50×50 | 0.25 | 16 |
| 1∶ 500 | 50×50 | 0.062 5 | 64 |

若测区面积不大，采用假定直角坐标系，则可采用测区与阿拉伯数字或字母相结合的编号法，即先从左至右，再从上至下，以数字（1，2，3，…）或字母（A，B，C，…）为代码对图幅进行编号（见图 2-2-6）。设测区为××，则带晕线的图幅号即为××-10，更为简便。

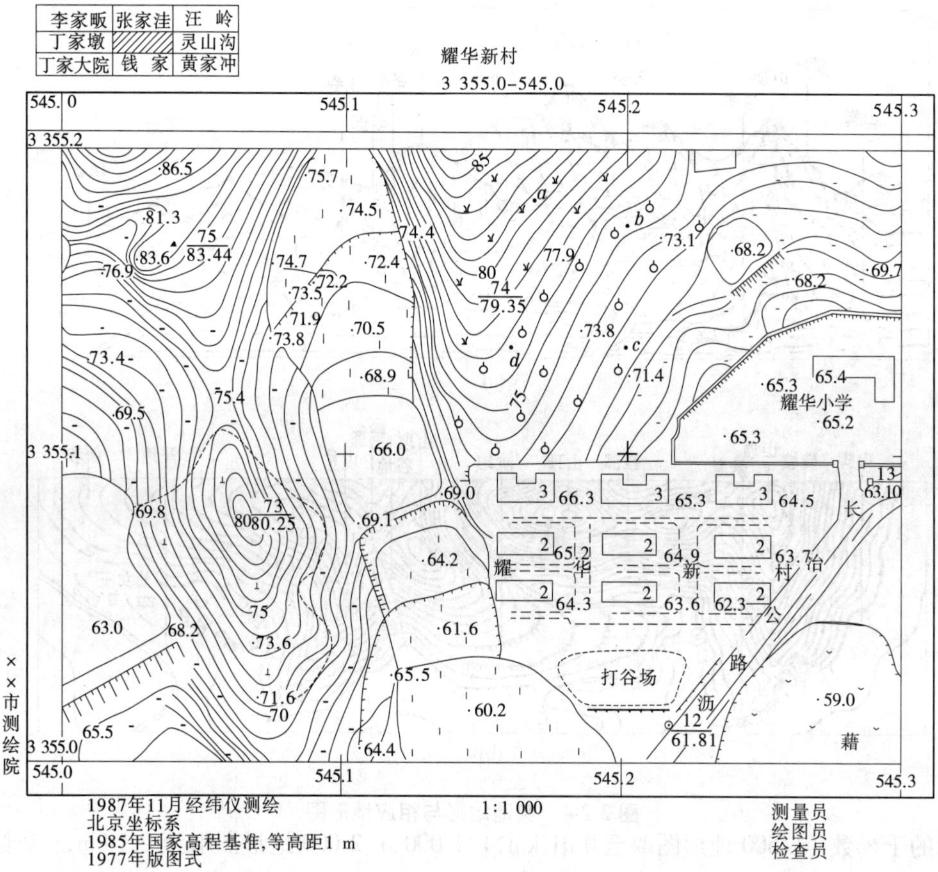


图 2-2-5 正方形图幅的图名、图号及图廓

## 五、图廓、坐标格网与注记

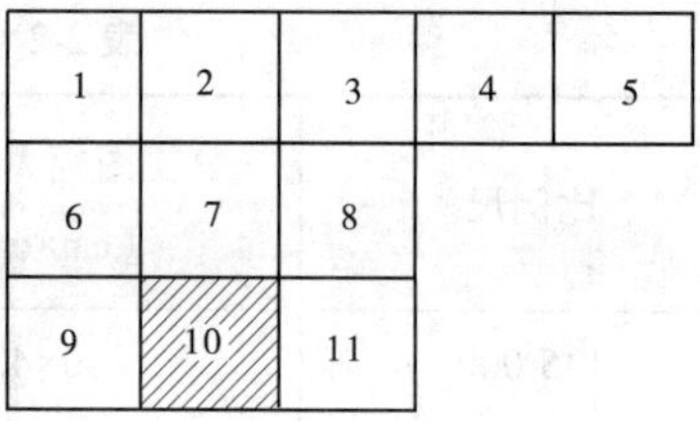


图 2-2-6 测区与数字组合编号

地形图一般绘有内外图廓。内图廓为图幅的边界线,也是坐标格网的边线;外图廓是加粗的图廓线。内图廓外四角处注有取至 0.1 km 的纵、横坐标值(见图 2-2-5),图内绘制 10 cm×10 cm 一格的坐标格网(有的仅在格网交叉点留有纵、横均为 10 mm 长的"+"号,内图廓的内侧留有 5 mm 长的短线)。坐标格网是测图时展绘控制点和用图时图上确定点的坐标的依据。

图廓外的注记一般包括以下内容:

(1)图名与图号。注于图幅上方,一般以图幅内的主要地名作为本幅图的图名,其下方为图号。

(2)图幅接合表。绘于图幅左上方,表明本图幅与东西南北及其斜向八个方向相邻图幅的关系,表内可注图名,亦可注图号。

(3)其他注记。在图幅下方,一般还应注记比例尺、测图日期、测图方法、坐标系统和高程基准、等高距、地形图图式的版本及有关测图负责人员的姓名等，外图廓左侧下方注以测绘单位的全称。

# 任务二　大比例尺地形图经纬仪测绘

**知识要点：**大比例尺地形图经纬仪测绘的原理和方法。

**技能要点：**能运用经纬仪进行地形图测绘。

大比例尺地形图的测绘，就是在控制测量的基础上，采用适宜的测量方法，测定每个控制点周围地形特征点的平面位置和高程，以此为依据，将所测地物、地貌逐一勾绘于图纸上。本节介绍大比例尺地形图经纬仪测绘的原理和方法。

## 一、大比例尺地形图测绘原理

### （一）地形特征点的选择

地物和地貌投影至平面上总会有各种呈点、线、面的几何形状，无论哪种几何形状，又都可分解为点，这些点就是地物特征点或地貌特征点，统称为地形点，又称碎部点。

（1）地物特征点能反映地物平面外形轮廓的关键点，如房屋的屋角、河岸的拐点、道路的交叉点及独立地物的中心点等。

（2）地貌特征点山头、谷地关键部位的点，如山顶、鞍部、谷底及山脊线、山谷线、坡脚线上坡度、走向变换的点。

当上述地形特征点相互距离较远时，还应在这些点之间适当加密点位，以满足测图精度的需要。图 2-2-7 是测图时合理选择地形点的示意图。图中竖立直尺的位置即应选择的地形点点位。

图 2-2-7　地形点的选择

## （二）测定地形点位置的方法

1.传统方法

在控制点上用经纬仪设站，测量地形点（碎部点）的位置和高程。测量平面位置的方法主要是极坐标法。如图 2-2-8 所示，为测定地形点 $a$ 的位置，在控制点 $A$ 上以 $AB$ 为起始方向，测量 $AB$ 和 $Aa$ 之间的水平角 $\beta$ 以及 $A \sim a$ 的水平距离，即可确定 $a$ 点的平面位置，其他还有直角坐标法、角度交会法及距离交会法（见图 2-2-9，参见本书模块一项目四任务二）。与此同时，运用水准测量或视距测量的方法测定 $a$ 点的高程。

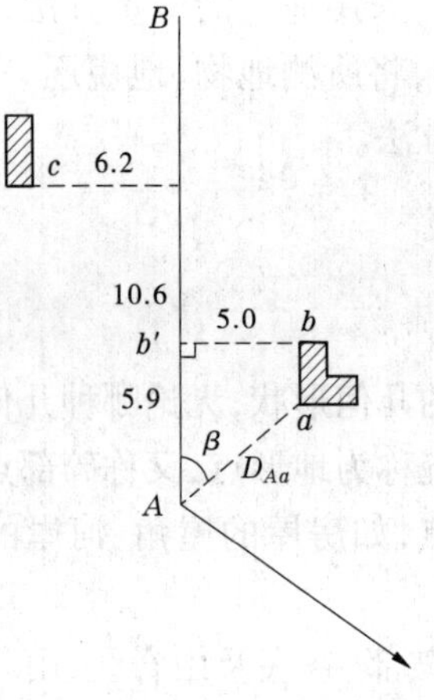


图 2-2-8　极坐标法与直角坐标法测定点位

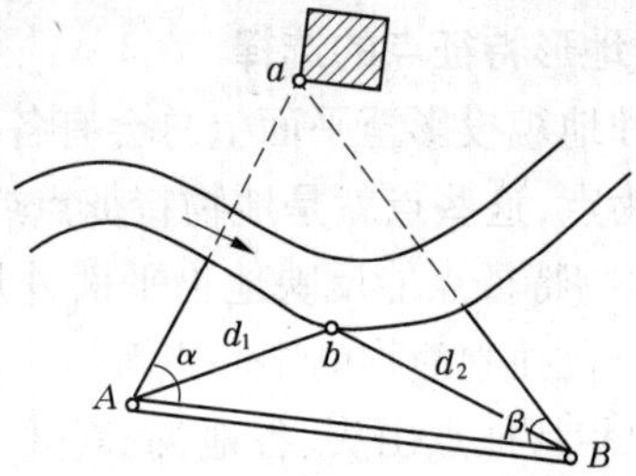


图 2-2-9　角度交会法和距离交会法测定点位

2.全站仪坐标测量法

在控制点上架设全站仪，碎部点上安置反射棱镜，采用全站仪坐标测量的方法，直接测定碎部点的三维坐标（参见本书模块一项目四任务四）。

3.GNSS RTK 测量法

根据 GNSS RTK 测量的原理，将接收机直接安置在碎部点上，测定碎部点的三维坐标（参见本书模块二项目一任务五）。

# 二、大比例尺地形图经纬仪测绘法

经纬仪测绘法是一种传统的碎部测量方法，简单易行，在以往的小区域大比例尺地形图测绘中，应用广泛。

## （一）准备工作

在完成测区图根控制测量的基础上，需要进行以下测图前的准备工作。

1.图纸准备

以聚脂薄膜作为图纸，图幅的大小如表 2-2-4 所示。现在的聚酯薄膜图纸上面均用机器绘制有坐标格网，以 10 cm×10 cm 为一格，对于 50 cm×50 cm 的图幅而言，即有 5 行 5 列计 25 个方格。根据地形图分幅的要求（满幅）或图内控制点最大最小坐标值（不满幅），先合理确定坐标格网西南角的坐标，然后再根据测图比例尺在坐标格网的横线和竖线注记相应的坐标值（见图 2-2-10）。

2.展绘控制点

如图 2-2-10 中所示，根据控制点的 $x$ 、$y$ 坐标，按比例尺将其展绘于所在的方格中，接着在点位右侧绘一长 1 cm 的横线，其上注记点的编号，其下注记点的高程。依次类推，将图幅内所有控制点的点位绘制出来。展绘完毕，应予以检查。其方法是量取各相邻控制点间的图上长度，和相应控制点间的实地长度除以测图比例尺的分母进行比较，其差值不得大于图上 0.3 mm。

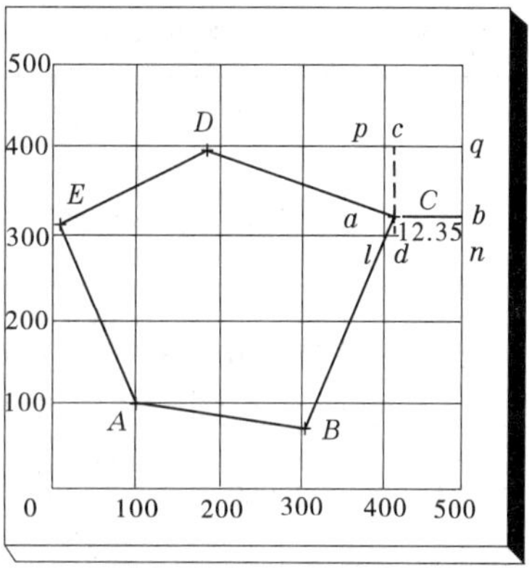


图 2-2-10 坐标格网及控制点展绘

**（二）现场作业**

经纬仪测绘法的现场作业，就是在控制点上架设经纬仪，称为测站（如点 $A$ ），量取仪器高，再选择一相邻控制点（如点 $B$ ）作为零方向，然后就可运用极坐标法依次测定由跑尺员所选定并立尺（如用全站仪，则竖立反射棱镜）的碎部点的平面位置和高程，测站近旁安置图板，按所测的点的平面位置将每个测站周围的碎部点逐一展绘到图板上，根据需要，注记点位的高程，然后勾绘出地物和地貌来（见图 2-2-11（a））。具体的作业内容包括测、记、算、展、绘。

1.测

照准碎部点上所立标尺，读取平盘读数（精确至分），即为水平角 ，再用皮尺量距或视距测量的方法，测量测站至碎部点的水平距离。

2.记

将上述所有观测数据记入碎部测量手簿（见表 2-2-5）。

3.算

计算测站到该碎部点的水平距离和高差 ，并根据测站点的高程计算出该碎部点的高程（距离至 dm，高程至 cm）。如用全站仪，则可直接测定水平距离、高差和点的三维坐标而无须计算。

（a）测站工作示意图

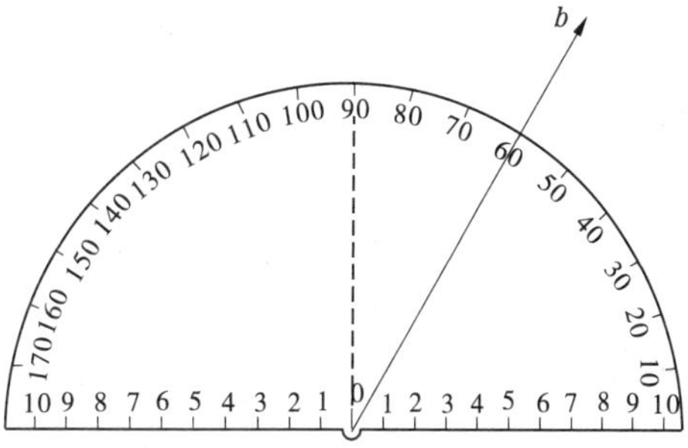


（b）半圆量角器展点

图 2-2-11 经纬仪测绘法

**表 2-2-5　碎部测量手簿**

仪器高 1.45 m　　指标差 $x=0$　　测站 $A$　　零方向 $B$　　测站高程 23.45 m

| 测点 | 水平角 (°　′) | 标尺读数 中丝 | 标尺读数 下丝/上丝 | 视距间距 (m) | 竖盘读数 (°　′) | 竖直角 (°　′) | 高差 (m) | 水平距离 (m) | 测点高程 (m) | 说明 |
|---|---|---|---|---|---|---|---|---|---|---|
| 1 | 55　38 | 1.450 | 1.560 / 1.340 | 0.220 | 88　06 | +1　54 | +0.73 | 22.0 | 24.18 | |
| 2 | 74　32 | 2.000 | 2.871 / 1.128 | 1.743 | 92　32 | −2　32 | −8.25 | 174.0 | 15.20 | |
| 3 | 208　45 | 1.450 | 2.030 / 0.870 | 1.160 | 82　19 | +7　41 | +15.37 | 113.9 | 38.82 | |

4.展

用半圆量角器(见图 2-2-11(b))按极坐标法和测图比例尺将碎部点展到图纸上。最后在点位右侧注上该点的高程（地物点),或以点位兼作高程数字的小数点（地貌点)。

5.绘

参照现场实际地形,勾绘地物和等高线。

(1)地物的勾绘。对照实际地物,将特征点连接成地物平面投影的轮廓线。

(2)等高线的勾绘。首先对照实际地形将地性线（山脊线和山谷线）上的特征点用虚线连起来,然后在两相邻地貌特征点之间内插整米数的等高点。由于所选的地貌特征点都是坡度或走向变换的点,因此相邻点之间的坡度可认为是均匀的,即可按高差与平距成正比的原则进行内插。据此原理,实际作业中一般采用目估内插法（见图 2-2-12(a)),甚为简便。随后,对照实际地形将相邻的等高点依次连接成等高线（见图 2-2-12(b))。

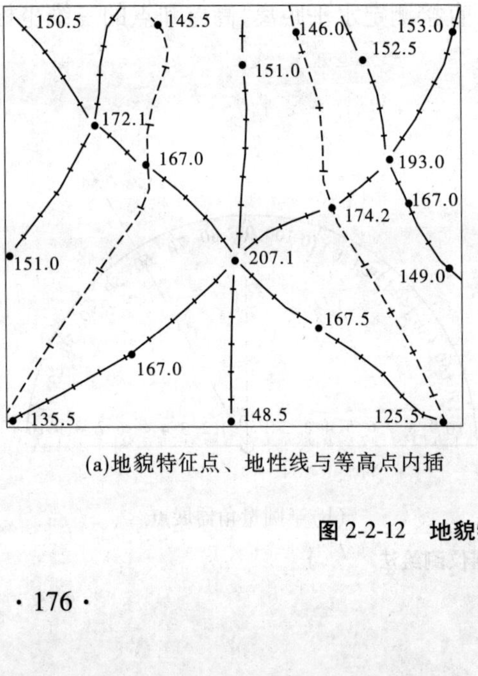

(a)地貌特征点、地性线与等高点内插

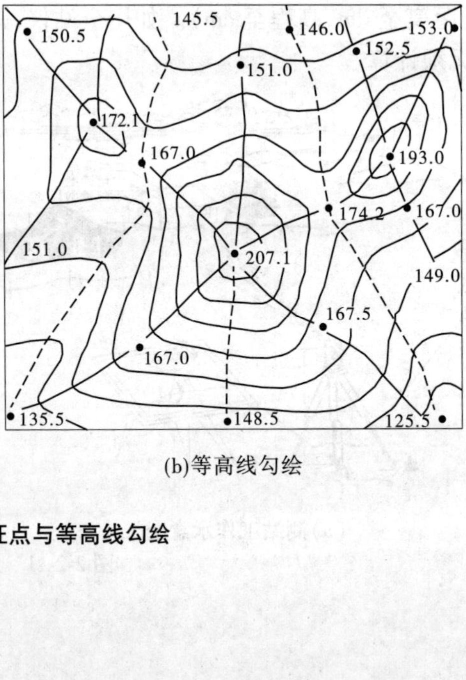

(b)等高线勾绘

**图 2-2-12　地貌特征点与等高线勾绘**

(3)检查。勾绘完毕，应及时检查图上所绘地物及等高线与实际地物和地貌是否相符，如发现有疏漏或矛盾处，应立即进行增补和修改，如矛盾较大，应通过复测加以纠正。

在一个测站工作完成迁至下一测站后，应先对邻近的上一测站所测内容，选择其中少量的地形点再复测其点位和高程，无误后再开始新测站的工作。

**(三)拼图、整饰、检查与验收**

1.拼图

测区较大有较多图幅时，在完成现场的测图后应进行相邻图幅的拼接，称为拼图。即将相邻图幅衔接边处的图上内容，按坐标格网线拼在一起，检查内图廓两侧地物和等高线的衔接情况（见图 2-2-13)，若同一地物的轮廓线相差小于 2 mm，同一根等高线相差小于相邻等高线的平距，即可取二者的平均位置对原图进行调整。如相差过大或发现有误，则应返工重测。

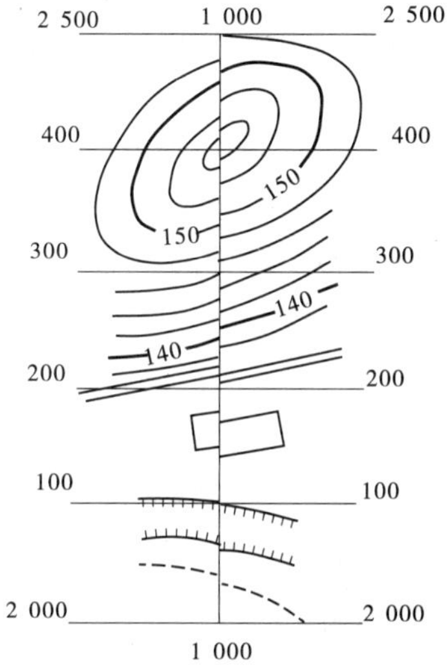


**图 2-2-13 图幅的拼接**

2.整饰

拼图完毕，将图上多余的线条和注记擦去，对地物轮廓线和等高线进行整理、修饰或加粗（计曲线)，并按图式规定注记相应的文字、数字和地物符号。最后完成图廓及图名、图号、比例尺等图廓外所有注记。

3.检查

为了保证测图的质量，应对完成的图纸进行全面检查。首先检查测图时的外业观测资料是否符合要求；然后在室内检查图上内容是否合理，等高线的勾绘是否正确；最后再到室外，将图纸与实地地形相对照，看其内容是否符合实际及有无遗漏，必要时可在现场设站对部分地物、地貌进行实测，以检定图纸的精度。

4.验收

图纸检查符合要求后上交所有成果，经有关部门审核、评定质量，即可验收。

## 三、水下地形图测绘简介

在水域建筑或航运工程中往往需要应用水下地形图。与陆上地形图测绘一样，水下地形图测绘也应遵循“由整体到局部”“先控制后碎部”“由高级至低级”的原则，一般事先在河流两岸布设导线网或三角网，同时进行水准测量或三角高程测量，作为测区的平面和高程控制，以此作为水下地形测绘的依据。除此而外，水下地形图测绘还具有如下特点。

**(一)高程基准面选择**

水下地形图测绘的高程基准面，既有黄海高程面（适于测绘近岸工程用水上、水下地形图），还有航运基准面（适于测绘航道图）。所谓航运基准面，是将航道根据河床的高低或管辖范围分成若干河段，以每河段历年最低枯水位以下0.5~1.0m为0点作为该河段的高程基准面。

**(二)地貌表示方法**

水下地形图若以黄海高程面作基准面，仍用等高线为地貌符号；若以航运基准面为基准面，则用等深线为地貌符号。例如在航道图中，以航运基准面为0点，向下为正，向上为负。即以航运基准面至水底的深度勾绘等深线，用以模拟水下地形。

**(三)地形点布设**

水下地形测绘时，由于无法选择水下地形的特征点，因此采用均匀布设的方法。即首先在河道横向每隔一定间距（一般为图上1~2 cm）布设断面。然后在断面上等距离（一般为图上0.6~0.8 cm）地布设水下地形点。断面的布设一般应与河道的流向垂直，河流弯曲处，则通常布设成辐射形（见图2-2-14）。

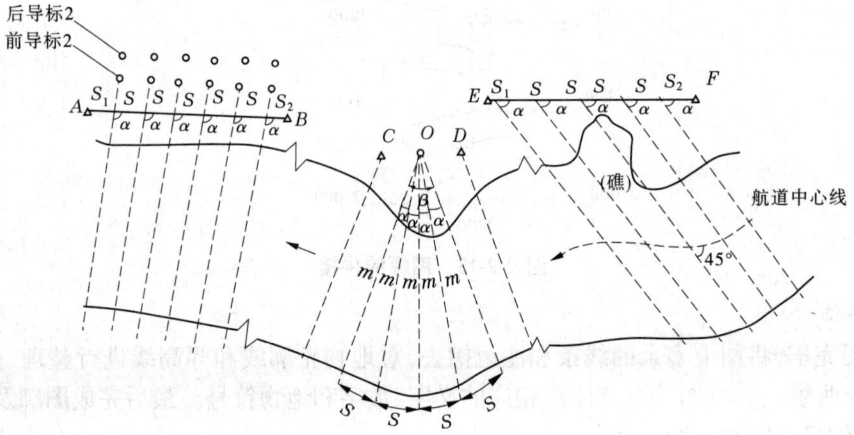


**图2-2-14 水下地形断面布设示意图**

## 四、施测方法

测定水下地形点的点位，传统方法是采用经纬仪前方交会（图2-2-15(a)）加船上测深仪测深（见图2-2-15(b)）。目前，先进的测量船上已经装有GNSS定位接收设备，配合测深装置，即可同时测定水下地形点的三维坐标，实现测深定位的自动化。需要注意的是，在水下地形测量中，由于受潮汐影响，测深时的河面高程（水位）不断变化，因此应根据当日的水位观测资料，对水深观测数据进行改正，以便将不同时间段观测的水深化为统一基准面以下的深度。

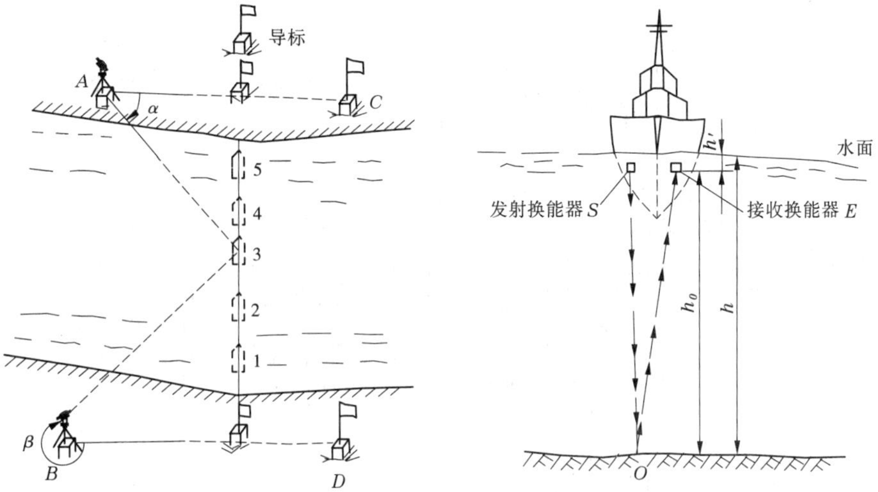


(a)经纬仪前方交会定位　　(b)回声测深仪测深

**图 2-2-15　水上测深定位**

# 任务三　大比例尺地形图数字测绘

**知识要点：**大比例尺地形图数字测绘的基本原理和方法。

**技能要点：**能应用 CASS 软件进行数字地形图测绘。

## 一、地形图数字测绘概述

地形图数字测绘是以计算机为核心，在相关硬件和软件的支撑下，将通过各种手段采集到的地形信息（广义而言，这里的信息既包括一般的数据，也包括图形、影像、字母、文字、编码、注记、符号等）自动进行数据处理、编辑建库和机助绘图的一种先进的测绘科学技术。数字测绘地形图的方式一般有三种：一是利用全站仪、GNSS 接收机或其他测量仪器加电子手簿进行的野外数字测图；二是利用现代航测仪器对航空摄影、遥感像片进行的航测数字成图；三是利用数字化仪对已有测绘图纸进行手扶跟踪或扫描的地形原图数字化。其成果根据需要既可以通过绘图仪绘制输出各种二维矢量地形图、三维立体地形图或各种影像图，也可以数字地形模型的形式在计算机内建立三维的数字地形空间，从而为工程的规划设计、各种专题地理信息系统的开发或电子地图的编制提供必要的空间底图，不仅实现了地形图的生成、存储、调用和传输的自动化，而且具有精度高、成图快捷、现势性强、使用方便等优点，从而为地形图的测绘和应用开辟了更好的前景。三种数字测绘成图的工作流程如图 2-2-16 所示。下面主要介绍大比例尺地形图的野外数字测图。

## 二、野外数字测图基础知识

### （一）野外数字测图基本原理

野外数字测图的基本原理是首先将使用全站仪或 GNSS 接收机采集到的地形点数据（包括其点号、观测值、三维坐标、符号码及与其连接点之间的连线类别码等）转换为二进

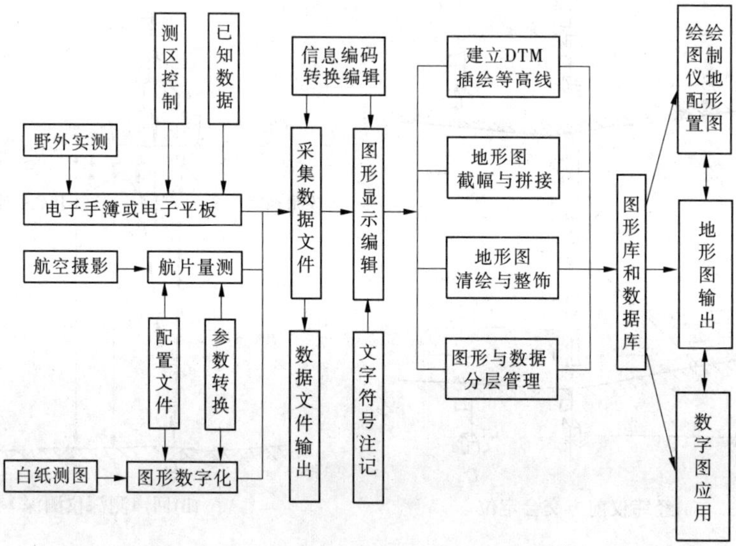


图 2-2-16　三种数字测绘成图的工作流程

制的数字形式，进行数据处理（包括数据的检查、修改、删除、增补和内插等），自动生成所有地形点的点文件，根据与地物有关点的连线码和符号码生成的地物文件，以及与地貌有关点的三维坐标进行等高点的内插、追踪生成的等高线文件，再通过人机交互方式，对各种图件及其有关的符号和注记进行编辑，最终生成数字地形图的图形文件、工作文件和数据库文件存入计算机，根据需要通过绘图仪及时输出各种地形图。

### （二）野外数字测图作业模式

野外数字测图的数据采集主要用电子测量仪器（全站仪、GNSS 接收机等）现场实测，再通过电子手簿、全站仪数据存储卡、便携机、掌上电脑或 GNSS 存储器将测量数据及其编码、属性、连接关系等输入计算机。根据使用的仪器设备、数据记录以及成图方式的不同，其作业模式主要有以下几种：

（1）全站仪野外实测，同时将数据及其对应的编码、地形属性与测点之间的连接关系一同输入计算机，经软件处理自动成图。

（2）全站仪将实测数据记入电子手簿，同时现场绘制工作草图，回室内将草图上的信息和电子手簿一道输入计算机，经人机交互处理成图。

（3）全站仪加掌上电脑或便携机，直接应用电子平板软件根据现场的地形属性和连接关系进行测绘（见图 2-2-17），再回室内做少量编辑成图。

## 三、野外数字测图的作业步骤

### （一）准备工作

按规范要求对野外测量仪器如全站仪进行检验；对电子手簿（或便携机）及选用的数字测图软件进行调试，确保运行正常；再将测区代号、施测日期、小组编号、仪器类型、仪器误差、测距加常数、乘常数、气象改正，以及测量控制点的点号、类别、等级、坐标（$x$，$y$）和高程 $H$ 等数据输入仪器，以便调用。

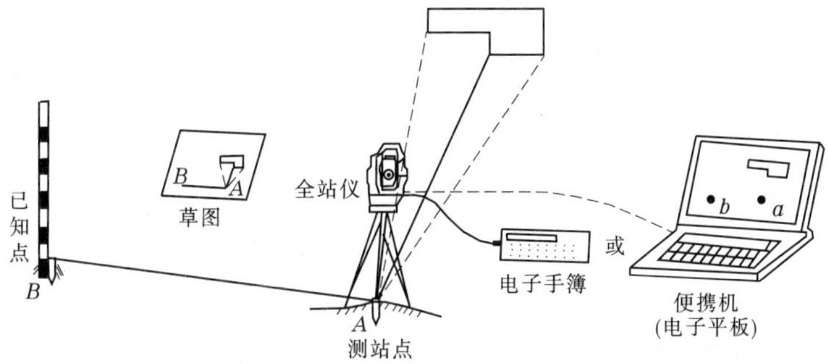


**图 2-2-17 全站仪加电子平板野外测图**

### (二)数据采集

测站安置全站仪,设置测站点、后视点,照准后视点,确定后视方向角,然后依次对地物和地貌特征点(碎部点)进行测量。需要(或可以)采集的数据如下:

(1)测站数据,如测站点号、后视点号、仪器高、后视方位角等。

(2)目标观测数据,如某目标的点号、编码、棱镜高、方向值、天顶距和斜距的观测值等。

(3)碎部点观测数据,如某碎部点的点号、连接点号、连接线型、地形要素分类码、方向、天顶距和斜距的观测值及觇标高等,建立碎部点的测量数据文件(*.RAW)。

运用全站仪的坐标测量模式、程序测量模式或其他交会方法,可直接测定碎部点的坐标($x$,$y$)和高程 $H$(参见模块一项目四任务四)。

此外,有条件时还可以采用 GNSS RTK 技术进行碎部点的数据采集。

### (三)绘制草图

碎部测量的同时,应在现场绘制工作草图。工作草图是根据现场采集数据进行室内编辑和作图的重要依据。工作草图可按测站绘制,也可以重要地物为中心绘制,主要反映所测地形点的点号、丈量所得的点间距、地物的相互关系、地性线的大致位置、地貌的大致特征以及地理名称和注记说明等(见图 2-2-18)。

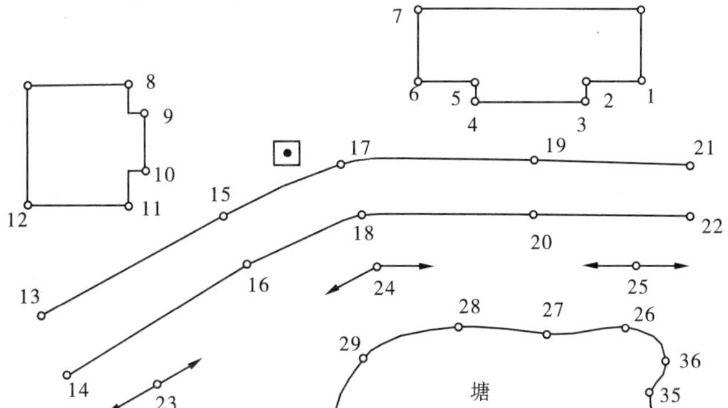


**图 2-2-18 现场绘制的工作草图**

### (四)数据传输

用专用电缆将全站仪与计算机连接,将野外测得的各种数据文件输入计算机(见下述“应用 CASS 软件进行野外数字测图”)。

### (五)编辑成图

对照工作草图,运用数字测图软件对野外采集的数据进行数据预处理,包括人机交互修改和编辑、碎部点坐标的计算、图形显示,并生成各种绘制地形图所需的文件。

### (六)图件输出

数字地形图的输出一般运用绘图仪绘制成图。绘图仪分为矢量绘图仪和点阵绘图仪。矢量绘图仪是将点的绘图仪坐标转化为绘图仪的步长,以直线连接相邻点绘图;点阵绘图仪是将整幅矢量图转化为点阵图像,以阵列中的不同图像逐行绘图。由于点阵绘图仪的绘图速度较矢量绘图仪快,因此大比例尺地形图多用激光或喷墨式的点阵绘图仪绘制。

运用测图软件制成的测区数字地形图整体存于机内,需要时可以按正规分幅,也可以按指定范围以指定比例尺出图;可以绘制成传统的线画地形图,也可以按各专业需要分层绘制专题图,从而满足不同部门、不同作业的用图需求。此外,数字地形图还可采用数据通信,或直接经由互联网传输的方式,为各种专题信息系统、地理信息系统提供必要的数字空间底图,从而为国家建设事业发展的现代化、科学化发挥更大的作用。

## 四、应用 CASS 软件进行野外数字测图

由南方测绘仪器公司开发的 CASS 地形地籍成图软件(见图 2-2-19)是基于 Auto CAD 平台的数字化测绘数据采集系统,并且能与地理信息系统 GIS 无缝对接,具有真彩色 XP 风格的人机交互界面,数据管理和系统设置方便快捷,电子测图灵活实用,图幅管理机动规范,断面设计可视直观,广泛应用于地形成图、地籍成图、工程测量及 GIS 的前端数据采集。

图 2-2-19　CASS2008 软件的操作界面

由南方测绘全站仪+CASS2008 软件进行数字测图的主要步骤如下。

**(一)野外碎部测量数据采集**

在完成测区控制测量的基础上,首先用全站仪进行野外碎部测量数据采集,以建立碎部点坐标数据文件(＊.PTS)。南方测绘 NTS-312 型全站仪碎部点数据采集的操作流程如图 2-2-20 所示。其中,测站点、后视点的输入方法与坐标测量时相同,碎部点测量的操作流程如表 2-2-6所示(参见《测量技术基础实训》附录二:南方测绘 NTS-312 型全站仪使用简要说明)。

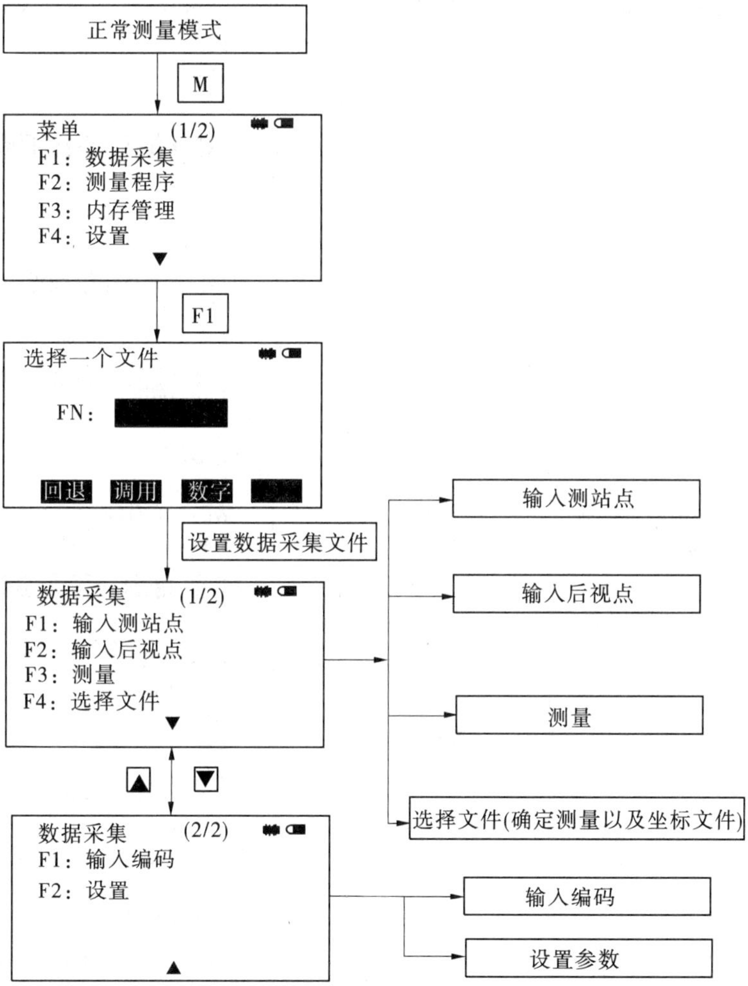


**图 2-2-20 碎部点数据采集的操作流程**

说明:在数据采集过程中,严禁不关机而卸下电池,否则采集的数据将会丢失。

**(二)数据传输与转换**

数字测图外业完成后,首先通过 CASS 软件,将全站仪采集的野外数据文件通过数据传输输入计算机,其操作步骤如下:

表 2-2-6　碎部点测量的操作流程

| 操作过程 | 操作 | 显示 |
|---|---|---|
| ① 由数据采集菜单 1/2，按 F3:测量 键，进入待测点测量 | F3:测量 | 数据采集　(1/2)<br>F1:输入测站点<br>F2:输入后视点<br>F3:测量<br>F4:选择文件<br>▼<br><br>输入观测点<br>点名→<br>编码 :<br>镜高 :　0.000　m<br>输入　查找　测量　同前 |
| ② 按 输入 键，输入点名后按 ENT 键确认 | 输入<br>输入点名<br>ENT | 输入观测点<br>点名→　DATA1_<br>编码 :<br>镜高 :　0.000　m<br>回退　返回　数字 |
| ③按同样方法输入编码、棱镜高 | 输入编码<br>ENT<br>输入镜高<br>ENT | 输入观测点<br>点名→DATA 16<br>编码 :SOUTH<br>镜高 :　1.265　m<br>回退　返回　数字 |
| ④按 测量 键 | 测量 | 输入观测点<br>点名→DATA 16<br>编码 :SOUTH<br>镜高 :　1.265　m<br>角度　斜距　坐标　偏心 |
| ⑤照准目标点 | 照准 | PSM -30　PPM 4.6<br>V :　95°30′55″<br>HR :　155°30′20″<br>SD *　122.568　m<br>测量　停止　记录 |
| ⑥按 F1 到 F3 中的一个键，如：按 坐标 键开始测量，按 记录 键数据被存储，显示屏变换到下一个镜点 | F2 | 输入观测点<br>点名→DATA 17<br>编码 :SOUTH<br>镜高 :　1.265　m<br>输入　查找　测量　同前 |

续表 2-2-6

| 操作过程 | 操作 | 显示 |
| --- | --- | --- |
| ⑦输入下一个镜点数据并照准该点 | 照准 | 输入观测点<br>点名→DATA 17<br>编码 :PICD<br>镜高 : 1.302 m<br>输入 查找 测量 同前 |
| ⑧按 同前 键,按照上一个镜点的测量方式进行测量,测量数据被存储,按同样方式继续测量,按 ESC 键即可结束数据采集模式 | 照准<br>同前 | PSM -30 PPM 4.6<br>V : 15°26′55″<br>HR: 162° 22′20″<br>SD * [N] m<br>测量<br><br>输入观测点<br>点名→DATA 18<br>编码 :PICD<br>镜高 : 1.302 m<br>输入 查找 测量 同前 |

(1)将全站仪通过通信电缆与电脑相连接。连接的方式有两种:①通过 RS-232 接口以电缆线与电脑连接,进行数据传输;②通过 USB 接口(如 COM3)以连接线与电脑连接,进行文件转换。

(2)全站仪操作:进入菜单模式,按内存管理——数据传输,根据不同型号的仪器设置通信参数,包括:

波特率——每秒钟传输信号所含的总位数,有 1 200、2 400、4 800、9 600 之分。

数据位——信号中每个字符的二进制数据位数,至多 8 位。

停止位——长度为 1 或 2,其作用相当于一个字符传输的结束号。

奇偶性——用于校验。所谓奇校验、偶校验,是指校验位的代码选取使数据位中二进制 1 的数目和校验位的代码之和成为奇数或偶数,无校验则不用校验。

例如,设置波特率 1 200、字符 8 位、停止位 1 位、无校验,通信协议为无应答(单向)。

(3)CASS 操作:移动鼠标至菜单“数据通讯”项的“读取全站仪数据”项,在“全站仪内存数据转换”对话框中选择通信口为“COM3”,其他参数设置和全站仪的通信参数应当一致(见图 2-2-21),“通讯临时文件”名不更改,在“CASS 坐标文件”栏中输入转换后保存的路径和文件名,点击“转换”,回车。

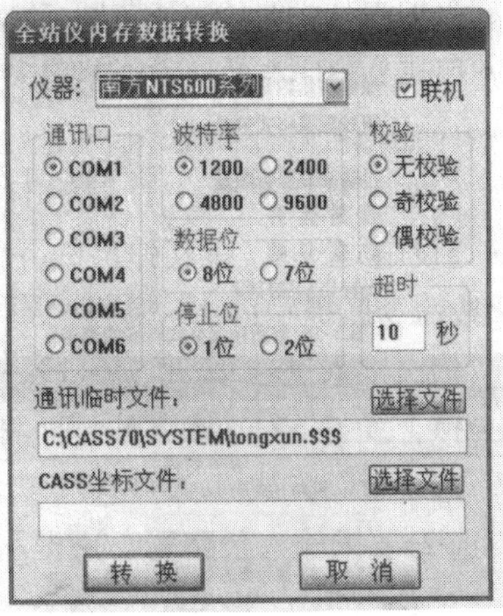


图 2-2-21 全站仪内存数据转换对话框

(4)全站仪操作:返回全站仪“数据传输”页面,按发送数据——坐标数据,选择数据采集的坐标文件名(＊.PTS 文件),回车,即将该坐标文件输入 CASS,并转换为指定路径下指定名称的 CASS 坐标文件(＊.DAT 文件)。

**(三)内业成图**

CASS2008 提供有草图法、简码法、电子平板法、数字化仪录入法等多种成图作业方法。所谓草图法,就是外业测量时由专人绘制草图。草图上应标注所测地物的属性和点号,其点号应和全站仪记录的点号一致,而不需要往全站仪输入地物编码。然后根据输入计算机的坐标文件,参照草图,编辑成图。草图法成图又分点号定位、坐标定位、编码引导等作业方法。下面简要介绍“点号定位”的作业流程。

1.定显示区

定显示区就是根据输入坐标数据文件中的最大、最小坐标定义屏幕窗口的显示范围,以保证所有测点可见。开机,运行 CASS2008 软件,进入 CASS2008 主界面。移动鼠标点击“绘图处理”子菜单,选择“定显示区”,在弹出的对话框中输入碎部点坐标数据文件名(如系统自带点号坐标文件 C:\CASS2008\DEMO\STUDY.DAT)并打开,即在命令区显示坐标文件中的最小和最大坐标值(注意:CASS2008 下方信息栏显示的数学坐标和测量坐标是相反的,即前面数字为东向 $Y$ 坐标,后面数字为北向 $X$ 坐标)。

2.选择测点点号定位成图法

移动鼠标至屏幕右侧点击菜单区的“坐标定位/点号定位”项,在弹出的对话框中输入坐标数据文件名“STUDY.DAT”并打开,将文件中点的坐标读入,命令区即提示读入坐标点的个数。

3.展点

移动鼠标至屏幕的顶部菜单点击“绘图处理”,在其下拉菜单中点击“展野外测点点号”,然后输入绘图比例尺 1:500 回车,再次输入上述坐标数据文件名并打开,便可在屏幕上展出野外测点的点号(见图 2-2-22)。

4.绘平面图

根据野外作业绘制的草图,移动鼠标至屏幕右侧菜单区选择相应的地形图图式符号,然后在屏幕上将所有的地物绘制出来。系统中所有的地形图图式符号都按照图层来划分。

1)绘平行等外公路

先在工具栏选择 CAD 缩放工具,将图的左上角放大,移动鼠标至屏幕右侧菜单选择“交通设施\公路”,在其弹出的界面(见图 2-2-23)中选择“平行等外公路”图式符号,确定,按命令区提示:

依次输入点号 92、45、46、13、47、48,各点号输入后均需回车(下同)。

拟合线<N>? 输入 Y,回车(将该边拟合成光滑曲线)。

选绘道路方式:1.边点式/2.边宽式<1>:回车(默认 1,要求输入公路对边上的一个测点;选 2,要求输入公路宽度),提示:

对面一点,点 P/<点号>输入 19,回车。

即绘出平行等外公路。

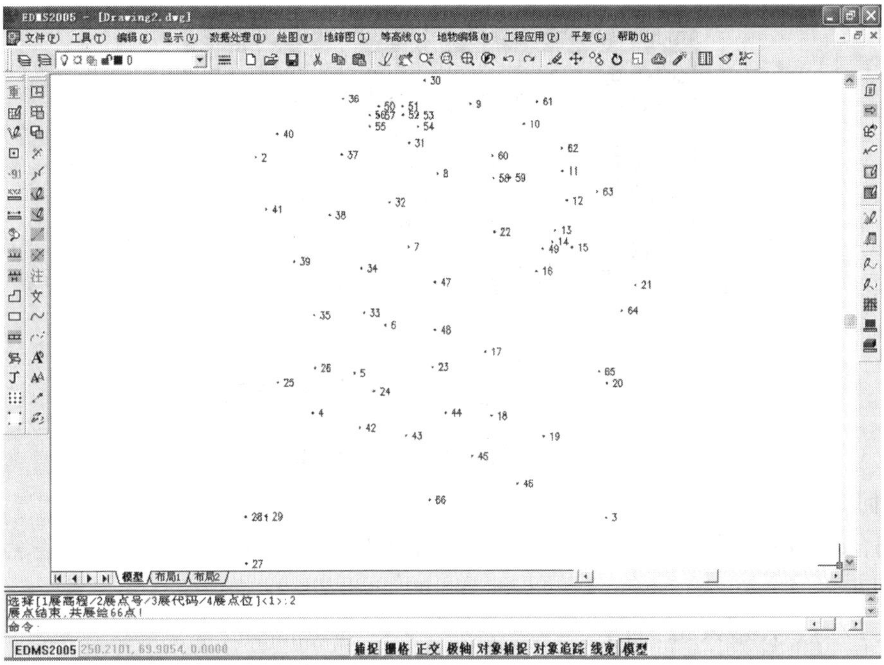

图 2-2-22　STUDY.DAT 展点图

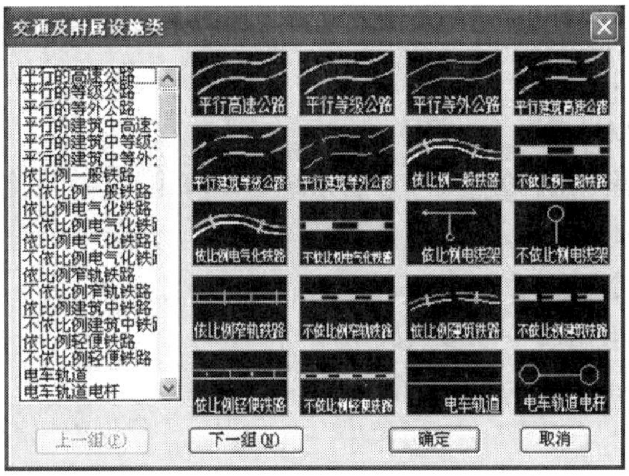


图 2-2-23　“交通设施\公路”图例

2)绘多点房屋

移动鼠标至屏幕右侧菜单选择“居民地\一般房屋”,在其弹出的图层图例界面(见图 2-2-24)中选择“多点砼房屋”(砼为混凝土的简称)图式符号,确定。

(1)绘房屋 1,命令区提示:

第一点:

点 P/<点号>输入 49,回车。

指定点:

点 P/<点号>输入 50,回车。

闭合 C/隔一闭合 G/隔一点 J/微导线 A/曲线 Q/边长交会 B/回退 U/点 P/<点号>输

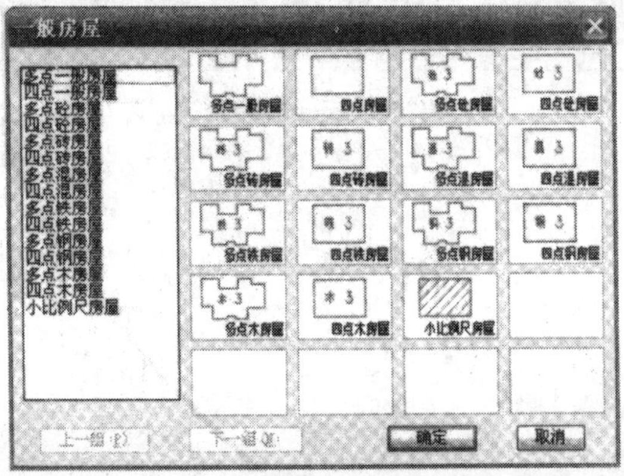


图 2-2-24 “居民地\一般房屋”图例

入 51,回车。

闭合 C/隔一闭合 G/隔一点 J/微导线 A/曲线 Q/边长交会 B/回退 U/点 P/<点号>输入 J,回车。

点 P/<点号>输入 52,回车。

闭合 C/隔一闭合 G/隔一点 J/微导线 A/曲线 Q/边长交会 B/回退 U/点 P/<点号>输入 53,回车。

闭合 C/隔一闭合 G/隔一点 J/微导线 A/曲线 Q/边长交会 B/回退 U/点 P/<点号>输入 C,回车。

输入层数:<1>回车(默认为 1 层)。

说明:输入 J,为隔一点,即输入一点后系统自动算出另一点,使该点与前一点及输入点的连线构成直角,输入 C 表示闭合。

(2)绘房屋 2,命令区提示:

同上,仍选用“一般房屋——多点砼房屋”符号。

第一点:点 P/<点号>输入 60,回车。

指定点:

点 P/<点号>输入 61,回车。

闭合 C/隔一闭合 G/隔一点 J/微导线 A/曲线 Q/边长交会 B/回退 U/点 P/<点号>输入 62,回车。

闭合 C/隔一闭合 G/隔一点 J/微导线 A/曲线 Q/边长交会 B/回退 U/点 P/<点号>输入 a,回车。

微导线-键盘输入角度(K)/<指定方向点(只确定平行和垂直方向)>用鼠标左键在 62 点上侧一定距离处点一下。

距离<m>:输入 4.5,回车。

闭合 C/隔一闭合 G/隔一点 J/微导线 A/曲线 Q/边长交会 B/回退 U/点 P/<点号>输入 63,回车。

闭合 C/隔一闭合 G/隔一点 J/微导线 A/曲线 Q/边长交会 B/回退 U/点 P/<点号>输

入 J,回车。

点 P/<点号>输入 64,回车。

闭合 C/隔一闭合 G/隔一点 J/微导线 A/曲线 Q/边长交会 B/回退 U/点 P/<点号>输入 65,回车。

闭合 C/隔一闭合 G/隔一点 J/微导线 A/曲线 Q/边长交会 B/回退 U/点 P/<点号>输入 C,回车。

输入层数:<1>输入 2,回车。

说明:“微导线”功能由用户输入当前点至下一点的左角(°)和距离(m),输入后将自动计算出该点并连线。要求输入角度时若输入 K,可直接输入左向转角,若直接用鼠标点击,只可确定垂直和平行方向。此功能特别适用于知道角度和距离但看不到点位的情况,如房角点被树或路灯等障碍物遮挡的情况。

参考以上操作,分别利用右侧屏幕菜单绘制其他地物:

点击“居民地\普通房屋”菜单,用 3、39、16 三点完成利用三点绘制 2 层砖结构的四点砖房;点击“居民地\一般房屋”菜单,用 76、77、78 三点绘制四点棚房;点击“居民地\垣栅”菜单,用 68、67、66 三点绘制不拟合的依比例围墙(第 66 号点后仍要求输入点号时直接回车)。

点击“交通设施”菜单,用 86、87、88、89、90、91 等点绘制拟合的小路,用 103、104、105、106 等点绘制拟合的不依比例乡村路。

点击“地貌地质”菜单,用 54、55、56、57 等点绘制拟合的坎高为 1 m 的陡坎,用 93、94、95、96 等点绘制不拟合的坎高为 1 m 的加固陡坎。

点击“独立地物”菜单,用 69、70、71、72、97、98 等点分别绘制单座路灯,用 73、74 点绘制双柱宣传橱窗,用 59 点绘制不依比例肥气池。绘单座路灯,每执行 1 次命令,只能绘 1 座,下面绘独立树、控制点等相同。

点击“水系设施\水系要素”菜单,用 79 点绘制水井。

点击“管线设施”菜单,用 75、83、84、85 等点绘制地面上输电线(端点绘制电杆)。

点击“市政部件\园林绿化”菜单,用 99、100、101、102 等点分别绘制独立树。

点击“耕地菜地”菜单,用 58、80、81、82 等点绘制菜地的区域边界(第 82 号点后仍要求输入点号时直接回车),要求边界不拟合,并且保留边界。

点击“控制点”菜单,用 1、2、4 三点分别生成埋石图根点,在提问“点名”“等级”时分别输入 D121、D123、D135。

最后选取“编辑”菜单下“删除”二级菜单下的“删除实体所在图层”,鼠标符号变成一个小方框,用左键点取任何一个点号的数字注记,所展点的注记将被删除。

5.绘等高线

CASS 软件在绘等高线之前,需要先根据野外测的高程点建立数字地面模型(DTM),然后在 DTM 上生成等高线,此时,会充分考虑等高线通过地性线(山脊线、山谷线)和断裂线等的情况,并对通过地物、注记、陡坎的等高线自动加以修剪。

(1)展高程点。用鼠标左键点取“绘图处理”菜单下的“展高程点”,弹出数据文件的对话框,选取“C:\CASS2008\DEMO\STUDY.DAT”并“确定”,命令区提示:“注记高程点的距离(米)”,直接回车,表示不对高程点注记进行取舍,全部展出来。

(2)建立数字地面模型。所谓数字地面模型,就是在一个区域的地面建立一个规则的方格网或三角网,所有方格网点或三角网点的坐标和高程根据野外在该区域测得的地形点坐标和高程通过内插得出。

用鼠标左键点取“等高线”菜单下“用数据文件生成 DTM”弹出“建立 DTM”对话框,选择“由数据文件生成”,点击输入坐标文件名“C:\CASS2008\DEMO\STUDY.DAT”,选择“确定”,并选择是否显示建三角网结果、是否显示建三角网过程、建模过程是否考虑坎高、是否考虑地性线等,确定后即在图上左部区域的点连成三角网(见图 2-2-25),其他点在 STUDY.DAT 数据文件里高程为 0,故不参与建立三角网。

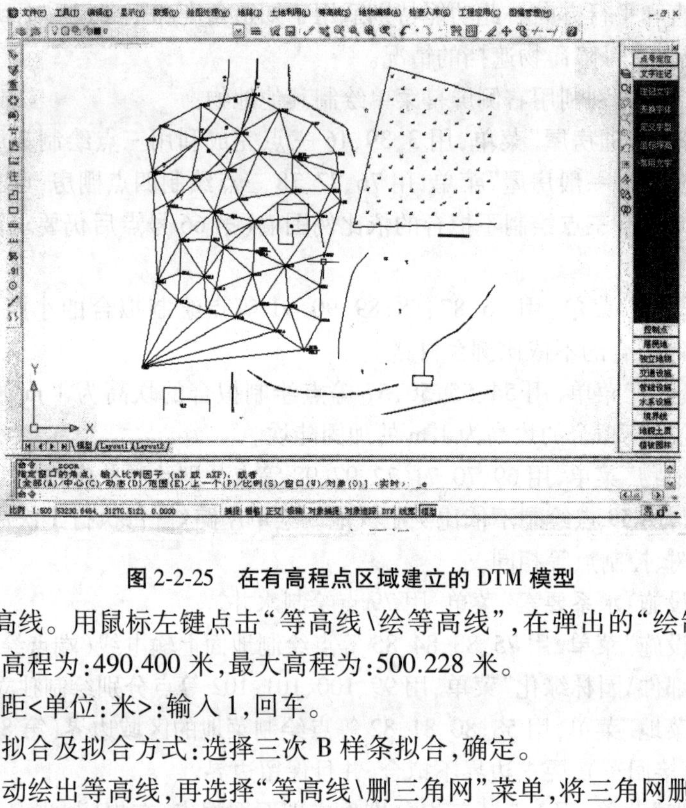

图 2-2-25 在有高程点区域建立的 DTM 模型

(3)绘等高线。用鼠标左键点击“等高线\绘等高线”,在弹出的“绘制等值线”对话框中显示最小高程为:490.400 米,最大高程为:500.228 米。

输入等高距<单位:米>:输入 1,回车。

选择是否拟合及拟合方式:选择三次 B 样条拟合,确定。

屏幕上自动绘出等高线,再选择“等高线\删三角网”菜单,将三角网删去。

(4)等高线修剪。选取“等高线\等高线修剪”菜单,再用鼠标左键点取“批量修剪等高线”,将自动搜寻穿建筑物、穿陡坎、穿围墙及其他指定区域内的等高线并对其进行修剪,点取“切除指定二线间等高线”,按提示依次用鼠标左键选取左上角的道路两边,即自动切除等高线穿过道路的部分,点取“切除穿高程注记等高线”,将自动搜寻,把等高线穿过注记的部分切除。

6.加注记

例如,在平行等外公路上加“经纬路”三个字。

先在图上需要添加道路名称的道路两边线之间的合适位置绘制一条复合线,用鼠标左键点取屏幕菜单的“文字注记\通用注记”项,在弹出的“文字注记信息”对话框中输入注记内容:“经纬路”,注记排列为“屈曲字列”,再输入图上注记大小 5 mm 和注记类型为“交通设施”等,图上拾取复合线,确定,即在图上完成沿复合线排列的注记。

7.加图框

用鼠标左键点击“绘图处理”菜单下的“标准图幅(50×40)”,在弹出的“图幅整饰”对话框中的“图名”栏里输入“建设新村”;在“测量员”“绘图员”“检查员”各栏里分别输入“张三”“李四”“王五”等姓名;在“左下角坐标”的“东”“北”栏内分别输入“53070”“31050”,取整到 10 m;在“删除图框外实体”栏前打勾,然后按“确认”,即完成如图 2-2-26 例图“STUDY.dwg”所示的地形图绘制,并在 C 盘根目录下创建 DWG 图形文件子目录,将该图定名保存在该子目录中。

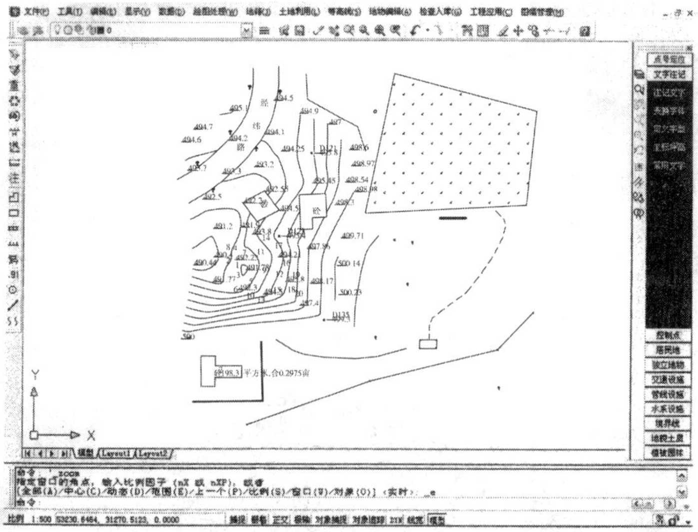

**图 2-2-26 例图“STUDY.dwg”**

8.图形编辑、分幅与整饰

1)图形编辑

为了克服数字测图过程中的漏测、错测或出现需要更新的情况,CASS2008 能对生成的图形进行屏幕显示和人机交互的修改与编辑,实时对地貌、地物进行增添、修改或删除,并且对道路、河流、厂矿、居民区等加上必要的文字注记。对于图形的修改,则有“编辑”和“地物编辑”两种下拉菜单,分别用于图元的修改、移动、缩放及地物的线型转换、符号填充、批量删改等。此外,点击“绘图处理”菜单项,选择“改变当前图形比例尺”,可改变图件的比例尺,图件中的地物、注记及填充符号等同时按新的比例尺进行转换。

2)图形分幅

图形分幅前应先了解图形文件中的最大坐标和最小坐标(方法见上述“定显示区”),然后按“绘图处理”菜单项,在其下拉菜单中点击“批量分幅\建方格网”,依命令区提示选择所需的图幅尺寸(50 cm×50 cm 或 50 cm×40 cm 等),再输入测区的左下角和右上角(在图形的相应位置点击鼠标),便可生成各分幅图,分幅图将自动以各图幅左下角的东坐标和北坐标组合命名,如“53.00-31.00”表示该图幅的左下角东坐标($Y$ 坐标)为 53.00 km,

北坐标($X$ 坐标)为 31.00 km,并保存在所设的分幅图目录名下。

3)图幅整饰

选择"文件"菜单,点击"打开已有图形",输入并打开分幅后的图形文件,再选择"文件"菜单中的"加入 CASS2008 环境"项,点击"绘图处理"中的"标准图幅"对话框,输入图名、测量员等的姓名、接图表中的邻近图名,左下角"东""北"向的相应坐标(可使其"取整到 10 m"),在"删除图框外实体"前打勾,删除图框外实体,最后点击"确定"即可得到加上图廓后的各分幅地形图。

9.图件打印

选择"文件"菜单下的"绘图输出",进入"打印"对话框,进行打印设备、图纸尺寸与标准、打印比例(1∶1 000 为 1 图形单位,1∶500 为 0.5 图形单位)等设置,经屏幕预览无误后,便可点击"确定"打印图件。

10.绘制三维地面模型

在建立 DTM 的基础上,可以生成三维地面模型,用于观测其立体效果。在"等高线"下拉菜单中点击"绘制三维模型",在命令区依提示输入高程系数<1.0>,如用默认值,建成的三维模型与实际情况一致,如地势较平坦,可以输入较大的数,如 5,可放大其起伏状态,再输入格网间隔(如 8.0),并确定是否需要拟合,确定后即可显示三维地面模型(见图 2-2-27)。利用"显示"菜单下的"三维静态显示"和"三维动态显示"可以对模型进行视点、视角、坐标轴等进行转换,以及显示更生动的三维动态效果。

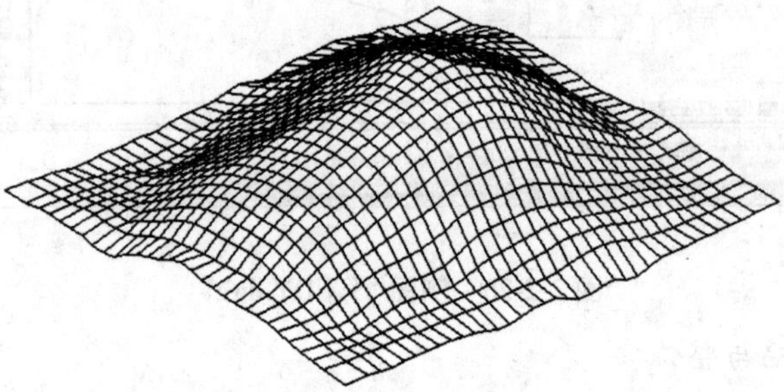

图 2-2-27 三维地面模型

# 任务四 大比例尺地形图航摄测绘

**知识要点:**航空摄影测量的基本原理和方法。

**技能要点:**能进行航摄像片的判读和调绘,了解航摄成图的原理和方法。

## 一、摄影测量基本概念

摄影测量是利用摄像机拍摄物体的像片,根据像片上的信息来测定被摄物体的形状、大小和空间位置的方法。由于摄影获得的影像能真实而详细地记录摄影瞬间被摄物体的形态,具有良好的判读性能和量测精度,因此在测绘、建筑、医学、考古等学科和工程中,应用广泛。

根据摄像机载体的不同，摄影测量可以分为航天摄影测量、航空摄影测量和地面摄影测量。

航天摄影测量是将摄像机装在卫星或宇宙飞船上对地球进行摄影，用于研究地球、月球和其他天体。

航空摄影测量是将摄像机装在飞机上对地面进行摄影，根据摄得的像片或数字信息，测绘各种比例尺的地形图，也广泛应用于各种国土资源的勘测和调查。

地面摄影测量则是将摄像机直接装在常用测绘仪器，如经纬仪、全站仪上，又分为地面立体摄影测量和近景摄影测量。地面立体摄影测量适用于山区等地形复杂地区的地形图测绘；近景摄影测量主要用于对非地形目标进行摄影并确定其形状、大小、位置，绘制各种等值线图或运动轨迹。地面摄影测量广泛应用于建筑物的形变测量、古建筑的状态测量，以及医学、生物、考古等方面的微观研究。

## 二、航空摄影与航摄像片

### （一）航空摄影

航空摄影时利用安置在飞机底部的摄像机，按一定的飞行高度、飞行方向和规定的摄影时间间隔，对地面进行连续的摄影。

航空摄像机的构造原理与普通照相机基本相同，但在结构上有特殊要求。如感光软片须严格压平，要求像片像幅（像片影像范围的大小，一般为 23 cm×23 cm）4 个边框的中央各有一框标（见图 2-2-28）。摄像机的光轴与像片的交点称为主点，但也有将框标连线的交点 $O$ 视为像主点，并作为量测像点平面坐标系的原点。

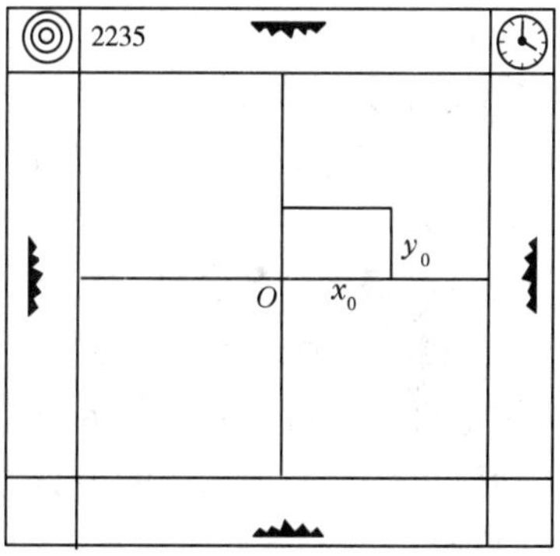

图 2-2-28　航摄像片框标

为了保证测区影像不致遗漏和内业量测的需要，相邻像片必须有一定的重叠度。沿航线方向的重叠称为航向重叠或纵向重叠 $q_x$，如图 2-2-29 所示，其重叠度一般应达到 60%~70%；相邻航线间的重叠称为旁向重叠或横向重叠 $q_y$，其重叠度应达到 15%~30%。航摄像片的倾斜角（摄影光轴与铅垂线的夹角）最大不应超过 3°；像片的航偏角（像片边缘与航线方向的夹角）一般不应大于 6°~10°。$B$ 为摄影基线。在第一条航线摄完后，飞机转向 180°，按一定重叠，继续第二条航线的拍摄。

### （二）航摄像片比例尺

航摄像片上某两点间的距离和地面上相应两点间水平距离之比称为航摄像片比例尺，用 $1/M$ 表示。

假定地面平坦，像片又水平，则主光轴垂直于像平面与地面。在图 2-2-29 中，根据以摄影中心 $S$ 为顶点组成的相似三角形可以得出

$$\frac{1}{M}=\frac{f}{H} \tag{2-2-1}$$

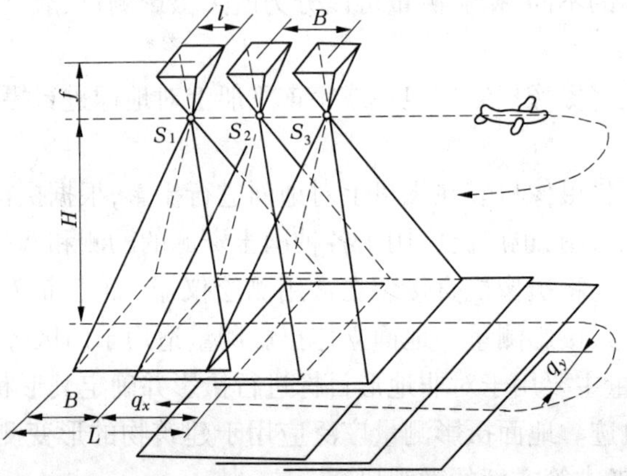


图 2-2-29　航空摄影示意图

式中　$f$——摄像机主距(焦距);

$H$——航高。

因此,当像片和地面水平时,同一张像片上的比例尺为一常数。但当地面有起伏或像片对地面产生倾斜时,像片上各部分的比例尺就不一致。此外,对于一架摄像机而言,$f$ 为固定值,要使各像片比例尺一致,就必须保持同一航高。飞机在平静的大气条件下,同一航线的航高差别应保持在±20 m 以内,若受到气流波动等影响,一般也不允许超过±50 m。航摄的像片比例尺按成图比例尺而定,一般将地形图的比例尺缩小 4 倍来选取像片的比例尺。

**(三)航摄像片的特性**

1.航摄像片与地形图的区别

航空摄影测量的基本任务就是通过外业和内业各项工作来纠正航摄像片上的各种误差消除航摄像片与地形图的差异,从而获得一定比例尺的地形图。航摄像片与地形图相比,在投影和表示等方面都有大的差别。

1)投影方面

地形图是正射投影。所谓正射投影,是利用平行光束将空间物体垂直投影到平面上,从而在平面上获得空间物体的影像。正射投影的特点是投影面上两点间的距离与相应空间两点间的水平距离之比是一个常数,即地形图的比例尺是固定的,如图 2-2-30(a)所示。

航空像片是中心投影。它的定义是:空间任一点 $A'$(物点)与一个固定点 $S$(投影中心,一般为摄像机的物镜中心)连成的直线被一平面(像面)所截,则此直线与该平面的交点 $a'$(像点)就叫作 $A'$点的中心投影,如图 2-2-30(b)所示。

设某高层建筑有上下铅垂的 $A$、$B$ 两点,在图 2-2-30(a)上,$a$ 点位为该两点在地形图上投影点的位置;而在图 2-2-30(b)中,$a'$、$b'$两点位为该两点在像片上投影点的位置,$a'b'$ 的距离即为像片上的投影误差。

假设在同一摄影站,摄得水平像片和倾斜像片,以水平像片为标准,将倾斜像片与之比较,则会发现地面点在倾斜像片上的位置与水平像片上相应点的位置产生了位移,这种像点位移称为倾斜误差。如图 2-2-31 所示,$P$ 为倾斜像片,$P_0$ 为水平像片,$SA$ 为投影光线，地面点在像片 $P$ 和 $P_0$ 上的像点分别为 $a$ 和 $a_0$，显然，在倾斜像片 $P$ 上可以看出像点平移了 $aa_0$，其距离即为倾斜误差。

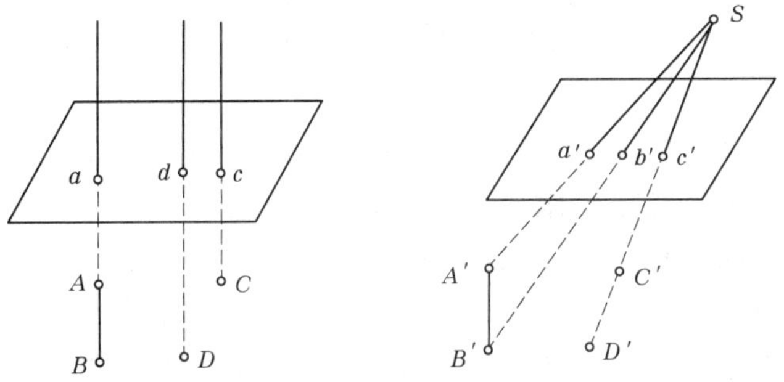


(a)正射投影　　(b)中心投影

图 2-2-30　投影的区别

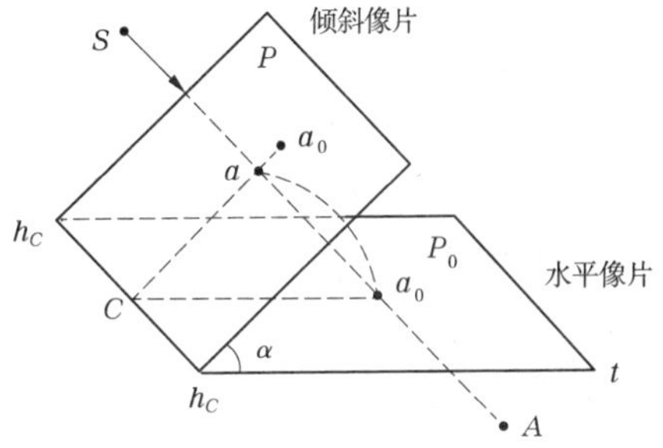


图 2-2-31　像片倾斜引起的像点位移

2）表示方面

地形图是用各种规定的地物符号、文字注记及等高线经综合取舍来表示地物、地貌的，而航摄像片是由影像的大小、形状和色调（影像黑白程度）来反映地物、地貌的。像片图的信息虽然丰富，但它不能表示居民地的名称、房屋的性质、河流的流速、道路的等级以及地面点高程的数值等内容。因此，航摄像片还要通过野外调绘来弥补这些不足。

2.航摄像片的内外方位元素

摄影测量的主要任务是利用地物的影像来求解地物的坐标（位置），这就需要知道摄像机物镜（投影中心）与像平面的相对位置，以及知道或求解出摄影瞬间摄像机的空间位置。

投影中心和像片面相对位置关系的数据，包括像主点在像片坐标系中的坐标 $x_0$、$y_0$ 和摄像机焦距 $f$，称为像片的 3 个内方位元素。投影时，若恢复了像片的内方位元素，就能得到与摄影瞬间完全相似的摄影光束，内方位元素通常已知。

在恢复内方位元素的基础上，投影中心在所取空间直角坐标系中的坐标，摄影方向相对空间坐标轴的两个角度和像片围绕摄影方向旋转的一个角度，称为像片的外方位元素，根据这些外方位元素，就可以确定摄影瞬间摄像机或像片的空间位置，亦即摄影光束的空间位置。

## 三、像对的立体观察和量测

具有重叠度的相邻两张像片称为立体像对。使用立体像对可进行立体观察和立体量测，并根据前方交会的原理，经相邻像片上同名光线的交会，确定地面点的位置。

**（一）立体观察**

人用双眼观察物体，不仅能感觉物体的存在，而且能区分物体的远近、高低。这是由于双眼观察同一物体时，在左右两眼视网膜上成像的位置不同，产生生理视差，再由视神经传导到大脑皮层的视觉中心，便产生了物体有远近的感觉（见图 2-2-32）。根据这一原理，若在双眼前放一对玻璃片 $P_1$ 和 $P_2$，透过它们去看物体，并在其上留下影像 $a'_1$、$b'_1$ 和 $a'_2$、$b'_2$（相当于用摄像机取得的一对重叠像片），然后拿走后面的物体 $A$、$B$，只观察其留在玻璃上的影像，则仍然可以得到与观察原物体一样的立体效果，这就是人工立体效应。像片的立体观察，就是人工立体效应的具体应用。

通常可以利用反光立体镜来进行像片的立体观察。反光立体镜由两对平面镜和一对透镜组成，可以将观测员的左右两眼隔开，以便两眼同时各看一张像片上的同名像点。观察时，在立体镜下安置有一定重叠度的像对，左片放左边，右片放右边，使像对主点连成一条直线（见图 2-2-33）；立体镜透镜中心的连线（眼基线）应保持与像对主点连线平行。操作时，用左右手食指分别指在像对的同名像点上，然后左右移动像片，直至两食指重合。此时移开手指即可得到立体效应。如果看到立体模型的凹凸情况与实地完全相反，说明左右像片放反了，或两张像片各旋转了 180°，应予纠正。

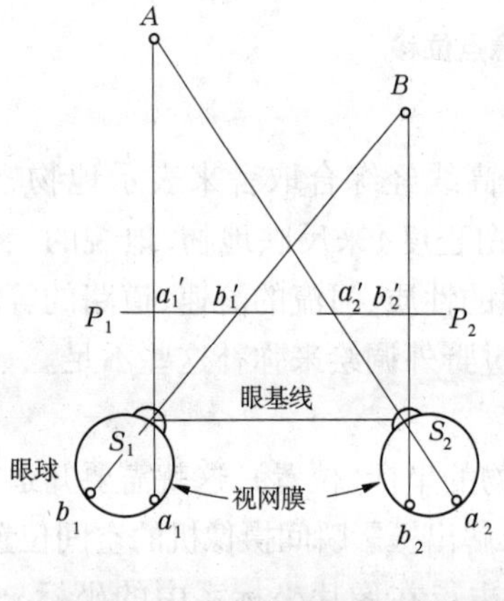

图 2-2-32　立体观察原理示意图

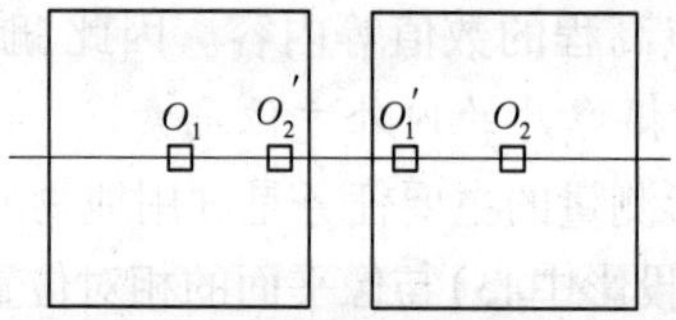

图 2-2-33　用立体镜进行立体观察

**（二）立体量测**

在立体观察建立立体模型的基础上，对立体模型进行量测称为立体量测。量测工作在立体坐标量测仪上进行。图 2-2-34 为国产 HCZ-1 型 1818 立体坐标量测仪。它是由基座、$X$ 车架、$Y(Z)$ 车架、观测系统和照明系统组成。量测时，用像对建立起立体模型后，则可用浮动测标（相当于经纬仪望远镜的十字丝）做三维运动，从而在模型上寻找并测定地面点在像片上的同名像点及其在像片坐标系中的坐标。根据测标数量的不同，立体量测方法分为单测标法和双测标法两种。单测标法是利用一个光点量测立体模型，再用装在量测台上的笔展绘该点，确定其平面位置，将相互关联的点连接在一起就可以绘制出地物的轮廓线或等高线。双测标法是利用两个独立的测标，在立体观察下形成一个空间测标，切准模型点进行立体量测。

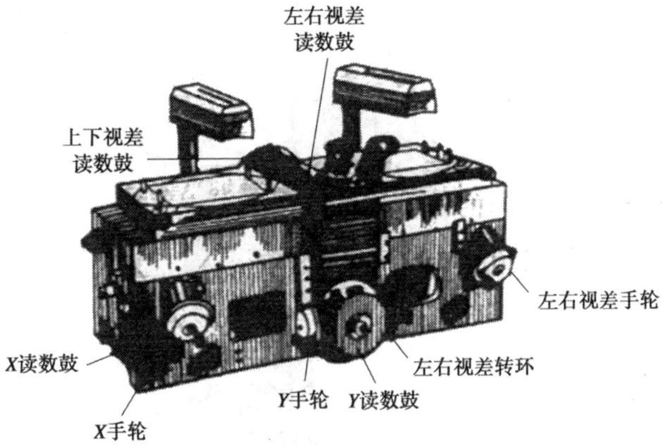


图 2-2-34　HCZ-1 型 1818 立体坐标量测仪

## 四、像片纠正与像片平面图制作

### (一)像片纠正

航空摄影时，在像片水平以及地面为水平面的情况下，航摄像片就相当于该地区比例尺为 $1/M(=f/H)$ 的平面图，但是摄影时，由于飞机受气流、风向等因素的影响，使航高发生变化，并产生航向、侧向的倾角及航向偏角，从而使航摄像片影像产生位移。因此，在利用航摄像片测制地形图时，需要将倾斜像片纠正成水平像片。通过纠正，还将使像片的比例尺符合规定的要求。经过投影变换，使变换后得到的影像相当于航摄机物镜主光轴在垂直位置时摄得的水平像片。这项作业过程称为像片纠正。像片纠正不能消除地面起伏所引起的投影误差，所以它主要适用于平坦地区。当地面高差超过允许范围时，可用分带纠正的办法解决。分带纠正就是对高程不同地区分别采用不同高度的投影面分带进行纠正。这种方法既能消除像片的倾斜误差，还能使投影误差限制在一定范围内。通过分带纠正解决了将中心投影的像片转变为正射投影的地形图的关键问题，从而可以利用中心投影的航摄像片编制像片平面图。

专门用于像片纠正的仪器为纠正仪。图 2-2-35 所示为我国生产的 H-30 大型自动纠正仪。纠正的最大像幅为 30 cm×30 cm。纠正时在纠正仪承影板上安置按成图比例尺绘制的格网图纸，并按坐标值绘有 4 个以上均匀分布于四角的控制点，在航摄负片上辨认出上述控制点位置，并刺以小孔，装入纠正仪的负片玻璃框内压平。当开启聚光灯后，负片的影像投射到承影板的图纸上，通过操作缩放脚盘，上下移动投影器，改变像片比例尺，操作两个倾斜手轮使承影板作航向和侧向倾斜。当负片上控制点的针孔与图纸上地面控制点完全重合时，移去绘图纸，换上感光像纸，重新曝光，就可以得到纠正后符合规定比例尺的地面像片。

### (二)像片平面图

将纠正好的像片根据纠正控制点去掉重叠部分，逐张拼接和镶贴成整幅平面图，称为像片平面图。这一作业过程称为镶嵌。镶嵌后的像片平面图还应加绘内外图廓和必要注记。像片平面图是具有规定成图比例尺的水平像片,图上含有地物的平面位置和地性线的影像,用复制的像片平面图到实地补测等高线,同时进行地物的判读调绘工作。

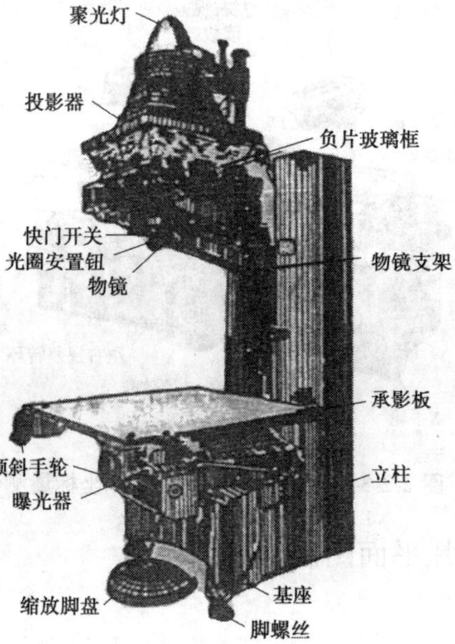


图 2-2-35　H-30 大型自动纠正仪

## 五、航摄测图的外业工作

航测外业是指在野外进行航测外业控制测量和对像片进行判读调绘。

### (一)航测外业控制测量

由于像片摄影时航高变化、像片倾斜及地形起伏而产生各种误差,因此需要根据一定数量的控制点,进行像片纠正。建立控制点的方法是首先在实地选择少量易于辨认的控制点,用常规测量或 GNSS 定位 RTK 测量的方法实测它们的地面坐标和高程,并在像片上精确刺定其位置(刺点),这称为航测外业控制测量,其目的是利用地面控制点把航摄像片与地面联系起来,并且为测区的绝对定向提供保证,又称为像片联测。

像片控制点分为平高点(测定平面坐标和高程的点)、平面点(仅测定平面坐标的点)、高程点(仅测定高程的点)等三种。根据测图比例尺、作业面积及地形特点可采用不同的布点方案。

### (二)航摄像片的判读调绘

对航摄像片上的地物影像进行实地调查、描绘和注记,这称为像片调绘。由于像片是中心投影,即使同一地物,由于它的高程、平面位置或对于摄像机镜头相对位置的变化,其在像片上的形状、大小、色调、阴影等影像特征也会各不相同。像片调绘又称像片判读,就是根据像片上各种物体的影像特征、成像规律及相互之间的关系,来识别地面上相应物体的位置、大小和性质,并经过综合取舍,按图式符号在像片上进行相应的描述、标绘和注记。

对地形测量而言，像片调绘的内容主要包括测量控制点、独立地物、居民地、道路、水系、管线与垣栅、境界、地貌、植被、以及行政区划、地理名称等，这些内容调绘的仔细和正确与否，将直接影响测图和制图的准确性，应严肃认真，杜绝差错。

## 六、航摄测图的内业工作

航摄测图的内业就是根据航摄像片和航测外业成果在室内航测仪器上测绘地形图，主要包括室内加密控制点和航测成图两项工作。

### （一）室内加密控制点

为避免外业工作量过大，在外业控制测量中一般仅实测少量必需的控制点，回到室内，再以外业测得的控制点为依据，选用合适的数学模型，在计算机上运用最小二乘法平差，通过解析的方法求解像片的外方位元素并对控制点进行加密，求得更多控制点的地面坐标，以满足成图的需要，这一工作又称为解析空中三角测量，简称空三加密。

### （二）内业成图

在立体观察和立体量测的基础上，根据野外实测或室内加密的控制点及外业调绘的成果，确定各种物点的空间坐标，即可在专用的数字控制测图仪上绘制或编辑各种图件。

## 七、航摄成图的方法

摄影测量迄今的发展经历了三个阶段，即模拟摄影测量、解析摄影测量和数字摄影测量，不同的阶段即产生了不同的成图方法。

### （一）模拟测图法

地面上任一点 $M$ 发出的光线，经摄影基线两端的摄像机物镜，在像对上构成同名像点。摄像保持像对摄影位置不动，移去地物点，再用光学投影方法恢复这两条同名光线，则这一对同名光线必交于一点，且正好落在该地面点的原位置上。这个投影过程就是摄影过程的几何反转（见图 2-2-36）。地表面可以认为是由无数的地物点聚合而成，像对重叠部分内，所有像点所投影的同名光线对对相交于原位置，重新得到地标的形态，构成地表缩小了的几何模型。量测几何模型，就完全等同于实地测量。此法称为模拟摄影测量。依此思想设计的立体测图仪称为模拟测图仪，又称为全能仪，即既能测绘地物，又能测绘等高线。

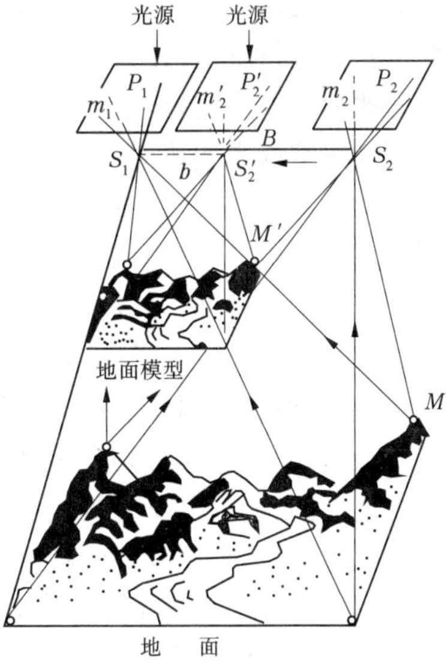


图 2-2-36　摄影过程的几何反转

### （二）解析测图法

根据像点与其对应的目标点（亦称模型点）间的数学关系，借助解析测图仪测量模型点的坐标，用计算机解算所求目标点的三维坐标,并以数字显示的测图方法称为解析测图法。解析测图仪的基本原理是在测图软件的控制下,将立体模型上测得的模型点坐标存入计算机中,然后再送到绘图仪上绘制图件。

**(三)数字测图法**

将模拟的像片经扫描转换成由灰度表示的数字影像,利用计算机代替人眼进行立体观测,实现摄影测量的自动化。数字摄影测量与模拟、解析摄影测量的区别在于,它不再依赖精密而又昂贵的光学或机械仪器,处理的原始资料是数字化影像,处理过程中以计算机视觉代替人眼进行立体观测,且计算机视觉不仅为“双眼”的立体观测,而且可以实现“多眼”视觉,其视觉既不限于影像之间的匹配,也不限于“点的匹配”,还具有“识别”之外的其他功能,实现几何信息和物理信息的自动提取。其产品形式为数字式,包括数字地图、数字地面模型、数字正射影像图和数字景观图等。

# 任务五　大比例尺地形图无人机测绘

**知识要点:**无人机航摄测图的基本原理和方法。

**技能要点:**能掌握无人机飞行的操作和航测成图的基本方法。

## 一、无人机测绘概述

无人机测绘,是利用无人机(无人驾驶航空器,Unmanned Aerial Vehicle,缩写 UAV)进行空中摄影,然后进行航测内业成图的新技术。通过无人机航测设备,搭载航摄相机,采用倾斜摄影技术及三维实景建模技术获取航摄数据,导入地面像控点,再通过空中三角测量加密软件进行拼接与纠正,最后通过专业航测成图软件处理成数字线划地形图,获得所需要的地形图测绘成果。

传统的航空摄影测量通过有人飞机仅从一个垂直角度进行航空摄影的方式获取地球表面的影像信息,再结合外业调绘补测来获取地物地貌,不仅成本昂贵,也受到天气、高度等因素的限制。比较而言,无人机测绘具有如下优点:①无人机体积小、重量轻、油耗少,造价、使用、维护费用低,可以在虚拟的坐舱里面通过操控键盘进行训练;②无人机飞行高度低,可以在云层下飞行,弥补了普通航空摄影经常受云层遮挡获取不到影像的缺陷;③由于低空接近目标,因此获得影像的分辨率更高,成本更低;④能实现适应地形和地物的导航与摄像控制,从而得到多角度、多建筑面的地面景物影像,不仅可以获得测区各种比例尺的地形图,还可以支持构建城市三维景观模型,而不局限于普通航摄的正射影像常规产品;⑤无人机不需要专门的跑道和庞大的地勤保障,起降条件低,灵活机动,作业时间短,减少外业工作量,提高生产效率;⑥无人机通过地面遥控或程序飞行,一人可以同时控制几架甚至数十架的无人机,人员不需要升空,安全风险系数小,避免飞行员人身安全和伤亡的风险;⑦抗风能力较强(目前,一般无人机可抗 4~6 级风力),对环境要求较低,甚至可以在危险环境中完成任务。

无人机航摄测图目前还存在一些缺点,例如:①由于无人机本身重量较轻,操作又比较简便,导致其只能进行低空航摄且速度较慢;②外业工作还是要受天气与环境的一定影响，雨雪或大风天气无法进行；③续航能力差，一次性覆盖面积小，不适合大范围的航测；④无人机的载重有限，搭载的相机性能有的还难以满足测绘专业的需求；⑤在隐蔽地区，如森林覆盖率高的地方无法使用。

随着科学技术的发展，无人机航摄测绘新技术，一定会不断提升优点、克服缺点，逐渐颠覆传统测绘的作业方式，得到更广泛的应用。

## 二、无人机测绘基础知识

### （一）无人机的类型

无人机的种类繁多。按无人机的控制方式可分为程控与遥控复合控制无人机、预编程自主控制无人机和无线电遥控无人机；按照无人机的用途可分为多用途无人机、军用无人机和民用无人机；按照无人机的重量可分为大型无人机、中型无人机和小型无人机；按照无人机的飞行速度可分为超音速无人机、高音速无人机和低速无人机；按无人机的结构可分为伞翼无人机、无人飞艇、无人直升机、多旋翼无人机和固定翼无人机。目前最适于高清航空摄影测量的无人机是固定翼和旋转翼两款类型。

固定翼无人机（见图 2-2-37）的优势是速度较快、续航时间长，所以适合较大面积测绘，包括垂直摄影和倾斜摄影。大型固定翼可以进行上百平方千米以上的测绘，不过需要跑道起降，对场地有一定的要求。小型固定翼可以进行几十平方千米以内的测绘，优势是可以不需要跑道，弹射起飞，回收时采用伞降。旋转翼无人机机身上均匀分布了两个或两个以上螺旋桨（通常是四旋翼、六旋翼及八旋翼等）（见图 2-2-38），其优势是飞行稳定，可以悬停，速度可快可慢，而且在倾斜摄影时更方便采集多角度的图像，但电动旋翼往往续航的时间较短，所以目前较大面积的垂直摄影多数采用固定翼；中等面积（几十平方千米）的垂直摄影常用小型固定翼，体积稍大的多旋翼亦可；而在小范围（如几平方千米）测绘或倾斜摄影方面多旋翼更为合适。

图 2-2-37　固定翼无人机

图 2-2-38　旋转翼无人机

### （二）无人机的基本操作

以下为大疆无人机的基本操作。

大疆无人机及其电源键如图 2-2-39 所示。

1.开机与关机

短按一次电池/遥控器上的电源键，指示灯亮起后，长按电源键 2 s，待所有电量指示灯亮后松手，无人机和遥控器的电源即可顺利打开。关机方法同。

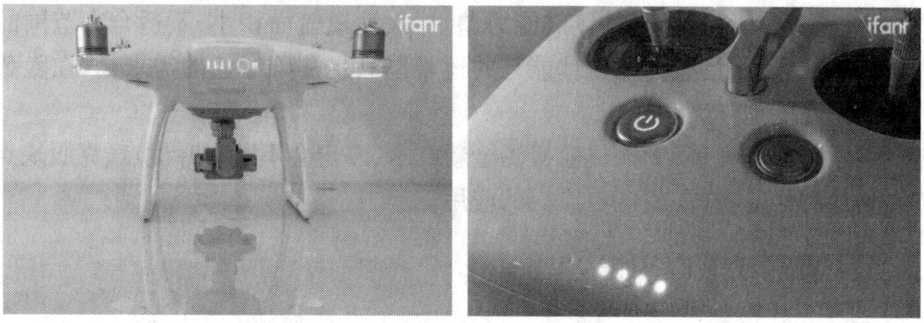


图 2-2-39　大疆无人机及其电源键

2.检查

无人机会在电源开启后完成基本的硬件自检工作，惯性测量单元(IMU)、指南针、云台、电机的状态都可以在配套手机客户端（DJIGo）中查看，并按照相应的方法校准。此时，用户需要手动检查以下几项：

(1)飞机剩余电量、电压、电池寿命。

(2)遥控器信号、图传信号，在设置菜单中还可以查看目前图传信号通道的干扰水平，如果干扰严重，需要手动调整信道。

(3)指南针状态。出于安全考虑，每次起飞前手动校准指南针，校准时远离一切金属物体。

(4)存储(SD)卡剩余容量。

3.起飞

完成所有检查即可启动电机。大疆无人机的电机启动方法是将两个摇杆以“内八字”的方式往遥控器的中线下方拨动。启动后，电机会带动螺旋桨迅速旋转。无人机遥控器默认左边的摇杆负责控制无人机的上升、下降、往左或往右旋转。右边的摇杆负责无人机在水平方向的前后左右移动。起飞时，只需要缓慢将左侧摇杆往上推，当无人机离地时稍微加大油门，让无人机尽快上升至 2 m 以上，然后即可自由飞行。

4.拍照/录像

遥控器内置拍照和录像按钮，点击即可开始拍照或录像。摄录完成后可以点击“回放”按钮在手机客户端中查看已拍摄的视频和照片。通过手机客户端(DJIGo)按钮，可以选择自动曝光或手动曝光，配合遥控器右上方的设置拨轮，可以直接在遥控器上调整曝光补偿或快门速度。视频素材拍完以后，可以把视频下载到手机里，然后通过手机客户端或者应用程序进行简单的剪辑和发送。

5.降落

降落和起飞一样，只需要看准降落点，往下拨动左侧摇杆即可。降落速度应控制在合理范围内，不要太快，避免飞机失速跌落。当飞机高度下降到 1~2 m 时，要注意地效反应的存在。具体表现为飞机出现不容易控制的抖动，松开摇杆时高度上升。如果担心降落不稳定，可以随时进行少许手动修正，无人机脚架触地的那一刻，立刻将左侧摇杆拨到最下方，保持 2~3 s，待电机停转后即可松开摇杆。

### （三）有关无人机飞行的几个概念

1.直线飞行

直线飞行就是无人机只在一个方向上直线飞行，比如上下、前后、左右，或者沿斜线飞行。直线飞行非常简单，只要往特定方向拨动摇杆即可。在飞行时，配合云台的稳定旋转，可以让画面聚焦在某个拍摄主体上。当镜头垂直朝向地面拍摄上升或下降画面时，让飞机缓慢旋转也可以提高画面观感。

2.环绕飞行

环绕飞行简称“刷锅”，指飞机以某个特定拍摄目标为圆心，进行匀速的环绕飞行，飞行期间拍摄目标一直处于画面中央，适合展示对象所处的周边环境，画面立体感较强。环绕飞行可以被拆解为飞机的自转和侧向飞行，将遥控器两个摇杆按特定的速率往相反的方向拨动，即可“刷锅”。

3.跟踪飞行

直线飞行或环绕飞行的“变种”，以一个运动中的目标作为跟踪对象，增强画面的动感。

4.俯冲/前进拉高

如果觉得直线飞行太简单，环绕和跟踪又太复杂的话，可以尝试这种复合镜头的拍摄，在水平飞行时拨动左摇杆，让飞机同时上升或下降。这种镜头的拍摄需要操控者有较好的立体空间感。

5.注意飞行安全

无人机飞行作业时，应尽量保证安全。首先，飞行区域应避免城市高空的气流以及不同地点无线电信号的干扰和具有足够开阔的视野。可以通过手机客户端查看遥控器和图像传输的信号状态，判断周边干扰是否严重。如果飞行线路和起飞地点周边有大型金属设施，会干扰无人机的指南针，也不适宜飞行，还应保证飞机和遥控器间没有任何障碍物的遮挡。除降落外，务必不要在低于 3 m 的高度飞行。此外，飞行时应密切留意电量。虽然无人机可以低电量自动返航，但如果返航时遇上逆风，飞机很可能还没返回就迫降，甚至因为没电而炸机。一般来说，在无人机电量剩余 20%～30%时就应选择降落。

### （四）垂直摄影和倾斜摄影

目前，无人机摄影获取影像的方法主要有两种：垂直摄影和倾斜摄影。

高空拍摄采用垂直摄影，中心投影光线近似的被视为相互平行，当地物高低差别引起的正射投影误差可被忽略时，即可对影像进行正射化处理，以便克服可能有的倾斜变形。

倾斜摄影技术是近年来航测领域逐渐发展起来的一项高新技术，它颠覆了以往正射影像只能从垂直角度拍摄的局限，通过在同一飞行平台上搭载多台传感器（目前常用的是两镜头或五镜头相机，见图 2-2-40），同时从一个垂直、四个倾斜等 5 个不同的角度采集影像（见图 2-2-41）。通过同方向的倾斜像对，采集丰富的地物侧面影像及位置信息，即可形成地物侧面的前方交会测量数据，基本消除立体像对同名点的死角，从而能够获取地面物体更为完整

图 2-2-40　五镜头倾斜相机

准确的面貌。

图 2-2-41　倾斜摄影

**（五）无人机航摄系统**

无人机航摄系统一般由飞行平台、飞行控制装置、地面控制装置、发射与回收装置，以及操作控制软件、图像处理设备及相关软件等组成。

1.硬件

（1）无人机——飞行平台。

（2）全画幅相机——采集高分辨率的影像数据。

（3）GNSS 接收机——用于像控测量，确定图像位置。

（4）计算机——用于数据处理。

（5）其他——存储设备、交通工具等。

2.软件

（1）飞行控制软件。

（2）图像处理软件。

（3）实景三维建模软件。

（4）其他辅助软件。

3. 技术路线

采用无人机进行倾斜航空摄影，使用 GNSS 进行像控测量，利用倾斜摄影数据处理软件制作 1∶500 DLG、DOM 和实景三维模型。

**（六）倾斜三维高精度测图**

倾斜三维高精度测图，是基于倾斜摄影技术、实景三维模型技术对地形、地貌数据进行采集，建立实景三维模型进行测图的新技术。它采用低空无人机搭载多方向镜头进行倾斜摄影测量，全方位获取建筑物纹理信息，加入控制点，通过三维建模精确还原建筑物形状，全要素展现地表物体，具有极高的真实度（见图 2-2-42）。在内业测图中，无须戴立体眼镜,裸眼即可清晰地看到建筑群体的分布状况、房屋结构、层数;通过旋转,可以全方位地观察到建筑物的每一个细节,真实、全面,可直接在实景三维模型上勾绘建筑物图斑,测量和记录其属性数值,因而又称为“裸眼测图”。三维实景的精度完全可以满足航空测绘的要求。大量的外业工作在内业实景三维模型上即可完成,高效率、高精度。相对于以前传统建模方式,工期大大缩短、成本大大降低。同时具有强大的兼容性,支持多种数据源,在地形图测绘和 GIS 地理信息采集等方面具有广泛的应用前景。

图 2-2-42　三维实景模型

## 三、无人机测绘作业流程

无人机航摄测图作业流程主要分为外业测量和内业数据处理两大部分。外业测量包括:①资料收集,确定测区范围;②施测范围航摄参数计算,规划航线;③像控点布设与测量;④无人机影像获取;⑤外业调绘。内业数据处理包括:①空中三角加密;②数字正射影像图(DOM)与数字高程模型(DEM)的生产;③裸眼测图;④数字线划地形图(DLG)的生产;⑤编辑成图;⑥数据检查验收。其工作流程框图如图 2-2-43 所示。

各阶段具体的工作内容如下。

### (一)准备工作

主要准备工作包括资料准备、设备准备、相机检测等。

(1)收集测区基础资料,如基础地形图、卫星影像资料、控制成果,了解测区地理位置及气象情况等。

(2)相机检校,获取准确的相机内方位元素和畸变参数。

(3)飞行平台设备进行检校与常规检查,确保航摄平台各设备主要技术参数符合规范要求。

(4)现场踏勘选择合适的起降场地。

### (二)航摄作业

飞行航线(见图 2-2-44)设计一般可以利用专门的软件完成;为满足测图精度要求,提高飞行效率,采用高分辨率相机,镜头为 30~40 mm,航向重叠度为 60%~80%,旁向重叠度设计为 50%~70%,地面分辨率为 5 cm,航高一般为 300~500 m。

### (三)控制点布设及测量

在测区范围内均匀布设地面控制点(见图 2-2-45),根据建筑物密集程度及地形地

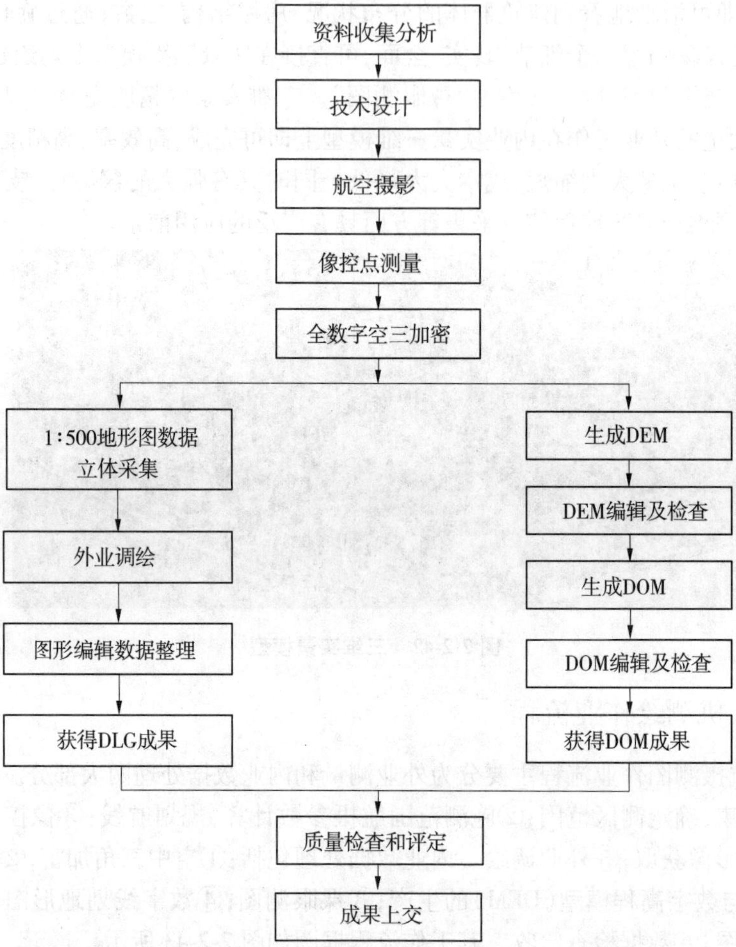


图 2-2-43　无人机测绘主要工作流程

图 2-2-44　无人机航摄的航线规划

貌,如系 1∶500 测图,控制点应每 200~300 m 布设一个,且均匀分布,不可布设成直线,应布设于区域四周及中间部位。像控点应选择相关像片上影像清晰、接近正交的细小线状地物交点和直角拐点,如平顶房角、水池角、围墙内外角、花坛角、旱地角,固定的能准确判定几何中心的点状地物等,山区也可选在道路交叉口等处,但不能选在树木或者建筑物的遮挡处、人字顶房角、有草丛的田埂、有弧度的田角等。控制点所处地面应尽量平整,无高低落差,确保刺点时不产生高程异议。选点时还需察看点位地物近期是否会发生变化或遭人为破坏,尽量避开人流量大和人为活动多的地方。平高像控点的实地判刺精度应小于图上 0.1 mm。目标选定后,应设置人工标志,并选择影像最清晰像片野外标注。

像控点测量,可采用已知控制点进行平面坐标和高程联测,也可根据实际作业需要采用 GNSS RTK 卫星定位技术测定控制点的地面坐标,再应用后处理动态差分技术提高定位解算精度。

图 2-2-45　像控点和检查点布设

**(四)影像获取**

影像获取主要包括起飞前检查、无人机航飞、现场数据整理及检查等。

1.起飞前检查

为确保无人机航摄安全,飞机通电后需要进行自检及严格的安全检查,具体如下。

(1)gBox(通信盒)状态检查:线缆连接检查、GNSS 天线视野开阔、gBox 正常启动、锁定卫星检查。

(2)相机检查:内存卡 SD 检查、相机设置检查、设置快门速度、清洁相机镜头和滤镜、相机热插拔线路连接、尼龙扣带固定、相机触发器检查、快门反馈检查。

(3)跟踪器检查:确保跟踪器打开,接收器接收信号检查。

(4)升降翼检查:外弦升降翼与内弦升降翼水平检查、升降翼反应检查。

(5)发射架检查:发射架装配、安全插销插入发射架、弹力绳力度检查。

(6)空速反应检查:确保空速反应正常。

(7)飞机定位检查:飞机装配到发射架上,定位螺旋桨位置、飞机位置正确。

完成起飞前检查后，拆除安全插销，启动无人机系统，等待系统正常启动后，即可发射无人机。

2.无人机航飞

无人机起飞后，按照规划路线升空进行影像数据采集，地面站开始对飞机工作状态进行实时监控，技术员应时刻关注无人机的状态、风速、飞机的高度及速度等指标，如发现异常，应立刻做出判断和处理，如正常，即按预定线路采集完成后返航降落。

3.数据整理及检查

现场对航飞数据进行整理，核查拍摄照片数量与飞行轨迹参数是否一致，是否出现漏拍现象；检查照片质量，是否有模糊不清等情况；现场对航飞成果质量进行全面、快速检查，计算航向重叠度、旁向重叠度，生成检查结果报表等。检查完成后，如存在质量问题，则需重新补摄飞行。

**（五）数据处理与正射影像图（DOM）制作**

1.空中三角加密

数据预处理主要包括原片检查、POS 数据［无人机每个航点拍摄瞬间的三维坐标（经度、纬度、飞行高度）和飞行姿态（航向角、俯仰角和翻滚角）数据］整理、控制点数据整理等。预处理完成后利用相应软件进行空中三角加密处理，包括将影像数据的坐标系由大地坐标转为直角坐标，对影像的畸变进行改正、构建影像模型、连接航带、像控点刺点、平差等。像控点刺点时，在立体像对的点位上选刺控制点，从所有控制点位中选择 3/4 的点作为控制点，其余点位作为检查点，同时为了增加模型连接的强度，避免由于某一个控制点的误差过大引发全局性的负面影响，在立体像片上增加一些模型连接点参与空三平差。经过反复的点位调整、优化，最终满足平面和高程的绝对定向精度要求。

2.DOM（数字正射影像图）制作

根据上述空中三角加密的成果，利用 DEM（数字高程模型）数据对影像进行数字微分纠正和影像采样，制作单片的 DOM，由于无人机飞行高度较低，高层地物同名点视差较大，按照相机中心投影的成像原理，影像边缘投影误差较大，往往会出现接缝和建筑物边缘扭曲的现象，所以，需要对正射影像的镶嵌线进行人工编辑，镶嵌线的选取及修改尽可能避免穿过大型建筑物，选择纹理不丰富的位置，远离影像的边缘，尽量沿道路及地面实体的边缘等。同时，对于不同拍摄角度、位置的照片存在的色差、亮度差进行匀光匀色处理，镶嵌线周边羽化处理，保证照片镶嵌自然，整体影像亮度、色差一致，如图 2-2-46 所示。

3.DLG（数字线划地图）立体测图

应用数字成图软件，进行 DLG 立体测图和获取相关的地理信息。

1）数据准备

准备空三加密平差成果文件及无人机原始影像数据，将必要的文件放到同一文件夹的同级目录下，如影像 ID 文件、外方位元素文件、加密点文件、像点文件等，保持文件前缀名称一致。

2）新建工程

打开 EPS 地理信息基础测绘平台（一种以数据库为核心，将图形和属性数据融为一体的地理信息工作站基础软件），选择航测采编模块，建立工程文件。

图 2-2-46　0.05 m 分辨率的 DOM 成果

3)模型恢复

选择立体测图菜单,应用软件根据外方位元素和影像重叠度自动组合立体像对,实现无缝连接,恢复立体模型,也支持自动/手动切换立体模型。

4)立体采编

连接外接输入设备,设置工作区,应用软件对立体模型进行数据采集工作,包括以下步骤:

(1)矢量采集。用规定的符号提取地物、地貌的平面位置和高程位置等来获取矢量图。

(2)线状物提取。打开矢量测图图层管理器,在左边对话框选择或者搜索出对应的 CASS(南方测绘数字测绘成图软件)编码;双击或者右键选择编辑,使该层处于编辑状态。

(3)点状物提取。打开矢量测图图层管理器,在左边对话框选择或者搜索出点状物对应的 CASS 编码;双击或者右键选择编辑,使该层处于编辑状态。

(4)等高线。提供自动绘制等高线工具,首先确定要绘制等高线的区域,然后利用该功能设定阈值,系统会自动检索并生成高程点。可利用 CASS 绘图功能直接生成等高线。

(5)屋檐改正。传统作业方式的屋檐改正需要通过外业调绘获得结果,而在此处矢量采集同时可以直接根据倾斜影像进行屋檐改正,大大减少外业的工作量。

(6)多角度检查。选择矢量线所有的点,打开垂直辅助线,用左边相机视图,切换四周倾斜影像,观察辅助线与立面相交线是否重合。

(7)矢量导出。全要素矢量提取完毕之后,在矢量测图图层管理器中,选择导出。有三种格式:第一种是 *.dxf 格式,不带属性输出;第二种是 *.cas 格式,带属性输出,线状物、点状物都可以用这个格式导出;第三种是 *.dat 格式,一般是等高线的高程点导出。将导出之后的文件在 CASS 里面打开,可以直接成图。

通过对立体模型可观测到的地貌和地物按照“内业定位、外业定性”的原则进行全要素的数字化跟踪和外业调绘修编等工作,最终生成数字线划地形图。

## 四、无人机测绘的应用

无人机民用需求的扩大以及无人机航摄技术的逐渐成熟,民用领域的各行各业都已经被该技术渗透,它可以应用于国土资源勘察、数字城市发展建设、通信站的建立、国家地图测绘、城市发展规划、实时监测突发事件、灾害预测和评估、城市街道交通、网线电网铺设、矿产开发、环境管理和生态保护、森林治理、数字化农业等领域。无人机在新农村建设、数字化城市的建设等方面将起到不可代替的作用。

### (一)低空测绘

在测绘工程中,无人机主要作用是获取用正射像片编制的平面图和正射影像图。在一些环境条件较为苛刻的工作地点进行作业,例如有高山阻碍、地形复杂不能够实现正常起降,或者云层过低等问题,此时无人机就能够体现出它独特的航摄效果,在任何地形都能够轻松地起飞,进行航空摄影作业,解决在测绘工作中很多技术和环境的难题。

### (二)动态监测

无人机进行监测作业中,采用不同航空高度的无人机,既可以实施多架无人机配合工作应对大范围的高空监测,也可以对面积较小的地面范围进行实时监测。快速生成监测区域影像分辨率可达 0.1~0.5 m 的清晰图像和各项数据,对获取的信息及时进行高效处理,最终得到监测区的整体信息。对监测区域情况还可以利用三维仿真模拟技术来进行宏观展示,既提高测绘的现势性,又提高监测的效率和应急服务的能力,在处理和应对紧急事件中供相关部门及时进行分析和做出相应的对策,因而尤其适合于灾害监测、应急监测和军事侦察等用途。

### (三)土石方测量

利用航测可以计算出指定区域的土石方量,其原理是无人机在指定区域飞行过程中,设定一个确定的飞行高度(这个飞行高度是指与地面保持一定的高度),因此也就能知道无人机的飞行高度轨迹,自然就可以得出高程值。然后利用相应软件就可以算出土石方量。

### (四)地籍测量

无人机航摄测绘在地籍测量中的应用包括:①利用航空摄影图像,由解析空中三角测量的控制加密,得到高精度控制点坐标及宗地界址点坐标;②利用航空摄影图像,通过解析测图仪绘制数字化地籍图;③利用高分辨率的航摄图像,通过正射投影纠正,可得到正射立体影像地籍图;④利用航空摄影图像,可进行地籍权属调查和绘制宗地草图等。此外,运用无人机对国土资源进行监测,既可以全面而准确的掌握国土资源数量、质量、分布和变化趋势,还可以发现违规违法用地、滥占耕地、破坏生态环境等现象,及时加以处理。

**(五)为数字城市的发展提供基础底图和地理信息**

近年来,在各地智慧城市的建设中,地理信息系统作为城市建设的基础内容,无人机航摄测绘不仅为城市建设系统提供更加实时而又高效的基础底图和地理信息,而且其构建的城市三维数字模型逐渐成为建设智慧城市的重要基石,必将为数字城市、智慧城市建设的全面发展发挥巨大作用。

# 小　结

(1)地形图就是将一定范围内的地物、地貌沿铅垂线投影到水平面上,再按规定的符号和比例尺,经综合取舍,缩绘成的图纸。地形图的比例尺是图上任意两点间的长度和相应的实地水平长度之比。人眼分辨率即图上 0.1 mm 所代表的实地距离为地形图的比例尺精度。

(2)常用的地物符号有比例符号、半比例符号、非比例符号和注记,地貌则用等高线来表示。

(3)大比例尺地形图的测绘就是在控制测量的基础上,采用适宜的测量方法,测定每个控制点周围地形特征点的平面位置和高程,以此为依据,将所测地物、地貌逐一勾绘于图纸上,常用的测绘方法为经纬仪测绘法、航空摄影测绘法、应用 CASS 软件进行数字测图和无人机航摄测绘等新技术。

# 复习题

1.________________称为地物,__________称为地貌,________称为地形,________________________称为地形图。________________为地形图的比例尺,地形图的比例尺精度是指______________________________________。

2.地物符号包括______、______、______和______。

3.__________称为等高线,等高线中__________称为首曲线,__________称为计曲线,__________称为间曲线。等高距是指__________,等高线平距是指__________,__________称为地面两点之间的坡度。

# 练习题

1. 1:1 000 和 1:2 000 地形图的比例尺精度分别为______和______,如果要求地形图上能反映出 10 cm 的地物宽度,测图比例尺至少应为______。

## 思考题

1.地形图按成图方式的不同分为哪几种？地形图和平面图的区别在哪里？地形图含有哪些数字信息和地表形态？

2.什么是地形图图式？地形图图式包含哪些内容？

3.等高线有哪些特性？什么是地性线？地性线及山头、谷地、鞍部等地貌在地形图上如何表示？

4.简述大比例尺地形图测绘的原理。什么是地形特征点？测定地形特征点的常用方法是什么？经纬仪测绘法测绘地形图在一个测站上应做哪些工作？可用哪些方法来检查地形图测绘的质量？

5.地形图野外数字测绘的基本原理是什么？有哪几种作业模式？简述应用全站仪进行野外数字测图的作业步骤和特点。

6.简述应用CASS软件进行数字成图的步骤和方法。

7.水下地形图测绘和陆上地形图测绘有何相同点及不同点？

8.大比例尺地形图一般如何进行分幅和编号？地形图的图廓、坐标格网和注记有何作用？

9.航空摄影测量的原理和方法有哪些？地形图与航测像片的投影和表示有何差别？航空摄影成图的外业和内业工作包括哪些内容？

10.无人机航摄测绘有哪些特点？无人机飞行有哪些基本操作方法？无人机航摄测图的作业流程包括哪些内容？

# 项目三　地形图应用

**技能目标**

能在工程的施工、管理及工程量的计算中正确运用纸质地形图和数字地形图。

## 任务一　地形图识读

**知识目标:**地形图识读的内容。

**技能目标:**能熟练识读地形图。

地形图的识读是正确应用地形图的前提。识读地形图必须首先掌握 GB/T 20257.1—2007 规定的各种地物、地貌的表示方式,然后对图上的数字信息和地表形态等有所了解,以此分析图纸所包含的各种地形特征、地理信息及其精度,从而为正确应用地形图进行工程的规划、设计和施工提供保证。地形图的识读一般包括以下内容:

(1)图廓外注记识读。重点了解测图比例尺、测图方法、坐标系统和高程基准、等高距、地形图图式的版本等成图要素(参见图 2-2-5)。此外,通过测图单位与成图日期等,也可判别图纸的质量及可靠程度。

(2)地貌识读。首先判别图内各部分地貌的类别,属于平原、丘陵还是山地,如系山地、丘陵,则搜寻其山脊线、山谷线即地性线所在位置,以便了解图幅内的山川走向及汇水区域;再从等高线及高程注记,判别各部分地势的落差及坡度的大小等。这些地貌特征对工程规划设计的可行性和施工时的工程量及难易程度都会产生影响。

(3)地物识读。主要是城镇及居民点的分布,道路、河流的级别、走向,以及输电线路、供电设施、水源、热源、气源的位置等,这些对工程建设的房屋拆迁、器材运输、物资供应及能源保障等的统筹规划将起到重要作用。

此外,图上的农田水利、环保设施、森林植被等也是反映工程建设所处环境及其可利用资源的重要信息。

## 任务二　纸质地形图基本应用

**知识目标:**面积量算的方法。

**技能目标:**能在纸质地形图上确定点的坐标、高程,直线的长度、方向及进行面积量算。

### 一、图上确定点的平面坐标

根据点所在网格的坐标注记,按与距离成比例量出该点至上下左右格网线的坐标增量 $\Delta x$、$\Delta y$ 即可得到该点坐标。例如,图 2-3-1 中量得 $A$ 点至所在网格下边线 27 000 m 的

$\Delta x=739$ m；左边线 5 000 m 的 $\Delta y=300$ m，则 $x_A=27\ 000+739=27\ 739$(m)，$y_A=5\ 000+300=5\ 300$(m)。还应量取 $A$ 点至所在网格上边线的 $\Delta x$ 和右边线的 $\Delta y$ 作为校核。同法，可得 $B$ 点坐标。

## 二、图上确定点的高程

根据等高距 $h$、该点所在位置相邻等高线的平距 $d$ 及该点与其中一根等高线的平距 $d_1$，按比例内插出该点至该等高线的高差 $\Delta h=\frac{d_1}{d}h$ 即可得到该点高程。例如，图 2-3-2 中，等高距 $h=1$ m，量得 $c$ 点处等高线平距 $d=8.0$ mm、$c$ 点与 50 m 等高线平距 $d_1=5.5$ mm，则得 $c$ 点高程为

$$H_c=50+\frac{5.5}{8.0}\times 1=50+0.69=50.69(\text{m})$$

同样，还应量取 $c$ 点至 51 m 等高线的平距，再内插一次 $c$ 点的高程作为检核。

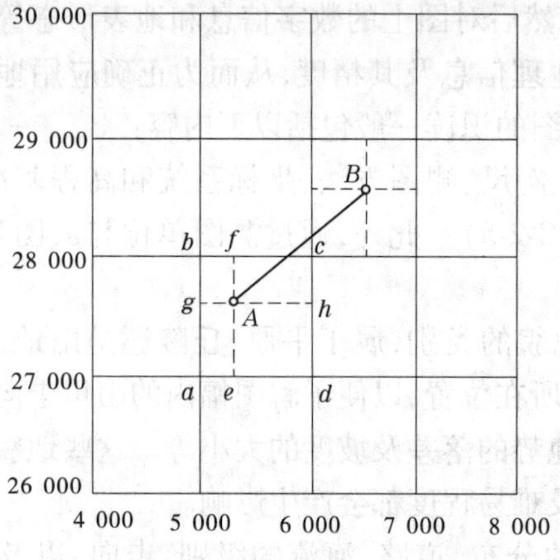


**图 2-3-1　图上确定点的平面坐标**

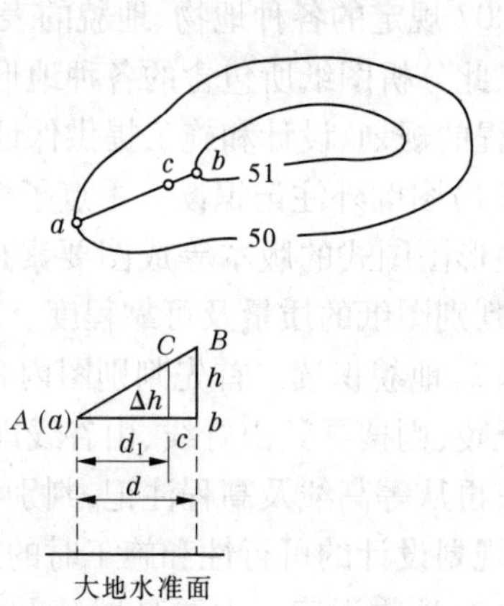


**图 2-3-2　图上确定点的高程**

## 三、图上确定直线的长度和方向

图上确定直线的长度和方向可采用直接量取法和坐标反算法。

**(一)直接量取法(图解法)**

用直尺直接在图上量取直线的距离，乘以比例尺分母即得直线的实地长度；过直线的起始点做坐标纵轴的平行线，用半圆量角器自纵轴平行线起始顺时针量取至直线的夹角，即得直线的坐标方位角（见图 2-3-3)。

**(二)坐标反算法(解析法)**

直接在图上量取直线两端点的纵、横坐标，代入坐标反算公式(式(1-4-10)和式(1-4-11))，计算该直线段的方位角和距离。一般而言，解析法的精度高于图解法。

## 四、图上确定直线的坡度

图上先确定直线两端点的高程，算得两端点之间的高差 $h$，再量取直线之间的平距 $d$，

即可按下式计算该直线以百分数表示的坡度 $i$

$$i = \frac{h}{d} \times 100\% \tag{2-3-1}$$

## 五、图上面积量算

在图上量算封闭曲线围成图形的面积,有以下方法。

### (一)透明格网法

如图 2-3-4 所示,将一绘有毫米格网的透明胶片覆盖于需量算面积的图形上,数出图形所占有的整方格数 $n_1$ 和其边界线上非完整的方格数 $n_2$,代入下式即可算得该图形的实地面积 $A$

$$A = A_{方格} \times \left(n_1 + \frac{n_2}{2}\right) \times \frac{M^2}{10^6} \tag{2-3-2}$$

式中 $A$——该图形实地面积,$m^2$;

$A_{方格}$——透明格网每方格的图上面积,$mm^2$;

$M$——地形图比例尺分母。

注意:式(2-3-2)表明将图上面积化为实地面积应扩大 $M^2$ 倍。

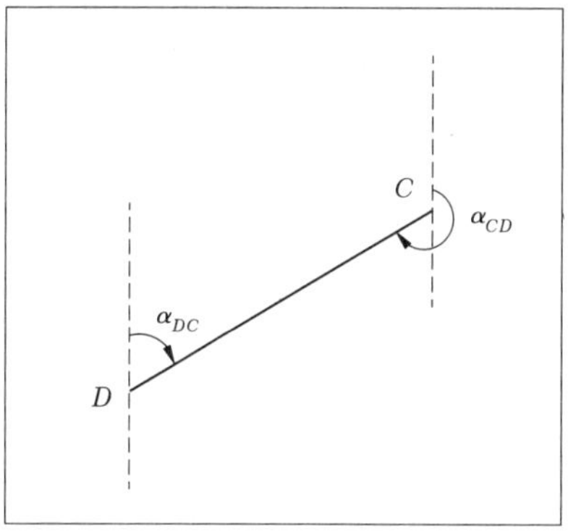


**图 2-3-3 图上量取直线方位角**

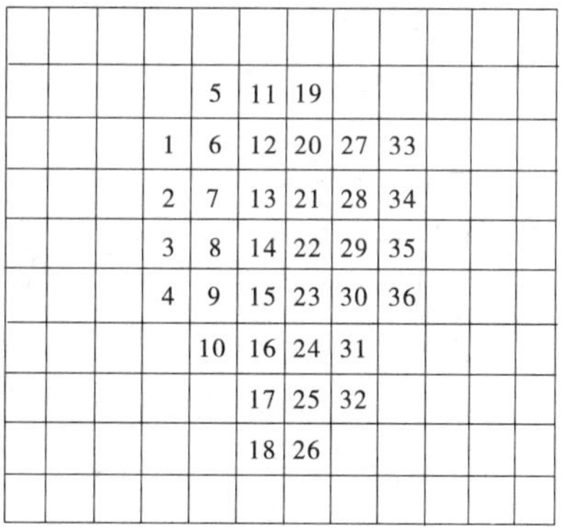


**图 2-3-4 透明格网法量算面积**

### (二)电子求积仪法

电子求积仪是一种专门用于在图上量算面积的电子仪器,如图 2-3-5 所示,主要由主机、动极和动极轴、跟踪臂和跟踪放大镜等组成,跟踪放大镜中心的小红点即跟踪点。作业时,手扶放大镜使跟踪点自图形边界某点起始,沿封闭曲线顺时针转动,动极和主机亦随跟踪放大镜一道移动,回到起点后,根据积分的原理由微处理器自动计算出图形的面积,并在窗口显示出来。电子求积仪量算面积具有以下特点:

(1)实现面积量算的半自动化。

(2)可选择面积的单位制和单位。单位制有公制和英制,单位有 $cm^2$、$m^2$、$km^2$ 及 $in^2$(平方英寸)、$ft^2$(平方英尺)、acre(英亩)。

(3)可设置比例尺。

(4)对大的图形可分块量测,并对量测结果进行累加。

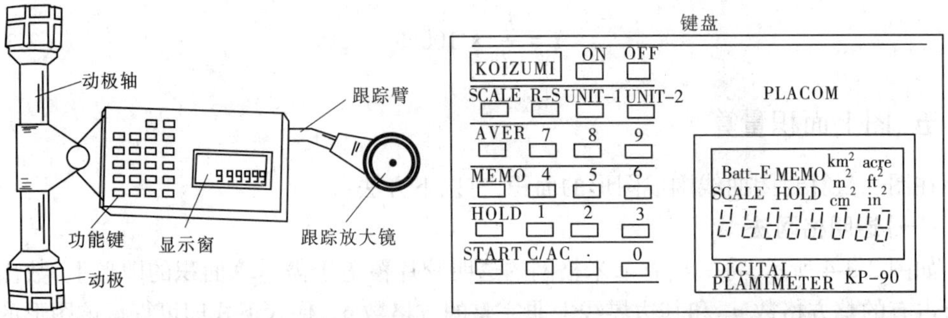


图 2-3-5　电子求积仪

(5)可对同一图形进行多次面积量测,取其平均值。

仪器具体的使用方法有说明书可供参考。

**(三)数字化仪法**

用手扶跟踪的方法将图件上的点、线、面等几何要素转换成坐标数字的仪器称为矢量数字化仪,简称数字化仪。其基本结构由鼠标器、数字化板、微处理器和相应的接口所组成,其外形如图 2-3-6(a) 所示。鼠标器外部装有十字丝及若干操作键。十字丝用于精确对准图纸上的点位,操作键可执行相关操作。数字化仪表面为工作台板,根据其幅面大小,由 $A_0$ ~ $A_4$ 分为 5 种型号。面板一侧有输出接口与计算机实现联机通信。

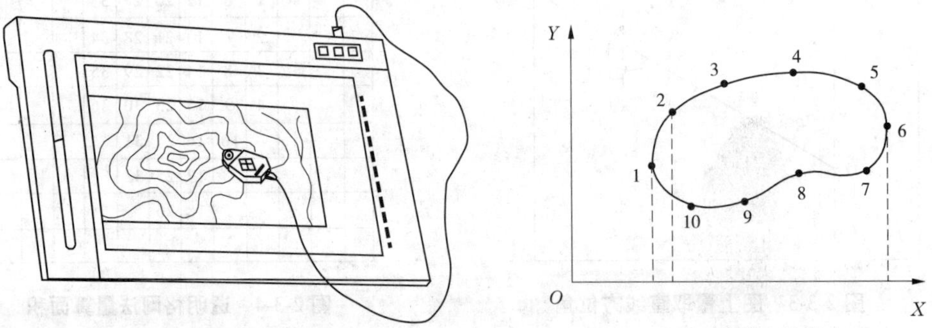


(a)矢量数字化仪　　(b)图形边界拐点

图 2-3-6　数字化仪量算面积

面积量算时,首先在图形的边界线上将方向有明显变化处注为拐点(见图 2-3-6(b)),然后手扶鼠标器自某点起始,沿封闭曲线顺时针移动,凡遇拐点,按下操作键,直至回到起点。此时,在计算机内即得所有拐点按序排列的在数字化仪面板坐标系统内的 $X$、$Y$ 坐标(横轴为 $X$,纵轴为 $Y$),并且代入以下梯形面积累加公式自动计算图形的面积 $S$(式中,当 $i = n$ 时,第 $i + 1$ 点即为返回第 1 点)

$$S = \frac{1}{2}\sum_{i=1}^{n}(X_{i+1} - X_i)\cdot(Y_{i+1} + Y_i) \tag{2-3-3}$$

用数字化仪进行面积量算,不仅速度快,而且精度高,与相应的数据处理软件配合使用,还可自动实现不同类别图形面积量算的分类统计。

# 任务三　纸质地形图在工程施工中的应用

**知识目标:**纵断面图的绘制、道路图上选线、场地平整设计及其土方量计算等方法,以及汇水面积和水库库容的概念。

**技能目标:**能在工程的施工、管理中熟练应用纸质地形图和在纸质地形图上进行场地平整等的设计与工程量计算。

## 一、利用纸质地形图绘制特定方向纵断面图

纵断面图可以更加直观、形象地反映地面某特定方向的高低起伏、地势变化,在道路、水利、输电线路等工程的规划、设计、施工中具有突出的使用价值。在精度要求稍低时,可以直接利用地形图上的有关信息,绘制某特定方向的纵断面图。

如图 2-3-7(a)所示,$AB$ 为某特定方向。为绘制其纵断面图,先在地形图上标出直线 $AB$ 与相关等高线的交点 $b,c,\cdots,i,l,m,\cdots,p$,且沿 $AB$ 方向量取 $A$ 至各交点的水平距离。然后在另一图纸上绘制直角坐标系,横轴代表水平距离 $D$,纵轴代表高程 $H$(见图 2-3-7(b))。按 $A$ 至各等高线交点的水平距离在横轴上据横向比例尺依次展出 $b,c,\cdots,i,l,m,\cdots,p,B$ 各点,再通过这些点作纵轴的平行线,在各平行线上,据纵向比例尺分别截取 $A,b,c,\cdots,i,l,m,\cdots,p,B$ 等点的高程,最后将各高程点用光滑曲线连接,即得 $AB$ 方向的纵断面图。

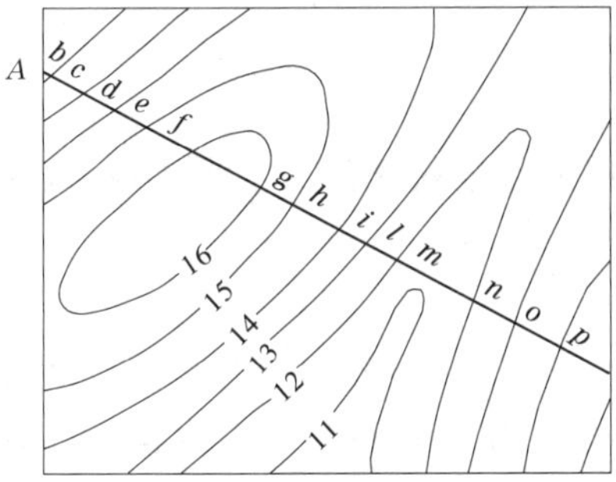


(a)

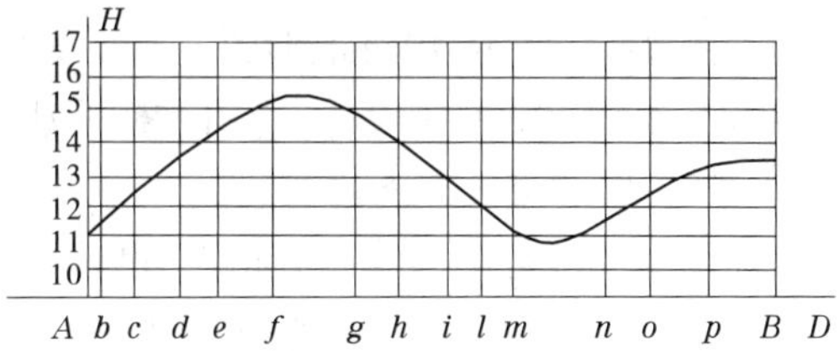


(b)

**图 2-3-7　利用地形图绘制纵断面图**

在绘制纵断面图时,一般将纵向比例尺较横向比例尺放大 10~20 倍,如横向比例尺为 1:2 000,纵向比例尺则采用 1:200,这样可以将地势的高低起伏更加突出地表现出来。

## 二、利用纸质地形图按给定坡度选定路线

道路、管线工程中,往往需要在地形图上按设计坡度选定最佳路线。如图 2-3-8 所示,在等高距为 $h$、比例尺为 $1:M$ 的地形图上,有 $A$、$B$ 两点,需在其间确定一条设计坡度等于 $i$ 的最佳路线。最佳的含义首先是最短。为此,计算满足该坡度要求的路线通过图上相邻两条等高线的最短平距 $d$

$$d = \frac{h}{i \cdot M} \tag{2-3-4}$$

首先在图上以 $A$ 点为圆心，以 $d$ 为半径画圆弧，交 84 m 等高线于 1 号点，再以 1 号点为圆心，以 $d$ 为半径画圆弧，交 86 m 等高线于 2 号点，依次类推直至 $B$ 点；再自 $A$ 点始，按同法沿另一方向交出 $1',2',\cdots$ 直至 $B$ 点。这样得到的两条线路坡度都等于 $i$，同时距离也都最短。需要注意的是，若在作图过程中出现圆弧与等高线无法相交的情况，说明该处地面坡度小于设计坡度 $i$，此时可按相邻等高线之间的最短平距画延伸线。如果两条路线中都有这种情况，各条路线的总长将不相等，应取较短的一条为最佳路线；如果两条路线都不存在这种情况，它们的总长理论上相等，可通过现场踏勘，从中选择一条施工条件较好的线路为最佳路线。

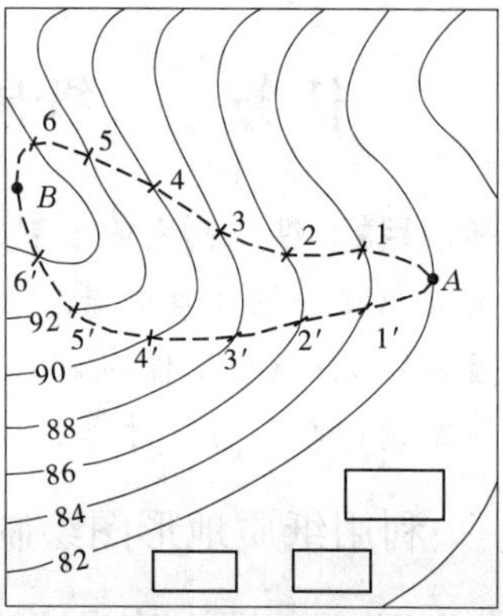

图 2-3-8　利用地形图选择最佳路线

## 三、利用纸质地形图进行场地平整设计和土方量计算

建筑工程施工必不可少的前期工作之一是场地平整，即按照设计的要求事先将施工场地的原始地貌整治成水平或倾斜的平面。其基本原则一般为平整过程中的挖方和填方基本相等，以节省工程量；或整治后的平面须通过原地面的某些特征点，以满足工程的具体要求。在精度要求稍低时，可以直接利用地形图上的有关信息，对场地平整进行设计和土方量计算。

### （一）整治成水平场地的设计和土方量计算

如图 2-3-9 所示，需将地形图上施工场地范围内的原始地貌整治成水平场地，按挖方和填方基本相等的原则设计，应用方格网法，其步骤如下所述。

1.确定图上网格交点的高程

在图上场地范围内绘制方格网，网格的边长视地形的复杂程度和土方量估算精度的要求而定，一般取实地 10 m 或 20 m（在 1∶1 000 地形图上为 1 cm 或 2 cm）为宜。图 2-3-9 所示格网为 4 行 4 列(网格实地边长为 10 m)，但受地形等条件所限，第 4 行仅 3 个方格（第 4 方格设为水塘，不属施工场地范围），即全场计 15 个方格。然后根据等高线内插逐一确定每个方格交点的地面高程，注于各方格交点的右上方。

2.计算零点高程，图上插绘零线

零点高程，即场地平整后的高程 $H_0$。为了满足挖方和填方基本相等的原则，零点高程实际上就是场地原始地貌的平均高程。先根据每个方格四个交点的高程计算该方格的平均高程，再根据每个方格的平均高程计算整个场地的平均高程，即为零点高程。零点高程的计算，还可以用所有交点高程的加权平均值来表示。因为在计算中，外围角上的交点（如图中 $A1$、$A5$、$E1$、$E4$、$D5$ 等点，称为角点）各用到 1 次，令其权值均为 0.25；四周边线上的交点（如图中 $A2$、$A3$、$A4$、$B1$、$C1$、$D1$ 等点，称为边点）各用到 2 次，令其权值均为 0. 50；边线拐角的交点（如图中 $D4$ 点，称为拐点）各用到 3 次，令其权值均为 0. 75；中间部分的

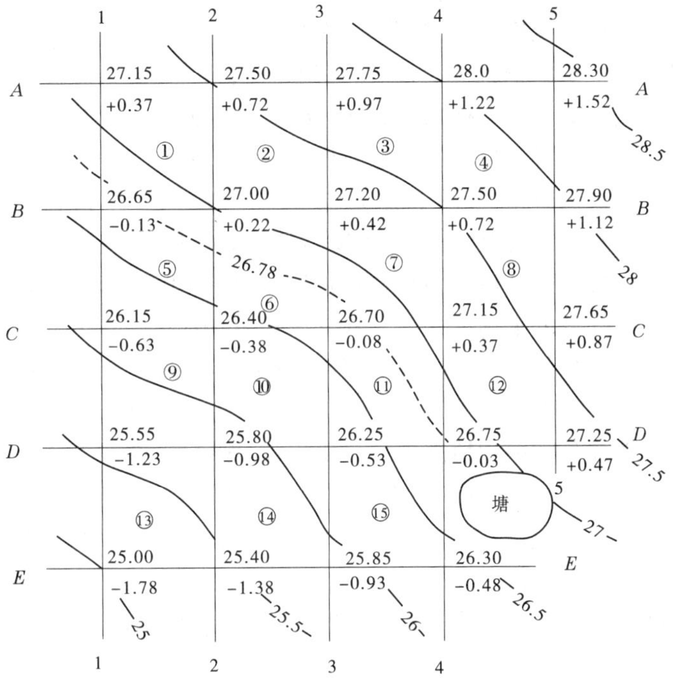

图 2-3-9　平整水平场地设计示意图

交点（如图中 B2、B3、B4、C2、D2 等点，称为中点）各用到 4 次，令其权值均为 1.00，则有

$$零点高程\ H_0=\frac{\sum(P_i\cdot H_i)}{\sum P_i} \tag{2-3-5}$$

式中　$H_i$——各交点的地面高程；

$P_i$——各交点相应的权值。

按式(2-3-5)计算的结果与取各方格平均高程的平均值相同。

随后，在地形图上插绘出高程与零点相同的等高线，称为零线，即挖方、填方的分界线（图 2-3-9 中，虚线即为零线，其高程为算得的零点高程 26.78 m）。

3.计算网格交点的挖深和填高

将每个方格交点的原有高程减去零点高程，即得该交点的挖深（差值为正）或填高（差值为负），注于图上相应交点的右下方（单位：m）。

4.计算土方量

土方量的计算方法有方格法和等高线法。

1)方格法

分别取每个方格交点挖深或填高的平均值与每个方格内需要下挖或上填的实地面积，计算各方格的挖方 = 下挖面积×平均挖深，填方 = 上填面积×平均填高，即得该方格的挖方量或填方量；分别取所有方格的挖方量、填方量之和，为全场的总挖方与总填方，汇总即得场地平整的总土方量。

方格法在计算每个方格的平均挖深、下挖面积或平均填高、上填面积时有三种情况：

第一种，无零线通过的全挖方格，如图 2-3-9 中的③、④号等方格，平均挖深就等于四个交点挖深的平均值，下挖面积就等于方格的实地面积。

第二种，无零线通过的全填方格，如图中的⑨、⑩号等方格，平均填高就等于四个交点填高的平均值，上填面积亦等于方格的实地面积。

第三种，有零线通过的方格，如图中的⑤、⑥号等方格，应将该方格分成下挖和上填两部分，分别计算其平均挖深、下挖面积和平均填高、上填面积，而在计算平均挖深和平均填高时应将零线与方格边线的交点视为两个"零点"（其挖深和填高均为 0 的点）加以考虑。

如⑤号方格：下挖部分的平均挖深为　$+0.22\div3=+0.07$(m)

　　　　　　上填部分的平均填高为　$-(0.13+0.63+0.38)\div5=-0.23$(m)

而⑥号方格：下挖部分的平均挖深为　$+(0.22+0.42)\div4=+0.16$(m)

　　　　　　上填部分的平均填高为　$-(0.38+0.08)\div4=-0.12$(m)

至于方格内下挖和上填两部分的面积，若精度要求较高，则应对两部分分别进行面积量算；若精度要求较低，则可直接在图上估计两部分各占方格面积之比，如⑥号方格下挖和上填面积大致相等，各占方格面积的 1/2；而⑤号方格下挖部分约占方格面积的 1/8，上填部分约占方格面积的 7/8，再根据方格的实地面积，按二者之比分别得出下挖和上填的实地面积。

显然，第一种方格仅计算挖方，第二种方格仅计算填方，第三种方格既有挖方也有填方，应分别计算。

2）等高线法

算得零点高程，并在图上内插零线后，分别量算零线及各条等高线与场地格网边界线所围成的面积（如果零线或等高线在图内闭合，则量算各闭合线所围成的面积），根据零线与相邻等高线的高差及各相邻等高线之间的等高距，分层计算零线与相邻等高线之间的体积及各相邻等高线之间的体积（最上一根等高线到山顶的体积，先计算最上一根等高线所围的实地面积 $S$，然后以山顶高程减去最上一根等高线的高程得高差 $h$，再按圆锥体的体积计算公式 $V=\frac{1}{3}Sh$ 计算），即可通过累加，分别计算出总的填方量和挖方量。

需要注意的是，原始地貌开挖并就地回填后，会产生一定的松散性，因此在根据填方和挖方平衡的原则进行平整场地设计时，应考虑将挖方量乘以适当的松散系数。

**（二）整治成倾斜场地的设计和土方量计算**

如图 2-3-10 所示，需将地形图范围内的原始地貌整治成通过原地面 $A$、$B$、$C$（图上相应为 $a$、$b$、$c$，高程分别为 152.3 m、153.6 m、150.4 m）三个特征点的倾斜平面的场地，其步骤如下所述。

1.图上插绘设计面等高线

设计面的等高线就是整治成倾斜平面后的等高线，应为一组等间距的平行线。由于倾斜平面必须通过 $a$、$b$、$c$ 三点，因此首先应在 $ab$、$bc$、$ca$ 三条连线中任意一条上按比例内插出其间整米数的高程点，如在 $bc$ 线上插得高程分别为 153 m、152 m 和 151 m 的 $d$、$e$、$f$ 点。再在 $bc$ 线上内插出与 $a$ 点高程（152.3 m）相等的点 $k$，连接 $ak$ 即成为设计斜面上高

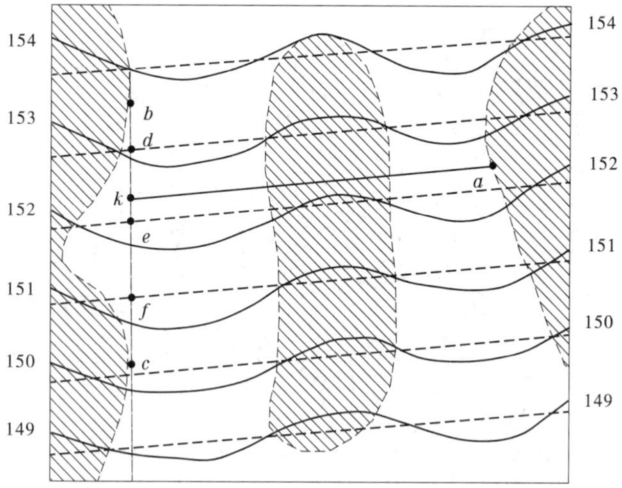


图 2-3-10 平整倾斜场地设计示意图

程为 152. 3 m 的等高线。然后通过 $d$、$e$、$f$ 点作 $ak$ 的平行线,即得设计面上整米数的等高线(图 2-3-10 中以虚线表示)。将 $bc$ 线两端点向外延长,分别自 $d$、$f$ 点起始截取与 $de$ 等长的线段,并作 $ak$ 的平行线,同样可得 $bc$ 两端点以外的设计面等高线。

2.绘制零线

找出设计斜平面等高线与原地貌相同高程等高线的交点,用平滑曲线连接起来,即得挖方与填方的分界线——零线(填、挖分界线)。

3.计算图上任一点挖深或填高

先依据图上原等高线内插某点的实地高程,再依据设计斜面上等高线内插同一点的设计面高程,用实地高程减去设计面高程,即得该点的挖深(差值为正)或填高(差值为负)。

4.计算土方量

根据零线即可在图上绘制填方区(图 2-3-10 中绘有斜线的部分)和挖方区(图 2-3-10 中其余的部分)。分别计算填方区的平均填高和挖方区的平均挖深,并量测填方区和挖方区的面积,即可分别算得总的填方量和挖方量。

## 四、利用纸质地形图确定汇水面积和计算水库库容

在水利工程的设计和施工中往往需要确定水坝修筑区域的汇水面积和计算水库库容,这些也可在地形图上进行。所谓汇水面积,就是坝址上游雨水汇集的面积,也就是分水线所包围的面积,如图 2-3-11 中虚线所围成的部分。显然,只要在坝址上游勾绘出分水线(山脊线),然后对其包围的区域进行面积量算即可。因此,关键是分水线的勾绘必须正确,即分水线应通过山顶或鞍部的等高线的拐点、分水线应与等高线正交等,而汇水面积的边界线则由坝的一端起始,沿分水线,最后回到坝的另一端点,形成闭合环线。

计算水库库容应事先知道水坝的溢洪道高程,即水库的设计水位。根据该水位确定水库的淹没线所围成的区域,如图 2-3-11 中的阴影部分,淹没区的蓄水体积即为水库的库容。计算时,应首先在地形图上逐一量算淹没线围成的面积 $A_0$、淹没线以下各等高线

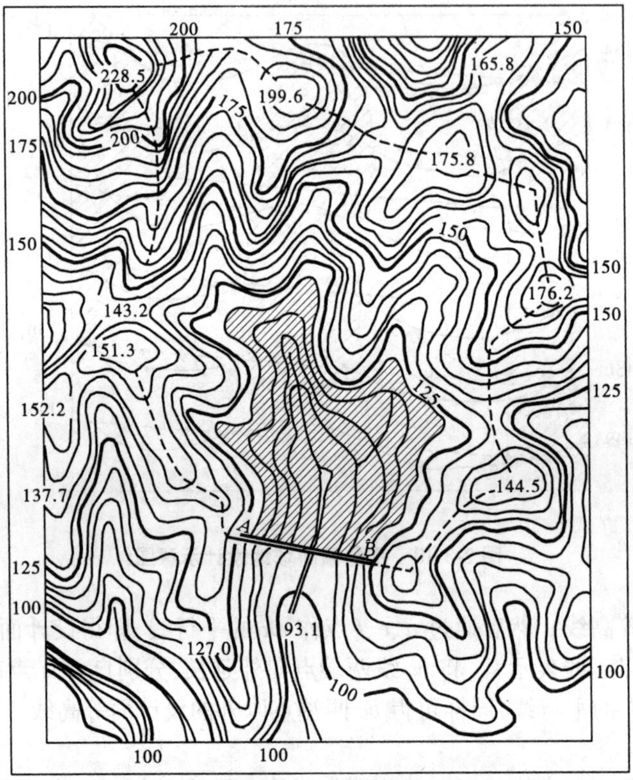


图 2-3-11　在地形图上确定汇水面积和水库库容

所围成的面积 $A_i$($i=1,2,3,\cdots,n$,为淹没线以下等高线的编号),然后根据地形图的等高距 $h$ 及淹没线至其下第一根等高线的高差 $h'$ 和最低一根等高线至库底的高差 $h''$,分别计算:

淹没线至其下第一根等高线之间的体积

$$V'=\frac{A_0+A_1}{2}\times h'$$

各相邻等高线之间的体积

$$V_i=\frac{A_i+A_{i+1}}{2}\times h \qquad (i=1,2,3,\cdots,n-1)$$

最低一根等高线至库底的体积

$$V''=\frac{A_n}{3}\times h'' \qquad \text{(因近似锥形,所以其分母为 3)}$$

最后将所有体积累加即得水库的库容。

# 任务四　数字地形图在工程施工中的应用

**技能目标**:能在工程施工中应用数字地形图。

运行 CASS 软件,还可以将数字地形图应用于工程施工,包括通过数字地形图获取各种地形信息,建立数字地面模型(DTM),绘制纵、横断面图,计算面积,确定场地平整的填、挖边界和土方量计算以及进行道路工程量的计算等。

## 一、数字地形图基本要素查询

进入 CASS 主界面，点击“文件\打开已有图形”，在“选择文件”对话框中点击“CASS2008\DEMO”，选取并打开图形文件“STUDY.dwg”。

### （一）查询点的坐标

选取“工程应用\查询指定点坐标”菜单，用鼠标左键点击图上指定点，即在左下角状态栏显示该点的 $X$、$Y$ 坐标值，再点击右键可以重复查询。

### （二）查询两点之间的距离和方位角

选取“工程应用\查询两点距离和方位”菜单，鼠标左键点击图上所要查询的两点，即在左下角状态栏显示指定两点之间的实地距离和方位角。

### （三）查询线长

选取“工程应用\查询线长”菜单，鼠标左键点击图上所要查询的线段，即在左下角状态栏显示该线段的长度。

### （四）查询实体面积

选取“工程应用\查询实体面积”菜单，鼠标左键点击图上所要查询实体的边界线（实体的边界线应闭合），即在左下角状态栏显示该实体的面积（单位：$m^2$）。

### （五）计算地表面积

先在图上指定区域绘制闭合边界线，选取“工程应用\计算地表面积”菜单，选择“根据图上高程点”，用拾取框选择该边界线，输入边界插值间隔，默认值为 20 m，系统将自动将边界线内的高程点连接并显示为带坡度的三角网（DTM），再通过每个三角形的面积累加，得到并在状态栏显示该指定区域内不规则地貌的面积。

## 二、纵断面图绘制

纵断面图可以根据高程点数据文件、等高线或三角网等生成。下面介绍由图上等高线绘制断面图的方法。

先在图上用复合线绘制断面方向线，点击“工程应用\绘断面图\根据等高线”指令，用拾取框选择所绘断面方向线，在弹出的对话框中输入横向比例尺（如 1∶1 000）、纵向比例尺（如 1∶200），在图上适当处拾取绘纵断面图左下角的位置（框内“断面图位置”处即显示其纵、横坐标），再对其他参数进行设置（如选取默认值），确定后即在屏幕上绘出如图 2-3-12 所示的纵断面图。

## 三、土方量计算

### （一）方格网法计算土方量

方格网法计算土方量主要用于区域场地平整的土方量计算，即根据实地测定的地面点三维坐标和设计高程，通过生成方格网计算每个方格内的填、挖土方，再累计得到指定范围内总的填、挖方量，并绘制填、挖方分界线。

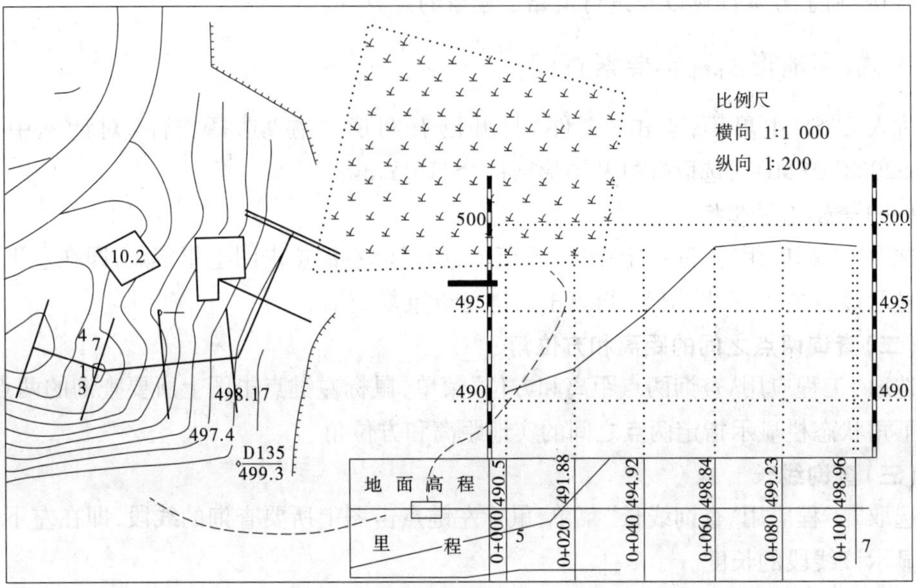


**图 2-3-12 指定方向纵断面图**

1.建立高程点数据文件

用方格网法计算土方量时,除数字地形图外,还需要用到图上高程点的数据。此时,如果有与地形图相应的高程点数据文件,在点击"绘图处理\定显示区"后,选择"坐标定位",再点击"绘图处理\展高程点"。即将高程数据文件直接调入使用。如果没有与地形图相应的高程点数据文件,则需要从 CAD 的有关图层上导入高程点数据,建立相应的高程点数据文件,再调入使用。其步骤为:打开地形图文件,点击"工程应用\高程点生成数据文件\无编码高程点"菜单,在弹出的对话框中给新建的高程点数据文件定名并保存,在左下方命令行输入高程点数据所在层名,如"gcd"(凡 CASS 软件绘制的数字地形图的高程数据均置于 gcd 层中),回车后即将高程数据导入上述新建的高程点数据文件中。

2.场地平整设计面为平面的操作步骤

首先在屏幕上用复合线画出平整场地的区域(应闭合),鼠标点击"工程应用\方格网法土方计算",图上拾取所绘区域边界线,在弹出的对话框中选择上步建立的数字地形图相应的高程点数据文件,"设计面"选为"平面",输入场地平整的设计目标高程(如 495 m)、方格的宽度(默认值为 20 m)等,确定后,命令行即显示场地的最小高程和最大高程、总填方量和总挖方量,同时(或点击鼠标中间的滑轮 2 次)在图上绘出方格网与挖、填方分界线,并给出每个方格填、挖方及每行挖方和每列填方的计算表(见图 2-3-13)。

3.场地平整设计面为斜面的操作步骤

设计面为斜面时,其操作步骤与平面时的不同在于方格网土方量计算对话框中的"设计面"选择"斜面[基准点]"或"斜面[基准线]",如果选"斜面[基准点]",需要确定坡度、基准点,并点取向下方向上的一点(指定斜坡设计面向下的方向),以及基准点的设计高程;如果选"斜面[基准线]",需要输入坡度,并点取基准线上的两个点,以及基准线向下方向上的一点(指定基准线方向两侧低的一边),最后输入基准线上两个点的设计高

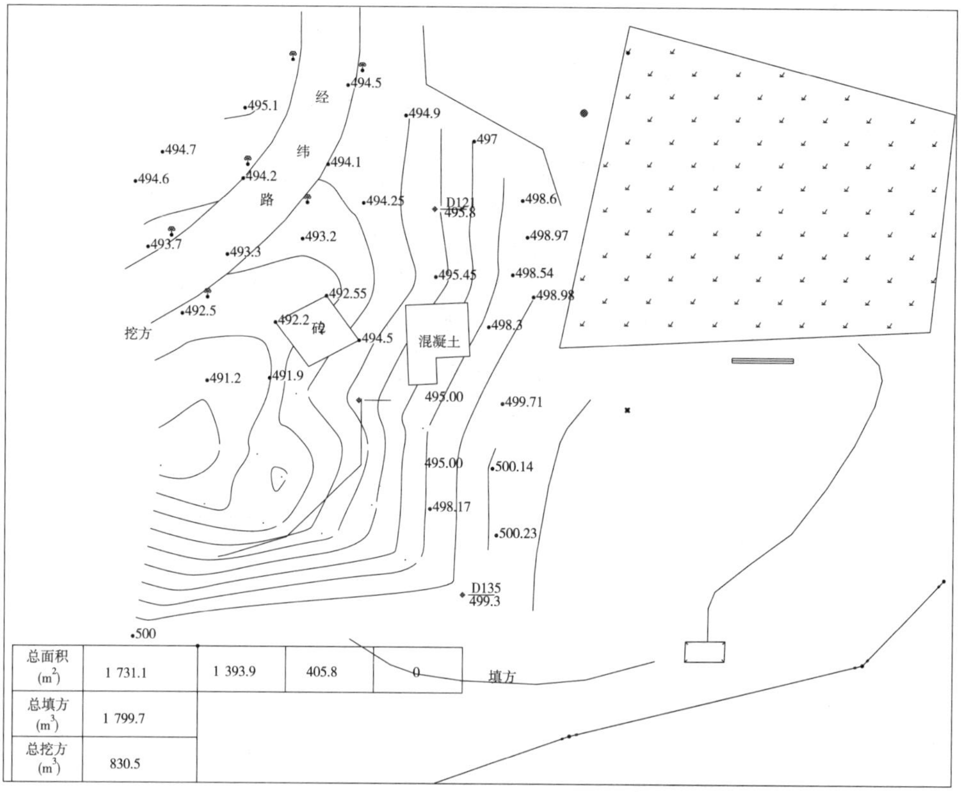


**图 2-3-13　方格网法土方量计算成果**

程即可进行计算。

### （二）DTM 法计算平整场地的土方量

DTM 法计算平整场地的土方量就是首先根据坐标文件或图上高程点在指定范围内建立三角网式的数字地面模型（DTM），再根据平整场地的设计高程，计算每个三棱锥的填、挖方量，最后累计得到指定范围内填、挖的土方量，并绘出填、挖分界线。

在图上操作时首先用复合线绘出需要计算土方的边界线，选取边界线（需闭合，但不要拟合），点取指令“工程应用\DTM 法土方计算\根据图上高程点”，根据提示在图上拾取上步所绘边界线，在弹出的对话框中显示该区域面积，并设置平整场地需达到的标高（如为 495 m）、边界采样间距（默认值为 20 m），如选中处理边坡复选框，还要设置放坡的方式（平场高程高于地面高程为向下放坡，反之为向上放坡）及边坡的坡度值等，确定后图上即绘出所分析的三角网和填、挖方的分界线，状态行则显示挖方量和填方量。确定后，鼠标点击图上适当位置，即可在此处出现表格，其内容包括平整场地的面积和标高、最大高程、最小高程、填方量、挖方量和三角网图形（见图 2-3-14）。

### （三）区域平衡法土方量计算

所谓区域平衡法土方量计算，就是平整场地时，以指定范围内的平均高程作为场地平整的设计高程，使填、挖方分界线两侧的总填方与总挖方基本相等，从而大幅减少平整场地的成本。

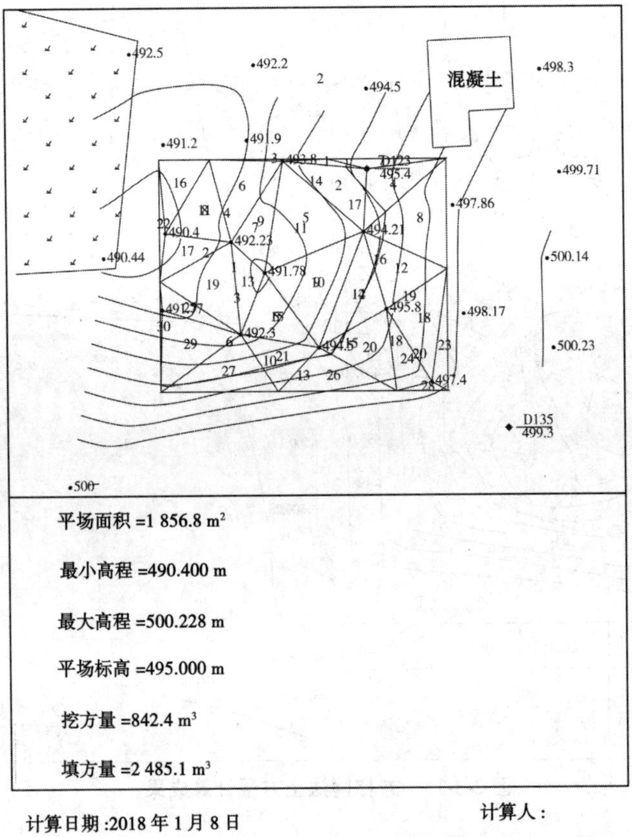


图 2-3-14　DTM 法土方量计算结果

首先在屏幕上用复合线画出平整场地的区域(应闭合)，鼠标点击“工程应用\区域土方平衡\根据图上高程点”，图上拾取所绘区域边界线，输入边界插值间隔(默认值为 20 m)等，确定后，设置计算表的起始位置，回车即显示平整场地的土方平衡高度、挖方量、填方量的计算成果(见图 2-3-15)。

**(四)断面法计算土方量**

断面法计算土方量主要用于道路土方量计算，即根据图上指定的道路中心线和同一图件的高程数据文件，生成道路的里程文件，根据道路的纵、横断面和设计高程首先计算每两个相邻横断面之间的填、挖方量，再累计得出整条道路总的填、挖方量，其操作步骤如下。

1.建立高程点数据文件

用断面法计算土方量时，除数字地形图外，还需要用到图上高程点的数据。此时，如果有与地形图相应的高程点数据文件，可以直接调入使用；如果没有与地形图相应的高程点数据文件，仍需要事先新建相应的高程点数据文件，其数据亦可自相应的图层(如 gcd 层) 上导入，方法与上述“方格网法计算土方量”事先建立高程点数据文件相同。

2.生成里程文件

所谓里程文件，就是由道路中线各里程桩及其横断面方向上的地形信息组成的数据

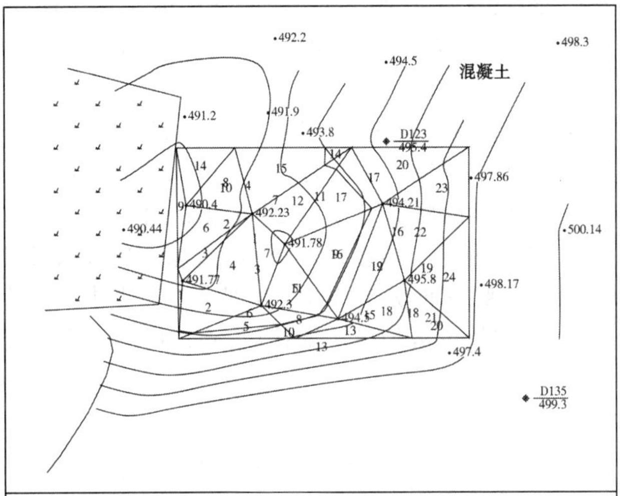


平场面积 =1 573.0 m²

最小高程 =490.400 m

最大高程 =500.228 m

土方平衡高度 =493.936 m

挖方量 =1 268 m³

填方量 =1 268 m³

计算日期:2018 年 1 月 8 日　　　　计算人:

图 2-3-15　区域平衡法土方量计算结果

文件,有关道路坡度设计及土方量的计算等工作都需要通过分析里程文件中的数据方可完成。生成里程文件的方法有多种,包括由纵断面线生成、由等高线生成、由三角网生成和由坐标文件生成。采用由图上纵断面线生成时,首先在图上用复合线绘制道路中心线,即纵断面线,然后点击“工程应用\生成里程文件\由纵断面线生成\新建”指令,用鼠标拾取所绘纵断面线,在弹出的对话框中设置“中桩点获取方式”(如选取“等分”)、“横断面间距”(如 20 m)及“横断面左右边长度”(如均为 15 m),再点击“由纵断面线生成\生成”,选取高程点数据文件为“DEMO\STUDY.dat”,给里程文件定名(如为 DEMO\LI.hdm)和给对应的横断面数据文件定名(如为 DEMO\LI.dat),输入断面线插值间距为 20 m,起始里程为 0,确定后即将设置结果生成里程文件,并在图上沿纵断面线按设计位置绘制横断面线。

3.选择土方量计算类型

鼠标点击“工程应用\纵断面土方计算\道路断面”指令,即选择道路断面为土方量计算的类型。

4.设置道路设计参数

在出现的对话框中调入上述生成的里程文件,输入横断面的设计参数,包括“中桩设计高程”(如为 495 m)、“路宽”(如为 20 m)、“断面图比例”(如横向、纵向均为 1∶500)、“行间距”(如为 40 mm)、“列间距”(如为 100 mm)、“每列断面个数”(如为 2 个),其他参数可用默认值。

横断面的设计参数也可以事先点击“工程应用\断面法土方计算\道路设计参数文件”,在弹出的参数设置表中,依次输入各桩的设计参数,包括各桩事先计算的中桩高程,给其定名并保存后,即可在此对话框中作为“横断面设计文件”调入。

断面参数设计完成后按“确定”,再在接着弹出的对话框中设置绘制纵断面图的纵、横向比例尺(如横向为 1∶1 000,纵向为 1∶200),在图上先后点击绘制纵断面图的起始位置和横断面图的起始位置,其他参数均可用默认值,确定后即可在指定位置绘出道路的纵、横断面图。

5.修改道路设置参数

按照以上设置的计算参数绘出的道路横断面均为给定的同一设计高程。若根据道路设计不同路段有不同的设计坡度 $i$ 时,需要修改断面的设计参数,其方法是点击“工程应用\断面法土方计算\修改设计参数”指令,依提示逐一选择需要修改的横断面线,选设计线或地面线均可,在弹出的对话框中对“中桩设计高程”等参数进行修改,“确定”后即可对该断面按新的中桩高程重新计算;如果要修改已生成的部分实际断面线,可以点击“工程应用\断面法土方计算\编辑断面线”指令,依提示逐一选择需要修改的横断面线,选设计线或地面线均可(但供修改的参数有所不同),在弹出的对话框中直接对断面参数进行修改;如果还要修改已生成的部分断面线的里程,可以点击“工程应用\断面法土方计算\修改断面里程”指令,依提示逐一选择需要修改的横断面线,选设计线或地面线均可,在其断面号后面输入新的里程即可。

6.计算工程量

鼠标点击“工程应用\断面法土方计算\图面土方计算”指令,拖框选择所有参与计算的道路横断面图,在屏幕适当位置点击鼠标指定“土石方计算表”左上角位置,回车后屏幕自动绘出土方计算成果表。在数字地形图上加绘道路纵、横断面图和土方量计算的成果如图 2-3-16 所示。

**(五)等高线法计算土方量**

此功能可根据数字地形图上的等高线计算土方量,但所选等高线必须闭合。由于数字地形图 STUDY.dwg 所含闭合等高线数量太少,不能用于土方量计算,因此下面选择根据系统自带的另一坐标文件“C:\CASS2008\DEMO\DGX..DAT”,绘制地形图 DGX.dwg(绘制方法参见模块二项目二任务三“大比例尺地形图数字测绘”的“内业成图”),再根据图中的等高线计算土方量,其操作步骤如下:

打开图形文件 DGX.dwg(见图 2-3-17(a)),点取“工程应用\等高线法土方计算”,依屏幕提示选择参与计算的闭合等高线(可以逐条等高线点取,也可以按住鼠标左键拖框选取),输入最高点高程(也可以直接回车,不考虑最高点),然后在图上空白区域点击鼠标右键,指定计算表格左上角位置,即可在此处显示根据等高线计算土方量的成果(包括每条等高线围成的面积、两条相邻等高线之间的土方量及总的土方量等(见图 2-3-17(b))。

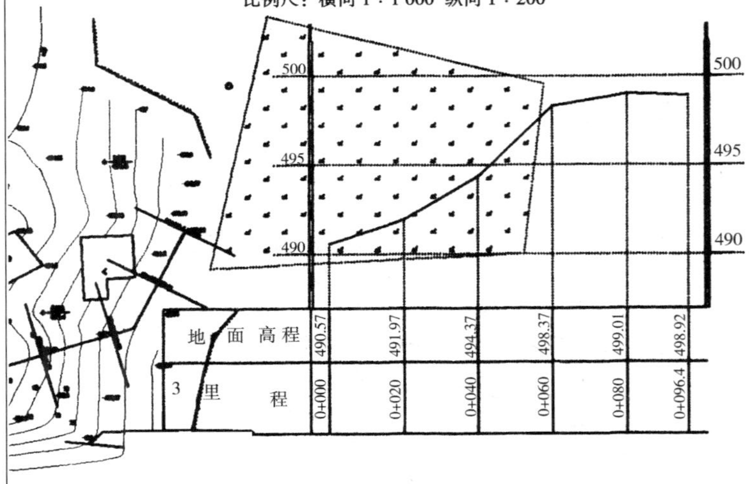


土石方数量计算表

| 里程 | 中心高 (m) | | 横断面面积 ($m^2$) | | 平均面积 ($m^2$) | | 距离 (m) | 总数量 ($m^2$) | |
|---|---|---|---|---|---|---|---|---|---|
| | 填 | 挖 | 填 | 挖 | 填 | 挖 | | 填 | 挖 |
| K0+0.00 | 4.43 | | 88.80 | 0.00 | | | | | |
| | | | | | 70.38 | 0.00 | 20.00 | 1 407.72 | 0.00 |
| K0+20.00 | 3.03 | | 52.18 | 0.00 | | | | | |
| | | | | | 28.90 | 2.06 | 20.00 | 578.09 | 41.25 |
| K0+40.00 | 0.63 | | 5.63 | 4.12 | | | | | |
| | | | | | 2.82 | 46.57 | 20.00 | 56.32 | 931.38 |
| K0+60.00 | | 3.37 | 0.00 | 89.01 | | | | | |
| 合计 | | | | | | | | 2 042.13 | 972.63 |

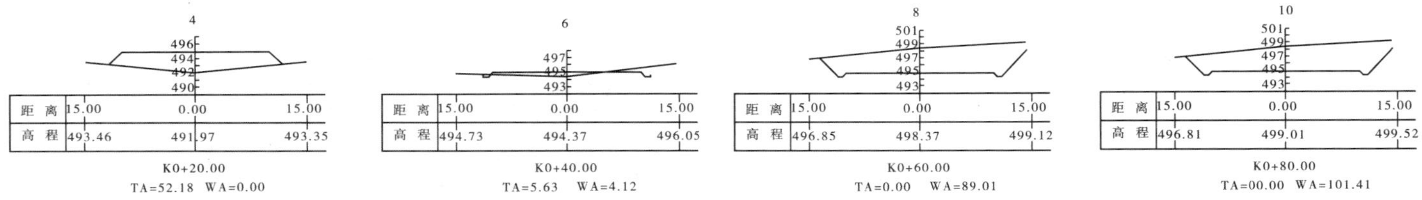


图 2-3-16 在数字地形图上加绘道路纵、横断面图和土方量计算结果

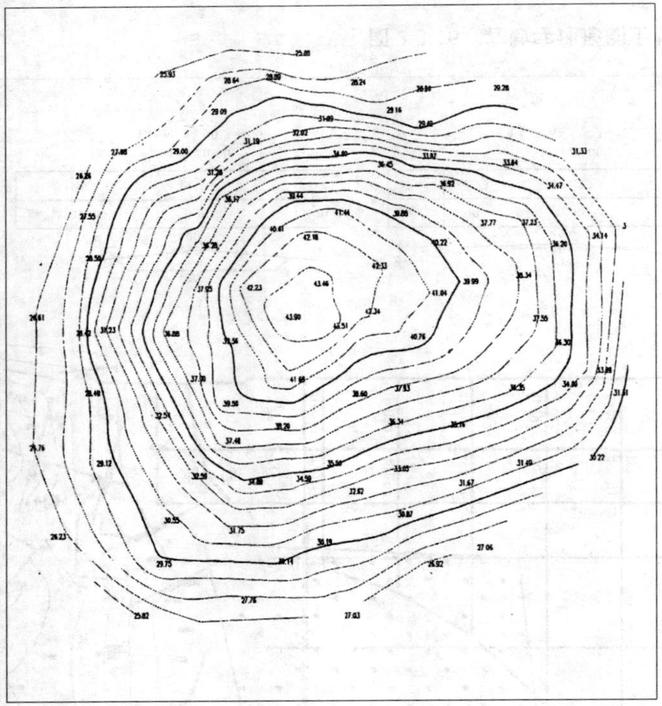

(a)DGX.dwg

计算日期:2018年1月8日　　　　计算:

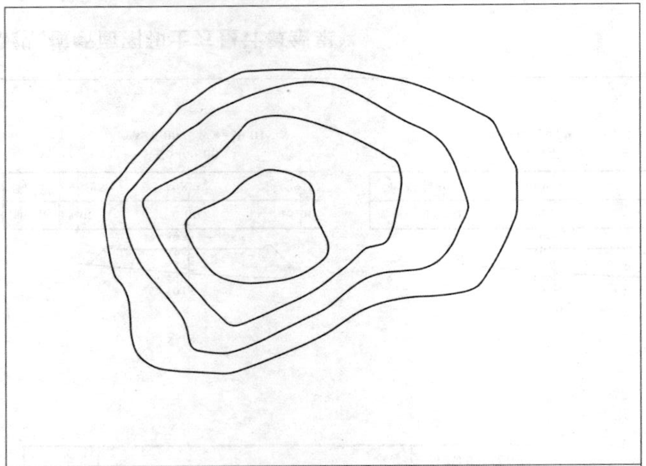

计算公式: $V=A_1+A_2+\sqrt{A_1A_2}(h_2-h_1)/3$

| $A_1(m^2)$ | $h_2(m)$ | $A_2(m^2)$ | $h_1(m)$ | $V(m^3)$ |
|---|---|---|---|---|
| 5 922.66 | 40.000 | 3 958.81 | 41.000 | 4 907.9 |
| 3 958.81 | 41.000 | 2 219.57 | 42.000 | 3 047.5 |
| 2 219.57 | 42.000 | 734.15 | 43.000 | 1 410.1 |
| 合计 | | | | 9 365.5 |

(b)部分等高线土方计算结果

**图 2-3-17　等高线法土方量计算结果**

# 小　结

（1）地形图的基本应用包括在地形图上确定点的坐标、高程、直线的长度和方向及面积量算。在施工中的一般应用包括利用地形图绘制特定方向的纵断面图，利用地形图按给定坡度选定路线，利用地形图进行场地平整设计及在地形图上确定汇水面积和计算水库库容等。

（2）运用 CASS 软件在工程施工中应用数字地形图可以通过建立数字地面模型（DTM）绘制纵、横断面图，计算面积，确定场地平整的填、挖边界和土方量计算等。

# 复习题

1.地形图上确定两点之间水平距离和方位角的直接量取法（图解法）是指______________________________________，坐标反算法（解析法）是指________________________________。

2.地形图上量算面积可采用__________、__________和__________。

3.施工中平整场地设计和土方量计算的步骤为________、________、________和________，计算土方的方法有________法和________法等。

# 练习题

1.已知 1∶1 000 地形图上量算得一多边形面积为 256.78 $cm^2$，可知该多边形的实地面积为________ $m^2$，合________市亩（1 市亩＝666.6 $m^2$）。

说明：本项目其他练习题及其解算见《测量技术基础实训》习题课三和习题课四。

# 思考题

1.地形图应用中，何为解析法？何为图解法？哪一种精度更好？为什么？

2.什么是纵断面图？和地形图相比较，纵断面图有何优点？绘制纵断面图时为何要将纵向比例尺较横向比例尺放大 10～20 倍？

3.利用地形图进行整治水平场地的设计时，何为零线？如何计算零线高程？各桩点的挖深或填高如何计算？在按方格法计算其土方量时，各方格平均挖深、下挖面积或平均填高、上填面积及其土方量的计算分哪三种情况？如何分别考虑？等高线法计算土方量又如何进行？

4.何为汇水面积和水库库容？如何利用地形图确定坝址上游的汇水面积和计算水库的库容？

5.以工程实践为例，说明地形图在设计和施工中的作用。

6.以工程实践为例，说明如何运用 CASS 软件在设计和施工中应用数字地形图。

# 项目四　点位测设

**知识目标**

施工测量的内容和特点，施工测量的基本测设和点位测设。

**技能目标**

能够使用普通测量仪器或全站仪，进行一般工程的点位测设和施工放样。

## 任务一　施工测量基本知识

**知识要点**：施工测量的特点，不同坐标系统的坐标转换，建筑施工图识读。

工程施工阶段所进行的测量工作称为施工测量。施工测量和地形测量一样，也应遵循程序上“从整体到局部”，步骤上“先控制后碎部”，精度上“由高级到低级”的基本原则，即必须先进行总体的施工控制测量，再以此为依据进行建筑物主轴线和细部的施工放样；二者的主要区别在于地形测量是将地面上地物和地貌的空间位置及几何形状测绘到图纸上，而施工测量则相反，是将图纸上设计的建筑物的空间位置和几何形状测设到地面上。

由于各种工程中建筑物和构筑物的种类繁多、形式不同，因此施工测量的内容丰富、特点各异。如工业企业根据其规模大小，常以建筑方格网或建筑基线作为施工控制，而一般的城市建设和道路施工，则以导线测量或新型的 GNSS 控制网建立施工控制；一般的建筑物放样侧重于特征点的平面位置和高程的测设，道路放样偏重于曲线的标定，而矿山、地铁等工程的施工测量则着重于隧洞的贯通等。尽管如此，施工测量所依据的原理、使用的仪器及常用的方法和一般的测量工作基本上都是相同的。如使用的仪器仍是水准仪、经纬仪和全站仪，常用的方法仍是导线测量、极坐标测量和交会测量，施工放样的实质仍是确定点的空间位置，其测量要素仍是角度、距离和高差等，只不过在放样时，确定点的空间位置及其测量要素由测定改为测设，即在实地通过测设角度、距离或高差将建筑物特征点的位置测放出来。

施工测量的精度也应遵循“由高级到低级”的原则，即先建立高精度的控制网，再以此为基础进行一般精度的施工放样。但有些工程放样时要求的相对精度高于绝对精度，如大型建筑的构件吊装和设备安装，其细部放样的精度甚至高于控制网的精度；而有些工程的施工测量在不同方向上的精度要求也有所不同，如桥梁施工中对纵向精度要求较高，以保证钢梁的成功吊装，而隧道施工中则对横向精度有更高的要求，以保证隧洞的准确贯通。

施工测量依据的控制网一般属于统一的测量或地方坐标系，而待测设的建筑物特征点往往属于自身的建筑或设计坐标系，事先必须将它们化为同一坐标系下的坐标，才能进行测设数据的计算，否则将导致放样错误。

施工测量前，应做好必要的准备工作。首先应正确识读建筑施工图，熟悉有关建筑物的各种设计图纸和施工图纸，包括总平面图、建筑平面图、基础平面图、基础详图及建筑物的立面图和剖面图等，弄清建筑物有关轴线的平面位置和相互关系，基础的形式、尺寸和标高，以及建筑物细部的具体位置和高程；其次应到现场进行踏勘，根据施工控制网的布网形式和施工场地的地形条件，拟定出各个工程建筑物适宜的测设方案，计算具体的测设数据，并绘制有关的测设草图等。

施工放样是工程施工的指导和依据，施工放样之后大规模的岩土开挖或钢筋混凝土浇筑将随之展开，放样稍有不慎，将给工程质量造成大的危害甚至严重损失。因此，测设数据的反复校核、放样作业的高度认真，以及严格执行规范的精度要求，是保证施工放样准确无误和后续工程顺利实施的前提，必须高度重视。

施工测量不仅贯穿于施工作业的始终，有些放样工作（如道路路基的放样、高层建筑的高程和平面位置的投测等）需反复进行，事前应编制完善的组织计划，以利执行；受施工场地条件和建筑材料堆放等的影响，测量工作会受到种种干扰和限制，应在作业中与施工人员密切配合，既要保护好测量标志和测设点位，又要保证作业仪器、人员的安全和放样工作的顺利进行。

# 任务二　基本测设

**技能要点：**能使用普通测量仪器和全站仪进行水平角、距离、高程、坡度等基本测设。

施工测量的实质就是依据测量控制点，将设计建筑物特征点的空间位置在实地测设出来，而点位的测设一般需要通过角度、距离或高程的测设得以实现。因此，水平角测设、距离测设和高程（包括坡度）的测设为施工测量中的基本测设。

## 一、水平角测设

水平角测设就是将设计所需的角度在实地标定出来。此时，一般首先需要有一已知边作为起始方向，然后使用经纬仪（或全站仪）在实地标出角度的终边方向。

### （一）经纬仪测设水平角

如图 2-4-1(a) 所示，要求自控制点 $O$、$A$ 起始，测设 $\angle AOB=\beta$（已知角值），常用的方法为盘左、盘右取平均法。即在 $O$ 点安置经纬仪，盘左，照准 $A$ 点，置水平度盘读数为 $0°00'00''$，然后转动照准部，使水平度盘读数为角值 $\beta$，即可在其视线方向上标定 $B'$ 点；倒转望远镜成盘右，照准 $A$ 点，读其平盘读数为 $\alpha$，再转动照准部，使水平度盘读数为 $\alpha+\beta$，又可在其视线方向上标定 $B''$ 点，由于仪器和测量误差的影响，$B'$、$B''$ 两点一般不重合，取其中点 $B$，$\angle AOB$ 即为所需的 $\beta$ 角。

经纬仪测设水平角还可以采用单测角度改正法。即先用盘左测设出 $B'$ 点，作为概略方向（见图 2-4-1(b)），然后按测回法测量 $\angle AOB'$（测回数视精度要求而定），并计算较差 $\Delta\beta''=\beta-\angle AOB'$，与此同时，用钢尺丈量 $OB'$ 的长度 $l$，得改正数 $\delta$

$$\delta = l \cdot \frac{\Delta\beta''}{\rho''} \tag{2-4-1}$$

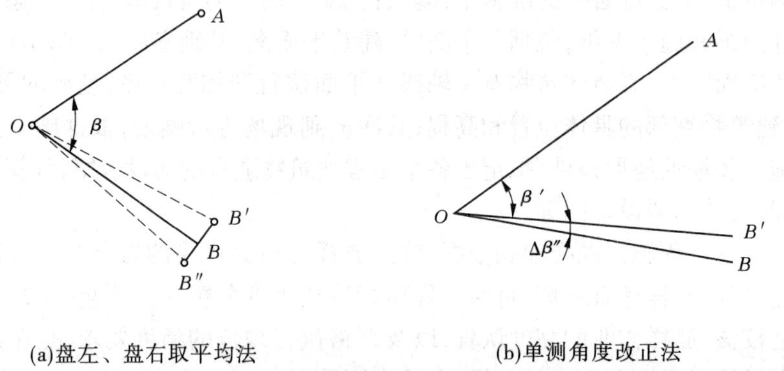


**图 2-4-1 水平角测设的两种方法**

式中 $\rho''=206\ 265''$。

式(2-4-1)中,若 $\delta$ 为正,说明 $\angle AOB'$ 偏小,沿 $OB'$ 的垂线方向顺时针量取 $\delta$ 定出 $B$ 点;反之,逆时针量取 $\delta$ 定出 $B$ 点,$\angle AOB$ 即为经过改正的 $\beta$ 角。

一般后一种方法的精度优于前一种方法。

**(二)全站仪测设水平角**

全站仪测设水平角的方法和经纬仪测设法相同。在已知 $O$ 点安置全站仪,首先使仪器照准后视 $A$ 点(零方向),将平盘读数置零,然后转动照准部使其显示水平角 $HR$ 为设计角值 $\beta$,在此方向上竖立标钎(或棱镜杆),标定出 $B$ 点,$\angle AOB$ 即为设计角度 $\beta$。可以测设2~3 次,取其平均位置,以便使测设结果更为可靠。

全站仪测设水平角还可采用另一种方法,即使其进入放样测量模式,输入所需测设的角值 $\beta$,并自零方向始,在大致等于 $\beta$ 角度的方向上竖立棱镜杆于 $B'$ 点,然后照准后视 $A$ 点使平盘读数置零,转动照准部照准棱镜杆,屏幕即可显示 $B'$ 点所在方向与所需测设的水平角之差 $d\beta$,再根据该显示差值 $d\beta$ 沿与 $OB'$ 相垂直的方向向左或向右移动棱镜杆,直至显示差值为零,即可标定测设水平角的所在位置 $B$ 点(见图 2-4-2,参见《测量技术基础实训》附录二:南方测绘 NTS-312 型全站仪使用简要说明)。

## 二、水平距离测设

水平距离测设就是将设计所需的长度在实地标定出来。一般需要从一已知点出发,沿指定方向量出已知距离,从而标定出该距离的另一端点。量距既可用钢尺也可以用全站仪。

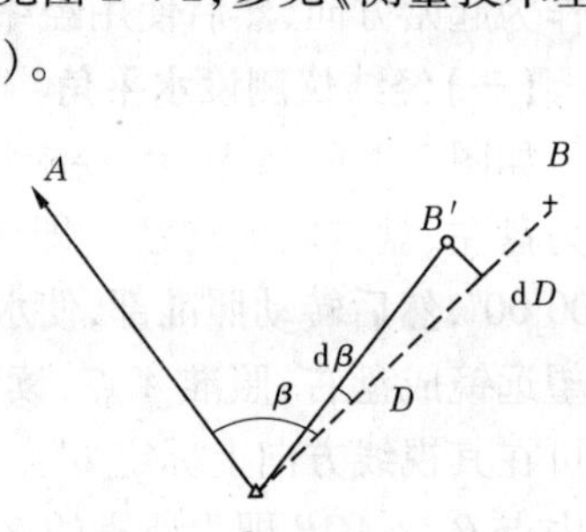


**图 2-4-2 全站仪测设水平角和水平距**

**(一)钢尺测设水平距离**

如图 2-4-3(a)所示,设 $A$ 为已知点,需在地面 $AB$ 方向上将设计的水平距离 $D$ 测设出来。其方法是将钢尺的零点对准 $A$ 点,沿 $AB$ 方向拉平钢尺,在尺上读数恰好为 $D$ 处插下测钎或吊垂球,定出 $B'$ 点,再重复测设 2~3 次,取其平均位置 $B$ 点,即得测设距离 $AB$。

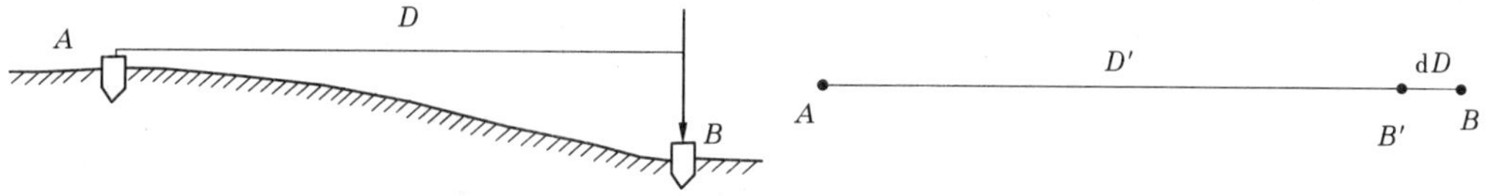


(a)钢尺量距测设　　　　　　　　(b)测设距离改正

**图 2-4-3　钢尺量距测设水平距离**

若测设距离的精度要求较高，应对钢尺丈量的距离按精密量距的要求，施加尺长、温度和倾斜改正，再将改正后的距离 $D'$ 与所需测设的水平距离 $D$ 进行比较，得较差 $\mathrm{d}D=D'-D$。若 $\mathrm{d}D$ 为正，说明丈量距离长于所需距离，应沿 $AB$ 向内平移 $\mathrm{d}D$；反之，应沿 $AB$ 向外平移 $\mathrm{d}D$，以对测设距离加以改正（见图 2-4-3(b)）。

### （二）全站仪测设水平距离

如图 2-4-2 所示，在已知 $O$ 点安置全站仪，使其进入放样测量模式，输入所需测设的水平距离，在 $OB$ 方向上大致为设计水平距离 $D$ 处，竖立棱镜杆，使望远镜照准棱镜中心，按“测量”键，屏幕即可显示棱镜所在位置与所需测设距离之差 $\mathrm{d}D$，然后根据该显示差值沿 $OB$ 方向向内或向外移动棱镜杆，直至显示差值为零，即可标定测设距离的所在位置（南方测绘 NTS-312 型全站仪距离放样操作流程如表 2-4-1 所示，参见《测量技术基础实训》附录二：南方测绘 NTS-312 型全站仪使用简要说明）。

**表 2-4-1　南方测绘 NTS-312 型全站仪距离放样操作流程**

| 操作流程 | 操作 | 显示 |
|---|---|---|
| ①在距离测量模式下按 [P1↓] 键，进入第 2 页功能 | [P1↓] | PSM -30 PPM 4.6<br>V ： 95° 30′ 55″<br>HR：155° 30′ 20″<br>SD： 156.320 m<br>测量 模式 S/A P1↓<br>偏心 放样 m/ft P2↓ |
| ②按 [放样] 键，显示出上次设置的数据 | [放样] | PSM -30 PPM 4.6<br>距离放样<br>HD： 0.000 m<br>回退 平距 高差 斜距 |
| ③通过按 [F2] ~ [F4] 键选择测量模式<br>[F2]：平距（HD），[F3]：高差（VD），[F4]：斜距（SD）<br>例：斜距 | [F4] | PSM -30 PPM 4.6<br>距离放样<br>SD： 0.000 m<br>回退 平距 高差 斜距 |

续表 2-4-1

| 操作流程 | 操作 | 显示 |
|---|---|---|
| ④输入放样距离，回车确认 | 输入 350<br>ENT | PSM -30 PPM 4.6<br>距离放样<br>HD： 350 m<br>回退 平距 高差 斜距 |
| ⑤照准目标（棱镜）测量开始，显示：<br>dHD=实测距离-放样距离 | 照准 P | PSM -30 PPM 4.6<br>V ： 95° 30′ 55″<br>HR：155° 30′ 20″<br>dHD： -10. 25 m<br>测量 模式 S/A P1↓ |
| ⑥移动目标棱镜，直至距离差<br>dHD=0 m | | PSM -30 PPM 4.6<br>V ： 95° 30′ 55″<br>HR：155° 30′ 20″<br>dHD： 0. 000 m<br>测量 模式 S/A P1↓ |

## 三、高程测设

高程测设就是将设计所需的高程在实地标定出来。一般采用的仍是水准测量的方法。

### (一)视线高程测设法

如图 2-4-4 所示，为测设 $B$ 点的设计高程 $H_B$，安置水准仪，以水准点 $A$ 为后视（设其高程为 $H_A$），由其标尺读数 $a$，得视线高程 $H_1=H_A+a$，则前视 $B$ 点标尺的读数应为 $b=H_1-H_B$，然后在 $B$ 点木桩侧面上下移动标尺，直至水准仪视线在尺上截取的读数恰好等于 $b$，在木桩侧面沿尺底画一横线，即为 $B$ 点设计高程 $H_B$ 的位置。若此时 $B$ 点标尺的读数与前视应有读数 $b$ 相差较大，则应实测该木桩顶的高程，然后计算桩顶高程与设计高程 $H_B$ 的差值（若差值为负，相当于桩顶应上填的高度；反之，相当于桩顶应下挖的深度），在木桩上加以标注说明。

### (二)上下高程传递法

在需要测设建筑物上部的标高，或测设基坑底部的标高时，就需要进行上下高程的传递。高程传递一般是使用两台水准仪，再借助吊挂的钢尺，在上下部同时进行水准测量。图 2-4-5(a)所示为将地面水准点 $A$ 的高程传递到基坑底面的临时水准点 $B$ 上。在坑边的支架上悬挂经过检定的钢尺，零点在下端，尺端挂有 10 kg 重锤，为减少摆动，将重锤放入盛有废油或水的桶内。在地面和坑内同时安置水准仪，分别对 $A$、$B$ 两点上的标尺和钢尺读取读数 $a_1$、$b_1$、$a_2$、$b_2$，则 $B$ 点高程为

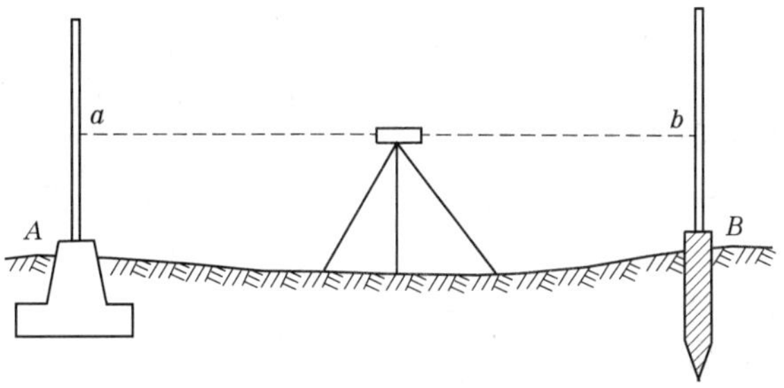


**图 2-4-4　高程测设**

$$H_B = H_A + a_1 - b_1 + a_2 - b_2 \tag{2-4-2}$$

$H_B$ 测定后，即可以 $B$ 为后视点，测设坑底其他待测高程点的设计高程。

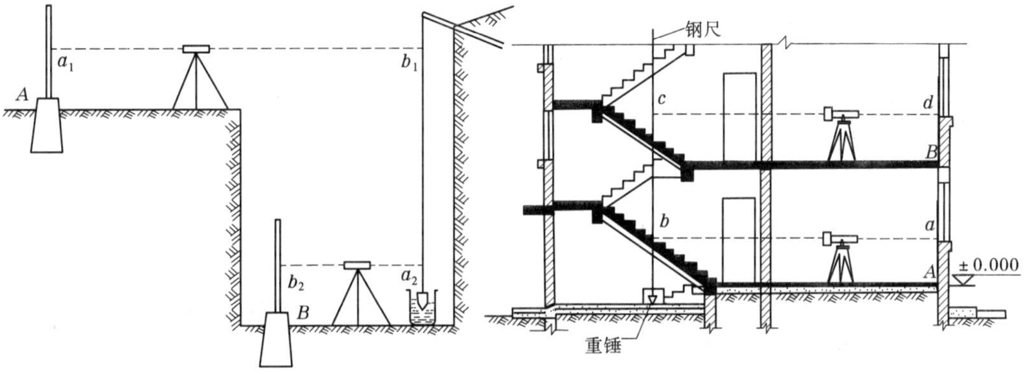


(a)由地面向基坑底面传递　　(b)由地面向高层楼板传递

**图 2-4-5　高程传递**

图 2-4-5(b)所示为将地面水准点 $A$ 的高程传递到高层建筑物的各层楼板上，方法与上述相似，可在吊挂钢尺长度允许的范围内，同时测定不同层面临时水准点的标高。其第 $i$ 层临时水准点 $B_i$ 的高程为

$$H_{Bi} = H_A + a - b_i + c_i - d \tag{2-4-3}$$

$H_{Bi}$测定后，即可再以 $B_i$ 为后视点，测设该层楼面上其他待测高程点的设计高程。

**(三)全站仪测设高程**

在已知 $O$ 点安置全站仪，使其进入放样测量模式，输入测站点的高程、仪器高、所需测设点的高程和棱镜高，在测设点上竖立棱镜杆，使望远镜照准棱镜中心，按测量键，屏幕即可显示测设点的地面高程与所需测设高程之差 d$z$，然后根据该差值上下改变棱镜杆底部的高度，直至显示差值为零，即可标定测设点高程的位置（参见《测量技术基础实训》附录二：南方测绘 NTS-312 型全站仪使用简要说明）。

## 四、坡度测设

在道路、管线等工程中，往往需要测设路面或管道底部的设计坡度线。若设计坡度不大，可采用水准仪水平视线法；若设计坡度较大，可采用经纬仪倾斜视线法。

**(一)水平视线法**

如图 2-4-6 所示,$A$ 为设计坡度线的起始点,其设计高程为 $H_A$,欲向前测设设计坡度为 $i$ 的坡度线。自 $A$ 点起,每隔一定距离 $d$(如取 $d=10$ m) 打一木桩。在 $A$ 点附近安置水准仪,读取 $A$ 点标尺读数 $a$,然后依次在各木桩(桩号 $j=1,2,3,\cdots$)立尺,使各点自水准仪水平视线向下的读数分别为 $b_j$,其计算公式为(注意:设计坡度 $i$ 本身有正号或负号)

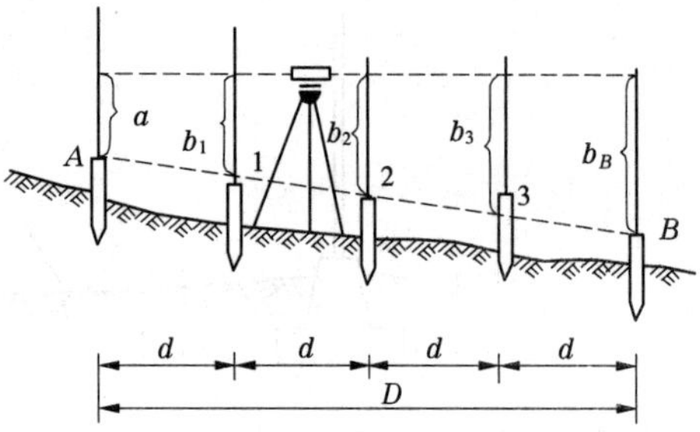

**图 2-4-6　水平视线测设坡度线**

$$b_j = a - j \cdot d \cdot i \tag{2-4-4}$$

然后,在木桩侧面沿标尺底部标注红线,即为设计坡度线的所在位置。各桩红线位置的设计高程分别为

$$H_j = H_A + j \cdot d \cdot i \tag{2-4-5}$$

**(二)倾斜视线法**

如图 2-4-7 所示,由 $A$ 向 $B$ 点测设设计坡度为 $i$ 的坡度线。首先分别按设计坡度 $i$ 在 $A$、$B$ 两点上测设出设计高程 $H_A$ 和 $H_B$ 的所在位置。其 $B$ 点高程为

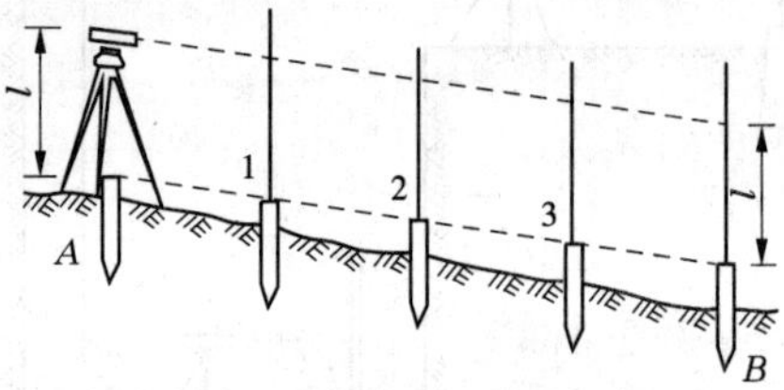

**图 2-4-7　倾斜视线测设坡度线**

$$H_B = H_A + D_{AB} \cdot i \tag{2-4-6}$$

式中　$D_{AB}$——$AB$ 的水平距离。

在 $A$ 点安置经纬仪,量取仪器高 $l$,然后使仪器的一个脚螺旋位于 $AB$ 的方向上,另两个脚螺旋的连线大致与该方向相垂直。在 $B$ 点立尺,转动经纬仪在 $AB$ 方向上的脚螺旋,使 $B$ 点标尺的读数正好等于仪器高 $l$,此时经纬仪的视线即与设计坡度线相平行。依次在各木桩(桩号 $j=1,2,3,\cdots$,间距均为 $d$)立尺,使各点自经纬仪倾斜视线向下的读数均为仪器高 $l$,在木桩侧面沿标尺底部标注红线,即为设计坡度线的所在位置。各桩红线位置的设计高程计算仍见式(2-4-5)。

# 任务三　点位测设

**知识要点:**点位测设的常用方法和应用场合,不同坐标系的坐标转换。

**技能要点:**能使用普通测量仪器和全站仪进行一般建筑物的点位测设。

点位测设包括其三维坐标的测设,而高程测设前面已述,本任务主要介绍测设点的平面位置的常用方法,以及测设点位的检核和测设点位时需要考虑的不同坐标系统的坐标转换。

## 一、点位测设常用方法

**(一)直角坐标法**

前已述及,建筑物及其相关位置比较规则的工业企业,常以方格网或建筑基线作为施

工控制，适于用直角坐标法进行建筑物特征点的测设。

如图 2-4-8 所示，$A$、$B$、$C$、$D$ 为某施工方格网或建筑基线内相邻的角点，其坐标均已知，而 1、2、3、4 为某车间的特征点，其设计坐标也已知。以测设 1 点为例，首先计算 1 点相对 $B$ 点的纵、横坐标增量 $\Delta x_{B_1}$、$\Delta y_{B_1}$

$$\left.\begin{aligned}\Delta x_{B_1} &= x_1 - x_B \\ \Delta y_{B_1} &= y_1 - y_B\end{aligned}\right\} \tag{2-4-7}$$

然后在 $B$ 点安置经纬仪，照准 $C$ 点，沿 $BC$ 方向丈量 $\Delta y_{B_1}$定出 $E$ 点；再在 $E$ 点安置经纬仪，作 $BC$ 的垂线，沿该垂线方向丈量 $\Delta x_{B_1}$，即可测设出 1 点的位置。为保证测设的精度，距离应往、返丈量，角度（垂线方向）应用盘左、盘右取平均。

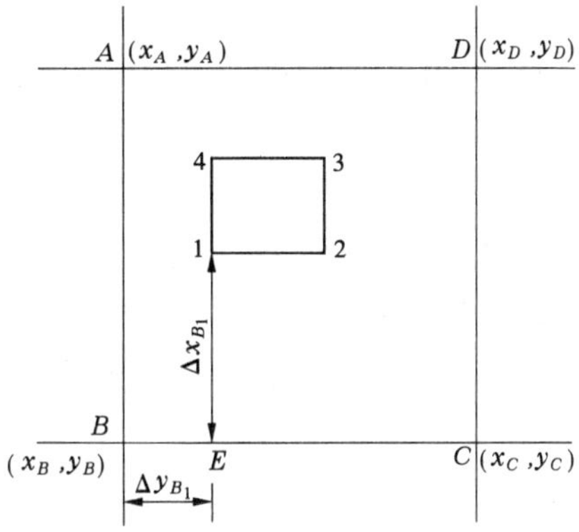


图 2-4-8　直角坐标法测设点位

**（二）交会法**

在不易到达的场地适于用交会法进行点位的测设。常用的交会法为角度交会，使用测距仪或全站仪也可采用距离交会。

1. 角度交会

如图 2-4-9 所示为水上建筑施工中的点位测设。由于水上作业不宜到达，因此采用角度交会法。首先计算交会角。根据控制点 $A$、$B$、$C$ 的坐标和水上建筑 $P$ 点的设计坐标，通过坐标反算得方位角 $\alpha_{AP}$、$\alpha_{BP}$和 $\alpha_{CP}$，再由控制点之间的已知方位角 $\alpha_{AB}$、$\alpha_{BC}$（及其反方位角 $\alpha_{BA}$、$\alpha_{CB}$）和方位角 $\alpha_{AP}$、$\alpha_{BP}$、$\alpha_{CP}$计算待测设的交会角值

$$\left.\begin{aligned}\alpha_1 &= \alpha_{AB} - \alpha_{AP} \\ \beta_1 &= \alpha_{BP} - \alpha_{BA} \\ \alpha_2 &= \alpha_{BC} - \alpha_{BP} \\ \beta_2 &= \alpha_{CP} - \alpha_{CB}\end{aligned}\right\} \tag{2-4-8}$$

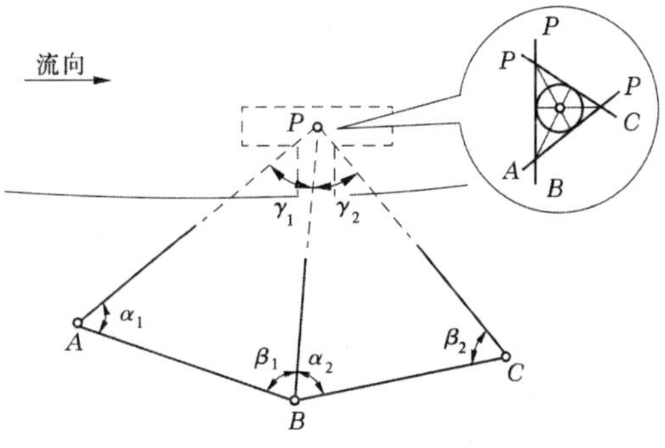


图 2-4-9　角度交会法测设点位

然后，即可在岸上控制点 $A$、$B$、$C$ 同时安置经纬仪，分别测设交会角 $\alpha_1$、$\beta_1$（或 $\alpha_2$）和 $\beta_2$，从而在水上建筑施工面板上分别得到三条指向 $P$ 点的方向线。该三条方向线理应交于一点，但由于测量误差，一般会交出一个小三角形，称为误差三角形。如果该三角形的边长不大于 4 cm，内切圆半径不大于 1 cm，则取内切圆的圆心作为 $P$ 点的测设位置。在进行角度测设时，为了消除仪器的误差，均应采用盘左、盘右取平均的方法，而在拟订测设方案时，应注意使交会角 $\gamma_1$、$\gamma_2$ 不得小于 30°或大于 120°。

2.距离交会

如图 2-4-10 所示，先根据控制点 $A$、$B$、$C$ 的坐标和 $P$ 点的设计坐标计算待测设的交会距离

$$\left.\begin{aligned} D_{AP} &= \sqrt{(\Delta x_{AP})^2 + (\Delta y_{AP})^2} \\ D_{BP} &= \sqrt{(\Delta x_{BP})^2 + (\Delta y_{BP})^2} \\ D_{CP} &= \sqrt{(\Delta x_{CP})^2 + (\Delta y_{CP})^2} \end{aligned}\right\} \quad (2\text{-}4\text{-}9)$$

然后，即可在控制点 $A$、$B$、$C$ 同时安置测距仪或全站仪，在施工面板上安置反射棱镜，分别测设距离 $D_{AP}$、$D_{BP}$ 和 $D_{CP}$，交出误差三角形，同样取其内切圆的圆心为 $P$ 点的测设点位。

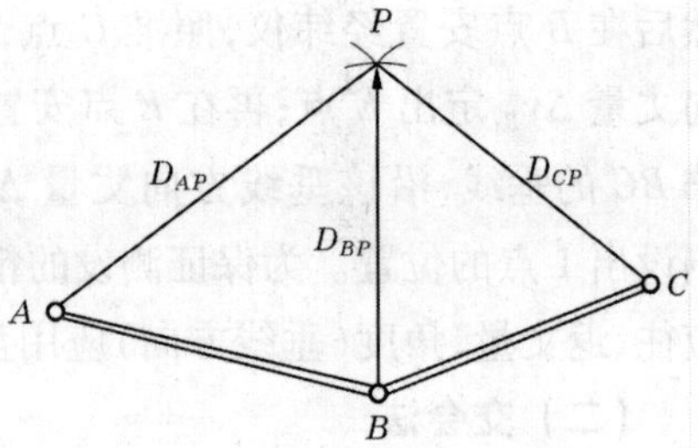


**图 2-4-10　距离交会法测设点位**

**（三）极坐标法**

极坐标法就是测设一个水平角和一条水平距离即可确定一个点位。由于控制网的形式可以灵活布置，测设的方法又比较简单，所以对一般施工场地的点位测设均适用。

如图 2-4-11 所示，以控制点 $A$ 为测站、控制点 $B$ 为后视，测设建筑物的特征点 $P$。同样，首先根据控制点坐标和 $P$ 点的设计坐标，反算方位角，再计算需测设的水平角和水平距离，依据的公式为

$$\left.\begin{aligned} \alpha_{AB} &= \arctan \frac{y_B - y_A}{x_B - x_A} \\ \alpha_{AP} &= \arctan \frac{y_P - y_A}{x_P - x_A} \\ \beta &= \alpha_{AP} - \alpha_{AB} \\ d &= \sqrt{(x_P - x_A)^2 + (y_P - y_A)^2} \end{aligned}\right\} \quad (2\text{-}4\text{-}10)$$

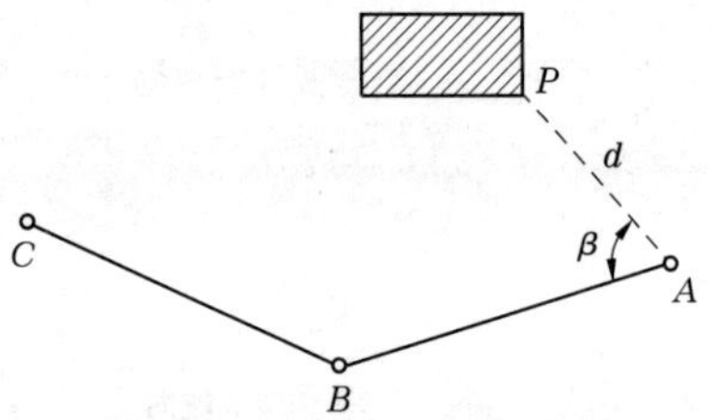


**图 2-4-11　极坐标法测设点位**

然后，在 $A$ 点安置经纬仪，以 $B$ 点为零方向，测设水平角 $\beta$，定出 $P$ 点的方向，再沿 $AP$ 方向线测设水平距离 $d$，即可定出 $P$ 的点位。

需要注意的是，在测设水平角 $\beta$ 时，总是先将后视零方向的平盘读数配置为 0°00′00″，然后转动照准部，使读数等于 $\beta$，由于水平度盘的读数为顺时针刻划，所以 $\beta$ 角总是自零方向起，顺时针转向待测点位方向的角度，即其计算总是 $\beta = \alpha_{AP} - \alpha_{AB}$，若算得的 $\beta$ 角为负值，则应加上 360°。

### (四)全站仪坐标法

在已知 $A$ 点安置全站仪,使其进入放样测量模式,输入测站点的三维坐标、仪器高和后视点的三维坐标(也可直接输入后视方位角),同时输入待测设点的三维坐标及棱镜高(即目标高),再照准后视点作为零方向,将其水平度盘读数配置为后视方位角,全站仪会自动计算测设点位所需的水平角、水平距离和高差值,然后在待测设点的大致位置竖立棱镜杆,转动照准部照准棱镜中心,即可按前面介绍的全站仪测设水平角和水平距离的方法自动测设所需的水平角和水平距离,从而定出待定点的平面位置。屏幕上同时还显示棱镜杆的底端与待测设点设计高程之差值,从而据此在点位的木桩上标注出测设点设计高程的位置。

南方测绘 NTS-312 型全站仪坐标放样时的测站点、后视点设置与坐标测量的设置方法相同,放样点输入和测设的操作流程如表 2-4-2 所示(参见《测量技术基础实训》附录二:南方测绘 NTS-312 型全站仪使用简要说明)。

**表 2-4-2　南方测绘 NTS-312 型全站仪坐标放样操作流程**

步骤 1:坐标数据文件的选择

运行放样模式首先要选择一个坐标数据文件,用于测站以及放样数据的调用,同时也可以将新点测量数据存入所选定的坐标数据文件中。当放样模式已运行时,可以按同样方法选择文件。

| 操作过程 | 操作 | 显示 |
| --- | --- | --- |
| ①由坐标放样菜单 2/2 按[F1](选择文件)键 | [F1] | 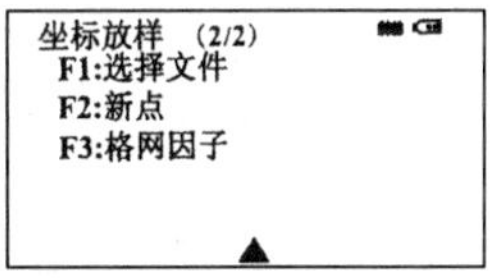<br>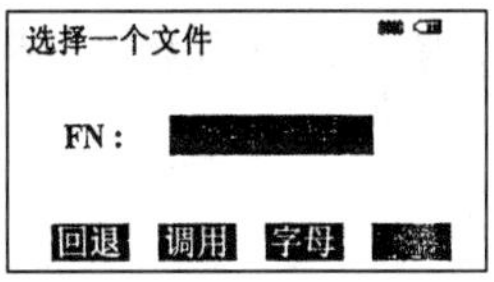 |
| ②按[调用]键,显示坐标数据文件目录* | [调用] | 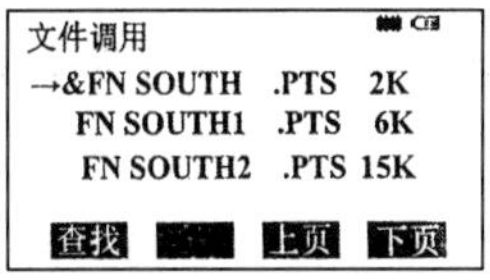 |
| ③按[↑]或[↓]键可使文件表向上或向下滚动,选择一个工作文件**,按[ENT]键确认。返回到放样菜单(2/2) | [↑]<br>或<br>[↓] | 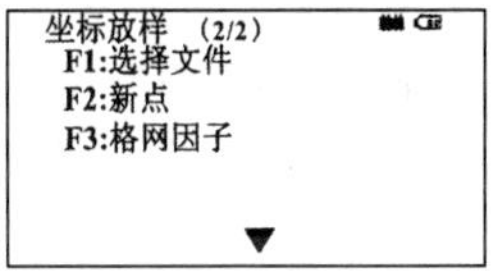 |

* 表示如果要直接输入文件名,则按[输入]键,然后输入文件名。

* * 表示如果菜单文件已被选定,则在该文件名的右边显示一个 & 符号。

续表 2-4-2

步骤 2:设置测站点

设置测站点的方法有如下两种:

(1)调用内存中的坐标设置;

(2)直接键入坐标数据。

＊测站坐标保存在选择的坐标数据文件中。

例:调用已存储的坐标数据设置测站点

| 操作过程 | 操作 | 显示 |
|---|---|---|
| ①由坐标放样菜单(1/2)按[F1](输入测站点)键,即显示原有数据 | [F1] | 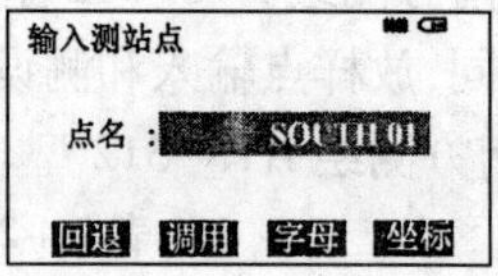 |
| ②输入点名,按[ENT]键确认 | [ENT] | 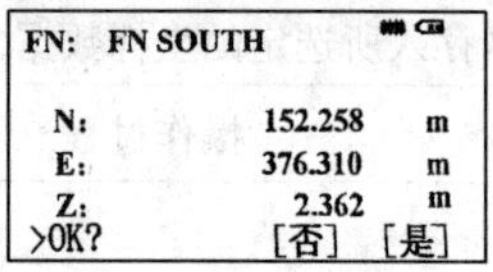 |
| ③按[是]键,进入仪高输入界面 | [是] | 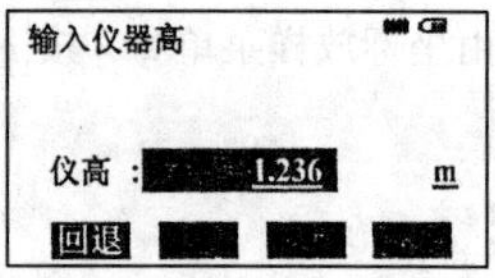 |
| ④输入仪器高,显示屏返回到放样菜单(1/2) | 输入仪器高 [ENT] | 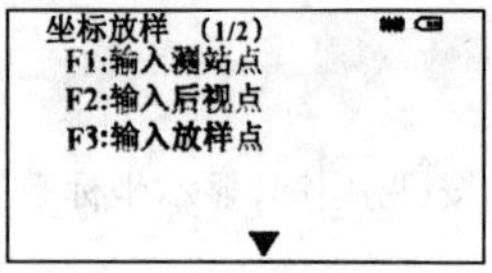 |

步骤 3:设置后视点

有如下三种后视点设置方法可供选用:

(1)利用内存中的坐标数据文件设置后视点;

(2)直接键入坐标数据;

(3)直接键入设置角。

每按一下[F4]键,输入后视定向角方法与直接键入后视点坐标数据依次变更。

续表 2-4-2

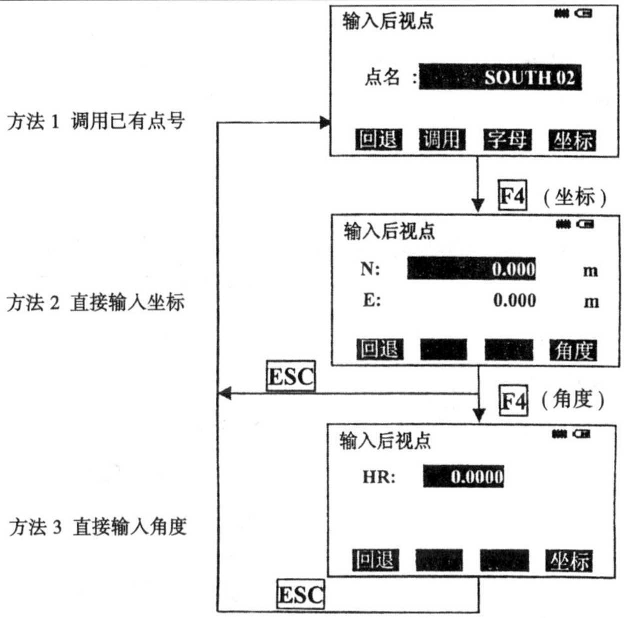


例：利用已存储的坐标数据输入后视点坐标

| 操作过程 | 操作 | 显示 |
|---|---|---|
| ①由坐标放样菜单按[F2]（输入后视点）键 | [F2] | 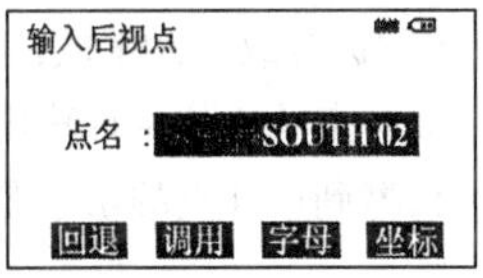 |
| ②输入点名，按[ENT]键确认 | 输入点名<br>[ENT] | 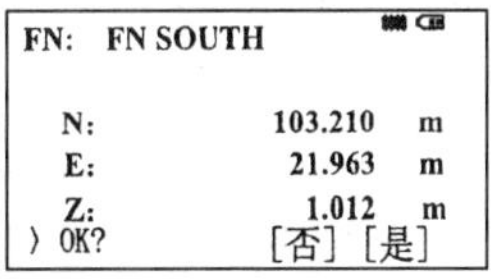 |
| ③按[是]键，仪器自动计算，显示后视点设置界面 | [是] | 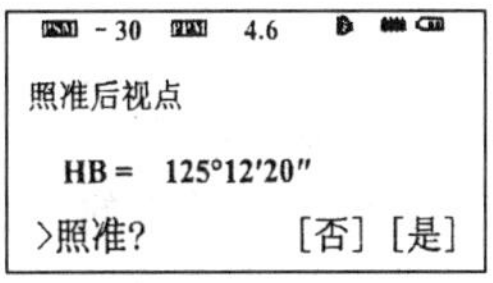 |
| ④照准后视点，按[是]键，显示屏返回坐标放样菜单(1/2) | 照准后视点<br>[是] | 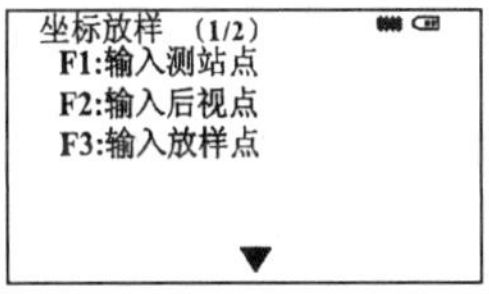 |

续表 2-4-2

步骤 4:实施放样

放样点位坐标的输入有两种方法可供选择:

(1)通过点号调用内存中的坐标值;

(2)直接键入坐标值。

例:调用内存中的坐标值

| 操作过程 | 操作 | 显示 |
|---|---|---|
| ①由坐标放样菜单(1/2)按 F3 (输入放样点)键 | F3 | 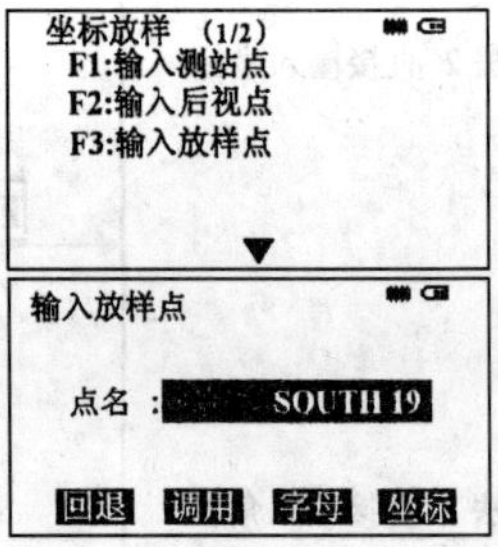 |
| ②输入点名,按 ENT (回车)键,进入棱镜高输入界面 | 输入点名 ENT | 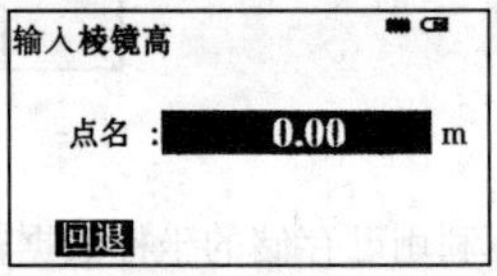 |
| ③按同样方法输入反射镜高,当放样点设定后,仪器就进行放样元素的计算。<br>HR:放样点的方位角计算值<br>HD:仪器到放样点的水平距离计算值 | 输入镜高 ENT |  |
| ④照准棱镜,按 继续 键<br>HR:放样点方位角<br>dHR:当前方位角与放样点位的方位角之差<br>=实际水平角-计算的水平角<br>当 dHR=0°00′00″时,即表明放样方向正确 | 继续 | 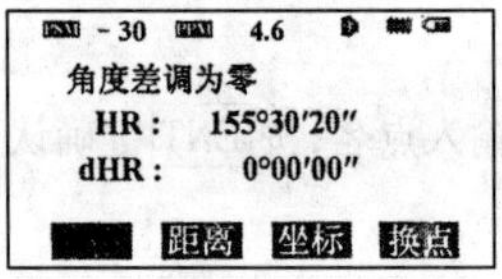 |
| ⑤按 距离 键<br>HD:实测的水平距离<br>dHD:对准放样点尚差的水平距离<br>dZ=实测高差-计算高差 | 距离 | 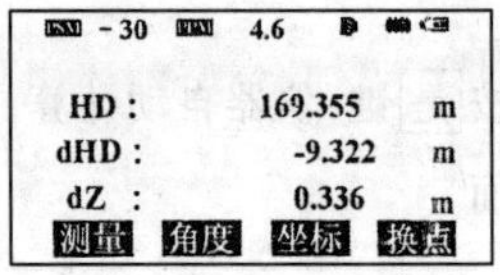 |
| ⑥按 测量 键进行精测 | 测量 | 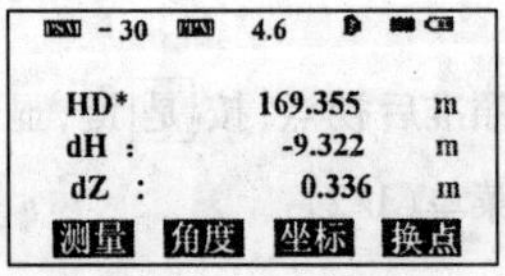 |

**续表 2-4-2**

| 操作过程 | 操作 | 显示 |
|---|---|---|
| ⑦当显示值 dHR、dHD 和 dZ 均为 0 时,则放样点的测设已经完成 | | 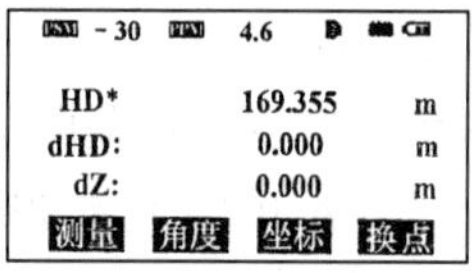<br>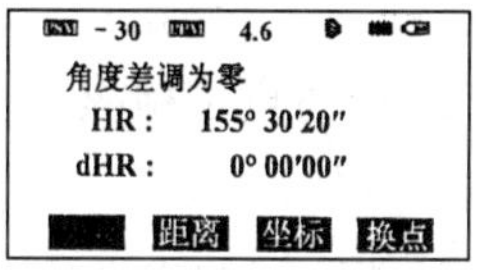 |
| ⑧按[坐标]键,即显示坐标值,可以和放样点值进行核对 | [坐标] | 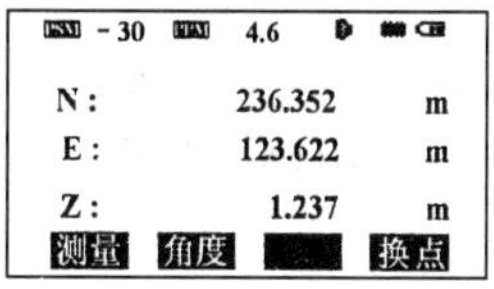 |
| ⑨按[换点]键,进入下一个放样点的测设 | [换点] | 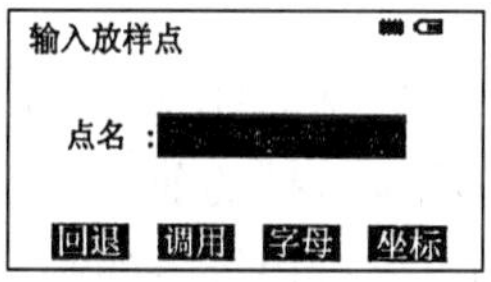 |

全站仪坐标法测设点位还可以采用自由设站的方法(参见模块一项目四任务四),即在待测设点的附近安置全站仪,首先测量测站点与至少两个控制点之间的水平角、边长和高差,根据控制点的三维坐标,自动解算出测站点的三维坐标,作为临时控制点。然后根据输入的待测设点的三维坐标、仪器高和棱镜高,自动进行点位平面位置和高程的测设。

全站仪坐标法测设点位平面位置的原理仍是极坐标法,测设点位的高程亦是传统的三角高程测量法,但利用全站仪自动、高效的优点,可使点位平面位置和高程的测设更加科学、快速和精确。采用自由设站的方法,可使点位的测设适应施工场地的特点,更加灵活、方便。

## 二、点位测设检核

为了保证点位测设的可靠性,除在测设前应对测设数据反复校核外,测设时,也应对测设的点位予以现场检核。检核的方法有绝对点位检核和相对点位检核。

### (一)绝对点位检核

绝对点位检核就是对已经测设的点位,依据不同的控制点,重新计算测设数据,并进行现场测设,以便对原已测设的点位进行检核。

如图 2-4-11 所示,为检核 $P$ 点测设的结果,可以控制点 $B$ 为测站（前提是与 $P$ 点通视）、控制点 $C$ 为后视,根据控制点坐标和 $P$ 点的设计坐标,重新计算测设数据 $\beta_2$ 和 $d_2$（图上未标出）,并在现场重新测放出 $P$ 的点位。根据两次测设点位之差,即可对原有测设点位进行检核。

在使用交会法测设点位时（参见图 2-4-9 和图 2-4-10）,实际上测设两个角度（或距离）已可交会出点位,而测设三个角度（或距离）其实质也是为了对测设结果进行绝对点位检核。

**(二)相对点位检核**

相对点位检核就是根据现场测设点位构成的几何图形,用钢尺和经纬仪测量邻点间的边长及邻边间的水平角,看其是否与几何图形边长和内角的设计值相吻合。如图 2-4-8 所示,车间四个角点为墙体主轴线的交点,显然构成矩形,其间的边长依据设计坐标反算可得,而四个内角均应为直角。将经纬仪分别安置在测设的四个角点上,检测四个内角与 90°之差;再用钢尺分别丈量四条边长,测得各边长与设计值之差,同样可对原有测设点位进行检核。

## 三、不同坐标系统的坐标转换

测设数据的计算在点位测设中具有举足轻重的作用,而依据控制点坐标和待测点坐标计算测设数据的前提是控制点坐标和待测点坐标必须属于同一坐标系统。常见的情况是控制点坐标由统一的测量系统测定,属于地方（或测量）坐标系,而待测点的坐标在建筑设计总图上确定,属于建筑（或设计）坐标系,这时就有必要首先进行坐标换算,将待测点的设计坐标化为测量坐标,方能用于依据控制点进行点位测设。

如图 2-4-12 所示,$AO'B$ 为建筑坐标系,设待测点 $P$ 在其中的设计坐标为$(A_P,B_P)$;$XOY$ 为地方坐标系,待测点 $P$ 在其中的测量坐标应为$(x_P,y_P)$。又知建筑坐标系的原点 $O'$在地方坐标系中的坐标为$(x_{O'},y_{O'})$（相当于建筑坐标系原点相对于地方坐标系原点的平移值),建筑坐标系的纵坐标轴在地方坐标系中的方位角为 $\alpha$（相当于建筑坐标系纵轴相对于地方坐标系纵轴的旋转角),则将待测点 $P$ 的设计坐标化为测量坐标的换算公式为

$$\left.\begin{aligned} x_P &= x_{O'} + A_P\cos\alpha - B_P\sin\alpha \\ y_P &= y_{O'} + A_P\sin\alpha + B_P\cos\alpha \end{aligned}\right\} \tag{2-4-11}$$

为检核转换结果的正确性,可反过来再将算得的 $P$ 点的测量坐标化为设计坐标,其换算公式为

$$\left.\begin{aligned} A_P &= (x_P - x_{O'})\cos\alpha + (y_P - y_{O'})\sin\alpha \\ B_P &= -(x_P - x_{O'})\sin\alpha + (y_P - y_{O'})\cos\alpha \end{aligned}\right\} \tag{2-4-12}$$

式(2-4-11)和式(2-4-12)中的 $x_{O'}$、$y_{O'}$和 $\alpha$ 一般可在建筑物的总平面图或相关设计资料中查取。

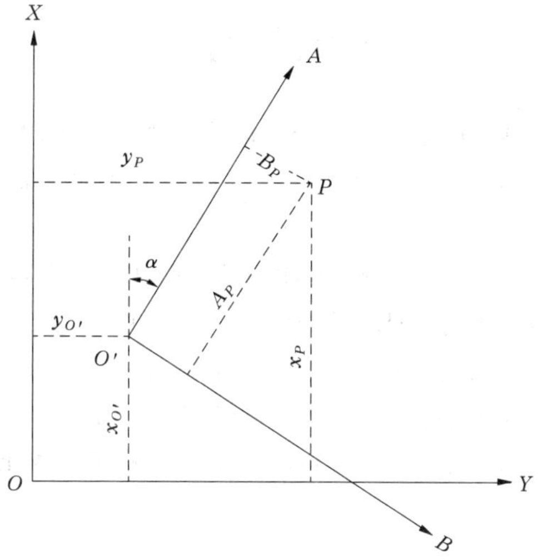


图 2-4-12　不同坐标系的坐标转换

# 小　结

（1）施工测量是将图纸上设计建筑物的空间位置和几何形状测设到地面上。施工测量和地形测量一样，也应遵循程序上“从整体到局部”、步骤上“先控制后碎部”、精度上“由高级到低级”的基本原则。

（2）施工测量中的基本测设为水平角测设、距离测设和高程（包括坡度）测设。

（3）测设点位的常用方法包括直角坐标法、交会法、极坐标法和全站仪坐标法，测设点位时需要考虑建筑坐标系和测量坐标系的坐标转换。

# 复习题

1.施工放样的实质是____________，其测量要素仍是______、______和______等，只不过在放样时，确定点的空间位置及其测量要素由______改为______。施工测量同样应遵循____________________的基本原则。

2.施工测量中的基本测设是指__________、__________和__________。

3.点位测设的常用方法有：________，适用于__________________；________，适用于__________________；__________，适用于__________________。使用全站仪测设点位，可采用__________。

4.如果建筑物的设计坐标和控制点的测量坐标不一致，必须进行__________，即将__________化为__________。

# 练习题

1.已知水准点 $A$ 的高程为 24.678 m,待测设的 $B$ 点设计高程为 24.800 m,在 $A$、$B$ 之间安置水准仪,读得 $A$ 点上的后视读数为 1.422 m,问 $B$ 点上标尺读数应为多少才能使其尺底位于该点的设计高程?

2.施工道路上有 $A$、$B$、$C$、$D$、$E$ 五点,间距均为 25 m(见图 2-4-13),已知 $A$ 点的地面高程 $H_A = 21.364$ m、设计高程 $H_{A设} = 21.500$ m(见表 2-4-3),欲向 $E$ 点测设一条 $i = -1\%$ 的坡度线,问 $B$、$C$、$D$、$E$ 四点的设计高程是多少? 用水准仪以水平视线法测设时,已知后视 $A$ 桩点的标尺读数 $a$ 为 1.458 m,前视各桩点的标尺读数分别为 $b_B = 1.623$ m,$b_C = 2.584$ m,$b_D = 1.369$ m,$b_E = 2.257$ m,问包括 $A$ 点在内的五个桩点应下挖或上填的高度各为多少(下挖为+,上填为-)?

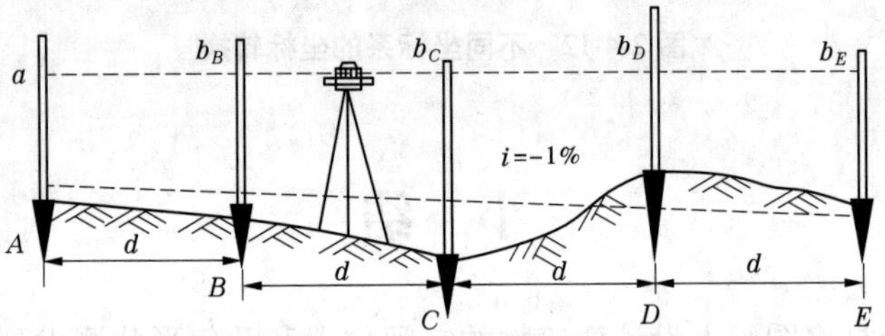


**图 2-4-13 练习题 2 图**

**表 2-4-3 施工道路坡度测量计算**

设计坡度 <u>$i=-1\%$</u>　　点间距 <u>25 m</u>

| 点名 | 后视读数 $a$(m) | 视线高 (m) | 前视读数 $b$(m) | 地面高程 (m) | 设计高程 (m) | 下挖(+)/上填(-) (m) |
|---|---|---|---|---|---|---|
| $A$ | 1.458 | | | 21.364 | 21.500 | |
| $B$ | | | 1.623 | | | |
| $C$ | | | 2.584 | | | |
| $D$ | | | 1.369 | | | |
| $E$ | | | 2.257 | | | |

3.测设水平角 $\angle AOB$ 后,用经纬仪精确测其角值为 $90°00'48''$,已知 $OB$ 长为 120 m,问 $B$ 点在垂直于 $OB$ 方向上应向内或向外移动多少距离,才能使 $\angle AOB$ 改正为 $90°00'00''$? ($\rho'' = 206\ 265''$)

4.已知 $A$ 点坐标 $x_A = 285.684$ m、$y_A = 162.345$ m,$AB$ 的方位角 $\alpha_{AB} = 296°44'30''$,又知

$P_1$、$P_2$ 两点的设计坐标分别为 $x_1=198.324$ m、$y_1=86.425$ m，$x_2=198.324$ m、$y_2=238.265$ m，以 $A$ 点为测站，$B$ 点为后视方向，按极坐标法测设 $P_1$、$P_2$ 两点，试分别计算测设数据 $\angle BAP_1$、$D_{AP_1}$和 $\angle BAP_2$、$D_{AP_2}$。

5.设图 2-4-12 中设计坐标系原点 $O'$的测量坐标 $x_{O'}=600$ m、$y_{O'}=800$ m，设计坐标系相对测量坐标系的旋转角 $\alpha=+30°$，待测点 $P$ 的设计坐标 $A_P=849.642$ m、$B_P=667.623$ m，试计算该点的测量坐标。

## 思考题

1.施工测量与地形图测绘有何相同点和不同点?

2.施工测量前应做哪些准备工作?

3.施工放样时，何为绝对精度？何为相对精度？为什么有些工程放样时要求的相对精度高于绝对精度？为什么有些工程的施工测量在不同方向上的精度要求有所不同？举例说明。

4.施工测量中的基本测设有哪几种？如何进行？点位测设的常用方法有哪几种？如何进行？

5.点位测设时的绝对点位检核和相对点位检核各有何作用？如何进行？

6.举例说明你所熟悉的工程施工中，采用的是哪些点位测设方法和点位检核方法？采用这些方法的理由是什么？

# 附　录

## 附录一　测量基础计算须知

### 一、测量常用计算单位

**（一）高程单位**

高程（包括高差）的单位为 m（米），高差的改正数一般为 mm（毫米）。

**（二）角度单位**

水平角、竖直角及方位角的单位为度、分、秒（60 进制），水平角、方位角的范围为 0°~360°，竖直角的范围为-90°~+90°，改正数一般为秒。

有时，为了计算单位统一的需要，角度的单位还可以弧度表示。设角度以度为单位表示为 $\beta^\circ$，以分为单位表示为 $\beta'$，或以秒为单位表示为 $\beta''$，则以弧度为单位表示为

$$\beta(\text{弧度})=\frac{\beta^\circ}{\rho^\circ}=\frac{\beta'}{\rho'}=\frac{\beta''}{\rho''}$$

式中：$\rho^\circ=\dfrac{180^\circ}{\pi}\approx57.3^\circ$，$\rho'=\dfrac{60'\times180}{\pi}\approx3\ 438'$，$\rho''=\dfrac{3\ 600''\times180}{\pi}=206\ 265''$。

**（三）距离单位**

距离的基本单位为 m（米）或 km（千米），改正数一般为 cm（厘米）或 mm（毫米）。其换算式

1 km（千米）= 1 000 m（米）

1 m（米）= 10 dm（分米）= 100 cm（厘米）= 1 000 mm（毫米）

**（四）面积单位**

面积的基本单位为 $m^2$（平方米）或 $km^2$（平方千米），地籍测量中还用到 $hm^2$（公顷）或（市）亩等。其换算式为

1 $km^2$（平方千米）= 1 000 000 $m^2$（平方米）= 1 500（市）亩

1 $hm^2$（公顷）= 10 000 $m^2$（平方米）= 15（市）亩

1（市）亩 = 10（市）分 = 100（市）厘 = 666.6 $m^2$（平方米）

### 二、测量常用计算取位

测量常用计算取位如附表 1 所示。

**附表 1 测量常用计算取位**

| 名称 | 高差（m） | 高程（m） | 距离（m） | 水平角 | 竖直角 | 方位角 | 坐标增量（m） | 坐标（m） |
|---|---|---|---|---|---|---|---|---|
| 一般水准测量 | 0.001 | 0.001 | | | | | | |
| 四等水准测量 | 0.001 | 0.000 5 | | | | | | |
| 三角高程测量 | 0.01 | 0.01 | 0.01 | | 1″ | | | |
| 图根导线测量 | | | 0.01 | 6″ | | 6″ | 0.01 | 0.01 |
| 视距测量 | 0.01 | 0.01 | 0.1 | 1′ | 1′ | | | |
| 碎部测量 | 0.01 或 0.1 | 0.01 或 0.1 | 0.1 | 1′ | 1′ | | | |

## 三、计算中的凑整法则

凑整法则为“四舍六入五凑偶”，具体为：

（1）数值被舍去部分大于保留末位的 0.5 时，则末位加 1，如 12.336 m，取至厘米，即为 12.34 m。

（2）数值被舍去部分小于保留末位的 0.5 时，则末位不变，如 12.344 m，取至厘米，亦为 12.34 m。

（3）数值被舍去部分正好等于保留末位的 0.5 时，则应将末位凑整为偶数（保留末位是奇数则加 1，是偶数则不变），如 12.335 m 和 12.345 m，取至厘米，均为 12.34 m。

## 四、函数型计算器进行角度运算和坐标转换须知

### （一）三种角度单位选择

一般函数计算器中，按 [DRG] 键（[ ] 内为键名，下同），依次显示以下三种角度单位，供选择使用：

（1）DEG——度分秒制，即圆周角 = 360°，1° = 60′，1′ = 60″。

（2）RAD——弧度制，即圆周角 = 2π 弧度，1 弧度 $\rho^\circ = \dfrac{180^\circ}{\pi} = 57.295\ 8^\circ$，或 $\rho' = 3\ 437.7'$，或 $\rho'' = 206\ 264.8''$。

（3）GRAD——密位制，即圆周角 = 400 g，1 g = 100 c，1 c = 100 cc。

角度运算（包括三角函数运算及坐标转换）通常采用度分秒制，因此在角度运算（包括三角函数运算及坐标转换）前应先检查显示屏上端显示的角度单位是否为 DEG，如果不是，而是 RAD 或 GRAD，应按 [DRG] 键（也有计算器按 [MODE] 或 [DEG] 键）使之显示为 DEG，否则将导致运算出错。

### （二）角度 60 进制与 10 进制转换

角度的输入输出习惯用 60 进制，但计算器进行角度运算（包括三角函数运算及坐标转换）用的是 10 进制，因此在进行角度的输入和输出时应执行 60 进制与 10 进制之间的

转换。其方法如下：

(1) SH 型（含 →DEG 键）的计算器，输入 60 进制时，以度数为整数、分秒为小数，如输入 120°36′48.5″，在 DEG 角制下，输入 120.36485，按 →DEG 键，显示 120.6134722，即为已输入的该角 10 进制的度数值；反之，再按 2ndF →DEG（或 SHIFT →DEG）键（相当于 →DMS 键），则显示 120.364850，即已化为该角的 60 进制的度分秒值。

(2) CA 型（含 ° ′ ″ 键）的计算器，依次按该键，输入度、分、秒。如输入 120°36′48.5″，在 DEG 角制下，需按 120 ° ′ ″ 36 ° ′ ″ 48.5 ° ′ ″，显示 120.6134722，即为已输入的该角 10 进制度数值；反之，再按 2ndF ° ′ ″（或 SHIFT ° ′ ″）键，则显示 120°36′48.5″，即已化为该角的 60 进制的度分秒值。

(3) 有新型计算器可以将按 60 进制输入的角值自动化为 10 进制进行运算，但如果运算结果是由反三角函数得到的 10 进制角度值，则仍需按 2ndF ° ′ ″（或 SHIFT ° ′ ″）键将其结果化为 60 进制的度分秒值。

**（三）极坐标$(\gamma,\theta)$转换为直角坐标$(x,y)$**

极坐标$(\gamma,\theta)$转换为直角坐标$(x,y)$相当于坐标正算，即根据平距 $D$ 和方位角 $\alpha$ 计算出坐标增量$(\Delta x,\Delta y)$，其步骤为：

(1) SH 型（含 →DEG 键）的计算器：依次按 $D$ a $\alpha$（需化为 10 进制）b 2ndF →xy 显示 $\Delta x$ b 显示 $\Delta y$。

(2) CA 型（含 ° ′ ″ 键）的计算器：依次按 $D$ P→R $\alpha$（需化为 10 进制）= 显示 $\Delta x$ →xy 显示 $\Delta y$。

**（四）直角坐标$(x,y)$转换为极坐标$(\gamma,\theta)$**

直角坐标$(x,y)$转换为极坐标$(\gamma,\theta)$相当于坐标反算，即根据坐标增量$(\Delta x,\Delta y)$计算出平距 $D$ 和方位角 $\alpha$，其步骤为：

(1) SH 型（含 →DEG 键）的计算器：依次按 $\Delta x$ a $\Delta y$ b 2ndF →$\gamma\theta$ 显示 $D$ b 显示 $\alpha$（为 10 进制）。

(2) CA 型（含 ° ′ ″ 键）的计算器：依次按 $\Delta x$ R→P $\Delta y$ = 显示 $D$ →xy 显示 $\alpha$（为 10 进制）。

**（五）CA 型（含 ° ′ ″ 键）的计算器进行普通测量三个基本公式计算的操作**

(1) 相邻边的方位角推算公式 $\alpha_{前}=\alpha_{后}+\beta_{左}\pm180°$，操作：

$\alpha_{后}$ 的度值 ° ′ ″ $\alpha_{后}$ 的分值 ° ′ ″ $\alpha_{后}$ 的秒值 ° ′ ″ $+\beta_{左}$ 的度值 ° ′ ″ $\beta_{左}$ 的分值 ° ′ ″ $\beta_{左}$ 的秒值 ° ′ ″ $+180°=\alpha_{前}$（10 进制）（如 $\alpha_{前}>360°$则$-360°$）SHIFT ° ′ ″（化为 60 进制）。

(2) 坐标正算公式 $\Delta X_{AB}=D_{AB}\cdot\cos\alpha_{AB}$，$\Delta Y_{AB}=D_{AB}\cdot\sin\alpha_{AB}$，操作：

$D_{AB}\times\cos\alpha_{AB}$的度值 [° ′ ″] $\alpha_{AB}$的分值 [° ′ ″] $\alpha_{AB}$的秒值 [° ′ ″] $=\Delta X_{AB}$

$D_{AB}\times\sin\alpha_{AB}$的度值 [° ′ ″] $\alpha_{AB}$的分值 [° ′ ″] $\alpha_{AB}$的秒值 [° ′ ″] $=\Delta Y_{AB}$

(3)坐标反算公式：$\alpha_{AB}=\arctan\dfrac{Y_B-Y_A}{X_B-X_A}$，$D_{AB}=\sqrt{(X_B-X_A)^2+(Y_B-Y_A)^2}=\sqrt{\Delta X_{AB}^2+\Delta Y_{AB}^2}$，操作：

[SHIFT] $\tan^{-1}((Y_B-Y_A)\div(X_B-X_A))=\alpha_{AB}$（为10进制象限角，再根据分子、分母的+、-号判别其所在象限，第二、三象限+180°，第四象限+360°，即将象限角换算为10进制方位角）[SHIFT] [° ′ ″]（化为60进制方位角）。

$\sqrt{(X_B-X_A)^2+(Y_B-Y_A)^2}=D_{AB}$

# 附录二　各项目练习题参考答案

## 模块一

### 项目一

1.$h_{AB}=-0.316$ m，$A$ 点高于 $B$ 点，$H_B=66.113$ m

2.存在 $i$ 角误差，视准轴向下倾斜。校正时 $A$ 尺正确读数 $\alpha_{正}=1.801$ m

3.$h_{AT_1}=0.577$ m，$h_{T_1T_2}=0.623$ m，$h_{T_2T_3}=-0.374$ m，$h_{T_3B}=0.501$ m

4.$H_1=13.883$ m，$H_2=12.459$ m，$H_3=14.240$ m

### 项目二

1.$\beta=165°31'48''$，$\Delta\beta=12''$，$\Delta\beta_{容}=\pm40''$

2.方向值：0°00′00″，60°10′54″，131°49′08″，167°34′00″；
角值：60°10′54″，71°38′14″，35°44′52″

3.$\alpha_A=+13°41'33''$，$x_1=-9''$；$\alpha_B=-2°32'18''$，$x_2=+6''$

### 项目三

1.$D_{AB}=357.28$ m，$K_{AB}=\dfrac{1}{3\ 570}$；$D_{CD}=248.68$ m，$K_{CD}=\dfrac{1}{2\ 490}$

2.改正后 $D_{AB}=230.688$ m

3.$D_1=63.66$ m，$h_1=+3.00$ m，$H_1=35.16$ m
$D_2=174.92$ m，$h_2=-10.53$ m，$H_2=21.63$ m

### 项目四

1.$\alpha_{AB}=145°40'$，$\alpha_{BA}=325°40'$；$\alpha_{AC}=252°40'$，$\alpha_{CA}=72°40'$

2.$\alpha_{BC}=85°23'00''$,$\alpha_{CD}=319°56'30''$

3.$x_B=2\ 309.830$ m,$y_B=1\ 613.014$ m;$x_C=2\ 431.338$ m,$y_C=1\ 258.305$ m

4.$\alpha_{AB}=87°57'14''$,$D_{AB}=172.540$ m;$\alpha_{AC}=324°46'27''$,$D_{AC}=138.991$ m

5.$x_P=805.94$ m,$y_P=825.84$ m

6.平均 $h_{AB}=+26.72$ m,$H_B=105.01$ m

## 项目五

1.$m_{甲}=\pm1.8$,$m_{乙}=\pm3.5$,$m_{甲}<m_{乙}$

2.$m_{[\beta]}=\pm10''\sqrt{n}$

3.量一边,周长$=4a$,$m_{周长}=\pm12$ mm

量四边,周长$=a_1+a_2+a_3+a_4$,$m_{周长}=\pm6$ mm

4.$m_{Z_1}=\pm\sqrt{2}m$,$m_{Z_2}=\pm\sqrt{2}m$,$m_{Z_3}=\pm\frac{\sqrt{2}}{2}m$

5.应观测 4 个测回

6.面积 $A=300\ m^2$,$m_A=\pm0.085\ m^2$

7.$x=148°46'37''$,$m=\pm12.5''$,$m_x=\pm5.6''$

8.$x=428.234$ m,$m=\pm6.5$ mm,$m_x=\pm2.7$ mm,$K=\frac{1}{158\ 600}$

# 模块二

## 项目一

1.$x_1=374.987$ m,$y_1=234.528$ m;$x_2=393.575$ m,$y_2=405.364$ m;$x_3=469.478$ m,$y_3=547.912$ m

2.$h_1=+0.628$ m,$h_2=-0.383$ m,$h_3=+0.073$ m,$h_4=+0.858$ m,$\sum h=+1.176$ m

## 项目二

1.0.1 m,0.2 m,$\frac{1}{1\ 000}$

## 项目三

1.25 678 $m^2$,38.52 亩

## 项目四

1.1.300 m

2.$H_{B设}=21.25$ m,$H_{C设}=21.00$ m,$H_{D设}=20.75$ m,$H_{E设}=20.50$ m;

$A$ 点-0.136 m(填),$B$ 点-0.051 m,$C$ 点-0.762 m,$D$ 点+0.703 m(挖),$E$ 点+0.065 m

3.应向内移 2.8 cm

4. $\angle BAP_1=284°15'02''$,$D_{AP_1}=115.739$ m;$\angle BAP_2=202°15'58''$,$D_{AP_2}=115.739$ m

5.$P$ 点测量坐标 $x_P=1\ 002.000$ m,$y_P=1\ 803.000$ m

# 参考文献


[1] 章书寿,陈福山.测量学教程[M].3 版.北京:测绘出版社,2011.

[2] 王侬,过静珺.现代普通测量学[M].北京:清华大学出版社,2001.

[3] 林文介,文鸿雁,程朋根.测绘工程学[M].广州:广州理工大学出版社,2003.

[4] 何习平,陈传胜,卢满堂,等.测量技术基础[M].重庆:重庆大学出版社,2003.

[5] 纪勇.数字测图技术应用教程[M].郑洲:黄河水利出版社,2008.

[6] 徐宇飞.数字测图技术[M].郑洲:黄河水利出版社,2005.

[7] 周立.GPS 测量技术[M].郑洲:黄河水利出版社,2006.

[8] 覃辉.土木工程测量[M].重庆:重庆大学出版社,2011.

[9] 潘松庆.工程测量技术[M].2 版.郑洲:黄河水利出版社,2011.

[10] 秦永乐,Visual Basic 测绘程序设计[M].2 版,郑洲:黄河水利出版社,2011.

[11] 南方测绘仪器有限公司.南方测绘 DL-202 数字水准仪使用说明书,2008.

[12] 南方测绘仪器有限公司.南方测绘 NTS-312 型全站仪使用说明书,2008.

[13] 南方测绘仪器有限公司.数字化地形地籍成图系统 CASS 2008 用户手册,2008.

[14] 南方测绘仪器有限公司.数字化地形地籍成图系统 CASS 2008 用户手册,2008.

[15] 徐绍铨,张华海,杨志强,等.GPS 测量原理及应用[M].修订版.武汉:武汉大学出版社,2004.

[16] 中华人民共和国质量监督检验检疫总局,中国国家标准化管理委员会.国家基本比例尺地图图式 第 1 部分:1∶500 1∶1000 1∶2000 地形图图式:GB/T 20257.1—2007[S].北京:中国标准出版社,2007.

[17] 中华人民共和国质量监督检验检疫总局,中国国家标准化管理委员会.国家三、四等水准测量规范:GB/T 12898—2009[S].北京:中国标准出版社,2009.

[18] 中华人民共和国住房和城乡建设部.城市测量规范:CJJ 8—2011[S].北京:中国建筑工业出版社,2012.

[19] 中华人民共和国住房和城乡建设部.卫星定位城市测量技术规范:CJJ/T 73—2010[S].北京:中国建筑工业出版社,2010.